中煤科工集团西安研究院有限公司资助出版

滑坡灾害与防治技术研究

HUAPO ZAIHAI YU FANGZHI JISHU YANJIU

吴 璋 石智军 董书宁 著

图书在版编目(CIP)数据

滑坡灾害与防治技术研究/吴璋,石智军,董书宁著.—武汉:中国地质大学出版社,2015.3
ISBN 978-7-5625-3546-1

Ⅰ.①滑…
Ⅱ.①吴…②石…③董…
Ⅲ.①滑坡-灾害防治-研究
Ⅳ.①P642.22

中国版本图书馆CIP数据核字(2015)第063058号

滑坡灾害与防治技术研究	吴　璋　石智军　董书宁　**著**
责任编辑:王凤林	责任校对:周　旭
出版发行:中国地质大学出版社(武汉市洪山区鲁磨路388号)	邮政编码:430074
电　话:(027)67883511　　传　真:67883580	E-mail:cbb@cug.edu.cn
经　销:全国新华书店	http://www.cugp.cug.edu.cn
开本:787毫米×1092毫米 1/16	字数:540千字　印张:21
版次:2015年3月第1版	印次:2015年3月第1次印刷
印刷:武汉教文印刷厂	印数:1—1000册
ISBN 978-7-5625-3546-1	定价:68.00元

前　言

根据国土资源部的统计，2012 年全国共发生地质灾害 14 322 起，其中滑坡 10 888起，在六大自然灾害中占到了 76.0%，与 2011 年(73%)和最近几年的数据比较可以发现，在地质灾害总起数下降的基础上滑坡灾害数量有所上升。由此可见，滑坡是我国地质灾害中最常见的灾害之一，其分布广、危害大，并且有逐年上升的趋势。滑坡灾害经常中断交通、堵塞河道、摧毁厂矿、破坏村庄和农田、造成人员伤亡和重大经济损失，是危害程度仅次于地震和洪水灾害的一种严重的自然灾害。从近几年的统计数据发现，2005 年以后我国的地质灾害有一个爆发式的增长，近几年也一直保持高发态势。

我国有占国土面积 2/3 以上的山地，在满足滑坡基本条件的地区，滑坡发生频率高，灾情严重，直接威胁人民生命财产安全，阻碍灾区经济发展，常常需要增加巨额投资来抵御滑坡可能造成的损失。据统计估算，我国每年因滑坡崩塌等各类地质灾害造成数千人伤亡，经济损失高达 270 亿元以上，是世界上少数几个滑坡灾害极为严重的国家之一。尤其随着近年来我国经济建设的快速发展，大规模的基础建设对古滑坡场地的利用和对原本稳定场地的人工改造，都造成了滑坡灾害数量和损失的大幅度增加。

本书共分为 4 篇。第一篇为滑坡灾害基础知识，介绍了滑坡的基本知识，包括了滑坡的概念、发育阶段、分类、勘测与调查、稳定性分析与评价、防治减灾理论和检测技术；第二篇为锚固工程技术研究，介绍了岩土锚固理论、预应力锚杆(索)的锚固机理、土层和岩层锚杆(索)锚固机理的实验研究、锚杆(索)的施工材料、锚杆(索)的设计、施工、试验及验收，结合笔者的研究，重点论述了在土层和岩层中对锚杆(索)锚固机理的试验研究和取得的最新研究成果；第三篇为微型桩防治滑坡技术研究，介绍了微型桩的发展历程和国内外研究现状，通过模型试验和现场工程试验，研究了微型桩防治滑坡的机理，总结提出了微型桩防治滑坡的被动锚固理论，并提出了计算方法、推导了计算公式，根据工程实践给出了微型桩防治滑坡的设计方法与流程，参考相关规范提出了微型桩防治滑坡的施工工艺与施工材料；第四篇为工程实例，结合前三篇的研究成果和笔者参与的工程实践，通过 8 个滑坡防治的工程实例，介绍了采用锚固工程和微型桩治理滑坡的成功案例，也对研究中提出的新理论、设计计算方法进行了验证。

对地质灾害尤其是滑坡灾害及其防治技术的研究，关乎人民群众的生命财产安全和国民经济的平稳发展，也是以人为本发展理念的要求。本书即是从滑坡灾害的理论研究入手，总结了笔者近几年对滑坡治理技术的研究成果，期望对我国的滑坡灾害的理论研究和其防治工作起到一定的推动作用，作出一些应有的贡献。

本书在编写过程中，得到了中煤科工集团西安研究院有限公司等单位和同行的关怀与支持，尤其是得到了张晶同志的无私帮助，第二篇第13章的内容由其执笔编写，并对全书进行了校对，在此表示衷心的感谢。

由于笔者掌握资料和研究领域的局限性，书中难免有错误与不足之处，敬请批评指正、共同提高。

笔者

2014年11月

目　录

第一篇　滑坡灾害基础知识

1　概　述 ……………………………………………………………………… (3)
1.1　滑坡的概念 …………………………………………………………………… (3)
1.2　滑坡的发育阶段 ……………………………………………………………… (4)
1.3　滑坡的发育特征 ……………………………………………………………… (6)
1.4　滑坡与边坡的区别 …………………………………………………………… (8)
1.5　滑坡与崩塌的区别 …………………………………………………………… (9)
1.6　本章小结…………………………………………………………………… (10)
2　边坡的分类………………………………………………………………… (11)
2.1　边坡分类的目的与原则……………………………………………………… (11)
2.2　边坡的现有分类方法………………………………………………………… (12)
2.3　边坡破坏综合工程分类……………………………………………………… (17)
2.4　本章小结…………………………………………………………………… (23)
3　滑坡发育条件 …………………………………………………………… (24)
3.1　滑坡发育的内部条件………………………………………………………… (24)
3.2　滑坡发育的外部条件………………………………………………………… (27)
3.3　我国的主要滑坡类型及其特征……………………………………………… (29)
3.4　本章小结…………………………………………………………………… (33)
4　滑坡调查及勘测 ………………………………………………………… (34)
4.1　滑坡的识别………………………………………………………………… (34)
4.2　典型滑坡调查……………………………………………………………… (37)
4.3　滑坡勘察…………………………………………………………………… (41)
4.4　本章小结…………………………………………………………………… (47)
5　滑坡稳定性分析与评价 ………………………………………………… (48)
5.1　滑面力学参数选取…………………………………………………………… (48)
5.2　滑坡稳定性评价……………………………………………………………… (56)
5.3　滑坡推力计算……………………………………………………………… (66)

5.4 本章小结…………(69)
6 滑坡减灾理论与防治技术…………(70)
6.1 滑坡减灾理论…………(70)
6.2 滑坡防治的原则…………(71)
6.3 滑坡防治方法…………(73)
6.4 本章小结…………(83)
7 滑坡监测…………(84)
7.1 滑坡监测的分类…………(84)
7.2 人工监测…………(85)
7.3 简易监测…………(85)
7.4 专业监测…………(86)
7.5 本章小结…………(97)
8 工程管理和信息化施工…………(98)
8.1 滑坡防治工程管理原则…………(98)
8.2 滑坡灾害防治工程管理…………(99)
8.3 动态设计与信息化施工…………(103)
8.4 本章小结…………(106)
9 滑坡灾害防治技术的发展展望…………(107)
9.1 国外研究发展态势…………(107)
9.2 国内研究发展态势…………(108)
9.3 滑坡灾害研究展望…………(109)
9.4 本章小结…………(111)
第二篇 锚固技术研究
10 锚固技术概述…………(115)
10.1 引言…………(115)
10.2 岩土锚固理论、技术与应用的发展现状…………(116)
10.3 岩土锚固工程的分类…………(119)
10.4 本章小结…………(120)
11 预应力锚杆(索)锚固机理…………(121)
11.1 锚杆(索)的结构与分类…………(121)
11.2 预应力锚索锚固机理…………(123)
11.3 预应力锚索锚固段的剪应力分布状态…………(124)
11.4 预应力锚索的锚固力…………(127)

11.5 本章小结……………………………………………………………………………… (130)
12 土层锚索锚固机理试验研究 ……………………………………………………… (131)
12.1 地质概况……………………………………………………………………………… (131)
12.2 试验方案的设计……………………………………………………………………… (132)
12.3 现场试验过程………………………………………………………………………… (133)
12.4 试验数据及分析……………………………………………………………………… (135)
12.5 试验结果验证………………………………………………………………………… (140)
12.6 本章小结……………………………………………………………………………… (141)
13 岩层锚杆(索)锚固机理试验研究 ……………………………………………… (142)
13.1 试验设计……………………………………………………………………………… (142)
13.2 施工以及锚杆制作…………………………………………………………………… (144)
13.3 拉拔试验……………………………………………………………………………… (147)
13.4 试验数据分析以及验证……………………………………………………………… (148)
13.5 岩体锚杆的锚固力…………………………………………………………………… (162)
13.6 本章小结……………………………………………………………………………… (162)
14 锚杆(索)材料 …………………………………………………………………… (164)
14.1 杆体材料……………………………………………………………………………… (164)
14.2 黏结材料……………………………………………………………………………… (166)
14.3 锚具…………………………………………………………………………………… (169)
14.4 其他…………………………………………………………………………………… (170)
14.5 本章小结……………………………………………………………………………… (173)
15 锚固工程的设计 ………………………………………………………………… (174)
15.1 锚固形式的选择……………………………………………………………………… (174)
15.2 一般规定……………………………………………………………………………… (175)
15.3 锚固工程设计的计算………………………………………………………………… (177)
15.4 锚杆(索)的构造设计……………………………………………………………… (180)
15.5 本章小结……………………………………………………………………………… (182)
16 锚杆(索)的施工 ………………………………………………………………… (183)
16.1 施工组织设计………………………………………………………………………… (184)
16.2 钻孔…………………………………………………………………………………… (184)
16.3 锚杆(索)的制作与安装…………………………………………………………… (187)
16.4 注浆…………………………………………………………………………………… (189)
16.5 张拉与锁定…………………………………………………………………………… (193)
16.6 本章小结……………………………………………………………………………… (197)
17 锚杆(索)试验与验收 …………………………………………………………… (198)
17.1 锚杆(索)基本试验………………………………………………………………… (198)

17.2 锚杆(索)验收试验…………………………………………………………………… (200)
17.3 质量控制与验收……………………………………………………………………… (201)
17.4 本章小结……………………………………………………………………………… (202)

第三篇 微型桩防治滑坡技术研究

18 概 述 …………………………………………………………………………………… (205)
18.1 问题的提出…………………………………………………………………………… (205)
18.2 微型桩治理滑坡的研究现状………………………………………………………… (206)
18.3 微型桩支护体系的特点……………………………………………………………… (211)
18.4 微型桩治理滑坡技术研究中存在的问题…………………………………………… (211)
18.5 主要研究内容与技术路线…………………………………………………………… (212)
18.6 本章小结……………………………………………………………………………… (214)
19 微型桩支护体系分类 …………………………………………………………………… (215)
19.1 微型桩的分类………………………………………………………………………… (215)
19.2 独立微型桩支护体系………………………………………………………………… (215)
19.3 平面刚架与空间平面刚架微型桩支护体系………………………………………… (216)
19.4 空间刚架微型桩支护体系…………………………………………………………… (217)
19.5 微型组合抗滑桩支护体系…………………………………………………………… (218)
19.6 本章小结……………………………………………………………………………… (219)
20 微型桩支护体系力学分析 ……………………………………………………………… (220)
20.1 微型桩结构特征……………………………………………………………………… (220)
20.2 单桩受力特征研究…………………………………………………………………… (221)
20.3 多桩刚架体系内力分析……………………………………………………………… (222)
20.4 本章小结……………………………………………………………………………… (230)
21 微型桩支护体系试验 …………………………………………………………………… (231)
21.1 微型桩支护体系推力模型试验……………………………………………………… (231)
21.2 微型桩支护体系现场工程试验……………………………………………………… (237)
21.3 本章小结……………………………………………………………………………… (246)
22 微型桩支护体系加固机理研究 ………………………………………………………… (247)
22.1 滑体(带)注浆改良作用……………………………………………………………… (247)
22.2 微型桩的被动锚固作用……………………………………………………………… (251)
22.3 微型桩的支挡作用…………………………………………………………………… (256)
22.4 本章小结……………………………………………………………………………… (257)
23 微型桩支护体系加固滑坡的设计 ……………………………………………………… (258)
23.1 微型桩支护体系加固滑坡的设计计算流程………………………………………… (258)

23.2 滑坡的勘察与稳定性评价…………………………………………………………… (259)
23.3 滑坡治理方案确定………………………………………………………………… (260)
23.4 微型桩设计………………………………………………………………………… (263)
23.5 本章小结…………………………………………………………………………… (268)

24 微型桩的施工 ……………………………………………………………………… (269)

24.1 施工组织设计……………………………………………………………………… (270)
24.2 钻孔施工…………………………………………………………………………… (270)
24.3 微型桩的制作安装………………………………………………………………… (273)
24.4 地表构筑物的施工………………………………………………………………… (275)
24.5 本章小结…………………………………………………………………………… (275)

25 微型桩工程质量控制与验收 ……………………………………………………… (276)

25.1 一般要求…………………………………………………………………………… (276)
25.2 注浆的质量控制与验收…………………………………………………………… (276)
25.3 桩体施工质量控制与验收………………………………………………………… (277)
25.4 验收资料…………………………………………………………………………… (277)
25.5 本章小结…………………………………………………………………………… (278)

第四篇 滑坡防治工程实例

26 南昆铁路八渡火车站滑坡治理工程 ……………………………………………… (281)

26.1 滑坡概况…………………………………………………………………………… (281)
26.2 治理工程措施……………………………………………………………………… (283)
26.3 位移监测…………………………………………………………………………… (286)
26.4 治理效果分析……………………………………………………………………… (287)

27 铜黄高速公路西河水库滑坡治理工程 ………………………………………… (288)

27.1 滑坡概况…………………………………………………………………………… (288)
27.2 治理工程措施……………………………………………………………………… (288)
27.3 治理效果分析……………………………………………………………………… (289)

28 西汉高速公路秦岭Ⅲ号特长隧道下行线进口加固工程 ………………………… (290)

28.1 工程概况…………………………………………………………………………… (290)
28.2 治理工程措施……………………………………………………………………… (290)
28.3 治理效果分析……………………………………………………………………… (291)

29 徽杭高速公路 YK60＋220～＋470 高边坡治理工程 ………………………… (293)

29.1 高边坡概况………………………………………………………………………… (293)
29.2 治理工程措施……………………………………………………………………… (293)

29.3 治理效果分析 …… (294)

30 黄陵二号煤矿高位水池滑坡治理工程 …… (295)

30.1 滑坡概况 …… (295)

30.2 滑坡岩土体物理力学性质 …… (297)

30.3 滑坡推力计算 …… (297)

30.4 滑坡治理方案与效果评价 …… (298)

31 宝雨山煤业有限公司矸石山滑坡治理工程 …… (300)

31.1 滑坡概况 …… (300)

31.2 滑坡岩土体物理力学性质 …… (301)

31.3 滑坡推力计算 …… (301)

31.4 滑坡治理方案与效果分析 …… (303)

32 青海 S101 线 K367＋020～＋195 段滑坡治理工程 …… (305)

32.1 滑坡概况 …… (305)

32.2 滑坡岩土体物理力学性质 …… (307)

32.3 滑坡推力计算 …… (307)

32.4 滑坡治理方案与效果分析 …… (307)

33 青海 S101 线 K363＋820～K364＋480 段 1# 滑坡治理工程 …… (309)

33.1 滑坡概况 …… (309)

33.2 滑坡岩土体物理力学性质 …… (311)

33.3 滑坡推力计算 …… (312)

33.4 滑坡治理方案与效果评价 …… (312)

34 结论与展望 …… (314)

34.1 结论 …… (314)

34.2 展望及建议 …… (315)

参考文献 …… (317)

第一篇

滑坡灾害基础知识

1 概 述

1.1 滑坡的概念

在我国，滑坡一般指狭义概念的滑坡，是指构成斜坡的有滑动历史和滑动可能性的岩、土体边坡，在重力作用下伴随着其下部软弱面（带）上的剪切作用过程而产生整体性运动的现象。我国的《地质灾害管理办法》中对滑坡的定义是：斜坡上的土体或岩体，受河流冲刷、地下水活动、地震及人工切坡等因素的影响，在重力的作用下，沿着一定的软弱面或软弱带，整体地或分散地顺坡向下滑动的自然现象（国土资源部，1999）。图1-1就是一个既有人工影响又有地下水活动所形成的滑坡。

在滑坡研究的历程中，国外一直流行广义的滑坡概念，是指那些构成斜坡坡体的物质——天然的岩石、土、人工填土或这些物质的结合体向下和向外的移动现象。自20世纪70年代以来，有人用“斜坡移动”或用“块体运动”等术语来代替广义的滑坡概念（国家防汛抗旱总指挥部办公室，1994；乔建平，1997），它包括了落石、崩塌、滑动、侧向扩展和流动五大类型。

图1-1　滑坡

从以上滑坡的定义可以看出，滑坡灾害具备以下特征：

（1）滑坡的物质成分就是那些构成原始斜坡坡体的岩土体。斜坡坡面上的其他物质（如雪体、冰体、动加载体、动植物体等）顺坡面下滑都不是滑坡现象，甚至于坡面上的岩块、土块等岩土碎屑物质零星的顺坡面下滑也不属于滑坡现象。

（2）滑坡是发生在地壳表部的、处于重力场之中的块体运动，产生块体运动的力源是重力。当各种条件的有利组合使块体的重力沿滑动面（带）的下滑分力大于抗滑阻力时，部分斜坡体即可脱离斜坡（母体）发生滑动。而诸如蓄水后的大坝坝肩对两端山体施加侧向推力而产生的山体移动现象，只能称之为滑移，不属于滑坡的范畴，本书中也不予讨论。

（3）滑坡下部的软弱面（带），是滑坡发生时的应力集中部位，斜坡体在这一位置上发生剪切作用。自然界中的许多所谓“岩崩”“山崩”等现象，实质上仍然是滑坡现象。但从滑坡体解体后的各个局部块体来看，它们在滑动的过程中还同时发生了倾斜、翻滚，块体之间还发生挤压和碰撞。这样的滑坡具备了一些崩塌的特征，可以将这类滑坡看作是滑坡与崩塌之间的过渡类型，称为崩塌性滑坡。

(4)斜坡体内的软弱面(带)往往也有很多层，有的坡体内同时发生滑动剪切的软弱面(带)也不止一个。有的滑坡虽然只有一个发生着剪切作用的软弱面(带)，但随着边界条件的变化，也可能会向上或向下转移到一个新的软弱面(带)位置上继续发生剪切滑动作用。

(5)整体性也是滑坡体的重要特征，至少在启动时滑坡体是呈现整体性运动的。许多滑坡在运动过程中也还能保持自身大体上的完整状态，但也有些滑坡体因岩土体结构、滑动面(带)起伏、含水量、剪出口位置等原因发生变形或解体，从而表现为崩塌性滑坡。

(6)通常情况下，滑坡是包含着滑动过程和滑坡堆积物的双重概念。滑动过程带来的灾害，早已引起人们的重视，而对滑坡堆积物的危害还未引起重视，研究也不多。滑坡堆积物是滑坡运动后的产物，不仅是指直接参与了滑动过程而停积下来的物质(即滑坡体本身所形成的堆积物)，而且还包括了由于滑坡作用的影响而间接形成的堆积物，如水下的浊流堆积物、滑坡堰塞湖中的静水堆积物等。

1.2 滑坡的发育阶段

滑坡的发生、发展过程是有阶段性的。根据大量的现场实际资料、观测成果、滑坡模型试验和相关的岩土力学研究成果，比较公认的是将滑坡的发生、发展、消亡的过程分为蠕滑、滑动、剧滑和趋稳4个阶段。图1-2中的曲线表现了前3个阶段，而F线以后即为趋稳阶段。

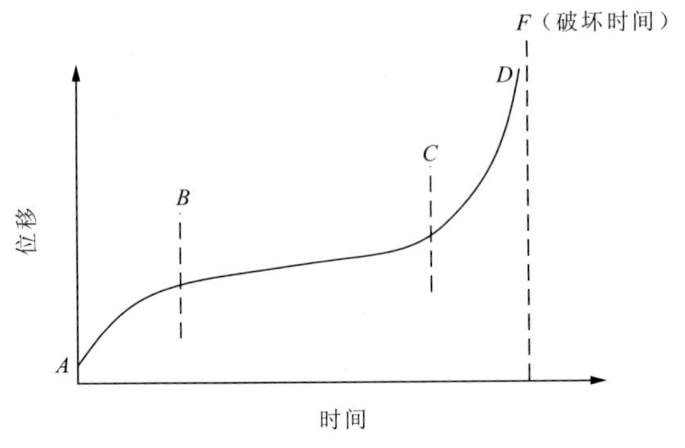

图1-2　滑坡的发育阶段

1.2.1 蠕滑阶段

滑坡发育的第一阶段(图1-2中的AB段)，即斜坡上的岩(土)体在重力作用下，应力在坡体中结构面(层面、节理、裂缝等)的两端和凸点处集中，并发生蠕滑变形。蠕滑阶段的变形特征有：

(1)首先是山坡上部出现裂缝，接着裂缝下侧的土体发生缓慢位移，每月变形仅数厘米甚至更小，而部分巨型滑坡后缘裂缝可以因滑坡体长时间的巨大变形积累能被拉开数十米。

(2)在此阶段，即使后缘出现拉张裂缝也并不明显，有时甚至很快被自然营力填充夷平。大型、巨型滑坡的后缘也可历时千万年而发展成洼地，在宏观地貌上仅可见后缘长期蠕滑的结果——洼地，但总体轮廓可能并不明显。

(3)局部的蠕滑点逐步发展成剪切变形带，剪切变形带内的抗剪强度由峰值逐渐降低，坡体表现出缓慢的蠕滑变形。

(4)这一阶段历时较长，有的达数年、数十年甚至上百年，最长可达2万至3万年(国家防汛抗旱总指挥部办公室等，1994)。

(5)该阶段除了重力以外的诱发因素作用并不明显，稳定系数从约1.20(或更大)向1.10左右变动。

1.2.2　滑动阶段

滑坡发育的第二阶段(图 1－2 中的 *BC* 段)。随着剪应力将滑面上的各锁固段(点)逐个剪断,坡体的变形越来越大,表现出变形缓慢增加,此时潜在滑面的强度为滑动面的残余强度,时间应变曲线为光滑的曲线或跳跃式的位移。滑动阶段的变形特征有:

(1)宏观地貌形态上开始显露出滑坡的总体轮廓,在纵向上可见解体现象。同时,滑坡周界的裂缝已基本连通,后缘可见拉张裂缝,部分可见前缘鼓张裂缝。

(2)剪切滑带(滑动面)已逐渐形成,滑带可见擦痕、镜面等滑动现象。

(3)这一阶段发育的时间有长有短,诱发因素对加速滑动发育过程起主导作用。

(4)在滑坡发生过程中,常会出现地下水异常、动物异常、声发射、地物、地貌改变、滑坡后壁或前缘出现小崩塌等现象。

(5)滑坡呈匀速位移或缓慢增大,并有逐渐增大的趋势。

(6)该阶段稳定系数从约 1.10 向 1.00 左右变动。

1.2.3　剧滑阶段

剧滑阶段又称为加速滑动阶段(图 1－2 中的 *CD* 段),是滑坡发育特征最为明显、变形速率最快、最可能发生破坏的阶段。当滑动面基本贯通,滑动面上的残余强度接近滑坡体的下滑力时,岩体处于快速位移状态,位移历时曲线迅速向上扬起。这一趋势继续发展,最终将导致滑坡的发生。剧滑阶段的变形特征有:

(1)滑坡体上各种类型的裂缝都可能出现,但变化很快。后缘和侧缘裂缝两边出现滑坎,后壁上常有小崩塌发生,中段有很多的拉张裂缝,前缘出现扇形裂缝。

(2)滑动面已完全贯通,形成完整的滑面。

(3)滑坡体在重力作用下发生滑动,表现为一次或断断续续的多次完成滑动过程,一般历时较短。

(4)诱发因素继续起作用,特别是断断续续发生滑动的滑坡,其诱发因素的作用十分明显。

(5)随着滑坡的滑动,常常出现地光、尘烟、地声、重力型地震、冲击气浪等伴生现象。

(6)该阶段稳定系数首先从约 1.00 变动到 0.90(或更小),再转而增大至 1.00。

1.2.4　趋稳阶段

该阶段是在剧滑阶段之后发生的,位移速度减慢,各块间变形逐步停止,滑带在压密下排水固结,地表无裂缝、沉陷发生,最后完全稳定下来。趋稳阶段的变形特征有:

(1)滑坡裂缝以及剧滑阶段所产生的后期变形裂缝均因外营力的作用而消失,或因水力冲刷作用而发展成冲沟。

(2)可见滑坡湖、滑坡湿地(沼泽),典型的滑坡形态逐渐消失。

(3)剪切变形带逐渐压密固结,抗剪强度逐渐增大,总体上滑坡向稳定方向发展转化,直至完全稳定。

(4)诱发因素可继续其作用,只有当 3 个滑坡发生的基本条件有缺失时,诱发因素的作用才会消失。

(5)该阶段稳定系数首先从约 1.00 向 1.20(甚至更大)变动。

也有的科学工作者将滑坡的发生划分为 3 个或 6 个阶段,主要差别在于对蠕动变形阶段的划分,对于最后 2 个阶段(剧烈滑动和稳定压密)的划分大同小异。宏观上人们只能在滑动阶段和剧滑阶段,根据一系列的伴生现象感知到滑坡运动。

1.3 滑坡的发育特征

斜坡产生滑动之后,形成环状后壁、台阶、垄状前缘等特殊的滑坡地貌,外表看上去很像一只倒扣过来的贝壳。为了正确地识别滑坡,判定斜坡上有没有滑坡的存在,首先需要知道组成滑坡的不同要素以及它们的相互关系和位置。一个发育比较典型的滑坡,通常由滑坡体、滑动面、滑坡裂缝、滑坡壁、滑坡台阶、滑坡舌(滑坡鼓丘)等要素所组成(图 1-3)。

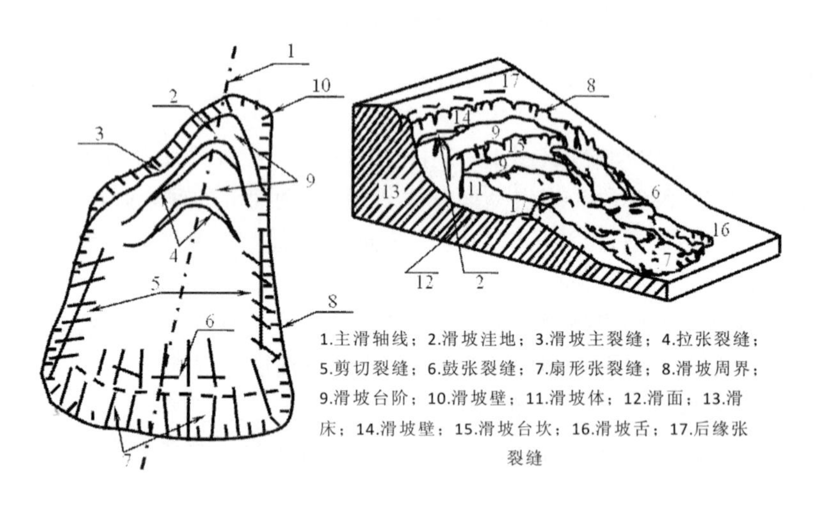

图 1-3　滑坡要素平面分布及形态示意图

1.3.1 滑坡体

斜坡边缘与山体(母体)脱离并且向下滑动的那部分岩土体,称为滑坡体,或简称滑体。滑坡体上的土石松动破碎,表面起伏不平,裂缝纵横,有些洼地积水成沼泽,长着喜水植物。不同滑坡体的体积差别很大,小型滑坡只有十几到几十立方米,大型滑坡体可达几百万至几千万立方米,特大型的甚至可达几亿立方米或更大。

1.3.2 滑坡周界

滑坡体与其紧挨着的周围不动土石体(母体)的分界线,称为滑坡周界。有些滑坡周界明显,有的周界很不明显。只有确定了滑坡周界,滑坡的范围也才能圈定。

1.3.3　滑坡壁

滑坡体后部与母体脱离开的分界面露出在外面的部分，在平面上多呈圈椅状，其高度视滑动量与滑体大小而定，从数米至数百米不等。陡度多在 30°～70°之间，似壁状，称滑坡壁或滑坡后壁。一般在新的滑坡壁上，都可以找到滑动擦痕，擦痕的方向即表示滑体滑动的方向。

1.3.4　滑坡台阶

由于滑坡体上下各段各块的滑动时间、滑动速度常常不一致，在滑坡体表面往往形成一些错台、陡壁，这种微小的地貌称为滑坡台阶或台坎，而宽大平缓的台面则称做滑坡平台或滑坡台地。

1.3.5　滑动面、滑动带和滑坡床

在滑坡体移动时，它与不动体（母体）之间形成一个界面并沿其下滑，这个面就叫做滑动面，简称滑面。滑动面以上揉皱的、厚数厘米至数米的扰动地带，称为滑动带，简称滑带。滑动面以下的不动体（母体），叫做滑坡床。有些滑坡并没有明显的滑动面，在滑坡床之上就是软塑状的滑动带。

1.3.6　滑坡舌

滑坡体前面延伸至沟堑或河谷中的那部分舌状滑体，称为滑坡舌，也叫做滑坡前缘、滑坡头部或滑坡鼓丘。在河谷中的滑坡舌，往往被河水冲刷而仅仅残留下一些孤石。称做滑坡鼓丘时，常常是由于滑坡体向前滑动过程中受到阻碍而形成了隆起的小丘。

1.3.7　主滑线

滑坡体滑动速度最快的纵向线叫做主滑线，也叫滑坡轴。主滑线代表着一个滑坡整体滑动的方向，它位于滑坡体上推力最大、滑坡床凹槽最深的纵断面上，是滑坡体最厚的部分。主滑线或为直线，或为曲线、折线，主要取决于滑坡床顶面的形状。

1.3.8　滑坡裂缝

滑坡在滑动之前和在滑动过程中，由于受力状况不同，滑动速度不同，会产生一系列裂缝，这些裂缝一般可以分为 4 种：

（1）拉张裂缝，分布于滑坡体上部的地面，因滑坡体向下滑动或蠕动，产生拉张作用，形成若干条长 10 多米到数百米的张口裂缝，且多呈弧形，其方向与滑坡壁大致吻合或平行；位于最外面的一条拉张裂缝，即与滑坡壁重合的一条，通常称为主裂缝。

（2）剪切裂缝，分布于滑坡体中下部的两侧，由于滑坡体和相邻的不动土石体之间相对位移产生剪切作用，或者由于滑坡体中央部分比两侧滑动更快而产生剪切作用，因而形成大体上与滑动方向平行的裂缝。在这些裂缝的两则，还常常派生出羽毛状平行排列的次一级裂缝。有时，由于挤压和扰动，沿着剪切裂缝常形成细长的土堆。

(3)鼓张(隆张)裂缝,当滑坡体向前方滑动时,因为受到阻碍或上部滑动比下部为快,土石体就会产生隆起并开裂形成张开的裂缝,鼓胀裂缝的方向与滑动方向垂直或平行。

(4)扇形张裂缝,分布在滑坡体中下部,尤以滑坡舌部为多,因滑坡体下部向两侧扩散而形成,它们也属于张开的裂缝。这些裂缝的方向,在滑坡体中部大致与滑坡滑动方向平行或成锐角相交,在滑坡舌部则呈放射状,所以称为扇形张裂缝或放射状裂缝。

1.3.9 封闭洼地

滑坡体向前滑动后,与滑坡壁之间拉开成沟槽或陷落成洼地,从而形成四周高、中间低的封闭洼地。封闭洼地中如果因滑坡壁地下水在此出露,或地表水在此汇集,形成湿地或水塘,就称为滑坡湖。

需要指出的是,滑坡的外貌特征往往只有新生滑坡或产生不久的滑坡才显露得比较典型,发生时间较久的老滑坡,由于人为活动或自然的原因,它们的本来面貌常常受到破坏,以致不容易观察出来,必须通过仔细的调查,寻找出残留的特征和迹象,才能正确地加以识别。

1.4 滑坡与边坡的区别

在工程实践中,还常常牵涉到区别边坡与滑坡的不同概念。不同领域的工程技术人员通常对边坡与滑坡有不同的理解,也经常混淆其发生机理的不同和防治措施的区别。本书的侧重点在于研究滑坡的发生机理、稳定性分析和防治措施,有必要对边坡和滑坡加以区分。

边坡和滑坡在成因、破坏面的形成、稳定性分析方法等方面有明显的不同,在防治措施上也形成了不同的体系。有时候尽管采用同一种结构的工程措施,但其受力特点、计算方法是有区别的。但是,我们在工程实践中又缺乏严格的区分标准,本书采用郑颖人等(2011)的区分办法,首先明确边坡和滑坡的概念,主要有以下 3 点:

(1)一般情况下边坡是指由于工程原因而开挖或填筑的人工斜坡;而滑坡是指由于自然原因而正在蠕动或滑动的自然斜坡。

(2)边坡在开挖与填筑前坡体内不存在滑面,但可以存在未曾滑动的构造面,无蠕动或滑动迹象;滑坡在坡体中存在天然的滑面,已有蠕动或滑动迹象。

(3)当人工斜坡内存在天然的滑面或引发古老滑面复活时,称之为人工滑坡;反之,当天然斜坡危及工程安全而需要治理时,则称之为自然边坡。

由以上 3 点可以看出,边坡与滑坡的区别在于:①边坡是涉及工程建设的人工斜坡,即使是自然边坡也必须与工程建设有关;而滑坡通常是由于自然原因引发蠕动与滑动的自然斜坡,只有工程滑坡才与工程建设有关。②边坡坡体的滑面是由于人工开挖与填筑后才形成的,原先并不存在,且坡体无蠕动与滑动迹象;而滑坡具有自然的滑面,且坡体有蠕动与滑动迹象。

本书的研究涵盖了与工程建设有关的人工滑坡和危及人民生命财产安全的自然滑坡。

1.5　滑坡与崩塌的区别

崩塌的概念也有广义与狭义之分。狭义的崩塌是指陡峻斜坡上岩土块体在重力的长期作用下，发生突然的断裂、倾倒而产生急剧的倾落运动；广义的崩塌还包括坠落概念。坠落是指斜坡上呈悬空状态的岩土块体在长期的重力作用下弯曲而折断，以自由落体方式运动的现象（图1-4）。

图1-4　崩塌

崩塌多发生在60°～70°的斜坡上。崩塌体为土质的，称为土崩；崩塌体为岩质的，称为岩崩；大规模的岩崩，称为山崩。崩塌体与坡体的分离界面称为崩塌面，崩塌面往往就是原有的倾角很大的结构面，如节理、片理、劈理、层面、破碎带等。崩塌体碎块在运动过程中滚动或跳跃，最后在坡脚处形成堆积地貌——崩塌倒石锥。崩塌倒石锥结构松散、杂乱、无层理、多孔隙；由于崩塌所产生的气浪作用，使细小颗粒的运动距离更远一些，因而在水平方向上有一定的分选性。

现实生活中，崩塌与滑坡常被混淆，尤其是发生在高山峡谷区的大型崩塌群体更不易与滑坡划分开来。但是崩塌与滑坡的勘察、评价及防治方法却相差很大，必须加以区分。正确区分崩塌与滑坡不仅具有理论意义，而且具有极大的现实意义，有助于使防灾措施更具针对性和实用性。

对于发生环境来说，滑坡和崩塌如同孪生姐妹，甚至有着无法分割的联系。它们常常相伴而生，产生于相同的地质构造和地层岩性条件下，且有着相同的触发因素，容易产生滑坡的地带也是崩塌的易发区。例如宝成铁路宝鸡至绵阳段，即既是滑坡的多发区，又是崩塌多发区。

崩塌可转化为滑坡：一个地方长期不断地发生崩塌，其积累的大量崩塌堆积体在一定条件下可生成滑坡；有时崩塌在运动过程中直接转化为滑坡运动，且这种转化是比较常见的；有时岩土体的重力运动形式介于崩塌式运动和滑坡式运动之间，以至于人们无法区别此运动是崩塌还是滑坡，因此地质科学工作者称此为滑坡式崩塌或崩塌型滑坡。崩塌、滑坡在一定条件下可互相诱发，互相转化，例如，崩塌体击落在老滑坡体或松散不稳定堆积体上部，在崩塌的重力冲击下，有时可使老滑坡复活或产生新滑坡；滑坡在向下滑动过程中若地形突然变陡，滑体就会由滑动转为坠落，即滑坡转化为崩塌。有时，由于滑坡后缘产生了许多裂缝，因而滑坡发生后其高陡的后壁会不断地发生崩塌。另外，滑坡和崩塌也有着相同的次生灾害和相似的发生前兆。

崩塌与滑坡区别主要表现在以下几个方面：

(1)崩塌发生之后，崩塌物常堆积在山坡脚，呈锥形体，结构零乱，毫无层序；而滑坡堆积物常具有一定的外部形状，滑坡体的整体性较好，反映出层序和结构特征。也就是说，在滑坡堆积物中，岩体(土体)的上下层位和新老关系基本没有发生变化，仍然是有规律的分布。

(2)崩塌体完全脱离母体(山体)，而滑坡体则很少是完全脱离母体的。大部分滑体残留在滑床之上。

(3)崩塌发生之后，崩塌物的垂直位移量远大于水平位移量，其重心位置降低了很多；而滑坡则不然，通常是滑坡体的水平位移量大于垂直位移量。多数滑坡体的重心位置降低不多，滑动距离却很大。同时，滑坡下滑速度一般比崩塌缓慢。

(4)崩塌堆积物表面基本上不见裂缝分布。而滑坡体表面，尤其是新发生的滑坡，其表面有很多具一定规律的纵横裂缝。比如：分布在滑坡体上部(也就是后部)的弧形拉张裂缝；分布在滑坡体中部两侧的剪切裂缝(呈羽毛状)；分布在滑坡体前部的鼓张裂缝和分布在滑坡体中前部的放射状裂缝。

1.6　本章小结

本章从滑坡的概念入手，首先介绍了滑坡的狭义和广义的定义，然后详细论述了滑坡变形的4个发育阶段和滑坡发育的形态特征，最后通过将滑坡与边坡、崩塌的不同发育特征的比较，阐述了滑坡与边坡、滑坡与崩塌的区别。

2　边坡的分类

国内外对于边坡已经有了很多分类方法，但由于所依据的分类原则、分类标准和分类目的的不同，迄今还没有一个公认的统一分类。目前常见的边坡分类的依据标准有：边坡的成因、边坡的结构、边坡的岩性、边坡的变形破坏形式等。但其共同特点是：或仅着眼于变形破坏的形式对边坡进行分类，或仅对其中某一种（或几种）边坡变形（如滑坡）按不同的准则进行细部分类。从中可以看出，尽管这些根据不同目的所进行的边坡分类，对边坡治理工作的发展起到了巨大的推动作用，都能不同程度地反映边坡的不同特征，但是这些分类还不能满足边坡治理工程建设的需要，不便于工程实践和勘察设计的应用。

由于不同的自然环境、地层条件、地质年代、人类活动和其他因素的影响，自然界的边坡是多种多样的，滑坡仅仅是其中之一。边坡分类也是人们对边坡认识水平和防治技术的发展现状水平的反映。本章就一些常见的、具有较高实用性的边坡分类方案做一简单介绍。这些分类方案同时也反映了对滑坡的不同认识和研究的现状。

2.1　边坡分类的目的与原则

边坡分类是在总结各种工程建设、自然边坡调查和勘察成果的基础上，将各种不同工程地质特性的边坡加以区分。某种边坡代表某种工程地质特性，其稳定特点和对工程的影响自然各不相同，勘察要求和防治方法也千差万别。因此边坡分类的目的主要有以下几点（杨航宇等，2002；姜德义等，2003）：

（1）边坡的稳定性受地质条件、水文地质条件、地形地貌、新构造运动和人类的工程活动等多种因素影响，其稳定状态是这些因素综合作用的反映。但究竟影响边坡稳定性的决定性因素是什么，直接关系到边坡的治理方式和投入大小。而这些就是边坡的分类所应该反映的内容。

（2）野外调查时，根据分类特征对边坡的类属迅速予以辨认，从而能较快掌握此类边坡的主要工程地质特征，并确定进一步的勘察方案。

（3）根据分类能对边坡的稳定性做出初步评价，就边坡对工程的影响做出判断。

（4）根据分类预测边坡可能出现的工程地质问题，并对边坡的工程处理提出原则性建议。

（5）当边坡问题较为复杂时，也可根据分类对进一步的勘察、试验和防护工作指明方向。

近百年来，有多种边坡分类方案问世，但不同的研究人员基本上都遵循了相同的分类原则，即科学性原则、实用性原则和易操作性原则。

科学性原则：边坡分类方案应能系统地、全面地揭示边坡的本质特征，以有助于深入认识、研究边坡。

实用性原则:边坡分类方案应能准确地区分和归并各种各样的失稳过程,以便人们能够依据边坡类型采取相应的防灾减灾措施。

易操作性原则:边坡分类方案应简明扼要、易操作应用,便于人们在实际工作中以较短的时间就能划分、判定边坡的类型。

2.2 边坡的现有分类方法

根据不同的分类目的和不同的分类原则,研究人员给出了不同的边坡分类方案,种类繁多,数量达几十种之多。常见的边坡分类依据标准有边坡的成因、边坡的结构、边坡的变形及破坏形式等(黄润秋,1991;熊传治,1992)。

2.2.1 《建筑边坡工程技术规范》上的分类

国家标准《建筑边坡工程技术规范》(GB 50330—2002)上对建筑边坡的分类十分简单,易于操作。但其将边坡仅分为岩质边坡和土质边坡两类,对岩质边坡进一步分为了滑移型和崩塌型(表 2-1),而未对土质边坡做进一步分类。

表 2-1 《建筑边坡工程技术规范》岩质边坡的破坏形式

<table>
<tr><th>破坏形式</th><th colspan="2">岩体特征</th><th>破坏特征</th></tr>
<tr><td rowspan="3">滑移型</td><td rowspan="2">受外倾结构面控制的岩体</td><td>硬性结构面的岩体</td><td rowspan="2">沿外倾结构面滑移,分单面滑移与多面滑移</td></tr>
<tr><td>软弱结构面的岩体</td></tr>
<tr><td>不受外倾结构面控制和无外倾结构面的岩体</td><td>整块状岩体,巨块状、块状岩体,碎裂状、散体状岩体</td><td>沿极软岩、强风化岩、碎裂结构或散体状岩体中最不利滑动面滑移</td></tr>
<tr><td>崩塌型</td><td colspan="2">危岩</td><td>沿陡倾、临空的结构面塌滑;由内、外倾结构不利组合面切割,块体失稳倾倒;岩腔上岩体沿竖向结构面剪切破坏坠落</td></tr>
</table>

2.2.2 边坡一般分类方法

在《公路边坡防护与治理》(杨航宇等,2002)一书中,根据边坡的不同成因、外形特征以及不同的破坏类型对公路边坡进行了详细的一般分类,如表 2-2 所示。其分类形式尽管十分全面,但比较繁杂,分类依据不同会产生不同的结果。这种分类能够代表边坡分类的研究现状,故称之为一般分类。

表 2-2 边坡一般分类表

<table>
<tr><th></th><th>分类依据</th><th>名称</th><th>简述</th></tr>
<tr><td rowspan="17">边坡分类</td><td rowspan="2">成因</td><td>自然边坡(斜坡)</td><td>由自然地质作用形成地面具有一定斜度的地段,按地质作用可细分为剥蚀边坡、侵蚀边坡和堆积边坡</td></tr>
<tr><td>人工边坡</td><td>由人工开挖、回填形成地面具有一定斜度的地段</td></tr>
<tr><td rowspan="2">岩性</td><td>岩质边坡(岩坡)</td><td>由岩石构成,按岩石成因、岩体结构又可细分</td></tr>
<tr><td>土质边坡(土坡)</td><td>由土构成,按土体结构又可细分为单元结构、多元结构、土石混合结构、土石叠置结构</td></tr>
<tr><td rowspan="4">坡高</td><td>超高边坡</td><td>岩质边坡坡高大于 30m,土质边坡坡高大于 15m</td></tr>
<tr><td>高边坡</td><td>岩质边坡坡高 15～30m,土质边坡坡高 10～15m</td></tr>
<tr><td>中高边坡</td><td>岩质边坡坡高 8～15m,土质边坡坡高 5～10m</td></tr>
<tr><td>低边坡</td><td>岩质边坡坡高小于 8m,土质边坡坡高小于 5m</td></tr>
<tr><td rowspan="3">坡长</td><td>长边坡</td><td>坡长大于 300m</td></tr>
<tr><td>中长边坡</td><td>坡长 100～300m</td></tr>
<tr><td>短边坡</td><td>坡长小于 100m</td></tr>
<tr><td rowspan="5">坡度</td><td>缓坡</td><td>坡度小于 15°</td></tr>
<tr><td>中等坡</td><td>坡度 15°～30°</td></tr>
<tr><td>陡坡</td><td>坡度 30°～60°</td></tr>
<tr><td>急坡</td><td>坡度 60°～90°</td></tr>
<tr><td>倒坡</td><td>坡度大于 90°</td></tr>
<tr><td rowspan="3">稳定性</td><td>稳定坡</td><td>稳定条件好,不会发生破坏</td></tr>
<tr><td>不稳定坡</td><td>稳定条件差或已发生局部破坏,必须处理才能稳定</td></tr>
<tr><td>已失稳坡</td><td>已发生明显的破坏</td></tr>
<tr><td rowspan="7">岩质边坡分类</td><td rowspan="3">岩石类别</td><td>岩浆岩边坡</td><td>由岩浆岩构成,可细分为侵入岩边坡及喷出岩边坡</td></tr>
<tr><td>沉积岩边坡</td><td>由沉积岩构成,可细分为碎屑沉积岩边坡、碳酸盐岩边坡、黏土岩边坡、特殊岩(夹有岩盐、石膏等)边坡</td></tr>
<tr><td>变质岩边坡</td><td>由变质岩构成,可细分为正变质岩边坡和副变质岩边坡</td></tr>
<tr><td rowspan="4">岩体结构</td><td>块状结构边坡</td><td>边坡岩体呈块状结构,岩体较完整,由岩浆岩体、厚层或中厚层沉积岩或变质岩构成</td></tr>
<tr><td>层状结构边坡</td><td>边坡岩体呈层状结构,由层状或薄层状沉积岩或变质岩构成</td></tr>
<tr><td>碎裂结构边坡</td><td>边坡岩体呈碎裂状结构,由强风化或强烈构造运动形成的破碎岩体构成</td></tr>
<tr><td>散体结构边坡</td><td>边坡岩体呈散体状结构,由全风化或大断层形成的极破碎岩体构成</td></tr>
</table>

续表 2-2

<table>
<tr><td rowspan="4">岩质边坡分类</td><td>分类依据</td><td>名称</td><td colspan="2">简述</td></tr>
<tr><td rowspan="3">岩层走向、倾向与坡面走向、倾向的关系</td><td>顺向坡</td><td colspan="2">两者基本一致</td></tr>
<tr><td>反向坡</td><td colspan="2">两者的走向基本一致，但倾向相反</td></tr>
<tr><td>斜向坡</td><td colspan="2">两者的走向成较大角度(>45°)相交</td></tr>
<tr><td rowspan="8">岩质边坡破坏类型分类</td><td>破坏类型</td><td>示意图</td><td colspan="2">特征</td></tr>
<tr><td rowspan="4">平面破坏</td><td>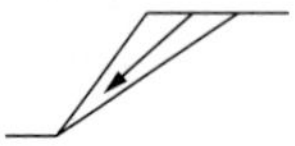</td><td rowspan="4">主要结构面的走向、倾向与坡面基本一致，结构面的倾角小于坡脚且大于其摩擦角</td><td>一个滑动平面和一个滑动块体</td></tr>
<tr><td>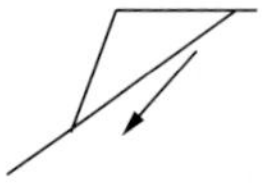</td><td>一个滑动平面和一条张裂隙</td></tr>
<tr><td>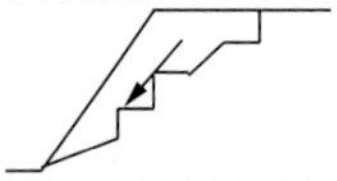</td><td>若干滑动平面和横节理</td></tr>
<tr><td>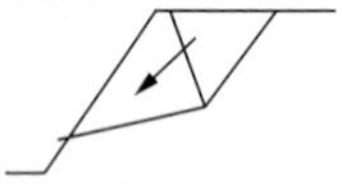</td><td>一个主要滑动平面和主动、被动两个滑动块体</td></tr>
<tr><td>楔形破坏</td><td>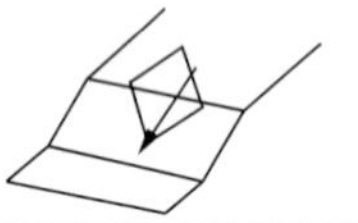</td><td colspan="2">两组结构面的交线倾向坡面，交线的倾角小于坡脚且大于其摩擦角</td></tr>
<tr><td>圆弧破坏</td><td>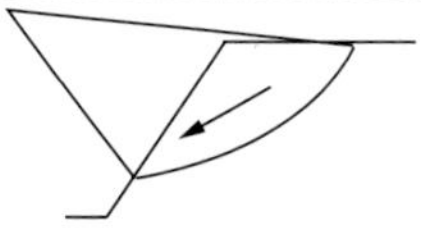</td><td colspan="2">节理很发育的破碎岩体发生旋转破坏</td></tr>
<tr><td>倾倒破坏</td><td></td><td colspan="2">岩体被陡倾结构面分割成一系列岩柱，当为软岩时，岩柱产生向坡面的弯曲；当为硬岩时，岩柱可再被正交节理切割成岩块，向坡面翻到</td></tr>
<tr><td rowspan="4">根据斜坡破坏形式的分类</td><td>类型</td><td colspan="3">特征</td></tr>
<tr><td>滑坡</td><td colspan="3">斜坡在一定自然条件下，部分岩(土)体在重力作用下，沿着一定的软弱面(带)，缓慢地、整体地向下移动。滑坡一般具有蠕动变形、滑动破坏和渐趋稳定 3 个阶段。有时也具有高速急剧移动现象。
因下浮岩层压缩，斜坡沿岩(土)体内较陡的结构面发生整体下坐(错)位移，称为坐(错)落。组成斜坡的岩(土)，常不发展连续的滑动面，而斜坡方向发生塑性变形称为倾倒</td></tr>
<tr><td>崩塌</td><td colspan="3">整块岩(土)体块脱离母体，突然从较陡的斜坡体上崩落下来，并顺斜坡猛烈翻转、跳跃，最后堆落在坡脚，规模巨大时称为山崩，规模小时称为塌方。
悬崖陡坡上的个别岩块突然下落，成为坠落的岩块(或危石)</td></tr>
<tr><td>剥落</td><td colspan="3">斜坡表层岩(土)，长期遭受风化，在冲刷和重力作用下，岩(土)屑(块)不断沿斜坡滚落，堆积在坡脚</td></tr>
</table>

2.2.3 姜德义等的分类

姜德义等(2003)在总结高速公路工程边坡勘察成果的基础上，结合工程实践，提出了高速公路工程边坡的工程地质分类。

在这种分类方法中，按边坡与工程关系把边坡统分为自然边坡和人工边坡；按人工边坡的形成方式把边坡分为填方路堤边坡和挖方路堑边坡；按边坡变形情况把边坡分为变形边坡和未变形边坡；按边坡岩性把未变形边坡统分为岩质边坡、土质边坡和土石边坡。根据岩(土)体性质及其结构，对岩质边坡和土质边坡进行了细部分类，同时按边坡的高度、坡度等对边坡进一步做出了一般性分类。

2.2.4 其他分类

国家防汛抗旱总指挥部办公室和中国科学院、水利部成都山地灾害与环境研究所(1994)联合编著的《山洪、泥石流、滑坡灾害及防治》一书中主要归纳总结了滑坡与崩塌的分类方式，见表 2－3、表 2－4。

表 2－3 常见滑坡的分类方式

分类依据	滑坡类型(别称)
1. 滑坡体平面形态	圈椅形(马蹄形) 横长形(横展形) 纵长形(条形) 缩口型(葫芦形) 勺形 椭圆形 多边形(角形)
2. 滑坡体厚度(m)	巨厚层滑坡(＞50) 厚层滑坡(30～50) 中层滑坡(15～30) 浅层滑坡(6～15) 表层滑坡(＜6)
3. 滑坡体体积(m^3)	超巨型＞10^9 巨型 10^8～10^9 超大型 10^7～10^8 大型 10^6～10^7 中型 10^5～10^6 小型 10^4～10^5 较小型 10^3～10^4 微型 10^2～10^3 极微型＜10^2
6. 滑坡体含水程度	干滑坡(块体滑坡) 塑性滑坡 饱水滑坡(塑流滑坡)
7. 主要诱发因素	地震滑坡、暴雨滑坡、融冻滑坡(融冻滑塌)、液化滑坡、工程滑坡(人为滑坡)、渠道滑坡
8. 地表水动力条件	陆上滑坡 水边滑坡 水底滑坡
9. 滑坡力学状态	牵引式滑坡(后退式滑坡)、推动式滑坡(推移式滑坡)
10. 主滑段与地层关系	顺层滑坡 切层滑坡
11. 滑坡物质	岩质滑坡(岩石滑坡、盐层滑坡)、半成岩地层滑坡、土质滑坡(覆盖层滑坡)
12. 运动状态	剧虫型滑坡(崩塌性滑坡、高速滑坡)、缓慢滑坡、周期性变速滑坡(间歇滑坡)、匀速滑坡

续表 2－3

分类依据	滑坡类型(别称)	分类依据	滑坡类型(别称)
4. 纵剖面上的滑坡型态	直线形滑坡 折线形滑坡 圆弧形滑坡	13. 发生时代	潜伏性滑坡(隐滑体) 新滑坡 老滑坡 古滑坡
5. 滑动面数目	单滑面滑坡 双滑面滑坡(双层滑坡) 多滑面滑坡(多层滑坡)	14. 滑动次数	首次滑坡 多次滑坡

表 2－4　常见崩塌的分类方案

分类依据	类型	简述
块体方位	坠落式	斜坡上悬空的岩土块体呈悬臂梁受力状态而发生断裂,以自由落体方式脱离母体
	倾倒式	斜坡上岩土体受重力发生弯曲,最终断裂、倾倒而脱离母体
体积(m^3)	特大型	＞1000
	大型	100～1000
	中型	10～100
	小型	1～10
	落石	＜1
物质	岩崩	崩塌块体是岩质
	土崩	崩塌块体是土质
块体规模	崩塌	大规模整体性运动,范围大
	坠落	个别岩土体块体的运动,范围小
	剥落	岩屑崩落,剥落后所暴露出的坡面依然是稳定的,又称撒落,散落,碎落
运动方式	坠落式	崩塌块体呈自由落体方式运动
	跳跃式	崩塌块体碰撞地面呈跳跃方式运动
	滚动式	崩塌块体沿坡面呈滚动方式运动
	滑动式	崩塌块体沿坡面呈滑动方式运动
	复合式	崩塌块体在坡面上呈多种复合方式运动,如跳滚式、滚滑式、跳滑式等

在《岩体力学》(刘佑荣,2002)一书中,将天然斜坡和人工边坡总称为斜坡。前者是自然地质作用形成未经人工改造的斜坡,这类斜坡在自然界特别是山区分布广泛,如山坡、沟谷岸坡等;后者是经人工开挖或改造形成的,如露天采矿边坡、铁路公路路堑与路堤边坡等。另外,又根据岩性将边坡分为土质边坡和岩质边坡。

对于黄土地区的边坡分类,目前尚没有一个成功完整的分类方法,一般都套用岩石力学分类或铁路公路边坡的现有分类办法,将其分为滑坡和塌方。但是对于黄土滑坡的类型划分比较多，常见的有中国铁道科学研究院西北分院的分类、王成华等的分类、乔定平等的分类和王念秦等的分类(表2-5)。

表2-5　黄土滑坡类型划分

中国铁道科学研究院西北分院的分类	王成华等的分类	乔定平等的分类	王念秦等的分类
(1)按成因分：洪积老黄土滑坡；洪积、风积黄土滑坡；风积、坡积黄土滑坡。 (2)按厚度分：极深层黄土滑坡；深层黄土滑坡；中层黄土滑坡；浅层黄土滑坡	(1)崩塌推移型：暴雨崩塌推移型；融冻崩塌推移型；溶、潜蚀崩塌推移型；地震崩塌推移型。 (2)错落转动型：暴雨错落转动型；融冻错落转动型；融、潜蚀错落转动型。 (3)蠕动平移型：融冻蠕动平移型；溶、潜蚀蠕动平移型	(1)按厚度分：巨厚层滑坡($H>50\text{m}$)；厚层滑坡($H=20\sim50\text{m}$)；中层滑坡($H=6\sim20\text{m}$)；浅层滑坡($H<6\text{m}$)。 (2)按产生时代分：古滑坡；老滑坡；新滑坡；新生滑坡。 (3)按力源分：推动式滑坡；牵引式滑坡。 (4)按出口与坡脚关系分：坡基滑坡；坡体滑坡。 (5)按诱因分：自然因素滑坡；人为因素滑坡	(1)黄土型：黄土滑坡；黄土基岩接触面滑坡。 (2)混合型：黄土顺层滑坡；黄土切层滑坡

2.3　边坡破坏综合工程分类

2.3.1　现有边坡分类的缺陷

上一节介绍的各种分类方式，对边坡分类学科的发展起到了巨大的推动作用，但由于分类依据和目的的不同，存在着不同程度的缺陷。主要表现在以下几点：

(1)分类不完整。不能充分包容不同的边坡形式，尤其是《建筑边坡工程技术规范》上的分类过于简单，可操作性不强，工程技术人员经常无所适从。

(2)分类条件繁杂。主要表现在对专门边坡如滑坡、崩塌等的分类过于详细，条件设置繁复，可操作性不强。

(3)工程针对性不强。为学术研究或交流的方便，工程目的性不强。在工程实践中增加了工作量，却不能有效地解决工程所面临的问题，指导工程设计与施工。

(4)专用性太强。每一个学者都针对自己的研究领域，提出自己的分类方法，在其他领域很难使用。

2.3.2　边坡破坏综合工程分类的依据

边坡的分类，主要是有利于解决工程中的问题，确保建筑结构的安全运行，为解决存在的安全隐患提供指导。针对以上存在的问题，作者在总结我国关于边坡分类现有方法的基础上，根据我国工程发展的实际情况，提出了一个具有普遍适用性的边坡破坏综合工程分类方法。

为了工程中实用和方便，分类时贯彻了以下原则。

(1)在实践的基础上，主要针对已经产生变形的边坡进行分类。

(2)为便于在野外对边坡进行辨认，并对其稳定性做出评价，在分类中将各类边坡的特征、可能的主要破坏形式、可能出现的问题以及与工程的关系加以说明。

(3)对边坡工程地质特征进行分类描述时，注意结合与工程的关系进行说明。

(4)分类的主要依据是岩性、变形破坏特征和工程治理措施。

(5)在分类的基础上对边坡进行稳定性评价，进一步考虑与工程的关系。

(6)为了在工程边坡勘察中使地质描述规范化和论述使用方便，最后按照边坡的高度、坡度、人工改造情况的不同，对边坡做了一般性分类。

2.3.3 边坡破坏综合工程分类

根据上述的分类原则，结合边坡防治的具体工程措施，不区分自然边坡和人工边坡，将边坡分为三大类，即岩质边坡、土质边坡，并加入了类土质边坡的概念。对每大类的边坡按照破坏类型分类，然后进一步对滑坡引入滑坡体积的分类形式，对其他边坡采用高度的分类形式，见表 2－6。采用这种分类方式，滑坡或边坡的类型确定以后，基本上就可以确定基本的防治措施。

表 2－6 边坡破坏综合工程分类法

<table>
<tr><th>边坡岩性</th><th colspan="2">破坏类型</th><th>滑坡体积类型</th><th>边坡高度类型</th></tr>
<tr><td rowspan="5">岩质边坡</td><td rowspan="3">滑坡</td><td>平面滑动</td><td rowspan="18">$>10^9 m^3$:超巨型
$10^8 \sim 10^9 m^3$:巨型
$10^7 \sim 10^8 m^3$:超大型
$10^6 \sim 10^7 m^3$:大型
$10^5 \sim 10^6 m^3$:中型
$10^4 \sim 10^5 m^3$:小型
$10^3 \sim 10^4 m^3$:较小型
$10^2 \sim 10^3 m^3$:微型
$<10^2 m^3$:极微型</td><td rowspan="18">$>100m$:超高边坡
50～100m:高边坡
20～50m:中高边坡
$<20m$:低边坡</td></tr>
<tr><td>圆弧滑动</td></tr>
<tr><td>楔形滑动</td></tr>
<tr><td colspan="2">崩塌</td></tr>
<tr><td colspan="2">溜砂</td></tr>
<tr><td rowspan="8">土质边坡</td><td rowspan="2">滑坡</td><td>平面滑动</td></tr>
<tr><td>圆弧滑动</td></tr>
<tr><td colspan="2">崩塌</td></tr>
<tr><td colspan="2">塌滑</td></tr>
<tr><td colspan="2">泥流</td></tr>
<tr><td colspan="2">泥石流</td></tr>
<tr><td colspan="2">冲刷</td></tr>
<tr><td colspan="2">溜砂</td></tr>
<tr><td rowspan="5">类土质边坡</td><td rowspan="2">滑坡</td><td>平面滑动</td></tr>
<tr><td>圆弧滑动</td></tr>
<tr><td colspan="2">崩塌</td></tr>
<tr><td colspan="2">冲刷</td></tr>
<tr><td colspan="2">溜砂</td></tr>
</table>

从表 2-6 中可以看出，三大类边坡中都包含了滑坡、崩塌和溜砂坡，土质边坡的破坏类型更丰富一些，包括了泥流、泥石流和冲刷等破坏类型。下面就对综合分类中提到的不同类型分别做出论述。

(1)岩质边坡。简单地说，岩质边坡就是指不同性质的岩块，在特定的岩体结构控制下，由水力、风化、地震、重力和人类活动等不同的内外营力作用下形成的斜坡。根据不同的破坏形式、预防治理方式，划分为滑坡、崩塌和溜砂坡。

滑坡通常是指构成斜坡的岩体在重力作用下，由水力、风化、地震和人类活动等诱发而失稳，沿着坡体内部的一个(或几个)软弱面(带)发生剪切而产生的整体性下滑现象。岩质边坡中滑坡的滑动方式通常有平面滑动、楔形滑动和圆弧形滑动 3 种。我国滑坡分布十分广泛，岩质滑坡主要分布在山区，危害严重，给工农业生产和人民的生命财产造成了严重的损失。据报道，仅 2003 年 6 月 24 日晚发生在四川省广安华蓥市的特大暴雨，就造成了 150 余处山体滑坡，21.7 万人受灾，18.3 万人成灾(杨明等，2002)。由此可见，我国的岩体滑坡分布范围十分广泛，成灾密度大。

崩塌是指在岩质边坡的陡坡地段，边坡上部的岩石块体在重力作用下，突然以高速脱离母岩而翻滚坠落的急剧变形破坏现象。以此类破坏形式为主的边坡，称为崩塌破坏边坡，此类边坡的坡脚常堆积有岩石块体。如果斜坡体上的岩体已有变形迹象，但还没有坠落下来，称为危岩。崩塌分布也十分广泛，在各个山区都有发生。我国的西南、西北、三峡地区、横断山区和台湾山地经常发生崩塌现象。尤其在垂直地带分布性方面，崩塌的分布地带位于滑坡分布上限之上，在这里受寒冻风化作用的影响，崩塌成为块体运动的主要形式。

溜砂坡(姜德义等，2003；梁光模等，2003)是指高陡斜坡在强风化作用下形成砂粒和碎屑，在重力作用下发生溜动，并在坡脚堆积形成锥状斜坡。它是斜坡重力侵蚀的一种特殊类型，在特定的地形、地质和气候(不仅是高寒气候)条件下形成和演化而成，也称之为剥落边坡。溜砂坡的形成与构成边坡的岩石性质、岩体结构、产状都有密切的关系，影响深度不大，一般只有数厘米或数十厘米。溜砂坡在岩质边坡、土质边坡和类土质边坡中均可发生，主要有以下几种情况：① 高寒地区的花岗岩、玄武岩等岩质地层；② 高寒地区的冰积、冲洪积砂砾石地层；③ 高寒地区的黏土或砂质边坡；④ 南方的一些硬质黏土地层；⑤ 有些强风化的泥质或砂泥质、泥砂质岩层，如志留系页岩等。前三种因冻融和冲刷、风化作用，后两种因降雨影响而形成的干湿效应，引起边坡表层的层层剥落。经剥落后的边坡将表层剥落物质清除后，剥落又会继续向深部逐层发展。影响深度虽然一般不大，只有几厘米到几十厘米，但递进性很强，逐层破坏，可以使整个边坡都失稳。

(2)土质边坡。就是具有倾斜坡面的土体，它的简单外形和各部位名称如图 2-1 所示。土质边坡按照破坏形式和治理方法的不同可分为滑坡、崩塌(倾倒型)、塌滑边坡、流泥坡、溜砂坡、冲刷坡、泥石流坡等。

土体重量以及水的渗透力等在坡体内引起剪应力，剪应力大于土体的抗剪强度时，就会产生剪切破坏。如果靠坡面处剪切破坏的面积很大，就会产生一部分土体相对于另一部分土体的滑动现象，称之为滑坡。在土质边坡中还经常产生沿土岩分界面滑动的滑坡，一般下部岩体为泥岩等不透水岩石，在土岩分界面上形成高孔隙水压力带和冲刷带，在静水压力和动水压力的综合作用下发生滑坡。根据土体性质的不同，滑动面呈现出不同的形态：粗粒土中的滑坡深度浅，或者由于岩、土分界面的影响，滑面形状接近于平面；裂隙发育的坚硬土体中，可形成由两个以上的平面组成的折线形滑动面；均质黏性土滑坡面的形状按塑性理论分析为对数螺线曲面，很接近于圆弧面；而黄土层中的滑动面一般呈“L”形，滑坡后缘较陡直，然后急剧转缓，几乎呈现为水平状态。

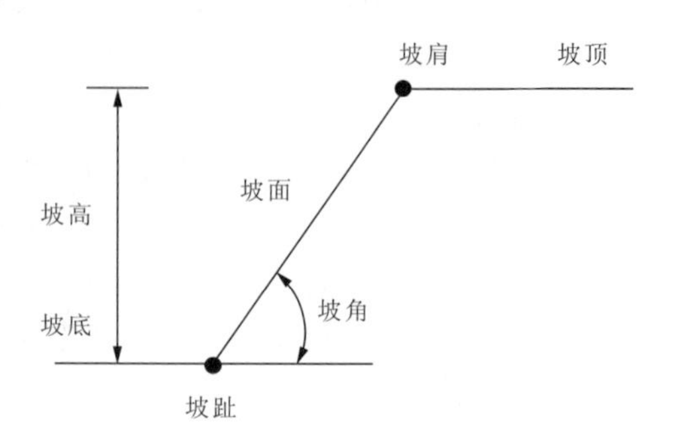

图 2－1　土质边坡各部位名称

土体中的崩塌常发生在高陡、垂直裂隙发育的土体中，主要表现为向外倾倒，与岩质边坡中的崩塌有极其相似之处。常见于坚硬土质的边坡，如老黄土边坡、砂卵石边坡以及半成岩的土质边坡。

塌滑坡是一种复合变形边坡，其发生的特征是坡脚土体软化，不足以支撑上部土体的重量，坡面土体解体向下坐塌，有时还伴以局部或整体土体的滑动。因坡面土体的解体，破坏面不平整且直立，局部常伴有崩塌现象。是崩塌、滑动、蠕变松动等综合变形的表现(图 2－2)。

土质边坡中的溜砂坡与岩质边坡中溜砂坡性质及表现形式基本相同，可参见岩质边坡中的相应部分。

冲刷坡是指自然或人工形成的斜坡，在降雨的影响下，发生坡面冲刷而形成的边坡。这种边坡上的沟壑一般情况下呈纵向展布，并且在水力作用下，呈现溯源侵蚀现象。边坡的这种破坏方式，是一种渐进式的缓慢破坏过程，一般不会立即造成大的灾害(油气管线工程除外)，主要的危害是水土流失(图 2－3)。冲刷坡在黄土地区十分普遍，规模巨大时会形成巨型的冲沟，如著名的山西榆林冲沟，在修建西气东输管线时，给工程造成了巨大的难度，加大了投资。

泥流坡是在斜坡的表面有松散的堆积物或表面土质较松散，在降雨、冻融或地下水的影响下，在斜坡面形成泥流，堆积在坡脚、坡面或低洼处(雷详义等，2000；靳德武等，2004；陈莉，2001)。这种破坏形式与泥石流相似，但通常规模较小，不具有明显的形成区、流通区和堆积区，与泥石流明显的区别在于不含或含少量砾石，黄土地区就是以泥流为主(图 2－4)。在构造强烈、人工形成的松散堆积体斜坡中经常发生。对输水渠道的破坏比对其他构筑物的破坏更明显、危害更大。例如，在黄土地区修建公路时，不论是路基边坡，还是路堑边坡，经常发生坡面流泥堵塞公路截排水沟，甚至于堆积堵塞交通的现象，危及到行车安全；而 2003 年 8 月 25 日的兰州市红山根泥流则直接危及到了附近人民群众的生命财产安全(郭建军，2004)。

泥石流是山区常见的一种自然现象。它是由于降水(暴雨、融雪、冰川)而形成的一种携带大量泥砂、石块等固体物质的特殊固液两相流体，呈现黏性层流或稀性紊流等运动状态，是各种自然因素(地质、地貌、水文、气象、土壤、植被等)和人为因素综合作用的结果。泥石流形成过程复杂，爆发突然，来势凶猛，历时短暂，具有强大的破坏力，是山区经济建设的一大灾害(图 2－5)。典型的泥石流从上游到下游一般可分为 3 个区：形成区(也称源区)、流通区和堆积区。而这里所说的泥石流源坡特指泥石流的形成区斜坡，我们在治理时如果控制了泥石流的形成区，也就不用再考虑流通区和堆积区的危害了。要形成泥石流，泥石流源坡必须具有大量松散的堆积物，包括滑坡堆积体、强烈风化边坡、工矿开采形成的矸石、尾矿等堆积体形成的斜坡等。由于其共同特点是含松散堆积物和第四系沉积物形成，故将其归入土质边坡。

图 2-2　塌滑坡场景

图 2-3　冲刷坡场景

图 2-4　泥流坡场景

图 2-5　泥石流场景

(3)类土质边坡。类土质边坡的界定主要是从其构成介质的特殊性及其工程性质来进行的。以往把类土质边坡主要限定在花岗岩残积土边坡的分类(杨明等,2002;朱宝龙等,2004)是不全面的,本书综合熊自英(2004)和卢才金(2004)的研究,将其定义为:坡体中存在结构面,无法用传统的土力学理论和岩体力学理论进行求解的土体边坡或破碎岩体边坡。该类边坡的构成介质从表面上看属于砂性土或黏性土,但土体中存在软弱结构面或使其呈现各向异性力学性质的不连续面,这些结构面可以是原生的沉积构造、风化母岩结构面的继承,也可以是浅表层改造的结果,它们的表现形式为宏观贯通的软弱面、显现结构面或者隐微结构面。而这些结构面对边坡的稳定性起着相当大的控制作用,使边坡的破坏形式明显区别于均质土边坡和岩质边坡的破坏形式。只要边坡的构成介质具有显著的上述性质,就应列入类土质边坡的范畴。根据类土质边坡的破坏形式可将类土质边坡分为平面滑坡、圆弧滑坡、崩塌、冲刷坡和溜砂坡。

类土质平面滑动中包括了溜塌。受坡体风化后仍残留或隐藏的层面、节理的控制,当这些结构面倾向坡体临空面时,上部土体沿这些结构面发生相对移动而形成平面滑动或溜塌。这类破坏形式发生在平面型与汇流型斜坡中,占类土质边坡破坏数量的绝大多数。该类破坏的发生与坡高无直接关系,主要取决于边坡临空面与结构面的空间组合及软弱面的抗剪强度。此类边坡破坏多发生在雨季,降雨时结构面进一步软化,滑体原有裂隙扩展或产生新裂隙,逐渐解体,滑动块体沿结构面剪出。

圆弧滑动是均质黏性土边坡中滑坡的基本形式,当类土质边坡中的结构面反倾,不对边坡的变形破坏起控制作用时,边坡便以这种形式形成滑坡。这类情况发生的主要条件有:破碎岩边坡需在各种地质条件作用下进一步风化成类土质边坡,并且没有明显结构面的影响;母岩中存在倾向与坡面倾向相反的结构面,且风化后的类土质边坡不受这些结构面作用的控制。由于母岩中一般均会发育有不利于边坡稳定的结构面,使风化后的类土质边坡受结构面的控制,所以这类破坏形式的边坡在类土质边坡中数量相对较少,仅局部可见。

当类土质边坡中的结构面倾向坡体临空面且倾角很大、近于直立时,便容易形成坡体的崩塌。在花岗岩岩体中,结构面往往为岩脉或火山喷发时形成的不连续面,火山喷发的特性形成较陡的结构面,在漫长的风化作用或人工影响下,由于卸荷作用,使这些陡倾结构面上部先行张开。降雨发生时，上部拉张裂缝充水，由于动静水压力的作用，软弱结构面前部的土体向临空面倾覆，形成崩塌。崩塌在花岗岩残积土边坡中极为常见，与岩质边坡中的崩塌有相似之处，有些学者也将花岗岩残积土边坡中的这类破坏称之为崩岗。崩塌的单块破坏体厚度一般不大于2m，往往形成叠瓦式，每一次的破坏相当于坡体前缘卸荷，又会为新一轮的破坏提供张开裂隙，产生破坏条件。

冲刷坡是指坡面表层土体在降雨及其形成的坡面流作用下流失破坏的现象。在各种内外风化营力和人为因素的作用下，坡面浅层土体较为松散，在不利的降雨条件下往往形成严重的坡面冲刷。由于花岗岩残积土的组成介质和粒度成分的特殊性，为坡面的冲刷提供了有利的物质条件，所以该类破坏形式的斜坡在花岗岩残积土类土质边坡中尤为常见和严重。当边坡坡度较小时，水力梯度也较小，不足以切割成深沟，以片蚀为主，同时在缓坡位置常形成落水洞；随着边坡坡度的增大，水的淘蚀能力加强，沟蚀作用越来越显著。

类土质边坡中的溜砂坡与岩质边坡中的溜砂坡有相似之处，主要发育在诸如砂岩、泥岩、页岩等的全—强风化带。软岩经风化已基本变成了砂质黏土、粉质黏土或黏砂土，但土体中保留了软岩中的层面和节理。如果软弱面的倾向与坡面倾向一致，在扰动的情况下，即使很低的坡面也可以一垮再垮。但每次破坏的幅度都不是很大，仅坡面几十厘米内的土体发生溜滑，堆积在坡脚。

在工程现场进行滑坡和边坡勘察时，应该根据前面边坡的破坏综合工程分类方法，统筹考虑滑坡体积和边坡高度，进行综合命名。

2.4　本章小结

本章在阐明滑坡与边坡分类原则及目的的基础上，首先介绍了《建筑边坡工程技术规范》中对边坡的分类和前人研究边坡一般分类方法，并介绍了被广为认可的部分滑坡的分类研究成果；在此基础上总结前人研究存在不足的同时，提出了边坡的综合工程分类方法，并对主要的分类类型作了阐述，给出了边坡的命名原则。

3 滑坡发育条件

形成滑坡的条件一直是滑坡学研究的重要方面。根据各研究人员的研究成果，将能够发生滑坡的条件总体上划分为两大类：内部条件和外部条件。内部条件是指斜坡本身所具有的内部特征，在滑坡发育中起着决定性的作用；外部条件是指只有通过斜坡的内部特征才能起作用的外界因素（国家防汛抗旱总指挥部办公室，1994）（图 3－1）。

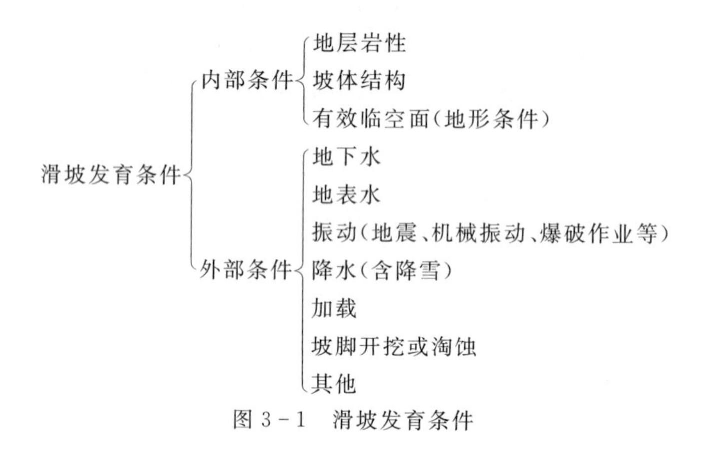

图 3－1 滑坡发育条件

3.1 滑坡发育的内部条件

发生滑坡的内部条件是指斜坡坡体本身具备的有利于滑坡发生的地质、地貌条件，是滑坡发生的内因和必要条件，对于每一个滑坡的发生都是必不可少的。只有具备这些条件，斜坡坡体才具备了滑动的可能性。

3.1.1 滑坡发育的物质条件——易滑地层

大量统计资料表明，滑坡的分布具有极其明显的区域集中性，而这种集中性又与某些地层的区域分布几乎完全一致。有些地层是很容易发生滑坡而且经常性发生滑坡的，这些地层分布区的滑坡往往成群出现。与此相对应的是，一个滑坡广布的区域内，一定可以发现滑坡的发生与某些地层密切相关，滑坡多分布于这些地层的界线之内。因此将这类地层称为“易滑地层”。

事实上，易滑地层不仅其本身容易发生滑坡，而且其风化碎屑产物也极易滑动，从而使覆盖在它们之上的外来堆积物（冲积物、洪积物等）也易于沿着这些地层岩面或风化碎屑产物顶面滑动。所以，易滑地层不仅指其基本岩层，而且还包括其风化破碎产物所形成的本地堆积层和覆盖在其上的外来堆积层。我国常见的易滑地层见表 3-1（国家防汛抗旱总指挥部办公室，1994）。

表 3-1　我国的主要易滑地层及其与滑坡分布的关系

类型	易滑地层名称	主要分布区域	滑坡分布状况
黏性土	成都黏土	成都平原	密集
	下蜀黏土	长江中下游	有一定数量
	红色黏土	中南、闽、浙、晋南、陕北、河南	较密集
	黑色黏土	东北地区	有一定数量
	新、老黄土	黄河中游、北方诸省	密集
半成岩地层	共和组	青海	极密集
	昔格达组	川西	极密集
	杂色黏土岩	山西	极密集
成岩地层	泥岩、砂页岩	西南地区、山西	密集
	煤系地层	西南等地区	极密集
	砂板岩	湖南、湖北、西藏、云南、四川等地	密集
	千枚岩	川西北、甘南等地	密集—极密集
	富含泥质（或风化后富含泥质）的岩浆岩	福建、云南、四川等地	较密集
	其他富含泥质地层	零星分布	较密集

综合大量的实际资料和前人的研究成果，图 3-2 表示了一个易滑地层的理想剖面，包括了本地地层和外来地层两大类。

本地地层包括了易滑的基本地层④、下卧层⑤、易滑的基本地层的残积层③；外来地层包括了易滑基本地层的坡积层②和外来的冲洪积层①。在理想的易滑地层剖面中，其可能发生滑动破坏的位置有：a. 外来的冲洪积物沿着下界面滑动；b. 易滑的基本地层的坡积层内部发生滑动；c. 坡积层沿着下伏的易滑基本地层或残积层顶面发生滑动；d. 易滑地层的残积物沿着基本地层顶面滑动；e. 易滑的基本地层内部产生顺层滑动；f. 易滑的基本地层内部产生切层滑动；g. 易滑的基本地层沿下卧地层的顶面滑动。在实际的剖面中可能缺失其中一层或几层，在这种情况下滑坡同样可以在不同岩性、不同堆积界面上发生。

易滑地层之所以容易产生滑坡，决定因素是它们的岩性条件。它们或由黏土、泥岩、页岩、泥灰岩，及它们的变质岩如片岩、板岩、千枚岩等组成，或由上述软岩与一些硬岩互层组成，或由某些质地软弱、易风化成泥的岩浆岩如凝灰岩组成。因此易滑地层往往具有如下特点：

（1）决定这些地层易滑性质的主要方面是其中的软弱岩层。它们抗风化性能差，风化产物中含有较多的黏土、泥质颗粒。如昔格达组页岩的黏粒含量可达 30%，甚至在泥岩中可超过

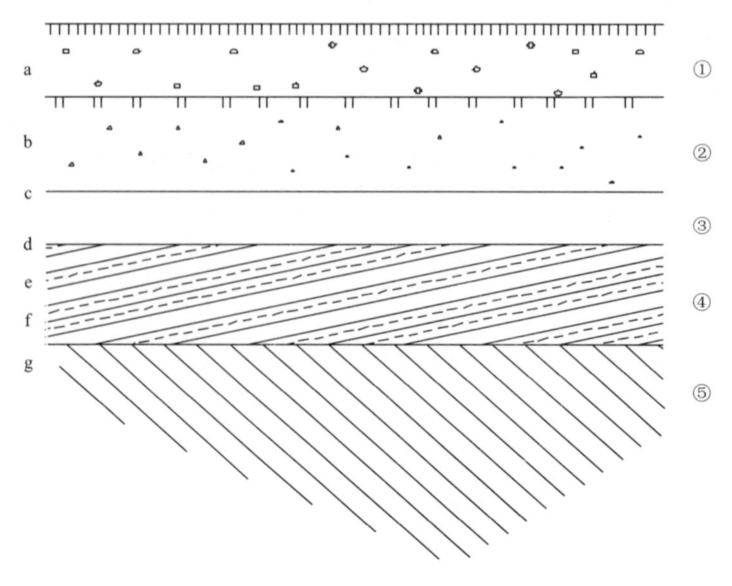

图 3-2　易滑地层理想剖面图

51%。易滑地层中富含黏土矿物，所以具有很高的亲水性、胀缩性、崩解性等特征。

(2)易滑地层的软岩及其风化产物一般抗剪性能较差。遇水浸润饱和后即产生表层软化和泥化，形成厚度很薄的黏粒层，抗剪强度极低($c=0\sim1\text{kPa}$，$\varphi=2°\sim10°$)。正是这些黏粒薄层在滑坡的发育中起到了决定性的作用。

(3)易滑地层往往在岩性、颗粒成分和矿物成分上与周围的岩土体有较大的差异，从而产生了较明显的水文地质特性的差异。细颗粒的泥质——黏土质软层既是吸水层，又是相对的隔水层。

(4)黏土成分的高胀缩性，使岩土体在干湿交替情况下，迅速使裂隙发生并扩大，地表水很容易顺此进入坡体，有利于滑坡的发生。

3.1.2　滑坡发育的构造条件——易滑构造

作为滑坡发育的背景条件，坡体结构条件与滑坡的关系大体表现为构造单元、区域性断裂带和低级序列的坡体结构面等对滑坡发育的影响与促进作用。在一定构造发育条件下，都可以使滑坡集中、频繁发生。这些影响并促使滑坡发育的构造类型统称为易滑构造。

(1)构造单元对滑坡发育的影响。地质构造因素对滑坡发育的作用首先在于大地构造单元的特点，不同的大地构造单元不仅存在着岩浆活动、地震、地层及其成岩过程等地质发育史方面的差异，而且特别在地层结构、强度方面也有着显著的不同。例如，我国的第一级南北向构造带控制的横断山区内的滑坡特别集中。这里的新构造运动活跃、地震活动强烈、坡体完整性差、河网密集、沟谷切割深度大，这些构造单元的特点决定了这里成为滑坡极为发育的地带。此外还应该注意到，即使在同一个大地构造单元内，不同的次一级构造单元及接触、复合部位的滑坡发育也极不相同，总的来说活动强烈、构造应力集中部位的岩土结构差，滑坡发育强烈。

(2)区域断裂带对滑坡发育的影响。一般在区域断裂带的沿线，带状密集分布着大大小小的滑坡。如在2010年发生特大泥石流灾害的甘肃省舟曲县城一带，从西南向东北主要发育有迭部-白龙江断裂和坪定-化马断层，构成北西向、南东向断裂带，由于构造断裂带的影响，滑坡分布密集且频发，造成了区域内的岩土体十分破碎、松散，构成了泥石流主要的物质来源。

(3)低级结构面对滑坡发育的影响。滑坡上的岩土体要发生滑坡，首先必须与其周围的岩土体分离，这样就要求必须具备一些软弱界面，如滑坡底部的控制面(发展到后来就成为滑坡的滑动面)和周围的切割面(发展到后来就成为滑坡的后壁和侧壁)。这些坡体的分离面一般总是首先沿着岩土体中的软弱层、节理面、裂隙面等潜在的软弱结构面和薄弱带发展而来。

可以发展为滑动面的主要结构面有以下几种：① 不同岩性的堆积层界面，如外来堆积层与本地堆积层的界面、本地堆积层内部的界面；② 覆盖层与岩层的界面，这种界面多为古地形面，覆盖层与岩层之间的差异使它们既是岩性界面，又是水文地质界面，较易发展为滑动面；③ 缓倾的岩层层理面；④ 软弱夹层面；⑤ 被泥质、黏土充填的层理面、裂隙面；⑥ 缓倾的大型裂隙面；⑦ 某些断层面、断层泥形成的界面；⑧ 潜在的软弱面，如均质黏土中的弧形破裂面等。

可以发展为滑坡后壁、侧壁的主要结构面有各种陡倾节理面、陡倾的层面、陡倾的断层面和沉积边界线等。

3.1.3 滑坡发育的地形条件——易滑地形

滑坡发育的有利地形是山区，凡有斜坡的地方就有可能产生滑坡。25°～45°的斜坡发生滑坡的可能性最大，45°以上的斜坡发生滑坡的可能性虽然也较大，但发生的多是崩塌性滑坡。

当斜坡上的易滑地层为前述的软弱结构面所切割，与周围岩土体的连接减弱或分离时，发生滑坡的必要空间条件是前方要有足够的临空面。使滑移控制面得以暴露或剪出的临空面，称为有效临空面。否则，即使存在临空面，但没有暴露出软弱结构面，坡体一般也无法剪出，也就不能成为滑坡的有效临空面。被切割的岩土体不能成为自由块体，滑坡也就不可能发生，这样的临空面称为一般临空面。

形成有效临空面的基本条件是：①临空面与滑移控制面的倾斜方向一致或接近一致；②临空面的坡度大于滑移面的坡度；③临空面的高度大于或接近于其前缘控制滑移的软弱结构面的埋藏深度。

形成有效临空面的主要因素是河流、沟谷的下切作用。许多自然滑坡都发生在河流、沟谷的两岸或其岸坡上，滑坡剪出口与滑坡发生时的河流、沟谷的侵蚀基准面接近。

随着人类工程活动的迅速发展，大量的深开挖工程可以与河流、沟谷的下切作用相比拟，同样可以为滑坡的发生提供有效的临空面。这也是现在工程滑坡越来越多的一个主要原因。

3.2 滑坡发育的外部条件

滑坡发育的外部条件也称之为诱发因素，图3-1中列举了几种常见的外部诱发条件。如果详细区分的话，可以将所有诱发滑坡的因素按照作用机理归纳为增大下滑力和减小抗滑力两大类9种：① 减小抗剪强度；② 削弱抗滑段；③ 破坏坡体完整性(增大、扩大节理、裂隙)；④ 增大坡体重量；⑤ 液化作用；⑥ 增大孔隙水压力；⑦ 增大静水压力；⑧ 增大动水压力；

⑨ 增大对滑坡的顶托力(如浮托力等)。

表 3-2 列举了 12 种滑坡发生的诱发因素及其作用机理。从中可以看出：

(1)滑坡的诱发因素分为直接作用和间接作用。起直接作用的诱发因素较少,更多的诱发因素表现为间接作用,但都以各种水的作用为其影响形式。如地下水、地表渗入水和坡前水位突降等表现为直接作用,暴雨、坡前水位上升和冻融交替等则表现为间接作用。

表 3-2　滑坡诱发因素及其作用机理

诱发因素	主要作用机理			
	增大下滑力		减小抗滑力	
	直接作用	间接作用	直接作用	间接作用
坡脚下切或人为开挖工程活动			削弱抗滑段	破坏坡体完整性
冲刷或人工开挖坡脚			削弱抗滑段	
斜坡上自然堆积或人为加载	增大滑坡体重量			
振动(地震、爆破、各种机械振动)		增大滑动面上的切向分力		破坏坡体完整性
森林植被	增加滑坡体重量			破坏坡体完整性
暴雨	增大滑坡体重量	增大动、静水压力		
梅雨、融雪水、各种地表水渗入	增大滑坡体重量		减小滑面抗剪强度	
地下水	增加滑坡体重量		减小滑面抗剪强度	
溶、潜蚀作用			减小滑面抗剪强度	
风化作用			削弱抗滑段	破坏坡体完整性
冻融交替		增大孔隙水压力	减小滑面抗剪强度	破坏坡体完整性

(2)某种诱发因素可能具有两种或两种以上的作用机理。例如,坡脚处河流的下切作用或人为的深开挖工程活动,不仅削弱了抗滑段的抗滑力,而且增大了地下水的水坡度,加大了动水压力,甚至可能促进坡体的开裂,破坏坡体的完整性。进而加剧了物理风化、化学风化,加速了各种地表水体的下渗。

(3)诱发因素加剧滑坡的发生是有作用条件的。有些诱发因素只有在特定的条件下才有利于滑坡的发生，而在另一些条件下，甚至可以促进滑坡向稳定的方向发展。例如地震力所产生的瞬间应力，如果其作用方向与坡向接近一致时，可使坡体结构产生破坏和变形；而地震力的另一部分作用则恰恰相反，有利于坡体的稳定。对于这样的因素，在滑坡分析时我们只考虑它的不利影响。特别需要说明的是森林植被对于滑坡的发生也具有两种相反的作用：有利于滑坡稳定的作用主要是雨后及时降低岩土体中含水量的蒸腾作用和其根系盘结层内的土体结构大为提高的类似加筋作用；而不利的因素则包括了树木等植被的重量、降雨时大量截留水分增加的重量和水对岩土体强度的削弱作用、传递给滑坡体上的风荷载、树根对岩土体的机械分裂作用和化学侵蚀等。大量的实地调研也表明，许多在雨季发生的林区表层滑坡的滑动面都是沿着根系盘结层的底面发育的。

(4)很多因素具有明显的地域特征。如由气候条件所决定的诱发因素都具有明显的地域性，冻融作用只发生在高纬度或高海拔区的高寒地带。再如火山活动的诱发作用只局限在有火山活动的地区。

(5)有些诱发因素如火山活动只是偶然起作用，而大部分的诱发因素都是年复一年、周而复始地起着作用。

(6)各种诱发因素不仅对于斜坡上发生的首次滑坡起作用，而且对已有滑坡的复活和周期性活动都有诱发作用。

3.3 我国的主要滑坡类型及其特征

3.3.1 成都黏土滑坡

成都黏土广泛分布于川西平原区，是一套上更新统黏土地层，厚度一般仅数米至十余米，下伏有中更新统雅安砾石层和白垩系嘉定统砖红色页岩、泥岩。成都黏土可以大致视为均质黏土，但其内部往往会形成白色、灰白色的伊利石，高岭土条带和囊。此外，成都黏土内部裂隙纵横，既有由于干湿变化而形成的收缩裂隙，又有受新构造运动影响和卸荷而形成的裂隙，所有这些裂隙面都十分光滑，可见多种方向的擦痕，而且裂隙内往往充填有次生的灰白色黏土，十分滑腻，强度极低。由于裂隙多，裂隙中次生黏土的充填，其内部出现窝状黏土矿物富集带和窝状地下水，使成都黏土滑坡有异于一般的均质黏土滑坡，它的滑动面不是规则的圆弧形，而是“L”形。成都黏土滑坡多由河流冲刷和人类活动，特别是开挖而触发，且一般多发生在雨季；雨季以后，坡体中的地下水缓慢排除，坡体即渐趋稳定。这类滑坡往往成群出现，典型的如成昆铁路成都狮子山滑坡群，德阳市一带的人民渠沿线滑坡群。这类滑坡的规模一般都较小，滑动深度仅数米至十余米，滑坡平面特征显示横宽而纵短，长度与宽度之比为(1∶2)～(1∶4)，滑面上有十分清晰的擦痕和镜面。

在成都黏土分布区开挖，力求避免切入下伏的白垩系红色页岩。如果开挖仅限于成都黏土或进入雅安砾石层，则只可能触发厚度不大的成都黏土滑坡。若一旦开挖进入白垩系红色地层，则往往触发滑动面深入红色页岩的切层滑坡，其规模就变得较大，本身稳定性好的雅安砾石层也会随页岩发生滑动。应当强调：这时的滑坡特征已完全受页岩控制，不再属于成都黏土滑坡了。

3.3.2 黄土滑坡和红色黏土(岩)滑坡

黄土滑坡广泛分布于我国西北地区。黄土本身具有一定的分层特征,内含若干古土壤条带和钙质结核层,可以划分为 Qp^1、Qp^2、Qp^3 三个大的层次和现代次生黄土。黄土垂直裂隙发育,在河、沟之侧常形成陡峭的岸壁。黄土之下多见新近系红色黏土(岩),两者均呈近水平状产出。

黄土分布区滑坡密集,多成群出现。以陕西关中地区的宝鸡—常兴之间为例,沿渭河长约98km内,即出现滑坡170处。黄土区滑坡的基本特征是多数滑坡规模大、滑动快,往往具有很大的破坏性。这种特征的形成与黄土本身及下伏的红色黏土(岩)的特征有关。

完整黄土的强度一般:$c=112\sim126\text{kPa}$,$\varphi=32°\sim34°$;但扰动后的黄土强度则大为降低:$c=0.45\sim85\text{kPa}$,$\varphi=15°\sim20°$;滑动面上的强度更低,已接近于残余值,仅为:$c=30\text{kPa}$,$\varphi=5°\sim10°$。

完整的第三系(古近系+新近系)红色黏土的强度比较高:$c=130\sim140\text{kPa}$,$\varphi=27°\sim33°$;扰动后:$c=70\sim80\text{kPa}$,$\varphi=17°\sim26°$;滑动面强度:$c=70\sim100\text{kPa}$,$\varphi=6°\sim7°$。上述强度变化决定了滑坡的基本特征。

黄土区的滑坡分属于两种不同的类型:一类是典型的黄土层内的滑坡,另一类是黄土沿下伏的第三系红色黏土(岩)滑动或涉及一部分红色黏土(岩)的滑动。无论古滑坡、现代滑坡,都具有规模巨大(达数千万立方米)、滑动突变、滑速快的特点。

破坏性特别大的滑坡基本上都属于后一类。这类滑坡的发生,在很大程度上取决于新近系红色黏土(岩)的岩性特征,并不取决于黄土的岩性特征(仅仅是受黄土特征的影响),许多这类滑坡的滑动面进入红色黏土(岩)内部即是证明。

这类滑坡的滑动面形态在剖面上呈“L”形,即后壁陡立(往往顺一组垂直节理发育)。滑面主体近于水平,顺黄土与红色黏土(岩)界面(或黏土岩内层面)或黄土内部界面发育,而长度往往很大,前缘有一小段上隆反翘段。

3.3.3 半成岩地层滑坡

这一大类包括发生在川西地区的昔格达组地层中的滑坡,青海省共和盆地一带共和组地层中的滑坡,山西省杂色黏土岩地层中的滑坡,甚至还包括西北黄土区的红色黏土(岩)滑坡(见上节)。前三套地层都是早更新世前后形成的湖相地层,有一定的成岩度和成层性,具有重超压密特征,且在下部都含有较多的页岩,泥岩层次。它们又都经受了新构造运动的影响,岩体内部都形成了平缓的褶皱、高角度断层和节理。全都具有某些较软岩层的特征,但是又保留了某些硬黏土的特征,是一类岩与土之间的过渡类型。西北黄土区的红色黏土(岩)的基本特征与上三类地层相似,区别仅在于形成年代较早(新近纪)。

这些地层都具有脆性破坏特征,具有盐分淋失、结构破坏后强度大幅度降低的特征,表现出含水量对剪切强度影响十分明显的特征。这些特征与滑坡的发生关系密切,而且也决定了滑坡的特征。如滑坡密集成群分布,滑动面剖面特征为上部破裂壁顺陡倾节理发育,主滑面顺近似水平面或软弱层发育,中间转折段由剪应力诱发并受节理和层面的影响,而在前缘往往出现短小的反拱上隆段。这些地层中的滑坡多具牵引滑坡的特征,多数首次滑坡具有快速或高速滑动的特征。

这些地层介于岩、土之间，特别清楚地显示了易滑地层的基本特点。以四川省汉源、米易、攀枝花市三地的昔格达组为例，这些地区不仅出现了占昔格达组地层滑坡总数 20%～40%的基岩滑坡，而且发生了占滑坡总数 50%～80%的破碎昔格达组地层滑坡（包括风化破碎产物沿完整地层的滑动和滑坡堆积物的滑动），而且还发生了少量外来的冲、洪积层沿完整岩层的滑动。大渡河支流——流沙河两岸广泛分布着一套冲、洪积层，主要由半磨圆和棱角状的砾石和砂组成，一般情况下都不发生滑坡。可是在流沙河流域的小夫子一带，这套冲洪积层覆盖在昔格达组之上，1974—1976 年间就连续发生这套外来堆积层沿昔格达组（有时也进入昔格达组内部）的滑动。共和组地层分布区和杂色黏土岩分布区的情况也大致相似。由此得到了这样一种认识，易滑地层的易滑性能主要是由它们堆积层的频繁滑动体现出来。

3.3.4 红色地层滑坡

红层是分布于中国西南地区的一套中生代红色、紫红色砂页泥岩互层地层的简称。一般情况下这套地层仅有数度至 30°左右的倾斜，但陡倾角节理十分发育，由于其中的页岩、泥岩遇水很易泥化、软化，所以很易发生顺层滑坡。而在山间槽形地内，又容易发生这些堆积物沿槽形地底面（往往是基岩面）的滑动，而由红层所形成的滑坡堆积物则更易再次滑动。红层中的陡倾角裂隙往往成为地表水下渗的通道，而地层产状又很平缓，所以在暴雨时，往往形成极大的孔隙水压力，导致坡体突然滑动。但一经滑动，孔隙水压力立即消失或大幅度降低，坡体会很快地恢复稳定。四川中部、东部丘陵区往往可以发现体积达近千万立方米，后缘裂隙拉开成槽，宽达十余米、深达数十米的大型红层顺层滑坡，其滑动面倾角仅 20°～30°。

1981 年、1982 年四川省西部和东部地区由暴雨引起的滑坡 85%以上发生在红层之中，其起因也正是由突然增大的孔隙水压力造成的。典型的例子如鸡扒子滑坡，这是一处发生在侏罗纪地层中的老滑坡的局部复活。老滑坡已稳定多年，于 1982 年 7 月 18 日 14 时由于连续暴雨影响而再度快速滑动，坡体长约 1200m，宽 300～850m，估算体积为 $1300\times10^4m^3$，在数小时内滑移 100～300m，滑坡前部进入长江。它的复活完全由于连续暴雨和暴雨过程中侧方石板桥沟堵塞（小滑坡引起），致使上游汇水全部灌入坡体，形成了巨大的孔隙水压力。滑动前在坡体中下部的卫生院一带有大股地下水承压上喷，水柱达数米。

红层滑坡的规模相差很大，大的基岩滑坡的体积可达数千万立方米，而小的堆积层滑坡仅数千立方米。滑动速度也相差很大，当滑动面较陡时或孔隙水压力很大时，会出现快速滑动而酿成灾害。

在红色地层分布区，地层受到后期的地质构造影响变动轻微，倾斜的红色地层构成单面山。在单面山一侧斜坡上出露的地层层面自然就成为大气降水下渗的通道，地下水沿层面向分水岭的另一侧运动。在这种情况下，容易发生“后坡滑坡”，即顺层滑坡的剪出口和后壁分别位于分水岭两侧，使分水岭也随之移动。滑距大者，使山脊线起伏剧烈，并在斜坡上留下顺坡向凹槽；滑距小者，则在分水岭的后方斜坡上发育垂直于坡向的矩形洼地。

3.3.5 煤系地层滑坡

我国西部地区的一些灰色砂页岩地层中含有煤层，经常发生上覆地层沿煤层或其顶、底板黏土岩层滑动的现象。这类滑坡规模往往很大,在川南煤田区、贵州西北部煤田区都可发现不少巨型滑坡,有些被误认为断裂构造。而在这些巨型滑坡之上又经常发生次一级的滑坡。煤系地层所形成的松散堆积物也很容易发生滑动。

贵州大方县古滑坡就是一个煤系地层滑坡的典型实例。该滑坡坡体长 2300m,平均宽度 1600m,体积约 $4.4\times10^8m^3$,滑坡体分级明显,滑坡平台、阶坎清楚。沿各级滑块间的阶坎处广泛分布出水点,尽管有些出水点已被后期的人为和天然作用所掩埋,20 世纪 50 年代初期仍有 99 处。近些年来城镇人口剧增,原有的排水系统年久失修,大量的生产、生活废水顺坡漫流,最终造成几处表层滑坡复活。又如四川古蔺县复陶—柏扬坝古滑坡表面积达 $10km^2$,滑体最厚处达 300m,平均厚度 250m,体积竟达$(25\sim30)\times10^8m^3$,堪称中国滑坡之最。滑坡体之下的煤层厚 75m,而上部煤层因参与滑动而不复存在。

人为因素在煤系地层滑坡的发生发展过程中的诱发作用尤为明显。地下采空区不仅直接影响坡体稳定性并诱发大型滑坡,而且也是导致古滑坡复活的积极因素。

3.3.6 千枚岩地层滑坡

川西北、甘东南和陕西南部普遍出露一套志留系—泥盆系浅变质地层,其中以浅灰色、灰绿色、灰黑色千枚岩和碳质板岩为主。由于这套地层经历过强烈的构造变动,地层产状很陡,各种节理十分发育,特别是缓倾角节理很发育。这一地区的千枚岩滑坡的滑动往往沿 1~2 组缓倾角节理发育而成,故多具波状起伏特征,后壁往往受层面控制,侧壁受陡倾节理或断层控制。

本区千枚岩滑坡密集成带(沿断裂、沿河)成群,规模很大,可达上千万立方米以上。典型的如甘肃舟曲一带白龙江沿岸和四川茂汶—汶川之间岷江沿岸的滑坡,它们的堆积层更易滑动。河流下切、冲刷与地下水作用是千枚岩滑坡的主要触发因素。

3.3.7 砂板岩地层滑坡

中国西部山区广泛出露一套三叠系砂板岩、碳质砂板岩地层,滑坡也很频繁地发生在这套地层之中,而且往往规模大,速度快,造成灾害。典型的实例如唐古栋滑坡。1967 年 6 月 8 日 8 时,雅砻江干流右岸的唐古栋山梁突然发生大规模快速滑动,滑坡体高差达 1000m,斜坡平距达 2000m,最大宽度 1300m,面积超过 $1km^2$,在 1min 内,$6800\times10^4m^3$ 岩体快速下滑 300m,滑坡体的前部进入雅砻江,形成了高 165~355m、宽 3000m(沿河方向)的堆石坝,堵断雅砻江达 9 昼夜。

3.3.8 玄武岩地层滑坡

玄武岩在我国西南地区有较为广泛的分布。玄武岩具有似层状构造,其中的凝灰岩夹层对滑坡的发生起着控制作用。凝灰岩的主要成分是黏土矿物蒙脱石,遇水易膨胀,充水后易泥化,抗剪强度大幅度降低,常导致上覆(玄武岩等)失稳。此外,构造节理、断层带、接触面、卸荷裂隙和特有的柱状节理都是玄武岩中常见的切割面,所以玄武岩地层分布区是滑坡密集区。即使按滑坡岩石比率(滑坡数量除以地层出露面积,以百分来表示)来衡量,玄武岩地层滑坡的发生几率仅次于煤系地层滑坡,而与泥页岩地层滑坡相当。在西南地区的高山峡谷地带,玄武岩地层滑坡规模往往很大。例如，1965 年云南禄劝县普福河烂泥沟崩塌性滑坡的体积达 $2\times10^8 m^3$；1991 年云南昭通市盘河乡头寨沟滑坡体积也有 $1600\times10^4 m^3$；云南以礼河三级电站苏家坪变电站滑坡体积为 $300\times10^4 m^3$。玄武岩地层滑坡有时剪出口远远高于坡脚而成为高位滑坡，具有极大的能量，并很容易流态化而做远距离运动，酿成灾害极大。

3.3.9 冻融滑坡

冻融滑坡又称为热融滑塌，它发生在冻土地区有地下冰或地表以下有黏土层分布的斜坡上。当坡体的热量平衡遭到自然或人为破坏之后，在重力作用下，上部土体沿着地下冰或黏土层面发生牵引式或沉陷式滑动。我国的融冻滑坡主要分布在青藏高原上的大面积冻土区，其次分布在大兴安岭北部，融冻滑坡只发生在坡度为 3°以上的缓坡地带。当坡度大于 18°时，由于坡体内已没有地下冰分布，细粒物质也不易存留，融冻滑坡也就难以见到。

融冻滑坡有明显的周界，发育有后壁和后缘裂缝，滑动面位置也十分清晰，这些特征都与常见的滑坡并无两样，但是融冻滑坡已失去了原始的地层构造。融冻滑坡堆积体呈长条形，在坡面上为舌状阶地，长度最大者可达 200m 以上，宽几十米，舌状阶地每年形成一次，每年发育Ⅰ级台阶，可连续形成多级舌形阶地。融冻滑坡又可明显地划出与泥石流相类似的形成区、流通区和堆积区，因此可以把融冻地层滑坡看作是滑坡与泥石流之间的过渡类型。

3.3.10 偶滑地层滑坡

有一些滑坡零星地发生在一些坚硬的岩层分布区，典型的如灰岩、安山岩、英安岩地层等。把它们归并为一类，称偶滑地层滑坡。它们往往是坚硬岩层沿其中软弱岩层滑动，不会形成滑坡密集的分布区，同时由于一经滑动后，软弱层即遭破坏，所以滑坡堆积物一般不会再次滑动。但是这类滑坡往往具有突发性和高速滑动的特征，常常酿成巨大的灾难。典型的实例如雅砻江中游的霸王山滑坡和大石头(百枝)滑坡，前者发生在震旦系白云质灰岩之中，滑动面基本上顺其中的泥灰岩发生；后者发育在块状的英安岩之中，滑动面可能沿凝灰岩层发育，它们都曾堵断过雅砻江。

3.4 本章小结

本章从滑坡发育的影响因素入手，详细介绍了滑坡发育的地层岩性、坡体结构和有效临空面 3 种内部条件和地下水等 13 种外部条件。从中可以看出内部条件是滑坡发生的决定因素，而外部条件只是滑坡发生的诱发因素。最后列举论述了 10 种我国常见的易滑地层和它们中发育的滑坡特征。

4 滑坡调查及勘测

4.1 滑坡的识别

要实现对滑坡的调查和勘测，乃至于对其进行稳定性分析和防治，滑坡的识别是其他所有工作的基础。识别滑坡，对于近年来发生的新滑坡相对来说比较容易，但对于那些大型老滑坡、古滑坡却并非易事，在大量的工程活动中，经常遇到选中一块比较平缓的理想场地，殊不知遇上了滑坡。

对于古、老滑坡识别的困难，不仅在于古老滑坡有后期所经受的不断改造，使之行迹不明显，而且还在于人们认识方面的局限性。滑坡现象是复杂的，这种复杂性表现在滑坡的成因、类型、运动过程以及同人类的关系等方面各不相同。通常要动用多种分析手段才能达到分析、认识滑坡的目的。在实际情况中，有时即使采取了多种多样的分析手段，所得到的分析结果之间却存在着这样那样的差异，反而不容易得到统一的认识。其原因在于：①无论哪种分析方法都有本身的局限性；②运用这些分析手段时，人们的头脑中对滑坡还未形成一个轮廓性的基础认识。因此在实际工作中，要求采用综合性的分析方法，并且要求在运用分析手段之前，就需在头脑中树立起一个滑坡的基本轮廓，这样要求对滑坡进行地表综合分析就显得十分重要了。

按照人们对滑坡的认识程序来划分，可以把滑坡的综合分析方法大致划分为 3 个阶段(图 4－1)。其中计算分析是在地表综合分析、器具分析的基础上进行的。计算分析包括滑坡稳定性分析、滑坡推力计算、区域性滑坡资料的统计分析、数值分析以及各种治理工程设计、计算等方面。滑坡的器具分析是在对滑坡的基础分析之后进行的，包括动用勘探、测量、试验等仪器来对滑坡进行分析研究。将在动用器具分析之前对滑坡所进行的分析研究工作统称为滑坡的地表综合分析。

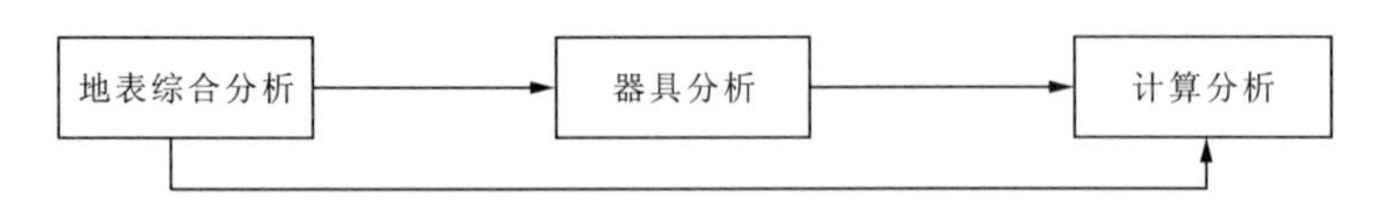

图 4－1 识别滑坡的程序

在实际工作中，只要工作认真、深入、方法得当，完全可以凭借地表综合分析工作判别古、老滑坡。

4.1.1　条件分析与实证分析相结合的方法

滑坡形成条件分析即对当地是否具备发生滑坡的必要条件进行分析：

(1)构成斜坡的地层是否为易滑地层或个别情况下的偶滑地层。

(2)是否具备有利于坡体滑动的软弱结构面，其中主控滑移面是主要的，有了它才有必要去发现边界切割面。

(3)是否具备有效临空面，即地形坡度是否有利于滑坡的形成，坡体主控滑移面能否被切割。

这 3 条当中，只要缺少了 1 条，滑坡就不可能发生。有一个简易的方法可以用来判定当地是否具备这些必要条件，即只要注意相邻地区内的滑坡发育情况即可。如果当地新、老、古滑坡比较多见，则可以认为当地具备滑坡发育的必要条件；如果在与所研究的斜坡条件相类似的斜坡上找到了已经发生滑坡的证据，即可认为所研究的斜坡存在着发生滑坡的可能性。

已有形变迹象分析，即判定斜坡上已经产生的变形是否由滑坡所致。斜坡出现的变形，可以由很多运动方式所造成。究其实质，总是力作用在介质上的反映。一般而言，构成斜坡的介质较易了解，因此主要的精力应集中在判定迹象由何种力所造成。显然只要有一种力作用在斜坡上，且这种力已足以导致斜坡产生变形，则在斜坡上势必产生一系列的相关现象。所以只要仔细研究每一个变形迹象，研究它们所处的部位，发现它们之间的联系和规律，然后综合分析，肯定可以找出导致斜坡变形的力源，由此可以判定是否系滑坡所造成。

滑坡形成条件分析是判定当地是否发生滑坡的基本方法，特别是 3 项内部条件的分析可以确认当地发生滑坡的可能性。这是一种重要但偏理性的方法，具备了这些条件，并不等于所研究的滑坡已经发生过滑动。因此形成条件分析必须与坡体滑动迹象的收集分析相结合。变形迹象是斜坡滑动的实证，是第一性的实际材料，但它也可能混入伪象，甚至引起我们的经验主义。为此要判别一个较为复杂的古、老滑坡，必须做到实证与理论相结合，两者互相补充、互相检验。

4.1.2　综合分析与主要迹象分析相结合的方法

综合分析是指以形成条件分析到变形迹象分析之间的有机结合，互相检验。同一滑坡体上的所有迹象肯定是统一产生的，必然互相依傍，可以形成一种合理的解释。因此如果这些分析之间出现了矛盾，则必须找出原因，使之合理和完善，只要尚有矛盾存在，就不应急于作出最后的结论。

对于所见的每一种迹象，都应当力求做出分析和解释，把它们与坡体滑动的可能性联系起来考虑，看它们是否都指向同一条思路——已经发生过滑动或未曾发生过滑动。每一种地质、地貌现象从表面上来看似乎具有多解性，可以提出这样那样的解释，只要把它与当地的实际相结合，进行综合分析，则等于建立了若干多元方程组，就会得出正确的唯一解释。

在强调综合分析的同时，也不排除对于主要迹象的特别重视。对于滑坡差别而言，某些迹象具有明显的特殊性，几乎只为滑坡所独有，因此抓住这类主要迹象，然后再去综合认识其他的迹象，往往能一通百通，很容易把一个复杂的古老滑坡认识清楚。

在古、老滑坡差别中要全面解释，不留矛盾，但不求全，即不能要求每一个滑坡都出现所有的典型现象，也不能要求在资料有限时把所有现象都解释的清楚、合理，只要所有迹象的解释都指向一个方向，不出现矛盾，即可作出初步结论。

4.1.3 分清迹象等级、主导迹象与辅导迹象分析相结合的方法

可以用来判别滑坡的迹象很多，表 4-1 列出了常见的滑坡迹象和其重要等级。

表 4-1 古、老滑坡识别标志及其等级

<table>
<tr><th colspan="2">标志</th><th rowspan="2">内容</th><th rowspan="2">等级</th></tr>
<tr><th>类别</th><th>亚类</th></tr>
<tr><td rowspan="11">形态</td><td rowspan="5">宏观形态</td><td>圈椅状地形</td><td>B</td></tr>
<tr><td>双沟同源</td><td>B</td></tr>
<tr><td>后方洼地</td><td>C</td></tr>
<tr><td>大平台地形（与外围不一致，非阶地，非构造或差异风化平台）</td><td>C</td></tr>
<tr><td>不正常河道弯曲</td><td>C</td></tr>
<tr><td rowspan="6">微观形态</td><td>反倾向台面地形</td><td>C</td></tr>
<tr><td>小台阶与平台相间</td><td>C</td></tr>
<tr><td>马刀树</td><td>C</td></tr>
<tr><td>坡体前方、侧边出现擦痕面、镜面（非构造成因）</td><td>A</td></tr>
<tr><td>浅表崩滑广泛</td><td>B</td></tr>
<tr><td>劣地[注]</td><td>B</td></tr>
<tr><td rowspan="10">地层</td><td rowspan="5">老地层变位</td><td>产状变化（排除别的一般原因）</td><td>B</td></tr>
<tr><td>架空、松弛、破碎</td><td>C</td></tr>
<tr><td>大段孤立岩体掩覆在新地层之上</td><td>A</td></tr>
<tr><td>大段变形岩体位于土状堆积物之上</td><td>B</td></tr>
<tr><td>大段孤石混杂于全强风化地层之中</td><td>A</td></tr>
<tr><td rowspan="5">新地层标志</td><td>鸡窝煤</td><td>A</td></tr>
<tr><td>变形、变位岩体被新地层掩覆</td><td>B</td></tr>
<tr><td>山坡后部洼地内出现小片湖相地层</td><td>B</td></tr>
<tr><td>变形、变位岩体上掩覆湖相地层</td><td>B</td></tr>
<tr><td>上游侧出现湖相地层</td><td>C</td></tr>
<tr><td colspan="2" rowspan="6">地形、地物变形，地下水等的异常状况</td><td>古墓、古房屋等变形</td><td>C</td></tr>
<tr><td>构成坡体的岩、土强度极低</td><td>B</td></tr>
<tr><td>开挖后易崩滑</td><td>B</td></tr>
<tr><td>斜坡前部地下水呈线状出露</td><td>B</td></tr>
<tr><td>坡面上、台坎下出现多处呈一排或多排线状分布的地下水出水点</td><td>A</td></tr>
<tr><td>古树等被掩埋</td><td>C</td></tr>
<tr><td colspan="2" rowspan="2">历史记载访问材料</td><td>发生过滑坡的描述</td><td>A</td></tr>
<tr><td>发生过变形的描述</td><td>C</td></tr>
</table>

注：劣地（badlands）一词初期只是用以指称美国南达科他州（South Dakota）的半干旱沟谷地貌，后泛指强烈切割的光秃地面，常形成于易于侵蚀岩石的地区，是大面积风化、块体移动、雨水冲刷及冲沟侵蚀的综合结果。

分析这些迹象可知，有些是滑坡所独有的迹象；有些是主要为滑坡所具有的迹象，如严格的双沟同源现象等；而有些是滑坡具有的迹象，但并不是唯一的，如地层架空、松弛破碎等。显然，它们在古、老滑坡判别中的意义和分量相差很大，为此建议把这些迹象划分等级：A级证据可以利用单一迹象判定滑坡；B级证据必须有两项；C级证据必须具备3～4项才能判定滑坡。例如：

(1)斜坡中、下部呈圈椅状地形，并有缓倾平台，前部向沟河“凸”出，可初步判定此处为老滑坡，若圈椅状地形中有马刀树，即可确定此处就是老滑坡。

(2)斜坡后部为44°陡坡，中前部为大量块石夹土堆积成的波状缓倾平台，经勘察前部为破碎砂泥岩、页岩地层盖在老冲洪积层上，可确定此处为岩质顺层古、老滑坡。

(3)单斜陡坡，宽数百米，平均坡度约40°，中上部岩层裸露呈镜面，并有若干指向坡脚的平行擦痕，斜坡下部为横向槽谷，前部的小山脊为沟河的一岸，此处也可以确定为古、老岩质顺层滑坡，滑速比上例快。

(4)在一缓倾平台地形，前缘为沟谷河边，并有呈线状的地下水出露，后缘为单斜陡坡，平台由大于10m的碎石土组成，其上有呈带状的积水洼地，古墓已开裂，其他建筑物有变形迹象。可判定此处也是个老滑坡，近期还有缓慢滑移迹象。

4.1.4　依据地面裂缝、建筑物开裂等判定初动状态新滑坡的方法

新滑坡(包括老滑坡的复活)初动时的判别主要依靠地面裂缝和斜坡上的建筑物变形，首先务必分清沉降裂缝、胀缩裂缝等与滑坡裂缝的区别；其次要分清楚由上述变形而导致的边界裂缝和散体裂缝。只有这样才能及时判别初动时的新滑坡。如果有位移观测资料则更可靠。

4.2　典型滑坡调查

典型滑坡系指规模大、具明显的滑坡特征，并对城镇建筑、交通、能源、工况、国防等重要设施以及人民生命财产有直接危害的单个滑坡。调查的目的是确定滑坡的危险程度以及可能造成的危害，从而为滑坡防治提供依据。与典型滑坡调查相对应的是区域滑坡调查，是在大面积的范围内对所有的滑坡进行普查，并挑选少数滑坡按照典型滑坡的调查方法进行详查，其特点是调查的范围大、环境复杂、滑坡众多(有些尚需进行滑坡识别)，多采用统计的方式开展工作。本书仅针对性地研究具体滑坡的防治技术，故仅仅介绍典型滑坡的调查。

4.2.1　调查的主要内容

对已经发生的滑坡，工作重点是查清滑坡发生的现状、特征、危害程度和稳定性，对残留的不稳定体做出准确评价。对潜在滑坡的调查，重点在对不稳定斜坡的变形现状、发展趋势和危险程度进行评价。

1. 已发生滑坡的调查

对于已发生滑坡的调查，主要集中发生的位置、时间、特征和构成的危害等已知条件的搜

集整理，主要有以下几点：

(1)滑坡所处自然地理位置调查。主要调查滑坡发生的地名、行政区划位置、所处图幅名称(包括比例尺、编号、坐标、经纬度等)和滑坡区域自然经济状况。

(2)滑坡基本数据和特征调查。若无具体滑坡发生时间，应写明是老滑坡或古滑坡；滑坡后缘高程，滑坡后壁高差、坡度、滑移特征(摩擦痕迹)，主滑方向；滑坡规模，包括滑坡长(平行主滑方向)、平均宽(垂直滑动方向)、平均厚度、估算体积等；滑坡表部特征调查，包括滑体平均坡度，后缘、前缘及两个侧缘特征，滑体分级、分块特征，滑坡裂缝展布特征、平台及滑坡湖、沟等；滑体组成物质类型、特征调查，包括岩土种类、产状，完整性、变性破坏特征，滑体前、中、后部差异，滑移面形态、特征、物理力学特性等；滑坡运动特征，包括分级分块移动特征，最大水平位移、垂直位移，最大滑移速度和按照最大滑移速度的分类等。

(3)滑坡形成的自然地质环境条件调查。滑坡发生区的地形地貌调查，包括滑坡区所处地貌类型、特征、流域类型，滑坡发生地形部位、形态特征、平均坡度、相对高差，坡面特征、前缘临空高度、倾角及有无河流冲刷等。滑坡发生区地层岩性调查，若是岩质滑坡，应调查地层时代、岩层类型、岩性组合特征、节理裂隙发育情况、风化程度等；若是土质滑坡，应调查土的类型、特征，对于岩土体的物理力学性能指标也要进行调查统计。滑坡区的地质构造调查，主要调查其所处的大地构造部位、滑坡区是否有断层作用、与断层的位置关系(位于断层破坏带内、断层强烈影响区内或断层弱影响区内)，软弱结构面的类型、特征，有效软弱结构面的组成及特征。滑坡区气象及水文地质调查，包括年均降雨量，年、月、日极值降雨量，年降雨量分布特征，滑坡发生前及发生时的降雨量与降雨特征，滑坡区地下水状况、出露特征及其与滑坡形成的关系。地震调查，调查滑坡发生区的历史地震特征、最大地震烈度及与震中的距离，滑坡发生前及发生时是否有地震发生、烈度大小等。人类生产及工程活动调查，包括滑坡区是否有公路、铁路和其他建筑设施，滑坡的发生是否与建筑开挖坡脚、采石放炮有关，原始坡面上是否有水田、水渠、水塘、积水洼地等，若系城镇还应调查是否有完善的排水系统及系统的完整性和与滑坡的关系。滑体加载调查，包括滑坡发生前是否有自然加载(滑坡中后部是否有大量坡、崩积物堆积)和人为加载(修建大荷载建筑群或堆放重物)。

(4)滑坡灾害调查。人员伤亡调查，主要调查滑坡造成的死伤人数；危害、毁损重要设施调查，主要调查危害的国防设施、中大型水利设施、水电设施和其他重要设施，同时还要调查清楚毁损物的名称、损坏程度以及折合的经济损失；危害、毁损交通设施调查，调查掌握危害的铁路、公路及桥涵，调查统计毁损铁路、公路的长度、毁损桥涵的数量以及折合的经济损失；危害、毁损建筑物调查，调查毁损城镇、乡村生产、生活用房的数量，并折合成经济损失；危害、毁损一般设施调查，包括危害的工矿、城镇设施及小型水利水电设施，毁损的设施具体名称、数量以及折合的经济损失；毁损耕地、林地调查，查清楚毁损的具体面积。国家、集体和个人财产损失调查，包括上述以外的财产损失，如农家粮食、大牲畜、家禽、各种经济林木和养殖业损失等，并一律折合成经济损失。

(5)滑坡稳定性及潜在危险调查。主要调查滑坡发生后是否趋于稳定，滑坡后壁及两侧是否还有未滑下来的牵引块体，是否存在潜在危险等。

(6)滑坡防治调查。主要包括滑坡发生前后已采取的预防减灾措施和治理工程，投资金额，将要采取的预防减灾措施和治理工程，计划投资金额。

需要注意的是调查统计的规范化很重要，可将上述调查内容根据具体的需要，在野外调查前编制成相应的表格，供野外调查时统一填写使用。

2. 潜在危险滑坡调查

所谓的潜在危险滑坡是指已经出现变形，有发生滑坡可能的斜坡。除了按照已发生滑坡调查的内容全面调查外，应将调查的重点放在斜坡变形特征和潜在危害性方面。

潜在滑坡的斜坡变形特征是正处于滑坡发育的第一阶段——蠕滑阶段，地表已经出现了裂缝、鼓丘等明显滑动特征，地下水出现动态异常，经常还伴有如树木倾倒等其他的一些异常现象。对于潜在滑坡变形的调查通常从以下 4 个方面入手：

(1)斜坡后缘裂缝调查。斜坡上的裂缝有 3 种情况：一是老裂缝，其充填物非常陈旧，长满了草和灌木丛，近期无变形痕迹；二是老裂缝，但近期出现了新的变形迹象，如裂缝内充填物与原生岩土间出现了新的拉张裂缝；三是近期内出现了新的拉张裂缝。调查时应注意区分这 3 种裂缝，如果确定是后 2 种，就应该详细调查裂缝的特征，包括连通性、长度、宽度和深度。必要时应设立简易观测系统，观测裂缝的变化特征和速率。

(2)斜坡前缘变形调查。斜坡前缘的变形受临空面、组成物和结构特征的影响，会出现多种多样的变形现象。常见的是斜坡前部出现鼓丘、鼓胀裂缝等，前缘临空面可见少量崩塌和局部挤压剪切现象。

(3)地下水动态异常调查。如斜坡前缘出露的泉水突然消失或变得浑浊；原来没有地下水出露的地方，突然有了泉水，并在斜坡前缘呈带状分布，这预示着滑动面即将全部形成。做这些调查时不仅要仔细观察，还应做深入的访问，并对比分析变化情况。

(4)其他异常现象调查。滑坡发生之前由于滑坡体内会产生大量的微破裂，这样会产生一系列的物理、化学变化，如产生特殊的气味、低频声、地面微振动以及局部的电磁场变化等。这些物理化学变化往往人不会感知或感知不明显，但对某些动物的机体和感觉器官有明显的刺激作用。在滑坡剧滑之前，出现行为异常的动物目前所知多达 20 余种，其中常见的有狗、猫、猪、鸡、鸭、鼠、鼬、蜂、鸟、鱼、鳖和大牲畜等，通常地下穴居的动物最早出现行为异常。这些异常行为的表现也是多种多样的，例如：老鼠搬家，群鼠抢吃粮食，煤矿巷道中的老鼠伏地静卧，鼬白天聚集相互乱咬，蛇爬树，塘中鱼、鳖翻滚，群猴下山抢粮吃，狗狂吠、流泪、不进食、外逃，猪跳圈，耕牛狂奔乱跑，飞鸟强行搬巢，蜜蜂飞逃等。调查时应当向当地居民仔细了解，并加以辨识。

一旦确定某个地区近期有发生滑坡的可能，就需调查圈划可能发生滑坡的范围，估算滑坡可能危害的最大范围，并参照已发生滑坡的调查内容对灾害的危害和损失加以预测。在此基础上提出切实可行的避灾、减灾或应急处理方案。

4.2.2 调查方法

滑坡的调查方法按照调查的目的、内容、用途和要求，主要采用地表调查测绘的方法对滑坡所处环境、表部特征、形成条件、发展趋势、危害或潜在危害等进行了解，达到滑坡防治规划设计的要求。按照工作程序和步骤可分为资料收集、现场踏勘、地表测绘和调查报告编写 4 个阶段。此阶段应以资料收集和调查为主，必要时可配合必要的测量仪器进行简单测量。

1. 资料收集阶段

根据调查的目的、任务和要求，草拟项目实施工作计划。资料收集是工作计划安排的第一项工作。一个典型滑坡的调查应收集以下相关资料：

(1)滑坡所在地区的地形图，比例尺以1∶10 000～1∶50 000为宜。此图可用于滑坡环境调查、滑坡范围圈定和危害范围圈定等。国家及省市测绘局、大军区测绘部门均存有此资料，按照相关规定办理手续后即可获得。使用时应注意其密级，做好相应的保密工作。

(2)滑坡所处地区的地质图，比例尺与上述地形图一致为宜。如果无法一致，也可收集应用现在国家统编的1∶100 000或1∶200 000区域地质图和水文地质图。这些图鉴可向所在省市的国土资源相关部门的资料室索购。

(3)滑坡所在地区的气象水文资料收集，重点是滑坡所在地区降雨特征和水文资料。如果滑坡所在地没有资料，可收集邻近地区气象资料。这些资料可在滑坡所在地的县级气象站和水文站获得。

(4)滑坡所在地区的地震资料收集，重点是地震烈度和该区的历史地震情况和频率。这些资料一般存放在省地震局的资料室，到地、州、市的建委抗震办公室也可收集到相关资料。

(5)其他部门、单位曾经的工作资料收集。

2. 现场踏勘

现场踏勘主要是采用走访、调查的手段，查明滑坡的自然地质环境、滑坡发生历史、动态特征和危害程度。主要调查内容有以下几点：

(1)滑坡所在地区的自然地质环境调查利用已收集到的地形图、地质图到野外现场进行考察，熟悉地貌、地层岩性、地质构造分布特征，公路、铁路和其他工程设施的布局。并把有关界线和特征点，区域滑坡、崩塌和其他斜坡变形破坏现象，填绘在1∶10 000或1∶50 000的地形图上。

(2)滑坡发生历史调查。老滑坡由于发生时间较早，地表特征不明显，需大量访问居住在滑坡发生区域的当事人和滑坡发生时的目击者。访问前应拟好调查大纲，把需要访问的内容写进大纲，以防遗漏。调查大纲一般应包括以下内容：滑坡发生的时间、滑坡发生前的斜坡环境和社会经济状况、滑坡发生前夕的斜坡变形和各种异常现象(包括动物异常)、是否下雨、雨量大小和下雨持续时间、发生时是否发生地震等。

(3)滑坡动态特征调查。对于新滑坡，尤其是近年内发生的滑坡，其地表形态和特征比较清楚，可通过地表调查初步推断滑坡发生时的一些动态特征。滑坡发生前的斜坡环境、变形特征以及滑坡发生时的瞬时动态特征(如声响、火光、烟雾、滑速等)，还需通过访问调查获得(尤其是老滑坡)。

(4)危害程度调查。包括滑坡的影响范围和危害范围，滑坡发生时造成的人员伤亡、破坏的建构筑物数量、大致的财产损失，滑坡造成的自然环境改变(堰塞湖等)情况和滑坡目前对当地社会、经济影响情况。

以上的后三点一般都是通过访问统计得到。访问的最好方式是与被访者一起到滑坡现场座谈、讨论、考察。有些老滑坡由于发生时间太久，被访者可能已记不清楚，就需要踏勘访问人员反复询问，帮助被访者回忆。

3. 地表测绘

该阶段一般采用较小比例尺的现有地形图、地质图做现场的测量填图工作，主要反映滑坡的周界和一些地表的主要变形现象、标志性特征等。这一阶段的测量工作没有统一的要求，可根据工作的深入程度自主确定相应的工作内容，也可将滑坡勘察中的工程地质测绘提前到该阶段进行。

4. 报告编写

滑坡调查经过以上 3 个阶段后，对滑坡所处的自然环境、表部特征等资料已基本获得，对滑坡的成因、发展趋势、危险程度和稳定性可做出初步的分析推断。在上述工作的基础上编写滑坡调查报告，主要通过填写典型滑坡登记表和滑坡灾害调查统计表来反映。这两种表格既可以自己制订，也可参考采用其他现有的形式。

4.3 滑坡勘察

滑坡勘察的目的是在滑坡调查的基础上，查清滑坡所在地段的环境地质条件（自然地理、经济状况、地形地貌、地层岩性、地质构造、水文地质及地震活动等）、气象水文及人类活动等作用因素，评价其在自然状态下的稳定状况和人类工程活动作用后的稳定性变化，从而评价场地的适宜性和工程活动的可行性，并提出活动方式、应采取的防治措施和方案建议。

4.3.1 基本要求

依据滑坡影响及被保护的建（构）筑物的重要性等级、规模和不同的设计阶段，滑坡勘察可分为可行性研究阶段、初步设计阶段、施工图设计阶段的勘察和施工阶段的补充勘察。可行性阶段的勘察是为大方案比选服务的，要求达到基本定性，如是否为古老滑坡、规模大小、滑坡的类型、有无断裂带等构造的影响，以及其危害程度、范围大小和发展趋势等，大致可等同于滑坡调查阶段。初步设计阶段的勘察要求达到基本定量，需查滑坡地段的基本水文地质与工程地质条件，当地的降雨、地震、河流冲刷情况，岩土的基本性质及变化趋势，分析滑坡的发展趋势以及工程活动后可能发生的变化，并提出处治建议。施工图设计阶段的勘察要求达到定量，为施工图设计提供足够的资料和设计参数。施工阶段的补充勘察则是根据防治工程施工中地质情况的变化所作的勘察，为设计变更提供依据。

滑坡工程勘察的一般要求有以下 4 点。

(1)充分收集滑坡所在区域的地质资料和图件，包括地形图、地质图、照片、航片，主要地质层及分布、地质构造、地震区划等。

(2)收集滑坡所在地的气象、水文资料以及已有人为工程活动资料。包括降雨季节和降雨量，河流水位、冲刷及岸坡变迁情况，已有边坡或滑坡的变形类型、规模、部位、发生时间、危害情况及采取的治理措施和效果以及前人曾做过的勘察资料。

以上两点与滑坡调查的内容有一定的重复，可采用滑坡调查所得的结论，具体办法见滑坡调查一节。

(3)在已有资料的基础上编制勘察工作大纲,通过调查测绘、勘探、监测、试验等综合勘察手段查清以下内容:① 滑坡所在地段的山坡走向、坡形、坡率、坡高;各坡段的高度、岩性及风化程度;坡面冲沟分布密度和形态、地表汇水条件;坡面植被的种类、分布和密度等。② 构成滑坡体的地层岩性及其分布位置、产状、风化程度和厚度,主要地质构造(断层、节理、褶皱等)的分布位置、产状、性质和密度,岩体结构和坡体结构特征等。③ 地下水的出露位置、性质、分布特征、含水层数、出水量、季节变化、水质、补给和排泄条件等。④ 该地段及其附近有无斜坡变形现象,已有变形类型、规模、性质、发生的位置、形成的条件、原因和危害性,以及已经采取的防治措施和效果。⑤ 当地已有人工边坡或工程滑坡的坡型、坡率、坡高、稳定状态和已经采取的防护措施及其效果。⑥ 与滑坡有关的地层,特别是软弱地层的物理力学性质和参数。

(4)综合勘察和已有资料,完成工作区(1∶500)～(1∶1000)的工程地质平面图(立面图)和(1∶200)～(1∶500)的工程地质横断面图(滑坡各滑块的主轴断面图),必要时作出纵断面图。结合拟建边坡的位置、走向、开挖深度、宽度、坡形、坡率等评价其稳定性、可能的变形规模,提出设计和加固方案建议,完成勘察报告和图件,为设计提供依据。

4.3.2 勘察工作大纲的编制

承接一个滑坡或一个滑坡区的勘察任务后,经过对已有资料的收集、分析和现场踏勘调查,应根据对滑坡的初步了解编制勘察工作大纲,其内容包括:①任务来源、勘察目的和技术要求;②滑坡区的地理位置、经济和交通状况;③滑坡区的地形、地貌、地质条件,滑坡的性质、规模、条块划分、活动和危害情况;④拟采用的勘察手段、勘察技术方案及工作量;⑤所需的主要机具设备及数量;⑥工作进度安排;⑦勘察报告的主要内容;⑧经费预算。

依据勘察工作大纲有序、保质保量地完成任务。如果勘察过程中有重要情况变化,也应做适当调整。

4.3.3 滑坡工程地质测绘

(1)航空遥感图像(航片)的应用。卫星遥感图像(卫片)视野广阔,对一个大区域的山脉、河流的分布、走向、形态,大断裂带的分布等反映很清楚,但对范围较小的滑坡判断作用有限。

在滑坡调查中多用航空遥感图像(航片),比例尺(1∶8000)～(1∶35 000),由于它信息量大、分辨率高、视野广阔,能十分逼真地将地面上的景物反映在图片上,克服了地面调查的局限,并可在室内分析和绘制基础图件,避免了交通和天气等造成的困难,被广泛使用。在野外调查开始前就进行航片判断,有助于了解滑坡概况,对进一步开展工作有指导作用。

航片的判读不仅可确定滑坡的位置和范围,而且可初步了解滑坡的类型、形成条件和稳定状态。由于滑坡有特殊的地貌形态,在航片上很容易识别,一般不会错判,但对年代久远的古老滑坡,由于自然剥蚀或人为改造,外貌形态发生变化或模糊不清,则可能发生漏判。判读时可遵循以下几个特点:分水岭地段、峡谷地段、河流阶地发育的宽谷段滑坡少;而峡谷中的缓坡段常有古老滑坡存在;不规则的台阶状斜坡常由多次滑坡所造成;高陡的不平顺的黄土塬边通常是滑坡多发地带;河流凹岸的突出多是由古老滑坡所造成。

在航片上能看出清晰的滑坡壁光秃,滑坡舌、滑坡台阶棱角分明而无植被,可判定为新近发生的滑坡;滑坡壁上长有较多的植被、滑坡地貌不清晰,尤其是滑体上已有成片的农田和民居，则可判定为古老滑坡。

将同一地区不同时期的航片进行比较，一方面可以了解已有滑坡的活动与稳定情况，另一方面也可了解同一地区环境条件的变化趋势，如新滑坡增多、老滑坡复活，表明其条件恶化，反之则可能是向好的方面变化。

(2)滑坡工程地质平面图。在进行滑坡工程地质测绘时，应着力弄清楚以下几个方面的问题：① 根据地貌形态、裂缝、台阶及水文地质特征、位移观测，并结合勘探，弄清楚整个滑坡的周界和滑坡周界内不同滑动部分的界线；② 滑坡壁的高度、陡度、植被和剥蚀情况，擦痕的方向与倾斜度，弧形裂缝的位置、宽度、长度、产状及贯通情况；③ 滑坡台阶的数目、分布位置、形状、长度、宽度、陡坎高度、有无反坡、坎壁植物生长情况等；④ 滑坡舌的位置、形状、掩盖和被侵蚀情况；⑤ 滑坡裂缝的分布位置、形状、长度、宽度、出现的先后顺序(可能的)、组合特点及连通情况；⑥ 泉水、实地的出露位置、类型和与地形、地质构造的关系，弄清地下水的补给与排泄关系；⑦ 基岩层面和基岩顶面是否倾向斜坡外、倾角大小、裂隙发育程度、产状、层面间有无软弱夹层和裂隙水活动；⑧ 滑坡区内建筑物变形的程度、性质、部位和发展过程。

(3)滑坡主滑断面图。典型的主滑断面如图 4－2 所示，其特征有以下几点。① 主滑断面常在滑坡滑动量大、滑床最深的部位。以最外一个滑坡壁的最高点为主滑断面顶点，沿滑坡擦痕方向向下延伸，通过滑坡台阶、滑坡舌的前缘凸出部位，如果滑动方向拐弯，断面也要随之拐弯，对于滑坡群应按不同方向做各个滑坡的主滑断面，主滑断面要与主滑动方向一致。测绘主滑断面的地面线时，要显示出滑坡壁、台阶、陡坎、裂缝等滑坡要素的位置和外形。② 根据勘探资料在断面上添绘地层层序、岩性及岩层结构，并勾绘出各个部位滑动面(带)的位置和形状。

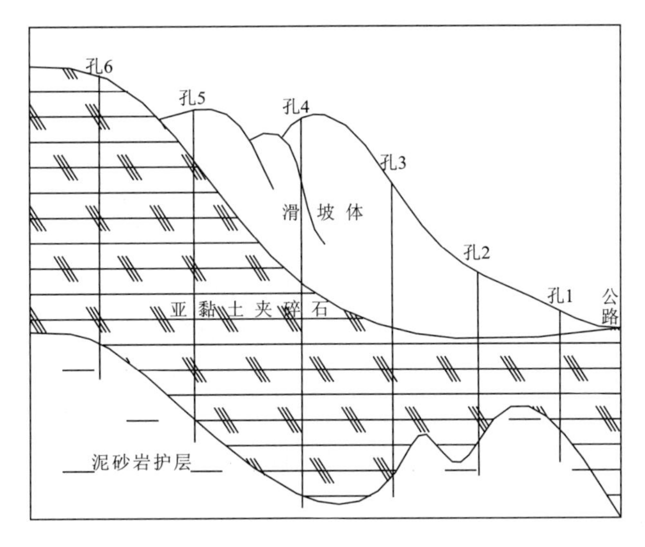

图 4－2　滑坡主滑断面图

4.3.4　滑坡勘探的方法

滑坡勘探目前常用挖探、物探和钻探 3 种方法。钻探多用于滑坡的主体部分，是滑坡勘探的主要方法，物探和挖探多起配合作用。

1. 挖探

挖探包括了坑探、槽探、平硐、探井等，多用以确定滑坡床的后壁及前缘的产状和滑坡的周界（当周界不明显时），特别是适用于浅层滑坡。挖探的特点是揭露面大、易于观察和采取原状土样等，是钻探的最重要的补充手段。对重大而复杂滑坡的勘察，在滑坡的下部布置探井或探硐取代钻孔，可以更清楚地揭露滑坡地层、滑动面（带）和地下水情况，并可做原位滑带土剪切试验。探井、平硐等大型挖探工程，费工费时，工作条件困难，一般只在滑坡勘探的重要部位使用，并经常与治理工程相结合（如排水盲硐）。

2. 物探

物探也是钻探的重要补充，它以覆盖面广、速度快、费用低、可减少钻孔数量而被广泛应用。但是勘探成果的精度与人员的经验和技术水平关系非常大。

在滑坡勘探中，一般采用电测深、联合剖面法查明地层结构、埋藏断层、过湿带分布和滑动趋势面等；用电位测井法配合钻探确定地下水的流向和流速；在条件适宜的滑坡区，也可采用弹性波法（地震），对滑坡地层的划分有很好的效果。

滑坡中的物探方法主要用于查明以下几方面的内容：① 覆盖土层的厚度，下伏基岩表面的形状；② 滑坡体内含水层和湿带的分布情况与范围，配合钻孔测定地下水的流速、流向；③ 滑坡地区的地质构造及其分布规律。

物探断面的布置应与钻探断面一致，控制主轴断面。为避免地形影响，横断面以平行于地形等高线为宜。滑坡物探一般最好在钻探之前进行，这样物探资料可以指导钻孔孔位的布置，利用钻探资料又可核对和修正物探成果，二者相辅相成。

3. 钻探

滑坡钻探是滑坡勘察的主要手段，通过钻探揭露地面地质调查不能查清的地下地质情况，如滑坡结构，包括不同地层的厚度、软弱层的分布、滑动带的层数、位置和性状以及地下水的层数、位置、水位、水量及其变化等。

结合前人的论述和相关规程、规范，滑坡区的钻探应符合以下要求：

（1）钻孔的布置不同于一般的构筑物勘探的方格状或线性布置，主要是在地质调查确定的每一滑块的主轴断面上布置。大型滑坡在主轴断面两侧布置平行于主滑断面的辅助断面。主轴断面是滑体最厚、最长、滑速最快、滑距最远、滑坡推力最大的断面，因此是从滑壁最高点经滑体最高点与滑坡舌尖的连线，可以是直线，也可以是折线。钻孔位置与数量的确定，一般应根据调查、测绘的资料，结合滑坡的规模及其复杂程度而定。

（2）勘探点间距不宜大于 40m，在滑坡体转折处和预计要采取工程措施的地段，也应布置一定数量的勘探点。孔深以钻至滑床下 1～3m 为宜，若滑床为软质岩层时，则需适当加深。特别是在有可能采用抗滑桩治理滑坡时，勘探孔的深度应满足抗滑桩设计的要求。

（3）滑坡钻探以干钻为主，无泵反循环（小循环）在特定情况下作为辅助用。在钻孔过程中，应力求有较高的岩芯采取率（80%～95%），并保持岩芯的天然含水量与原状结构。

（4）在钻进过程中，应及时分析和鉴定以下项目：①岩芯的岩性（矿物成分、颜色、结构构造)、含水状态、破碎程度、力学强度及沿深度的变化情况等;②地下水的出露及其水位的变化情况;③观察岩芯中微斜层理、镜面、擦痕等滑动迹象;④对孔内漏水、掉块、卡钻、涌水、孔壁坍塌、套管变形、钻进速度变化等异常现象,均应做详细记录。

当边坡岩土体中有较丰富的地下水存在时,还应结合钻探工作,进行抽(提)水试验,查明各层水的分布、流量、补给和排泄方向,为排水设计提供依据。

4.3.5　土工试验

土工试验主要是为了获得滑坡稳定分析和滑坡防治措施的参数。常规的物理力学试验包括颗粒组成、三相指标、状态指标和抗剪强度。针对特定工程的不同需要,有时也会进行其他土工试验,如振动液化试验。所有土工试验应严格按照相应的行业或地区试验规程进行。土工试验结果直接用于滑坡稳定分析与整治,所以采取有代表性的岩土样品至关重要。对滑体、滑面和滑床的代表性土样依据工程需要做相应的物理力学试验,其中尤以滑带土抗剪强度(c、φ 指标)的测定最为重要。

由于滑带土的实际工程状态取决于滑坡发育的程度和滑动历史,对滑带土抗剪强度的合理取值,是滑坡分析和防治需要首先解决的问题。滑坡滑动使滑带土产生很大的剪切变形,由抗剪强度试验知道,土体的抗剪强度随着变形的增大以及被剪切土体的结构破坏有越过峰值强度 τ_{pek} 而逐渐降低至剩余强度 τ_{r}(residual)的现象,如图 4-3 所示。对于发育过程中的滑坡,其滑带土体的抗剪强度要采用剩余强度。对于未发生滑动的滑坡,需要根据具体情况和实地考察取决于峰值强度和剩余强度之间的抗剪强度作为滑坡稳定分析和处治的参数。

影响土体抗剪强度的因素很多,重要的包括含水量、试验方法和土体的物理状态等。含水量对黏土抗剪强度的影响是决定性的。随着含水量的增加,土体抗剪强度急剧下降,这也说明了雨季诱发滑坡的普遍规律。考虑不利情况时的含水量而配置试验样品以得到分析设计参数也是非常重要的。试验方法也影响着抗剪强度的大小。常用测定滑带土剩余抗剪强度的方法包括:① 滑面重复剪切试验;② 重塑土多次直剪试验;③ 环状剪力仪大变形剪切试验;④ 三轴剪切试验;⑤ 现场大型剪切试验。应根据试验条件和实际情况选择尽量与滑动面滑动情况类似的试验方法,以便测得的强度指标能真实反映滑动带的实际性质。

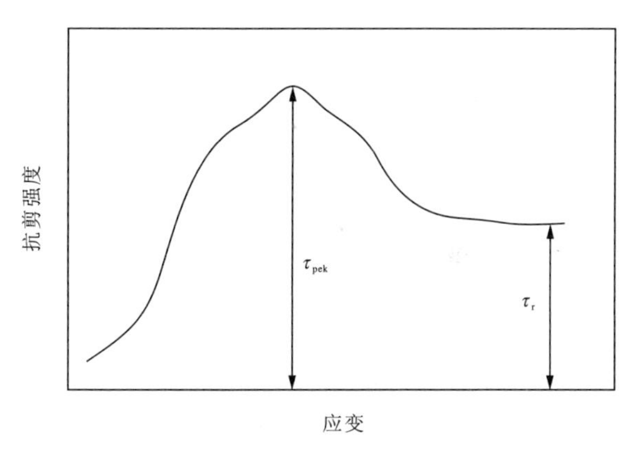

图 4-3　抗剪强度随应变发展曲线图

4.3.6　滑动面的确定

滑动面的确定在整治滑坡中具有特殊的重要性,它直接影响到滑坡稳定性的判断、推力计算和治理工程效果,也是滑坡勘探要解决的主要内容。

确定滑动面的方法有直接观察法、工程地质对比法和几何图法 3 种。其中常用的是直接观察法和工程地质对比法。

1. 直接观察法

主要是观察滑动面的各种滑动特征。

(1)滑带土由于受到挤压作用,所以扰动比较严重,常含有夹杂物质,力学强度也低。当滑带为黏土时,在滑动剪切作用下,产生光滑面,且被挤成鳞片状,有擦痕,黄土或黏性土中的滑动面不甚明显。

(2)滑动面(带)通常是沿着基岩顶面、下伏剥蚀面、含水层的顶底面、软质岩层及其夹层等地质分界面滑动。

(3)构成滑动面(带)的物质多为云母、滑石、蒙脱石、高岭石、各种风化严重的泥质页岩、千枚岩、云母岩、滑石岩、绿泥石片岩等。

根据以上特征,可以直接观察到滑面的位置。如果滑面一部分暴露或埋藏不深,可用挖探的方法确定滑面位置。

2. 工程地质对比法

此法就是将勘察过程中获得的钻探、挖探、位移观测、水质分析、土质试验及调查访问等资料互相对比,核对补充,经过全面分析后,使得各方面取得的资料统一起来,再与自然界类似的情况和滑坡体本身内在条件进行对比,据以判断滑动面的位置。其分析对比方法如下:

(1)地层的分析对比。有些地层及其风化物很容易形成滑动面,如高灵敏的软黏土,裂隙黏土,第三纪、白垩纪、侏罗纪的砂、页、泥岩,侏罗纪、二叠纪的煤系地层,古生代的泥质变质岩系等。

(2)地质构造的对比分析。埋藏在斜坡内部,倾向与斜坡一致的软弱岩层、构造断裂面、基岩顶面、古地貌剥蚀面等都可能成为滑动面。

(3)地貌构造的分析对比。滑体表面的微地貌形态与滑坡面的变化是密切相关的。滑坡体表面地形鼓起的地方,滑面形态则成凹槽形(滑坡在纵向上是分级的);滑坡在纵向的陡坎地段,滑面相应地段坡度亦陡,反之则缓;滑坡体上出现有较高的陡坎时,滑坡可能被分成上、下两级;滑体下部出现隆起地形时,往往是滑面变缓或滑面呈反陡的地段。

(4)滑坡裂缝的分析对比。滑坡裂隙的形状和性质与滑坡各部位受力的情况有关。滑坡两侧雁行状裂缝常是滑面两侧的边界;滑坡下部的鼓胀裂缝地段,滑面坡度也相应变缓或呈反坡;拉张裂缝地段滑动面一般变陡;滑坡体在纵向上分级的滑坡,在其分级衔接处往往出现有弧形拉张裂缝;滑坡区内出现两组形状的裂缝时,滑面则被分成两个独立部分。

(5)钻孔岩芯与钻进现象的分析对比。滑坡在滑动后,其内部的地层结构、构造发生了变化,如地层的重复、缺失,裂缝的增多、变宽,岩层压碎,节理和层理产状的变陡、变缓,岩石矿物成分和颜色有变化等。由于滑带土是软弱破碎,故在钻进过程中常发生钻孔涌水、漏水、掉块、卡钻、孔壁坍塌、钻进速度增快或减慢、套管变形等现象。

(6)滑坡水文地质条件的分析对比。滑坡区内地下泉水的出露,多是滑面被切割或暴露的部位;滑舌下部泉水出露的位置,往往是滑面的下缘(滑舌被阻、地下水位抬高者例外);两级滑坡衔接处,常有泉水、湿地和喜水植物出现;滑坡往往沿含水层的顶、底面滑动;黄土滑坡的滑面有的就在含水层中;滑坡体内存在几个含水层,其滑面亦有几个。

上述几项特征，可作为寻找和判断滑动面位置、形状、数目的参考。滑坡的地质条件是复杂的，在应用时，应认真综合分析，不应只根据某一特点就得出结论。在经过全面分析对比后，把所得各点滑面的坐标和高程标在滑坡工程地质剖图上，然后连接起来，即是完整的滑动面。若设计需要计算断面较多，可作滑动面等高线图。

4.4　本章小结

本章从滑坡的识别入手，介绍了滑坡的识别方法、识别古老滑坡的各类标志以及如何判断新发生和即将发生的滑坡；介绍了滑坡的调查，主要论述了滑坡灾害的调查内容、方法；详细论述了滑坡的勘察，包括滑坡勘察的基本要求、勘察大纲的编制、工程地质测绘的内容和要求、滑坡勘察中的勘探技术、土工试验的要求以及滑面识别等内容。

5　滑坡稳定性分析与评价

5.1　滑面力学参数选取

滑坡失稳时岩土体沿着滑裂面(简称滑面)滑动,而滑面位于滑坡中滑体与滑床之间承受挤压剪切破坏且具有一定厚度的一个带——滑动带之中,是滑动带中产生相对位移的分割面。滑动带具有较低的抗剪强度和一定的厚度,每次滑坡时的滑面会发生变动,但滑动带一般情况下是固定的。边坡发生滑动时的滑面一般是新生面,通常情况下没有明显的滑动带。不管是哪种情况,滑动带和滑面的力学参数都明显地低于其上、下原状岩土体的抗剪强度。滑坡稳定性分析的难点在于滑面的确定和滑面力学参数的选择。前者可以通过滑坡调查和滑坡勘察加以确定,但后者却不能仅凭滑坡勘察中的土工试验来确定,往往需要结合其他试验及计算手段综合确定。

5.1.1　岩土体的抗剪强度试验法

岩土体的抗剪强度试验有室内试验和现场大型剪切试验,室内试验又分为直接剪切试验和三轴压缩试验(南京水利科学研究院土工研究所,2003)。

1. 直接剪切试验

直接剪切试验是测定土体抗剪强度的一种常用方法。通常是通过钻探、挖探等手段从预定位置取出土样,制成试样,用几个不同的垂直压力作用于试样上,然后施加水平方向的剪切力,测得剪应力与位移的关系曲线,从曲线上找出试样的极限剪应力作为该垂直压力下的抗剪强度。通过几个试样的抗剪强度确定强度包络线,计算出抗剪强度参数 c、φ 值。本试验可测定黏性土和砂性土的抗剪强度参数,试验设备、操作比较简单,费用低廉,获得工程上的广泛使用,但试验的误差和离散性也较大。

滑带受剪时土体所处的条件不同会影响土体抗剪强度的不同,试验时模拟不同的条件,从而获得不同的抗剪强度指标。根据试验条件的不同,直接剪切试验分为快剪(Q)、固结快剪(CQ)和慢剪(S)3 种试验方法。

(1)快剪(Q)试验,也称之为不固结不排水剪切试验,相对应的内聚力与内摩擦角指标分别为 c_u 和 φ_u。该试验是在施加垂直荷载 P 以后,立即施加水平剪力,在 3～5min 内把土样剪坏。试验过程中保持土样的含水量不发生变化,不让土样中的水排出,因此试验中存在孔隙水压力,使得有效应力降低,此时测得的抗剪强度最小。如果在浸水条件下进行该试验,即获得饱和快剪强度。这两个强度在滑坡稳定性分析中应用十分广泛,适用于在边坡施工开挖情况与暴雨下和库水降落期间滑坡突然发生的急剧破坏，也适用于新建路堤边坡的浅层稳定性分析。与此强度指标相对应的稳定性分析方法是总应力法，通过模拟现场的剪切试验，直接测定岩土体在破坏时发挥的强度，避免了测定孔隙水压力的困难，因而适用于黏性土。

(2)固结快剪(CQ)试验，也称之为固结不排水剪切试验，相对应的内聚力与内摩擦角指标分别为 c_{cu} 和 φ_{cu}。该试验是在施加垂直荷载 P 以后，让孔隙水压力全部消散，固结后再施加水平剪力，在 3～5min 内把土样剪坏，不改变土样含水量。此时试样的有效应力有一定控制，仍含有一定量的孔隙水压，测得的抗剪强度稍大于 c_u 和 φ_u。浸水固结快剪可测得饱和固结快剪强度。固结快剪试验用来模拟土坡在自重合正常荷载下固结已完成，后来又遇到快速荷载下被剪坏的情况。这种强度适用于时动、时停的滑坡在天然状态下或雨中突然破坏的状态，也适用于新建路堤边坡的稳定性分析。适应于采用总应力法分析的黏性土滑坡。

(3)慢剪(S)试验，也称之为排水剪切试验，相对应的内聚力与内摩擦角指标分别为 c'_d 和 φ'_d 或 c' 和 φ'。试样在施加垂直荷载 P 以后，让孔隙水压力全部消散，固结后再施加水平剪力。每级水平剪力施加后都充分排水，使试样在应力变化过程中始终处在孔隙水压力为零的固结状态，直至试样剪坏。因为孔隙水压力始终为零，有效应力最大，因而测得的抗剪强度最大。它用来模拟在自重下固结完成后，受缓慢荷载作用被剪坏的情况，或砂土受荷载作用被剪坏的情况。浸水固结慢剪可测得饱和固结慢剪强度，适用于雨季后中厚层大型滑坡由缓慢变形转化为缓慢破坏的状态。但这类滑坡不多，故很少在滑坡分析中采用固结慢剪强度。这种情况下测得的黏聚力称为有效黏聚力 c'，内摩擦角称为有效内摩擦角 φ'，适用于采用有效应力法分析的滑坡。这种方法比较容易确定强度指标，但不易确定孔隙水压力。这一指标适用于无黏性土的水、土分算及稳定渗流期与水库水位降落期等边坡的稳定性分析。

在直接剪切试验中一般采用原状土样。当无法获得质量为Ⅰ级的原状土样时，也可做重塑土的剪切试验。此时要求采取少量原状土样，测定其天然含水量、天然重度、相对密度，以保证制备的重塑土试样的含水量、密实程度与原状土相同。重塑土的 c、φ 值一般接近曾经多次滑动的滑带土，或由断层泥及破碎糜棱物转化的滑带土。

土的剪应力-剪应变关系可分为两种类型：一种是曲线平缓上升，没有中间峰值，如松砂；另一种是曲线有明显的中间峰值，在超越峰值后，剪应变虽不断增大，但抗剪强度却下降，如密砂。在黏性土中，坚硬的、超压密黏土的剪应力-剪应变曲线常呈现较大峰值，正常压密土或软黏土则不出现峰值或有很小的峰值(图 5－1)。

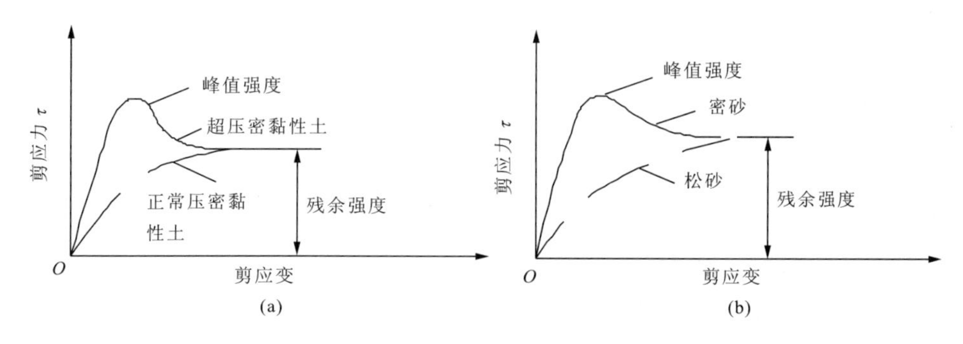

图 5－1　峰值强度与残余强度

超越峰值后，当剪应变相当大时，抗剪强度不再变化，此时稳定的最小抗剪强度就称为土的残余强度，而峰值剪应力则称为峰值强度。

当滑坡处于滑动阶段时，滑坡的滑面应采用残余强度指标，因而滑面土体强度需提供土体峰值强度与残余强度。当土的剪应力达到峰值后，随剪切位移量的增加而逐渐减小，最终趋于稳定，此稳定值称之为残余强度，用 c_r 和 φ_r 表示。

残余剪切强度可采取特制的直剪仪采用反复剪切试验测定。特制的直剪仪是当每次剪切盒移过峰值后，位移达 8～10mm 后，再自动退回至原位。当应力环内量表读数恢复到第一次剪切时的初始读数时，再进行第二次剪切。每隔一定时间，测计量力环读数与水平位移量一次，直到量力环读数稳定或水平位移达最大值 10mm 为止。如此反复进行多次剪切，直到最后两次剪切时测力计读数接近，试验方可结束，最后的稳定值即为残余剪切强度。根据经验，粉质黏土一般需剪切 5～6 次，黏性土需剪切 3～4 次。如图 5－2 所示是各次剪切过程中剪应力与剪切位移的关系曲线。

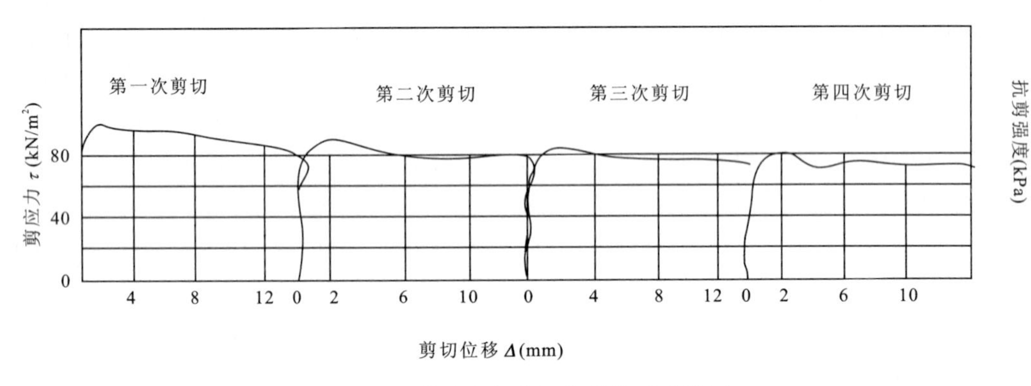

图 5－2　剪应力与剪切位移关系曲线图

图 5－3 是抗剪强度与有效法向应力的关系曲线，其中直线的倾角为内摩擦角，在纵坐标上的截距为黏聚力。

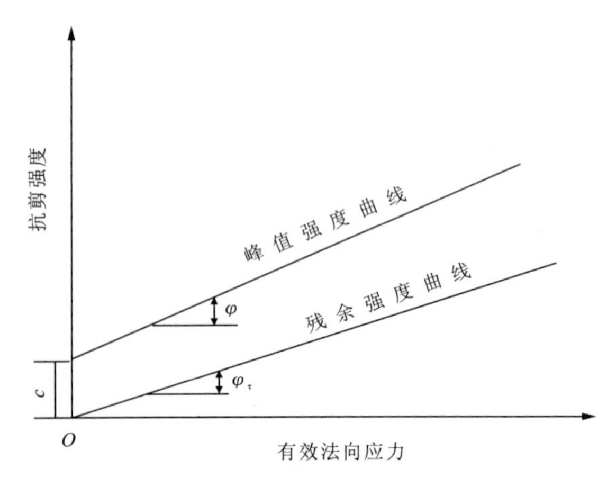

图 5－3　抗剪强度与有效法向应力关系曲线

2. 三轴试验

三轴压缩试验是测定土的抗剪强度的方法之一，其试验设备和操作过程相对复杂一些。该试验的优点是试样在加载过程中应力分布比较均匀，试样固结与加荷速率易于控制，试验成果较稳定，离散性小。因此，对于重大工程一般建议采用三轴压缩试验。

一般认为土体的破坏条件用摩尔-库仑(Mohr－Coulomb)破坏准则表示比较切合实际情况。根据该准则，土体在各向主应力的作用下，作用在某一应力面上的剪应力(τ)与法向应力(σ)之比达到某一比值(即土的内摩擦角正

切值 $\tan\varphi$)，土体就沿该面发生剪切破坏，而与作用的各向主应力的大小无关。摩尔-库仑破坏准则的表达式为：

$$\frac{\sigma_1-\sigma_3}{2}=c\cos\varphi+\frac{\sigma_1+\sigma_3}{2}\sin\varphi \tag{5-1}$$

式中：σ_1、σ_3 为大、小主应力；c 为土的黏聚力；φ 为土的内摩擦角。

三轴压缩试验的目的就是根据摩尔-库仑破坏准则测定土的强度参数：黏聚力和内摩擦角。

根据排水条件的不同，三轴压缩试验也分为不固结不排水试验(UU)、固结不排水试验(CU)和固结排水试验(CD)3 种。

(1)不固结不排水试验(UU)：本试验是对试样施加周围压力后，立即施加轴向压力，使试样在不固结不排水条件下发生剪切破坏。该方法使用条件是土体受力而孔隙压力不消散的情况，当需要提供总应力法强度和加荷速率较快时宜采用该方法。

(2)固结不排水试验(CU)：本试验是使试样先在某一周围压力作用下排水固结，然后再在保持不排水的条件下增加轴向压力直至试样破坏。该试验又可分为测孔隙水压力和不测孔隙水压力两种。当不测孔隙水压力时，求得的总应力参数 c_{cu} 和 φ_{cu} 可作为总应力分析的强度指标；如果测量孔隙水压力，测得土的有效强度参数 c' 和 φ' 用于进行土体稳定的有效应力分析。当演算库水位迅速下降时的稳定性分析，或新建路堤边坡、路堑边坡等的稳定性分析时均可采用固结不排水试验。

正常固结黏土的不排水强度与土层的固结压力的比值 c_{cu}/P，对于某种土来讲是一个常数。因此正常的固结黏土的不排水强度参数也可用 c_{cu}/P 来表示，在稳定性分析中可直接用 c_{cu}/P 代替 $\tan\varphi_{cu}$。

(3)固结排水试验(CD)：本试验是使试样先在某一周围压力作用下排水固结，然后再在排水条件下缓慢增加轴向压力直至试样破坏，主要是为了求得土的有效强度参数 c_d 和 φ_d。排水试验所需的时间较长，实践中常采用 c' 和 φ' 来代替 c_d 和 φ_d。表 5-1(南京水利科学研究院土工研究所，2003)提供了工程中选用土体强度指标的一般规定，我们可以结合实际情况参照选用。

3. 原位剪切试验

现场的原位剪切试验规范中有十字板剪切试验、现场直接剪切试验。

(1)十字板剪切试验主要用于测定饱水软黏土的不排水抗剪强度，即 $\varphi=0$ 时的内聚力值，此法对较硬的黏性土和含有砾石、杂物的土不宜采用，否则会损伤十字板头。钻孔剪切试验是一种很有发展前途的测定土的抗剪强度的试验方法，但是由于其操作较为复杂，尚处于研究与试验阶段，还没有被我国的相关规范收录。对于重大工程、大型与巨型滑坡、岩土结构面及岩土体与混凝土接触面、碎石土滑带等目前采用最多的是现场直接剪切试验。

(2)现场直接剪切试验可用于岩土体本身、岩土体沿软弱结构面和岩土体与其他材料接触面的剪切试验，可分为岩土体在法向应力作用下的沿剪切面剪切破坏的抗剪断试验、岩土体剪断后沿剪切面继续剪切的抗剪试验(摩擦试验)和法向应力为零时岩体剪切的抗切试验。现场剪切试验可在试坑、试硐、探槽或大口径钻孔内进行。当剪切面水平或近于水平时，可采用平推法(图 5-4)或斜推法(图 5-5)；当剪切面较陡时，可采用楔形体法(图 5-6)。通过试验可测得岩土体的峰值强度与残余强度。

表 5-1　土的强度值选用

序号	工程类别	需要解决的问题	强度指标	试验方法	备注
1	位于饱和黏土上的结构或填方基础	短期稳定性	$\varphi_u=0, c_u$	不排水三轴或无侧限抗压试验；现场十字板试验	长期安全系数高于短期
		长期稳定性	c', φ'	排水试验；固结不排水试验	
2	位于部分饱和砂和粉质砂土上的基础	长期和短期稳定性	c', φ'	用饱和试样进行排水或固结不排水试验	可假定 $c'=0$，最不利的条件是室内在无荷载下将试样饱和
3	无支撑开挖地下水以下的紧密黏土	快速开挖时的稳定性	$\varphi_u=0, c_u$	不排水试验	除非用专用的排水设备降低地下水，否则长期安全系数是最小的
		长期稳定性	c', φ'	排水或固结不排水试验	
4	开挖坚硬的裂缝黏土和风化黏土	短期稳定性	$\varphi_u=0, c_u$	不排水试验	试样应在无荷载下膨胀。现场的 c' 比室内测定的要低，假定 $c_u=0$ 较安全
		长期稳定性	c', φ'	排水或固结不排水试验	
5	有支撑开挖黏土地基	基坑底部的隆起计算	$\varphi_u=0, c_u$	不排水试验	
6	天然边坡	长期稳定性	c', φ'	排水或固结不排水试验	对坚硬的裂缝黏土，假定 $c_u=0$；对特别灵敏的黏土和流动黏土，室内测定的 φ' 偏大，不能采用 $\varphi_u=0$ 分析
7	挡土结构物的土压力	估计挖方时的总压力	$\varphi_u=0, c_u$	不排水试验	$\varphi_u=0$ 分析不能正确反映坚硬裂缝黏土的性状，在应力减小情况下，甚至开挖后短期也不行
		估计长期土压力	c', φ'	排水或固结不排水试验	
8	不透水的土坝	施工期或完工后的短期稳定	c', φ'	排水或固结不排水试验	试样用填筑含水率（或施工期具有的含水率范围）。增加试样含水率，将大大降低 c'，但 φ' 几乎无变化。在稳定渗流和水位骤降两种情况下，对试样施加主应力差前，应使试样在适当范围内软化，假定 $c'=0$，针对稳定渗流做排水试验时，可使水在小水头下流过试样，模拟坝体透水作用
		稳定渗流期的长期稳定	c', φ'	排水或固结不排水试验	
		水位骤降时的稳定性	c', φ'	排水或固结不排水试验	
9	透水土坝	上述 3 种稳定性	c', φ'	排水试验	对自由排水材料采用 $c'=0$
10	填方工程，允许土层部分固结	短期稳定性	$\varphi_u=0, c_u$ 或 c', φ'	不排水试验，排水或固结不排水试验	不能肯定孔隙水压力消散速率，对所有重要工程都应进行孔隙水压力观测

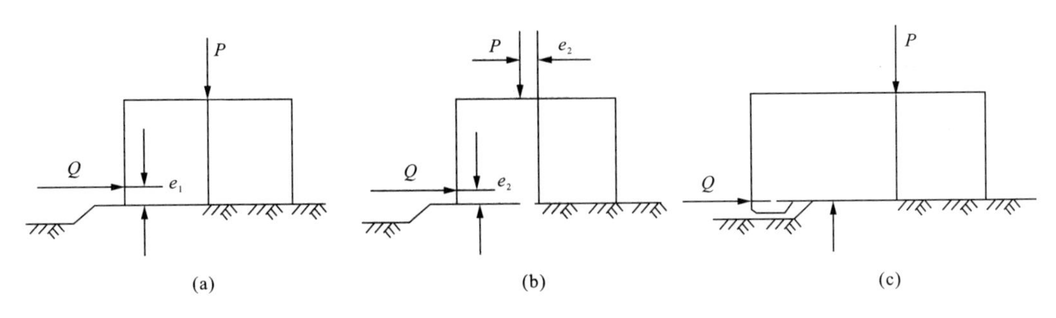

图 5-4　平推法示意图

(a)施加的剪切荷载有力臂 e_1 存在，使剪切面上的剪应力和法向应力分布不均匀；(b)使施加的法向荷载产生的偏心矩与剪切荷载产生的力矩平衡，改善剪切面上的应力分布，使其趋于均匀分布，但法向荷载的偏心矩 e_2 较难控制，故应力分布仍可能不均匀；(c)剪切面上的应力分布是均匀的，但试验施工存在一定困难。当软弱面倾角大于其内摩擦角时，常采用图 5-6 中的方案，其中(a)适用于剪切面上正应力较大的情况，(b)则相反

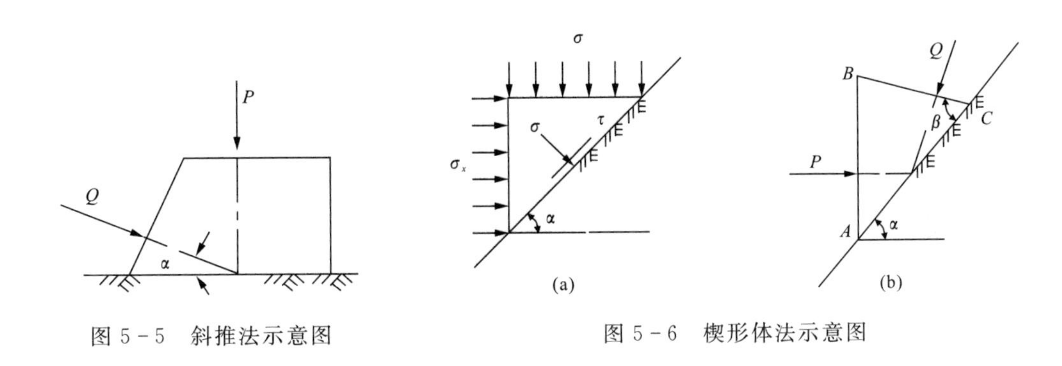

图 5-5　斜推法示意图

图 5-6　楔形体法示意图

采用现场直接剪切试验时，一般要求：同一组试验体的岩性应基本相同，受力状态应与岩土体在工程中的实际受力状态相近；每组试验岩体不宜少于 5 个，剪切面积不得小于 $0.25m^2$，试体之间的距离应大于最小边长的 1.5 倍；对于土体，每组试验不宜少于 3 个，剪切面积不得小于 $0.3m^2$，高度不宜小于 20cm 或为最大粒径的 4～8 倍，剪切面开缝应为最小粒径的 1/3～1/4；开挖试坑时应避免对试体的扰动和含水量的显著变化；在地下水位以下试验时，要避免水压力和渗流对试验的影响；施加的法向荷载、剪切荷载应位于剪切面、剪切缝的中心，或使法向荷载与剪切荷载的合力通过剪切面的中心，并保持法向荷载不变。

现场原位直接剪切试验是确定滑动面(带)抗剪强度指标的重要方法，但一般仅适应在滑坡前、后缘、周边处或滑动面埋藏较浅的条件下使用。前人的研究表明，滑带土多次剪切与滑面直剪、重塑土多次剪切所得的抗剪强度参数值较为一致。

岩石的抗剪强度也可沿用土力学的术语，采用黏聚力 c 和内摩擦角 φ 来表示。与土体的强度测试相类似，岩石抗剪强度的测定方法也主要有室内直剪试验、三轴压缩试验和现场直剪试验。需要注意的是，岩石的抗剪强度通常分为岩块、岩体和结构面的强度。岩块的抗剪强度是指不包含节理裂隙在内的岩石强度；岩体抗剪强度考虑了岩石中存在的节理裂隙，试件尺寸大，在现场进行测试，反映了岩体的强度；结构面强度是指岩体中结构面的强度，可以在室内或现场测试。这 3 种强度中，最大的是岩块的抗剪强度，最小的是结构面的强度。在工程实践中，岩体的抗剪强度常依据工程经验，按照岩体的完整性，通过对岩块的强度进行折减来确定。

例如，重庆地区规定，岩体的 c 值为岩块的 1/6～1/4，岩体的 φ 值为岩块的 0.80～0.95。

5.1.2 滑带岩土体抗剪强度反算法

采用反算法确定滑坡滑动带岩土体的抗剪强度参数，在工程实践中应用十分广泛。它是通过已知稳定系数及滑坡的其他条件反算滑面的岩土体的抗剪强度参数。很明显，当计算的前提十分清晰和准确时，反算的结果是准确的，这种情况下可以以反算参数为主。但在有些情况下，获得计算的前提并不十分清楚，这样反算的结果可信度就不高，通常作为校验之用。

1. 反算法的基本前提

采用反算法也有自己的限制条件，其基本前提有两点。

(1)必须知道当时滑坡体的稳定系数。当滑坡处于刚开始滑动的阶段时，正处于极限平衡状态，此时可认为滑坡的稳定系数为 1.00 或稍小于 1.00，如可取 0.99～1.00；但滑坡处于剧滑阶段时，稳定系数可假设为 0.95～0.98；当滑坡处于挤压变形阶段或强变形阶段，一般稳定系数取 1.01～1.05。但当滑坡处于蠕动变形或弱变形阶段时，由于还没有形成真正的滑动面，此时的稳定系数取值就是个难点，尚没有成熟的认识。

(2)要知道滑动面的确切位置。如果已经出现了滑动，此时滑面已经形成，可以通过勘察较准确地确定滑面。但对于大量的工程滑坡，在开挖或填筑之前，不可能出现滑动面，同时在蠕动阶段滑面也未形成，就不能确切地知道滑面的位置，此时的可能滑动面只能通过试算法确定，抗剪强度参数最好通过室内或现场试验确定。

2. 单断面反算法

在进行单断面的抗剪强度反算时，一般根据圆弧形滑动面、单一直滑面和折线形滑面 3 种滑面不同的形状，具体的计算公式也分为 3 种。

(1)单一圆弧形滑动面。对于圆弧形滑动面，当前一般采用瑞典条分法进行计算，假定安全系数为 1 时的平衡方程如式(5-2)所示。

$$F_s=\frac{\sum(N_i\tan\varphi+cL_i)}{\sum T_i}=\frac{\sum(W_i\cos\alpha_i\tan\varphi+cL_i)}{\sum(W_i\sin\alpha_i)}=1 \tag{5-2}$$

式中：F_s 为滑动时的安全系数，在此处取为 1；N_i 为作用于滑面的单宽法向压力(kN/m)；T_i 为作用于滑面的单宽下滑力(kN/m)；W_i 为第 i 条块的单宽重量(kN/m)；L_i 为第 i 条块的滑动面长度(m)；α_i 为第 i 条块的滑动面倾角(°)；倾向临空面时取正值，反向时取负值；c 为滑动面(带)土的黏聚力(kPa)；φ 为滑动面(带)土的内摩擦角(°)。

(2)单一直滑动面。对于沿平直层滑动的简单顺层滑坡，其后缘常是被拉开的，因此其滑面为一个平面，安全系数为 1 时的平衡方程如式(5-3)所示。

$$F_s=\frac{W\cos\alpha\tan\varphi+cL}{W\sin\alpha}=\frac{\tan\varphi}{\tan\alpha}+\frac{cL}{W\sin\alpha}=1 \tag{5-3}$$

式中：W 为滑体单宽重量(kN/m)；L 为滑动面长度(m)；α 为滑动面倾角(°)；c 为滑动面(带)土的黏聚力(kPa)；φ 为滑动面(带)土的内摩擦角(°)。

式(5-3)表明，如果 $c=0$，则 $\varphi=\alpha$。即 $\varphi>\alpha$ 时滑坡稳定，$\varphi<\alpha$ 时滑坡不稳定。

(3)单一折线形滑动面。绝大多数滑坡的滑动面为多个平直滑面的组合，简化为折线形。对于这种情况，通常采用传递系数法求滑坡的稳定系数和推力。第 i 块滑体的剩余下滑力为：

$$E_i = W_i \sin\alpha_i + E_{i-1}\psi_i - W_i \cos\alpha_i \tan\varphi_i - c_i L_i \tag{5-4}$$

当逐块向下传递到最后一块时，如果滑坡正好处于极限稳定状态，此时最后一块的推力 $E_n=0$，有：

$$E_n = W_n \sin\alpha_n + E_{n-1}\psi_n - W_n \cos\alpha_n \tan\varphi_n - c_n L_n = 0 \tag{5-5}$$

式中：ψ_i 为第 i 滑块的滑坡推力传递系数，其值为：$\psi_i=\cos(\alpha_{i-1}-\alpha_i)-\sin(\alpha_{i-1}-\alpha_i)\tan\varphi_i$；$E_i$ 为第 i 滑块的剩余下滑力(kN/m)；L_i 为第 i 滑块的滑动面长度(m)；α_i 为第 i 滑块的滑动面倾角(°)，倾向临空面时取正值，反向时取负值；c_i 为第 i 滑块的滑动面(带)土的黏聚力(kPa)；φ_i 为第 i 滑块的滑动面(带)土的内摩擦角(°)。

由于 c、φ 是两个未知数，而我们采用单断面法反算时只能建立一个平衡方程，因而必须先假定一个未知数，再求另一个未知数。对于 c、φ 值的确定，通常有以下 4 种方法。

(1)假定其一反算法。通常对砂性土由于 c 值变动较小，故常假定 c 求 φ 值，对于黏性土则常假定 φ 值求 c。相关的研究表明，φ 值对滑坡稳定性系数的影响(或者叫敏感性)更强一些(张常亮等，2007；陈文军等，2014)，因此在分析时对于 φ 值的假定应该十分慎重。

(2)滑体厚度确定 c 值法。日本三田刚二等的著作中提出按照滑体厚度假定黏聚力 c 值的方法(表 5-2)。实践经验也表明，此表所列的数值基本符合实际。如此就可以利用上述的公式求取滑带土的 φ 值。

表 5-2　滑体厚度与黏聚力 c 值

滑体厚度(m)	黏聚力(kPa)
5	5
10	10
15	15
20	20
25	25

(3)综合 c 值法。当滑带土的抗剪强度主要受黏聚力控制，且内摩擦角很小时，可将摩擦力的实际作用纳入黏聚力 c 值指标内考虑，此时假定 $\varphi=0$ 而反算综合黏聚力 c 值。此种简化只适用于滑带饱水且滑动中排水困难，滑带又为饱和黏性土或虽含有少量粗颗粒但被黏土所包裹，且滑动时粗颗粒不能相互接触的情况。

(4)综合 φ 值法。当滑带土的抗剪强度主要为摩擦力而黏聚力很小时，可假定 $c=0$，反算土的综合内摩擦角 φ 值，所谓综合是指包含了少量黏聚力的因素，这种简化方法适用于滑带土由断层错动带或错落等风化破碎岩屑组成或为硬质岩的风化残积土的情况。

不管是采用以上哪种方法，都要对滑坡进行深入的分析，针对其特点恰当选取。

3. 多断面反算法

为了减少人为假定的影响，同时反算出 c 值和 φ 值，常采取两个或多个滑动断面建立平衡方程联立求解的方法。建立联立平衡方程组时,基本条件是要求断面必须具备两个基本条件:滑坡的地质条件类似和运动状态、过程类似。

采用多断面反算法时,有时会出现两个方程是两条平行的直线方程而导致无法求解的情况。此时需要确定新的相似断面并建立相应的平衡方程组重新计算。

以上的计算方法都是基于反算出某种工况下的整个滑面的平均 c 值和 φ 值。而在实际工程中滑动面常穿透不同性质的土层或部分滑动面受地下水浸透,此时,客观上滑带土的不同段抗剪强度指标是不同的,因此,根据滑坡滑动带物质结构组成、是否受地下水侵蚀的不同反算滑动带各段的强度指标无疑是更为合理的。这样就要求在滑体上截取多个断面建立多个极限平衡方程,再按照相应的计算原理求解出不同滑段的 c、φ 值(程媛彩等,2006)。

5.2 滑坡稳定性评价

滑坡稳定性评价的目的是判断滑坡所处的状态是稳定、不稳定或极限平衡状态,为滑坡的评价提供稳定性分析资料。常采用的滑坡稳定性分析方法包括定性分析法和定量计算法(图5-7)。同时深入分析滑坡的成因,有助于正确进行滑坡稳定性分析并采取相应的工程措施。

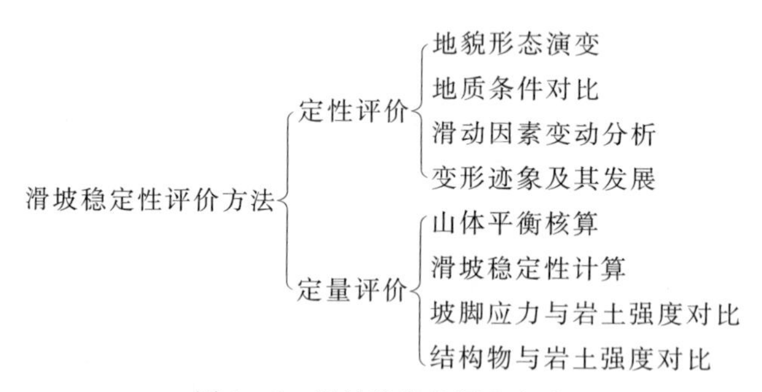

图5-7 滑坡稳定性评价方法

判断滑坡稳定性,国内铁路、公路等部门均采用以地质和地貌为主的综合分析判断方法,即从滑坡的地貌形态演变、斜坡的地质条件对比、滑动前的迹象观测、分析滑动因素的变化、斜坡平衡核算、斜坡稳定性计算、坡角应力与强度对比、工程地质比拟计算等方法进行判断。

下面分别就工程地质分析法与力学检算法加以介绍。

5.2.1 滑坡稳定性的工程地质分析法

在工程实践中,技术人员熟悉的莫过于采用力学平衡计算法评价边坡的稳定性。通过计算可以得到稳定性系数的定量数据,而且可计算出需要加固工程承受的力的大小。但这些都基于对滑坡滑面位置、形态和力学参数的清晰了解,并且采用合适的计算手段,对于复杂的滑坡,以上的几点都很难确定,甚至连滑坡的范围都难以准确判断,使得计算结果的可靠性大大降低,甚至会得出错误的结果。大量的岩土工程实践表明,以工程地质分析对比法为基础,再辅以力学计算的方法是滑坡稳定性评价中较为合理的方法。工程地质分析对比为定量的计算提供了滑坡的变形特点、范围和边界条件，通过反算分析还能提供较为准确的滑面力学参数，因此可以说工程地质分析是滑坡稳定性评价的基础。

1. 从地貌形态、演变方面判断滑坡的稳定性

判断滑坡稳定性主要是一种定性的方法，包括了以下几个方面。

(1)从极限稳定坡体判断坡体的稳定性。一定成因和结构的岩土体具有一定的密实程度、含水状态和强度，在漫长的地质历史时期的外营力的作用下，形成了与其强度特征相适应的极限坡高、坡形和坡率(表5-3)。自然边坡是人工边坡的基础，由自然稳定边坡的调查，结合坡形变化后坡体应力状态和地下水渗流场的改变，由于这种改变一定会造成岩土体强度的降低，即可判断坡体的稳定性。

表5-3　岩土体与稳定坡形关系表

序号	岩土体类型	极限稳定坡型		备注
		极限坡高(m)	极限坡度(°)	
1	黏性土	≤20	10～15	
2	老黄土	≤20	50～75	
3	新黄土	≤20	30～35	
4	洪积物		15～25	与含水量有关
5	泥岩风化残积物		20	自然稳定状态
6	全风化花岗岩		35～40	自然稳定状态
7	崩坡积碎块石土	30～50	30～35	

(2)从岩体状态综合判断坡体的稳定性。岩质边坡在自然营力的作用下形成了不同的形态，它的坡形、坡高和坡率取决于岩体的强度、构造破碎程度和风化程度，其稳定性更多地受控于各种构造和构造面的组合及其与临空面的关系。因此对于岩质边坡我们必须充分利用地质力学的原理，详细调查各组构造面(包括层面)的产状和力学性质，分析其应力历史，找出不利的构造面组合，特别是倾向临空面的一组，分析其变形的可能性、可能的变形类型和范围。

一个高大的斜坡，在不同高程经常会形成多个剥蚀面，将坡体分成若干级。由于岩性和构造影响的不同，各级有不同的高度、坡度和稳定程度，坡体的变形既可能仅发生于某一级，也可能涉及几级或整个坡体。这样就要求既要对各级边坡分别进行评价，又要相互联系进行整体稳定性分析。例如，若无大的不利结构面(层面、断层面、错动面、连通的节理面等)倾向临空面，强度高的硬岩在下部、上浮软弱岩层或风化破碎岩层时，坡体可能发生上部软弱层的局部破坏；若硬岩层在上而软弱层下伏时，会发生因软岩承载力不足的整体失稳滑动或崩塌。

(3)二元结构坡体的稳定性。坡体的二元结构是指上部为土体而岩质地层下伏的情况，这样的坡体土岩接触面通常是软弱面，要注意特别调查基岩顶面的形状、坡度、物质成分和含水情况，评价其有无滑动的可能。

(4)从不同发育阶段滑坡的地貌特征判断滑坡的稳定性。未发生变形的坡体外貌平顺：基

岩斜坡平顺且构造裂面多挤紧无错位；堆积斜坡上陡下缓变形均匀；同一岩性和构造的斜坡上冲沟分布均匀，少见坍塌；多级平台的坡体整体呈现缓变形，坡体在各级上的高度无突变，整个坡体的级数也基本相当。这些地貌特征表明坡体较为稳定。

已经滑动的坡体有独特的外貌特征，不同的发育阶段又具有不同的变性特征和稳定程度。存在于Ⅰ级以上阶地后缘的老滑坡，因为没有河流冲刷，若无人为因素影响属稳定坡体，若有灌溉、开挖、水库浸淹等则需要重新评价其稳定性；存在于现河流岸边的老滑坡，虽暂时稳定，但由于河流冲刷的存在，严重时仍会复活。例如，南昆铁路八渡车站滑坡，估计其崩滑体形成于数百年前，在八渡车站修成以前没有文献证明其是不稳定的，其复活既有工程开挖的、堆载的原因，也有南盘江水位上升产生浮托力和前缘冲刷的双重作用（刘佳正，2007）。

需要注意的是，工程滑坡多数情况下都处在蠕动挤压或缓慢滑动阶段，应根据其变形迹象和位移监测资料评价其稳定性和发展趋势。

（5）从已有滑坡判断边坡开挖后滑动的可能性。同样岩性和构造条件下的斜坡，已经出现滑动的，可类比判断相邻或即将开挖边坡发生滑动的可能性。例如，海则庙煤矿工业厂场边坡，在2011年场坪局部开挖至设计标高后，形成南侧和东侧两处高边坡，由于改变了坡体自然平衡状态和坡体本身存在软弱带的影响，南侧坡体出现多条贯通裂缝并产生大范围的失稳滑移，东侧坡体顶部位置也出现了多条裂缝，最终通过勘察设计，采用了回填反压、渗水盲沟、微型桩、联系梁、浆砌片石挡墙、浆砌片石截排水沟和夯填裂缝等支护与治理措施使场地边坡得到了有效治理。2012年随着场坪的逐步到位，场地西侧也形成了与东侧、南侧相类似的高边坡，也出现了失稳现象，最终又采用了抗滑桩、砌石挡墙、砌石骨架护坡（锚杆框架梁）等支挡措施，并结合截排水措施进行综合治理，才使西侧边坡达到了安全使用的要求。

（6）同一滑体上各滑块的稳定性。一个大的滑坡，可包括几个滑动块体，它们之间以滑动后形成的冲沟相隔开，或由交叉的裂缝来划分。同一滑动块体上有多级滑坡平台时，大多是多级、多次滑动所形成的。它们的主滑段与抗滑段的长度与坡度不同，具有不同的稳定程度，应分别进行评价。如抗滑段较长且滑面反倾时稳定性较高，反之则较低；具多级牵引扩大的滑坡潜伏着更大的危险。

2. 从地质条件对比方面判断滑坡的稳定性

从地质条件对比方面判断滑坡的稳定性即工程类比法，也是一种定性分析法，主要内容有以下几点。

（1）从自然山坡的地层岩性、产状、风化程度、构造破碎程度、地下水分布及有无变形的调查测绘中可判断边坡开挖后的稳定性和发生变形的类型及规模。非易滑地层、贯通结构面倾向山内、地下水不发育的条件下，一般不易发生大型滑坡，反之当有较大的断层造成岩体破碎或不利结构面倾向临空面时则容易发生滑坡；易滑地层、层面（包括片理面和贯通的构造结构面）倾向临空、含水且倾角大于结构面综合内摩擦角时容易发生滑动。

通过滑坡区内外地层、构造产状变化及岩土松弛、裂隙张开与充填情况等的调查，也能够很容易圈定滑坡的范围。

（2）从代表性地质断面（滑坡主轴断面）上分析判断滑坡的稳定性。在代表性地质断面上绘制揭露的所有地层（特别是软弱夹层）和主要构造裂面及裂面的产状、地下水位及含水层和隔水层的位置，结合地面调查资料给出滑动面（带），区分出主滑、牵引和抗滑段。根据各段滑面倾角、长度及滑带岩土体的抗剪强度对比可评价其稳定性。新生的滑坡主滑段逐渐增大、抗滑段逐渐缩小，表明滑坡正向不稳定方向发展。古老滑坡因抗滑段增大或脱离原滑床而掩盖于前方老地面之上，表明滑坡的稳定性正在逐步变高，特别是当滑带土已失水固化者稳定性更高，若无自然和人为改变将会保持稳定。

对于有多级滑动的滑坡应分析前后级的依附关系，即区别其是牵引式或者是推移式滑坡。前者常常因前级失稳滑动而引起后级跟着滑动，若稳定了前级，后级就不会失稳；后者则是由后级产生破坏以后导致前级由于后级的推动作用而破坏，若稳定或清除了后级滑坡体，则前级就不会失稳。

对于有多层滑面的滑坡，应分层评价其稳定性，并考虑上层滑动后地表水容易下渗而引起深层滑坡的滑动或使滑动加剧。还应根据滑床岩土体的性质分析滑面向下发展加深的可能性。

(3)从滑床顶面等高线图和滑坡岩土体含水量的变化上判断滑坡的稳定性。滑床顶面为平面时，滑面各处含水状态类似；滑床顶面为沟槽状者更易积水，随降雨和地下水的增加，过湿带范围扩大，滑坡稳定性降低。滑坡有季节性变化，也有年度(如高降雨年份)变化。

3. 从滑动因素变动分析滑坡的稳定性

具有滑动条件的斜坡，在无外界因素作用时，不一定失稳滑动。虽然斜坡失稳滑动的作用因素多种多样，但对某一具体的斜坡滑动而言，总是某一种或两种因素起主要作用，它们引起了下滑力和抗滑力的较大变化，使斜坡从一种状态进入另一种状态。因此我们只要找出主要作用因素，控制或消除其作用即可预防和治理滑坡。

对自然滑坡来说，河流冲刷和地震常是主要作用因素；工程滑坡多因开挖坡脚或堆载改变了斜坡的应力状态和地下水的渗流条件而引起；库岸滑坡则由于水库浸水降低了滑带(或潜在滑带)土的抗剪强度及水位降低时增大了渗透力的作用。地下水位的升高增大滑带土的孔隙水压力并降低土的强度，这对许多滑坡都是存在的；高烈度地震区的滑坡，除附加地震力增大下滑力、降低抗滑力外，饱水粉土和细砂土还会造成振动液化，破坏滑带土的结构。要针对每一具体的滑坡地质条件找出其主控因素。

主控因素在滑坡发育过程中也会发生变化。如地表降雨不一定是滑坡的主控因素，但当滑动已经开始发生，地表裂缝已经出现，大量雨水渗入坡体则可能促使滑坡加速滑动。

4. 从监测滑动变形迹象方面判断滑坡的稳定性

要求坡体有完整的监测系统和连续的监测数据，根据滑坡不同变形阶段所呈现的不同变性特征，来判断坡体所处的变形阶段和稳定程度，预警滑坡的发生。

(1)不同的滑动变形阶段出现的变形迹象及其稳定程度不同。滑坡不同发育阶段滑体各部位的变形和裂缝出现的顺序与特征以及各阶段的稳定系数，已经在前面的相关章节做了论述，可以查找参阅。

(2)从位移监测资料判断滑坡的稳定性。通常在滑坡的上、中、下部分别布设地面位移监测点，特别是在主轴断面上布设深孔测斜监测点，从不同部位的变形上判断滑坡的稳定性。如滑坡上部下沉、外移而下部没有位移，表明抗滑段没有受力，滑坡处于蠕滑阶段；若抗滑段有抬升和外移，则表明其处于挤压阶段；当滑坡上、中、下以同一速率水平位移时即进入整体滑动阶段；当位移加速时（如每天位移大于 10mm），即可认为进入剧滑破坏阶段。

深孔测斜监测滑动面的位移，当每天位移 3mm 以内时，滑坡处于蠕动挤压阶段；每天位移 3～5mm 时，即进入滑动阶段；大于 10mm，即进入加速滑动阶段。滑坡剧烈滑动前测斜管常被剪切破坏。

（3）从其他监测资料判断滑坡的稳定性。经常采用的监测手段还包括地下水位监测、滑带土孔隙水压力监测、声发射监测、建筑物受力检测等，都能提供有用的分析资料。尤其当检测数据发生突变时，都表示滑坡稳定状态的较大变化，但是目前这些方面的定量研究还很少，尚提不出具有参考性的定量数据。

5.2.2 滑坡稳定性的力学检算法

1. 基本要求

滑坡的稳定性计算应符合下列要求：① 正确选择具有代表性的分析断面，正确划分牵引段、主滑段和抗滑段；② 根据前述的强度指标确定方法，正确确定和选用岩土体及滑动面的强度指标；③ 有地下水时，应计入水压力和浮托力；④ 根据滑面（带）的具体情况（平面、折线或圆弧），正确选择所采用的计算模型；⑤ 当有局部滑动可能时，除验算整体稳定性外，还应验算局部稳定性；⑥ 当有地震、冲刷、人类活动等影响因素时，应考虑这些因素对滑坡稳定性的影响。

2.《建筑边坡工程技术规范》(GB 50330—2013)推荐公式

规范中共列出了圆弧滑动法、平面滑动法和折线滑动法 3 种滑动形式的滑坡计算要求及公式，下面逐一介绍。

（1）圆弧滑动条分法（瑞典条分法）。假定破裂面为圆弧形，在坡肩画出与水平线成 36°的倾角线作为破裂圆弧的圆心轨迹线，然后绘出通过坡脚的圆弧，再用条分法求出条块的下滑力、法向力（图 5-8），最后根据不同情况选用下列各式计算滑坡的稳定系数 K。

$$K=\frac{\sum R_i}{\sum T_i} \tag{5-6}$$

$$R_i=N_i\tan\varphi_i+c_iL_i \tag{5-7}$$

$$N_i=(Q_i+Q_{bi})\cos\theta_i+P_{wi}\sin(\alpha_i-\theta_i) \tag{5-8}$$

$$T_i=(Q_i+Q_{bi})\sin\theta_i+P_{wi}\cos(\alpha_i-\theta_i) \tag{5-9}$$

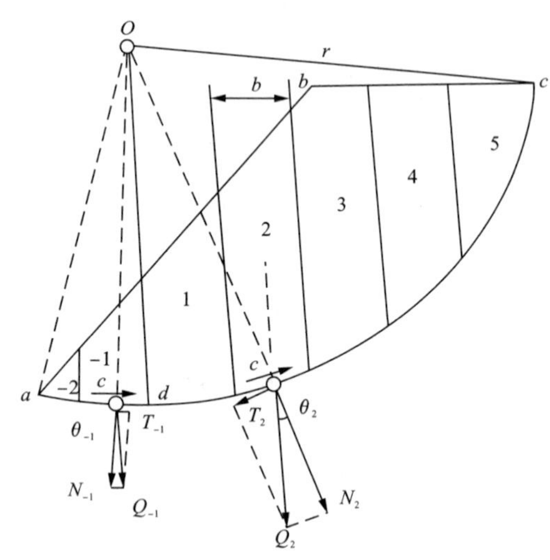

图 5-8 圆弧滑动条分法计算简图

当圆弧滑动面的下端朝着土体内侧倾斜时，内倾部分所产生的下滑力起着抵抗总体下滑力的作用，所以将 T 值分为 $T_{滑}$ 和 $T_{抗}$ 两部分。K 值按照式(5-10)计算：

$$K=\frac{\sum R_i}{\sum T_{滑}-\sum T_{抗}} \tag{5-10}$$

当有地震力 F 作用时，应按照式(5-11)计算：

$$K=\frac{\sum[(N_i-N'_i)\tan\varphi_i+c_iL_i]}{\sum(T_i+T'_i)} \tag{5-11}$$

$$N'_i=F_i\sin\alpha_i \tag{5-12}$$

$$T'_i=F_i\cos\alpha_i \tag{5-13}$$

式中：K 为滑坡稳定系数；c_i 为第 i 计算条块滑面上岩土体的黏结强度(kPa)；φ_i 为第 i 计算条块滑面上岩土体的内摩擦角(°)；L_i 为第 i 计算条块滑面长度(m)；θ_i，α_i 为第 i 计算条块底面倾角和地下水位面倾角(°)；Q_i 为第 i 计算条块单位宽度岩土体自重(kN/m)；Q_{bi} 为第 i 计算条块滑体地表建筑物(外加荷载)的单位宽度自重(kN/m)；P_{wi} 为第 i 计算条块单位宽度的总渗透力(kN/m)；R_i 为第 i 条块的抗滑力(kN/m)；T_i 为第 i 条块的下滑力(kN/m)；T'_i 为地震力平行于第 i 计算条块滑体在滑动面法线上的分力(kN/m)；N_i 为第 i 计算条块滑体在滑动面法线上的反力(kN/m)；N'_i 为地震力垂直于第 i 计算条块滑体在滑动面法线上的分力(kN/m)。

(2)平面滑动法。假设破裂面为直线型，经过边坡上任意点(或坡脚)可引出无数条与水平线成 β 角的可能代表滑动破裂面的直线，并按照岩土体安全系数公式(5-14)计算各滑动破裂面的 K 值，坡体的稳定程度以其中的最小值确定。具有最小安全系数($K_{\min}$)的面称为临界面，此面和水平线所成之角称之为临界角。

$$K=\frac{\gamma V\cos\beta\tan\varphi+Ac}{\gamma V\sin\beta} \tag{5-14}$$

当坡体上还附加有其他如静水压力、动水压力、地震力、附加荷载等时，要相应地考虑这些附加力的作用。例如，当岩质坡体存在张节理时，在暴雨情况下如果张节理底部排水不畅，节理内可能临时充水到一定高度，沿张节理和滑动面产生静水压力，使滑动力增大，如图5-9所示。此时坡体的稳定系数由式(5-15)计算：

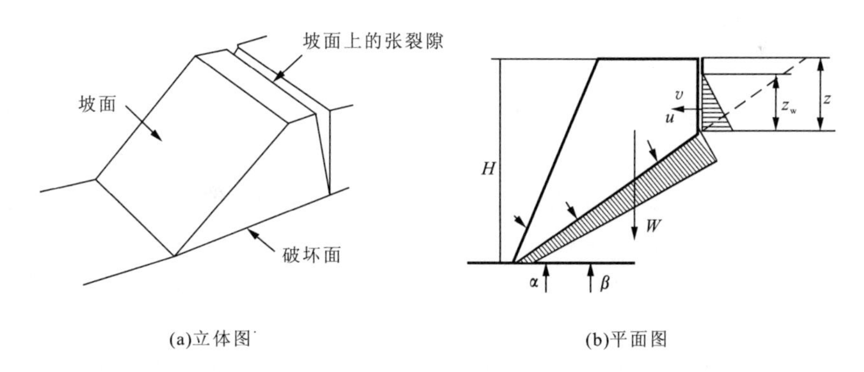

图5-9　坡面上有张裂隙的岩质边坡平面破坏示意图

$$K=\frac{(\gamma V\cos\beta-\mu-\nu\sin\beta)\tan\varphi+Ac}{\gamma V\sin\alpha+\nu\cos\beta} \tag{5-15}$$

式中：$\mu=\frac{1}{2}\gamma_w z_w(H-z)\csc\beta$，滑面单位宽度总水压力(kN/m)；$\nu=\frac{1}{2}\gamma_w z_w^2$，后缘陡倾裂隙面上的单位宽度总水压力(kN/m)；γ 为岩土体的重度(kN/m³)；γ_w 为水的重度(kN/m³)；z 为坡顶

至滑动面深度(m)；z_w 为裂隙充水高度(m)；H 为坡脚至坡顶的高度(m)；c 为滑面的黏聚力(kPa)；φ 为滑面的内摩擦角(°)；$A=(H-z)\csc\beta$，单位长度结构面的面积(m^2)；V 为岩土体的体积(m^3)；β 为滑动面倾角(°)；α 为坡角(°)。

(3)折线滑动法。滑动面区别于直线和圆弧面，由不同的折线组成(图 5－10)，坡体的稳定系数按下列方法计算：

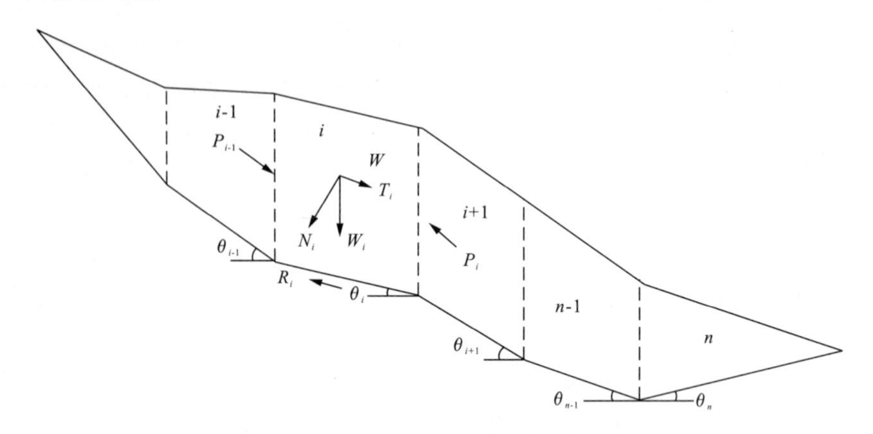

图 5－10　折线滑动法稳定系数计算简图

$$N_i=W_i\cos\theta_i \quad T_i=W_i\sin\theta_i$$

P_i 为第 i 块段以下滑体对其施加的抵抗力(kN/m)；P_{i-1} 为第 i 块段以上滑体对其施加的传递下滑力(kN/m)。

$$K=\frac{\sum_{i=1}^{n-1}(R_i\prod_{j=i}^{n-1}\psi_j)+R_n}{\sum_{i=1}^{n-1}(T_i\prod_{j=i}^{n-1}\psi_j)+T_n} \tag{5-16}$$

$$\prod_{j=i}^{n-i}\psi_j=\psi_i\psi_{i+1}\cdots\psi_{n-1}$$

$$\psi_i=\cos(\theta_i-\theta_{i+1})-\sin(\theta_i-\theta_{i+1})\tan\varphi_{i+1}$$

式中：ψ_i 为第 i 计算条块剩余下滑推力向第 $i+1$ 计算条块的传递系数；W_i 为第 i 块滑体的重量；其他符号同前。

折线滑动法为不平衡推力传递法，计算中应注意以下可能出现的问题：当滑面形状不规则，局部凸起而使滑体较薄时，宜考虑从凸起部位剪出的可能性，可进行分段计算；划分条块时不宜将最下部条块划分得过小，由于不平衡推力传递法的计算稳定系数实际上是滑坡最前部条块的稳定系数，若最前部条块划分过小，在后部传递力不大时，边坡稳定系数将显著地受该条块形状和滑面角度影响而不能客观地反映边坡稳定状态；当滑面前部较缓或出现反倾段时，自后部传递来的下滑力和抗滑力较小，而前部条块下滑力可能出现负值而使边坡稳定系数为负值，此时应视边坡为稳定状态；当最前部条块稳定系数不能较好地反映边坡整体稳定性时，可采用倒数第二条块的稳定系数或最前部两个条块稳定系数的平均值。

3. 恢复山体极限平衡状态检算法

近期发生的滑坡，可将山坡轮廓恢复至开始滑动瞬间的形状，并认为它处于极限平衡状态，即稳定系数 $K=1$。按测定的滑面形状求滑面(或带)上的综合抗剪强度值，然后将此值用于目前滑动后的山坡稳定计算，以判断其稳定性。此法因将全部滑带土强度指标按平均值考虑，故其精度较差。

图5-11为常见的圆弧形滑面和折线形滑面核算示意图。根据滑带土的组成成分的不同又可分为3种方法。

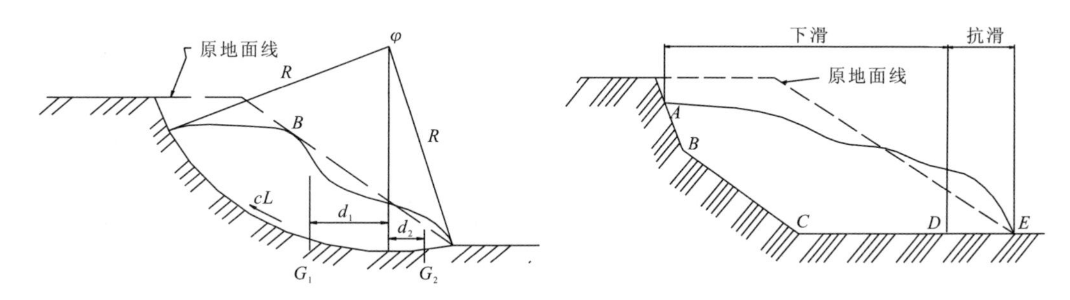

图5-11　恢复山体极限平衡状态检算示意图

(1)综合 c 法。适用于滑带的成分以黏性土为主，且土质较均匀，尤其是滑带饱水且排水困难的条件下，即可认为 $\varphi\approx0$。

a. 当滑面为圆弧形时，抗滑稳定系数 K 的计算公式为：

$$K=\frac{G_2d_2+cLR}{G_1d_1} \tag{5-17}$$

式中：G_1 为滑体下滑部分的重力(kN/m)；d_1 为 G_1 重心至滑动圆心铅垂线的水平距离(m)；G_2 为滑体阻滑部分的重力(kN/m)；d_2 为 G_2 重心至滑动圆心铅垂线的水平距离(m)；L 为滑动圆弧全长(m)；R 为滑动圆弧的半径(m)；c 为滑动圆弧面上的综合单位黏聚力(kPa)。

b. 当滑面为折面时，根据主轴断面上折线的变坡点将滑体分成若干条块，分段将下滑段与抗滑段的力投影到水平面上。由水平力的平衡条件求稳定系数 K 的计算公式为：

$$K=\frac{\sum G_{2j}\sin\alpha_j\cos\alpha_j+\sum c(l_i\cos\alpha_i+l_j\cos\alpha_j)}{\sum G_{1i}\sin\alpha_i\cos\alpha_i} \tag{5-18}$$

式中：G_{1i} 为滑体下滑部分第 i 个条块的质量(kN/m)；G_{2j} 为滑体阻滑部分第 j 个条块的质量(kN/m)；α_i 为滑体下滑部分第 i 个条块所在折线段滑面的倾角(°)；α_j 为滑体下滑部分第 j 个条块所在折线段滑面的倾角(°)；l_i 为滑体下滑部分第 i 个条块所在折线段滑面的长度(m)；l_j 为滑体下滑部分第 j 个条块所在折线段滑面的长度(m)；c 为折线形滑面上的综合单位黏聚力(kPa)。

(2)综合 φ 法。适用于滑带土以粗粒岩屑或残积物为主，且滑动能使排出滑带水的条件下，即可认为 $c\approx0$。这种情况的滑面一般为折面，其稳定系数为：

$$K=\frac{\sum G_{2j}\sin\alpha_j\cos\alpha_j+(\sum G_{2j}\cos^2\alpha_j+\sum G_{1i}\cos^2\alpha_i)\tan\varphi}{\sum G_{1i}\sin\alpha_i\cos\alpha_i} \tag{5-19}$$

式中：φ 为滑面上的综合内摩擦角(°)；其余参数与式(5-18)相同。

(3)c、φ 法。适用于滑带土为含黏性土与岩屑碎粒的混合物，即认为 $c\neq0$，$\varphi\neq0$。这种情况的滑面一般为折面。在反求 c、φ 值时，必须找出两个不同的断面，由联立方程解出 c、φ 值。

其稳定系数为：

$$K=\frac{\sum G_{2j}\sin\alpha_j\cos\alpha_j+(\sum G_{2j}\cos^2\alpha_i+\sum G_{1i}\cos^2\alpha_i)\tan\varphi+\sum c(l_i\cos\alpha_i+l_j\cos\alpha_j)}{\sum G_{1i}\sin\alpha_i\cos\alpha_i}\tag{5-20}$$

式中各参数含义同上。

4. 滑坡当前稳定程度的检算法

对于老滑坡，恢复其开始滑动瞬间的极限状态很困难时，则可利用滑带土的实测、试验求得抗剪强度指标，并考虑到今后可能发生的变化与最不利的影响因素组合条件，加以分析调整，再用以验算滑坡体的稳定性，从而判断滑坡体的稳定程度。

应当注意的是，由于滑带土（岩）的强度指标常因所在部位不同和滑坡所处发展阶段不同而有差异，因此其稳定性的检算方法如下。

（1）滑坡体厚度大致均等，滑床为单一坡度平面的滑坡，如图 5－12 所示。当滑床相对隔水，滑体及滑带土的湿度变化不大时，可按式（5－21）检算其稳定性。

$$K=\frac{\gamma h\cos\alpha\tan\varphi+c\cdot\sec\alpha}{\gamma h\sin\alpha}\tag{5-21}$$

式中：h 为滑体的厚度（m）；γ 为滑体土的容重（kN/m^3）；c 为滑带土的单位黏聚力（kPa）；φ 为滑带土的内摩擦角（°）；α 为滑床的倾角（°）。

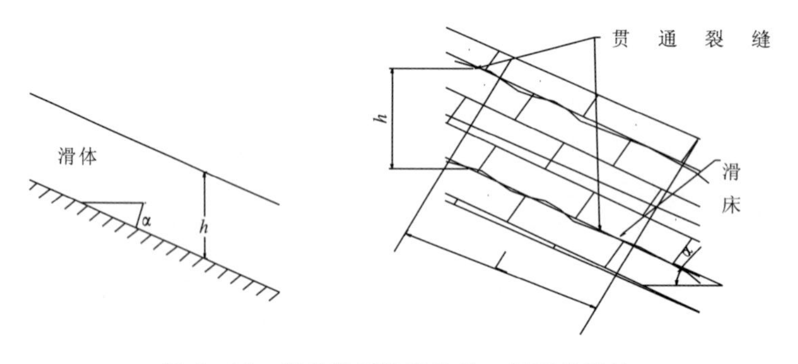

图 5－12 滑体等厚滑床为单一斜面的滑坡

若滑床相对隔水，滑体上裂隙贯通至滑带时，应考虑雨季滑体全部为水所饱和的情况。按式（5－22）检算其稳定性。

$$K=\frac{(\gamma-\gamma_w)h\cos\alpha\tan\varphi+c\sec\alpha}{\gamma h\sin\alpha}\tag{5-22}$$

式中：γ_w 为滑体土的饱和容重（kN/m^3）。

若滑体仅部分饱和时，应按饱和深度分别考虑滑坡体饱和及不饱和部分的容重来计算稳定系数。

由软硬岩层组成的滑坡体沿某一软弱层滑动，滑体有贯通裂缝时，在有暴雨的条件下，应考虑裂隙中静水压力的作用。地震地区还应考虑到地震力的影响，则：

$$K=\frac{\gamma h\cos\alpha\tan\varphi+c\sec\alpha}{\gamma h\sin\alpha+\frac{1}{2}\gamma_w h^2\eta+P_d} \tag{5-23}$$

式中：$\frac{1}{2}\gamma_w h^2\eta$ 为贯通裂隙中的静水压力，η 为滑动岩体的裂缝系数，指每延米长距离内贯通裂缝的数目，等于$(1/l\cdot\cos\alpha)$；P_d 为地震作用力(kN/m)。

(2)滑体不等厚，滑床为折线形时，可按已知滑动面法检算滑坡的稳定性。

(3)考虑渗透力的岩质边坡稳定性分析。岩质边坡稳定性分析有两种方法：一是运用建立边坡岩体渗流场与应力场耦合模型，求解边坡岩体内的应力分布(考虑渗流场作用)，用应力分析法评价边坡岩体的稳定性(仵彦卿等，1995)；二是计算边坡岩体稳定系数方法，评价岩体的稳定性。

对于土体边坡稳定性评价时，一般有两种考虑：一是把土体骨架作为研究对象，把地下水看作对骨架作用的外力，这种外力通常可分为浮力和渗透力；二是把包含地下水在内的土体一起作为研究对象，此时将地下水对土体骨架作用的渗透力作为内力。对于岩质边坡稳定性评价时，一般采用第一种方法，即把岩体固体骨架作为研究对象，把地下水作为施加于岩体骨架的外力(浮力和渗透力)。在建立岩体渗流场与应力场耦合模型时，充分考虑渗透力对岩体稳定性的影响。当考虑静水压力的作用时，其斜坡稳定系数可表述为：

$$K=\frac{(W\cos\alpha-P)\tan\varphi+cL}{W\sin\alpha} \tag{5-24}$$

式中：K 为滑坡稳定系数；α 为结构面的倾角(°)；φ 为结构面的摩擦角(°)；c 为结构面的黏聚力(kPa)；L 为结构面的长度(m)；W 为结构面之上岩体的重量(kN)；P 为单宽结构面上所承受的静水总压力(kPa)；

$$P=\frac{1}{2}L'\gamma_w H \tag{5-25}$$

式中：L'为地下水位变幅范围内结构面长度(m)；γ_w 为地下水容重(kN/m^3)；H 为地下水水位(m)。

当考虑地下动水压力时，由于动水压力为体积力，方向与水力梯度方向一致，所以：

$$P_{动}=\gamma_w S_2\Delta H \tag{5-26}$$

式中：ΔH 为地下水水头差(m)；S_2 为地下水水位以下岩体剖面上的面积(m^2)。

作用在结构面单位面积上的动水压力为：

$$P_{动}=\gamma_w L'\Delta H \tag{5-27}$$

于是得到考虑动水压力时斜坡稳定性系数公式为：

$$K=\frac{(S_1\gamma_D+S_2\gamma_w)\cos\alpha\cdot\tan\varphi+cL}{(S_1\gamma_D+S_1\gamma_w)\sin\alpha+\gamma_w L'\Delta H} \tag{5-28}$$

式中：S_1 为地下水位以上岩体剖面的面积(m^2)；γ_D 为岩体的干容重(kN/m^3)。

对于多个结构面的斜坡岩体可分块叠加计算，并计算块与块之间的作用力，还可用 Sarma 法计算。

5. 坡角应力与坡角岩土的强度对比法

由较坚实的岩土所组成的山坡，当下伏地层为软弱土层或破碎松散岩层时，易于产生深层滑动，形成深层滑坡。这类滑坡在形成过程中，往往是由于外界条件的变化，使软弱松散层极限抗剪强度降低时，塑性变形区便扩大，进而逐步形成贯通的滑动面而发生滑动。因此，可用坡脚应力与坡脚岩土强度的对比，作为判断山坡稳定状态的依据。

具体做法是：一般先在代表性的山坡地质断面图上，用基底应力的计算方法，计算坡脚松软地层的应力分布，并绘出最大剪应力的等值线图；再按地层分层取样的试验资料绘出相应部位的岩土等强度系数图，对比两图圈出塑性变形区。根据塑性变形区域的大小就可以判断当前山坡（或滑坡）的稳定程度。考虑到今后可能发生的变化及对岩、土应力与强度的影响，亦可分析滑坡今后发展趋势，判断其今后的稳定性。对已有滑坡进行地质勘察、量测坡脚应力，观察其变化，常能直接判断滑坡的稳定性并预测滑坡的发展趋势。

以上各种方法均可判断滑坡是否处于稳定状态，从而确定是否需要进行治理，以增强其稳定性。在分析中应注意其受力状况和环境因素与今后工程使用期内的最不利工作条件有何不同。例如，滑动当年的降雨量和暴雨集中程度与历年最大降雨量和暴雨量有何差别；当年的洪水频率与工程设计的洪水频率有何差别；当时滑动瞬间的地震烈度与可能发生的最大地震烈度有何差别等。由此来考虑必要的稳定系数值，作为是否要治理的依据。一般当 K 值大于 1.2（具体取值根据不同的规范有不同的规定）时，可认为滑坡是稳定的。

5.3 滑坡推力计算

滑坡推力是滑体向下滑动之力与抵抗滑动力之差。滑坡推力可用于评价判定滑坡的稳定性和为设计抗滑工程提供定量指标。滑坡推力计算是在已知滑坡位置、可能的滑面形状及岩土体强度指标的基础上进行的。

5.3.1 滑坡推力计算的简化假定

计算滑坡推力时一般做以下简化假定。

（1）滑坡体不可压缩并作整体下滑，不考虑条块之间的挤压变形。

（2）条块之间只传递推力不传递拉力，不出现条块之间的拉裂。

（3）条块间的作用力（即推力）以集中力表示，它的作用线平行于前一块的滑动方向，作用在分界面的中点。

（4）顺滑坡主轴取单位宽度（一般为 1.0m）宽的岩土体作为计算的基本断面，不考虑条块两侧的摩擦力。

5.3.2 抗滑安全系数 K 值的选定

根据经验，对一般工程宜取 $K=1.10\sim1.25$；对重要工程可取 $K=1.25\sim1.30$；若计算中考虑了地震作用等各种不利条件，则可采用较小值，甚至可用 $K=1.05\sim1.10$。

抗滑安全系数的选定，要考虑如下因素：

（1）滑带岩土强度指标的可靠程度。

（2）对滑坡规模、性质和形成原因的了解程度。

(3)滑动后可能形成的危害程度。

(4)工程破坏后修复的难易程度。

5.3.3　滑带土抗剪强度指标的选取

选取合适的抗剪强度指标 c 和 φ 值，常用的确定方法有试验、反算和经验 3 种途径。以下简单说明其取值原则，具体方法可见 5.1.2 节。

1. 用试验方法取得 c、φ 值

根据滑坡的特性与当前所处的阶段，采用代表性土样，并用于滑坡滑动特点相似的试验方法测定 c、φ 值，经分析比较选用峰值与残余抗剪强度之间合适的 c、φ 值。

(1)对于即将滑动的新滑坡，由于滑面尚未完全行成，可用滑带原状土做固结快剪或快剪试验，取其峰值作为抗剪强度指标。

(2)对于连续滑动的滑坡，滑面已完全形成，可将滑带土重塑后做多次快剪试验，用其残余抗剪强度。

(3)对于连续滑动的古滑坡和滑动量不大的滑坡，其抗剪强度介于峰值和残余值之间，较难选定。此时，可采用现场大型直剪试验来测定，或者用原状土固结剪切(或浸水剪)测定，或者将滑带土重塑后取多次快剪试验中的某值作为抗剪强度指标。

(4)对于尚未滑动的崩塌性滑坡，可用滑带原状土做固结快剪试验；对于已开始滑动的崩塌性滑坡，未脱离滑床的滑面已形成，滑带土强度的试验方法同第 3 条。

(5)当滑面(带)为碎石土，或与薄的软弱夹层接触时，也宜用现场直剪试验求取。

2. 用反算法取的 c、φ 值

对整个滑带刚刚形成的滑坡，利用滑体的极限平衡状态下的断面，令其剩余下滑力为零，抗滑安全系数为 1，再利用 5.1.2 节的相关公式求剩余下滑力。

3. 经验数据

当滑带岩土的性质及所在部位与已有可靠的经验数据的滑坡近似时，可经过对比，将经验数据分析调整后用于计算。

5.3.4　滑坡推力计算

1. 基本力系计算

滑坡推力计算也根据滑面形态划分为单一平面、折面和圆柱面(圆弧面)3 种形式。

(1)滑面为单一平面(图 5－13)。此时可采用式(5－29)求取滑坡的剩余下滑力：

$$E = KG\sin\alpha - G\cos\alpha\tan\varphi - cL \qquad (5-29)$$

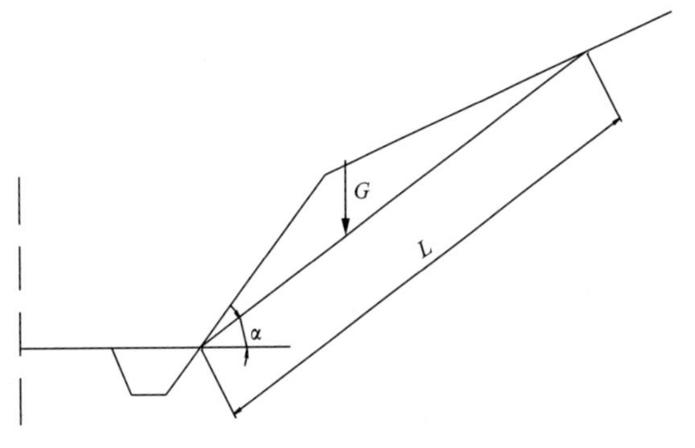

图 5－13　作用于滑动平面上的基本力系

式中：G 为滑体总重(kN/m)；α 为滑面与水平

面间的夹角(°)；L 为滑面长度(m)；c 为滑面上的单位黏聚力(kPa)；φ 为滑体的内摩擦角(°)；K 为安全系数；E 为滑体下滑力(kN/m)。

(2)滑面为折面。这种情况下可在滑动面变坡点或抗剪强度变化点将滑体分成若干块，从最上一块起，逐块计算其剩余下滑力，最后一块的剩余下滑力就是整个滑坡的下滑力。也称为传递系数法。

由图 5-14 可知，第 i 条块的剩余下滑力(即该部位的滑坡推力)E_i 可用式(5-30)计算：

$$P_i = KG_i\sin\theta_i - G_i\cos\theta_i\tan\varphi_i - c_i l_i + \psi_i P_{i-1} \tag{5-30}$$

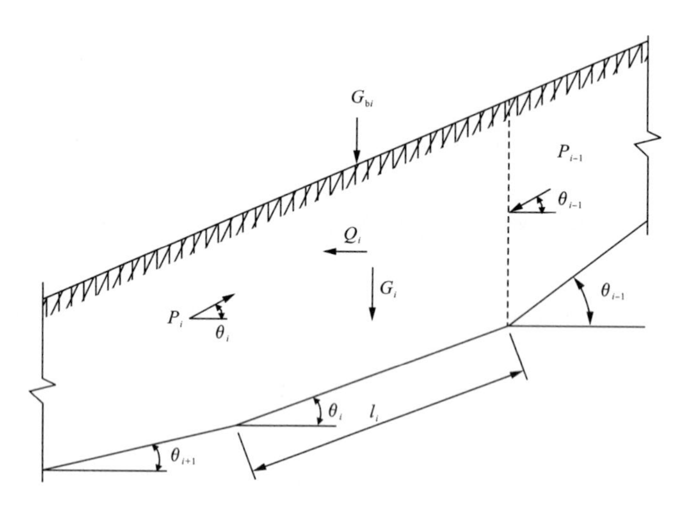

图 5-14　折线滑面传递系数法滑坡简图

参数意义同前

图 5-14 和式(5-30)中：P_i 为第 i 块滑体剩余下滑力(kN/m)；P_{i-1} 为第 $i-1$ 块滑体剩余下滑力(kN/m)；K 为安全系数；G_i 为第 i 块滑体的重量(kN/m)；ψ_i 为传递系数，$\psi_i = \cos(\theta_{i-1}-\theta_i) - \sin(\theta_{i-1}-\theta_i)\tan\varphi_i$；$c_i$ 为第 i 块滑体滑面上岩土体的黏聚力(kPa)；l_i 为第 i 块滑体的滑面长度(m)；φ_i 为第 i 块滑体滑面上岩土体的内摩擦角(°)；θ_i 为第 i 块滑体滑面的倾角(°)；θ_{i-1} 为第 $i-1$ 块滑体滑面的倾角(°)。

计算时从上往下逐块进行。按式(5-30)计算得到的推力可以用来判断滑坡体的稳定性。如果最后一块的 E_n 为正值，说明滑坡体是不稳定的；如果计算过程中某一块的 E_i 为负值或为零，则说明本块以上岩土体已能稳定，并且下一块计算时按无上一块推力考虑。

(3)滑面为圆柱面。如图 5-15 所示，其推力可由下式确定：

$$E = K\sum G_{1i}\sin\theta_i - \tan\varphi\left(\sum G_{1i}\cos\theta_i + \sum G_{2j}\cos\theta_j\right) - c\left(\sum l_i + \sum l_j\right) - G_{2j}\sin\theta_j \tag{5-31}$$

式中：G_{1j} 为滑体下滑部分第 i 个条块的重力(kN/m)；G_{2j} 为滑体阻滑部分第 j 个条块的重力(kN/m)；θ_i 为滑体下滑部分第 i 个条块所在圆弧段中心点的半径线与通过圆心竖线之间的夹角(°)；θ_j 为滑体阻滑部分第 j 个条块所在圆弧段中心点的半径线与通过圆心竖线之间的夹角(°)；c 为滑动圆弧面上的单位黏聚力(kPa)；φ 为滑动圆弧面上的内摩擦角(°)；l_i 为滑体下滑部分第 i 个条块所在圆弧段滑面的长度(m)；l_j 为滑体下滑部分第 j 个条块所在圆弧段滑面的

长度(m);E 为滑体下滑力(kN/m)。

2. 附加力系计算

附加力系主要是子滑坡的外荷载、水压力、地震力等,具体做如下考虑。

(1)滑体上有外加荷载 P 时,将 P 应叠加在相应的滑块上。

(2)滑体有水,且与滑带水连通时,应考虑水压力(D_i)作用于饱水面积的中心,方向与水力坡度平行,其大小为:

$$D=\gamma_w \Omega_w n_i \sin\alpha_i \tag{5-32}$$

式中:γ_w 为水的容重(kN/m^3);Ω_w 为滑条块饱水面积(m^2);α_i 为滑体水的水力坡度角(°);n_i 为滑体土的孔隙度。

同时还应考虑浮力(P_{fi}),其方向垂直于滑面,大小为:

$$P_{fi}=\gamma_w \Omega_w n_i \cos\alpha_i \tag{5-33}$$

(3)当滑带水有承压水头 H_0 时,应考虑浮力(P'_{fi}),其方向垂直于滑面,大小为:

$$P'_{fi}=\gamma_w H_0 \tag{5-34}$$

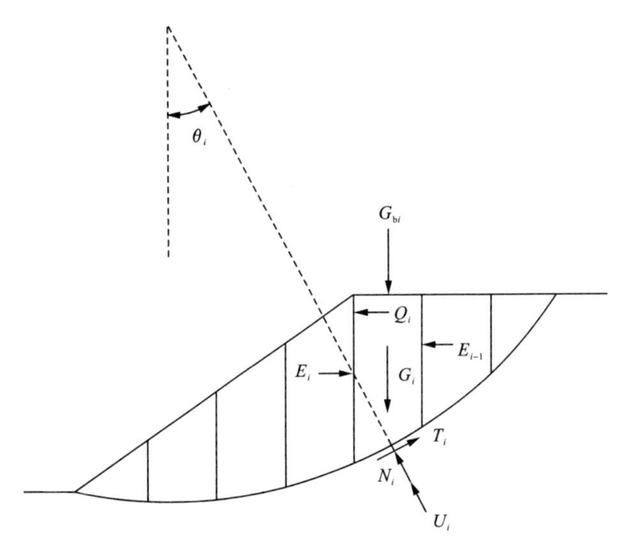

图 5-15　作用于滑动圆弧上的基本力系

(4)滑体两端有贯通主滑带的裂隙,在滑动时裂隙充水,则应考虑裂隙水对滑体的静压力 $P_n=\frac{1}{2}\gamma_w h'^2_i$($h'_i$ 为裂隙深度),它作用于 $\frac{1}{3}h'_i$ 处,方向水平。

(5)在地震烈度大于或等于Ⅶ度的地区,应考虑地震力的作用。将作用于滑体条块重心处的水平地震荷载引入计算,方向指向下滑方向。

5.4　本章小结

本章从滑坡的力学参数选择入手,介绍了参数选择中的试验法和反算法;紧接着介绍工程地质分析法、力学检算法等滑坡稳定性分析方法;最后着眼于设计与治理,介绍了滑坡的剩余下滑力计算方法。

6　滑坡减灾理论与防治技术

6.1　滑坡减灾理论

滑坡灾害的处置包括了预防和治理两个方面。所谓“防”是当我们认识到可能发生滑坡时，想办法事前采用避让的方式避开滑坡灾害发生时所产生的危害或者使工程场地绕避开滑坡地段；对稳定的斜坡或者是老滑坡，不实施有损其稳定的人类活动。以上的做法都称之为“防”，即防患于未然。而“治”是当滑坡发生后或正在发生时，采取一定的工程措施减小其下滑因素，增加其抗滑因素，阻止滑坡的继续发展，以延缓甚至消除滑坡的发生，使场地达到一定的使用目的。大量的实践证明，滑坡灾害的防治是完全可能的。

6.1.1　滑坡防治原理

我国的滑坡防治工作起步较晚，最早是在20世纪50年代由铁路部门在工程建设中开展。60多年来，科研和生产部门对滑坡防治进行了大量的研究及实践，治理了大量的滑坡，包括体积达数百万立方米的滑坡，总结出了适合我国国情的防治原则和方法。如对特大型滑坡成群分布的地区，从经济上考虑以避开为主；对不易避开者则应摸清病害性质和原因，针对主要病因采用排水、减重、支挡工程等综合治理措施；对一般中小型滑坡一次根治，不留后患；对那些短期内不易摸清其性质，治理工程浩大，没有严重危害的滑坡采取分期整治的办法等。在滑坡防治和边坡治理的一些领域，我国已经处于世界前列。如挖孔抗滑桩、抗滑锚桩、锚杆锚固等方面的研究比较深入，且应用广泛，取得了良好的效果(中国岩土锚固工程协会，1998)。近年来为了增大桩的抗滑能力，还试验成功了排架桩、钢架桩和椅式桩及桩上加预应力锚索等新的形式。

国外滑坡防治处于先进水平的主要是欧美与日本等国家和地区。总的来说，国内外滑坡防治的基本方法是相同的。由于各国的具体条件不同，在防治办法上也有差异和侧重。在欧美各国以改变滑体外形和水平钻孔排除地下水为主，故对减重、反压的位置和防止钻孔的堵塞(特别是化学作用的堵塞)研究的较好。日本由于年降水量大和钢铁工业发达，对集水井排水与钢管桩研究较深入。关于改变滑带土性质的方法，国外也进行了较多的研究和试验。

水平钻孔法是国外广泛采用的滑坡防治办法，具有造价低廉、机动灵活、施工方便等许多优点，对地下水诱发的滑坡治理效果较为理想。在我国的黄土地区，1995年以后开始采用这种办法解决滑体中的地下水，在笔者曾参与的几个项目中，均取得了较好的效果。这种方法经常作为其他防治措施的一种补充措施，应用于滑坡的防治工程中(李金轩，2003)。

近年来，随着滑坡基础研究及勘探技术的不断深入和发展，诸如锚固技术、微型桩技术等一批新技术和精轧螺纹钢、钢绞线等新材料也不断应用于滑坡防治中，使滑坡防治工程日益多样化和轻型化。

6.1.2　滑坡防治的目的

从前面的论述我们已经知道，“防”包含了3个方面的含义：一是对稳定斜坡或稳定的老滑坡，不做有损稳定性的人为活动，使滑坡尽量不发生；二是工程建设场地、铁路或公路线路绕避滑坡地段，使滑坡不会危害到我们的生命财产安全；三是已知某个地方近期内可能发生滑坡时，采用各种方法避开其危害，例如将可能受其危害的人员转移、能搬走的财产尽快搬走、各种建筑物中能拆卸的尽量拆卸等。由此可以看出，“防”的目的是保护人员生命和财产安全，达到减灾的目的。它不能阻止滑坡的发生，却能将灾害损失降到最低。

而“治”分为两种情况：一是直接采用工程措施，使将有可能、正在发展或已经发生的滑坡稳定下来，不让其继续发展，从而达到保护可能受危害的人、财产的安全；二是不去阻止可能发生的滑坡，而采用工程措施去保护可能受危害的人、财产的安全。实践中第一种是经常采用的方法。

从以上的论述可见，不论是“防”还是“治”，都是以保护可能受滑坡危害的对象的安全为目的，把灾害损失降到最低。

6.1.3　滑坡防治保护的主要对象

(1)保护人的生命。自然界中人的生命是最可贵的。在滑坡发生之前，作为预防措施，首先应将危险区的人员迁往安全的地方；如果还有时间，再将其他诸如猪、牛、羊等家禽和各种物资搬出；最后将各类建筑物的材料拆下搬走，达到减少灾害损失的目的。若采用工程措施，也应将重点放在保护有人居住、工作和学习的建筑物上。

(2)保护工矿城镇。工矿、城镇是人聚居之地，也是大量物质生产、积累、交流之地，理应重点保护。其次在人力、物力许可的条件下，也应尽力保护广大农村分散的居民住房(经常采用的措施是将危险地带的群众搬迁至安全地带)。

(3)保护水利水电设施、桥涵、铁路工程。能源、交通是国民经济建设的两大支柱，要集中力量重点保护。把大中型水利、水电工程、铁路公路干线和大中型桥涵列入重中之重加以保护。

(4)保护国防重要工程和设施。国防工程是国家建设的重要组成部分，也是国家安全的重要屏障，是关系国泰民安的大事。对国防建设中的重要工程和设施应该重点保护。

6.2　滑坡防治的原则

滑坡防治方法和措施的选择，除了应弄清滑坡本身的特征外，还需考虑很多相关因素，包括被保护对象的重要性、技术经济效益、勘测工作的深度、施工难度、可能提供的施工技术和方法、可能的投资额度等。

6.2.1 预防为主，尽量绕避

滑坡造成的危害往往是十分惨重的，而滑坡的治理需要投入大量的资金和人力、物力，甚至由于对滑坡的认识程度的限制以及滑坡自身的复杂性，治理效果并不理想。因此对于滑坡灾害，应首先考虑绕避。特别是应尽量避开大型、复杂滑坡成群分布的地区。在稳定性较好的斜坡上施工时，也以不损伤斜坡稳定性为原则，不能乱挖乱建，乱排乱放，尽力减少对斜坡的破坏。

6.2.2 对症下药，综合治理

不同自然环境下不同类型的滑坡，其形成条件和发展过程不尽相同。因此只有在调查清楚滑坡的形成条件、类型、特征和发育过程、阶段后，才能针对其主要症状，制订出切实可行的防治方案。否则就会造成盲目治理，适得其反。如某单位在正在发育的滑坡体前缘开挖路基时，引起边坡小块崩塌，被误认为是边坡过陡造成，从而采取了路基内边坡削坡减缓坡度的措施，结果使整个滑坡抗滑段的阻力减小，引起大规模滑动。

一般来说，滑坡是由各种因素综合作用形成的，因此往往需要采用综合治理的方法。即对诱发滑坡的主要因素采用有效的措施，以控制其发展，再针对各次要的因素，辅以其他措施，这样就可以充分发挥各治理措施的效益，达到稳定滑坡的目的。

6.2.3 早下决心，及时处理

在滑坡发育的初期，治理往往相对容易。对于已有变形迹象的边坡和可能滑坡的边坡，应早下决心，及时处理。如某地 2、3 号滑坡，开始滑动时均出现在山坡下部，由于及时对 2 号滑坡采取了矮挡墙处理，制止了滑坡的继续发育。而 3 号滑坡因处理缓慢，裂缝不断向上发展，后来处理时，不仅做了挡墙，还增加了锚固工程。由此可见，治理滑坡贵在及时，否则由于滑坡的不断发育，将会增加治理的难度。对那些变形严重、处于滑坡发生前夕的边坡，更要采取果断措施，及时处理，避免产生灾害和损失。

在工程建设施工中，对于无法避开的高陡边坡，也应在开挖坡脚的同时，及时做好必要的防护工程。这样可避免边坡在施工中和施工后变形加剧，产生滑坡灾害。

6.2.4 力求根治，不留后患

凡是对人民生命财产和重要工程建筑设施的安全运行有直接危害或威胁的滑坡，特别是一般中小型滑坡，原则上都应做到力求根治、以防后患。如果只顾眼前利益而不求根治，将会造成更大的灾害和损失。

对于有些规模巨大、性质复杂的滑坡，若一次治理投资额较大，为节省投资，可采用一次综合治理规划、设计，分期实施的办法是把稳定滑坡的主要措施放在第一期实施。第一期工程实施后，如滑坡已停止发展，逐步稳定，则第二期治理工程可减少工程量，或不做。

对个别性质复杂且不能及时弄清变形原因的滑坡，可先采取一些应急措施，如排水、夯填裂缝和保护坡脚等，以减轻病害的发展。同时对边坡的变形性质、特征进行详细调查勘测、试验和观测，待情况查清后再进行处理和彻底根治。

6.2.5　因地制宜，注重效益

由于自然环境的多样性，各个地区、各种类型滑坡的特征和发育过程又不尽相同，因此治理滑坡的措施不能千篇一律，必须根据当地、当时的具体情况和滑坡的具体条件，做到因地制宜。选择防治方法和措施时还应根据被保护对象的重要性、施工条件和经济承受能力而定。应特别注意治理措施的经济效益，需要时可设计多个综合治理方案，进行比较，力争做到经济、合理、有效。

6.2.6　方法简便，安全可靠

滑坡治理措施必须安全可靠，特别对一些危害重要工程设施及人身安全的滑坡应加强治理，提高滑坡稳定性。另外，治理过程中，在施工时应尽量避开不利因素，防止由于施工引起滑坡恶化。在安全可靠的原则指导下，在滑坡防治方法和技术措施的选择上，应力求简便易行。尤其是在广大的山区农村，要大胆运用当地群众创造的经过实践检验的行之有效的“土方法”。对于中、小型滑坡的治理，用地表排水、减载和简单的拦挡工程能治理的，决不采用更复杂的技术措施。即使对大型复杂的滑坡治理，需用一些技术较复杂、施工难度较高的工程措施，在方法选择上，也应务求简便易行。

6.3　滑坡防治方法

滑坡的工程防治主要有 3 个途径：一是终止或减轻各种形成因素的作用；二是改变坡体内部力学特征，增大抗滑强度使变形终止；三是直接阻止滑坡的启动发生。在实践中经常采用的工程措施按其原理及作用可分为以下几类（表 6－1）。

6.3.1　地表排水

滑坡的发生和发展与地表水有密切的关系。排除地表水，对治理各类滑坡都是必要的。特别是当地表水下渗是该滑坡变形的主要因素之一时，更是如此。治理某些浅层滑坡，地表排水最为有效。在滑坡体外，排除地表水以拦截旁引为原则；在滑体以内，以防渗、尽快汇集和引出为原则。

1. 截水沟

截水沟是指滑坡外围截排地表水使其不进入滑体的沟渠，其设计包括了平面布置和剖面结构，具体要求如下：

（1）平面布置截水沟应设在滑体后缘裂缝 5m 以外的稳定斜坡上。平面上依地形而定，多呈“人”字形展布。沟底比降无特殊规定，以顺利排除拦截地表水为原则。如果滑坡体上的斜面太大，地表径流的流速也较大时，还应加设排水沟。

表 6-1　滑坡防治方法简表

方案	防治目的	方法	工程措施
1	绕避或处理	绕避	改移线路和建筑物、用隧道和明硐避开、架桥跨越滑坡等
		清除	对小型浅层滑坡可全部或部分挖除
		改变滑动方向	修建导滑工程,改变滑坡滑动方向
2	消除或减少各种形成因素	排地表水	截水沟、排水沟、疏通自然沟
		排地下水	盲沟、盲硐、支撑盲沟、渗沟、垂直钻孔群、水平钻孔群
		防止水的冲刷	防冲挡水墙、砌石护坡、抛石护坡、"丁"坝工程
		边坡面整治	削坡、护坡、整平、修梯级台阶、填实裂缝等
3	改变坡体内部力学平衡	减重	取坡后部土
		反压	在滑坡前部抗滑地段堆土
4	直接阻止滑坡的发育	设置各种抗滑工程	抗滑片石垛、抗滑片石竹(铁)笼、抗滑挡墙、抗滑墩、预应力锚固、预应力锚固抗滑挡墙、抗滑桩、预应力锚固抗滑桩、钢架抗滑桩、抗滑明硐、拦砂坝工程等
5	改变滑带土的性质	灌浆处理	灌注石灰浆、石灰砂浆、水泥浆、黏土浆
		焙烧处理	在滑坡前部利用导硐焙烧滑带土
		电渗排水	利用电极作用排除滑带土的水
		化学处理	利用化学反应增加滑带土的强度

(2)剖面结构及设计施工要求截水沟的断面应根据每段剖面的汇水面积和洪峰流量设计,一般可按 25 年一遇的流量进行设计。截水沟深度不浅于 0.6m,沟底不窄于 0.6m,沟壁一般为(1∶1.50)～(1∶1.75),其结构多为块石水泥砂浆砌体结构或水泥预制板镶嵌结构。

截水沟若建在基岩上,可不进行浆砌,但对沟底和外侧的裂缝应沟缝抹浆,防止水流下渗。如建在松散土石上,应进行浆砌,先砌沟壁,后砌沟底,以增加坚固性。迎水面沟壁(内侧壁)应设泄水孔,以排除土石中的水,并嵌入坡内。

2. 排水沟

排水沟应使滑坡范围内的地表水有序、尽快排出滑坡范围以外,尽量减少下渗量的沟渠。滑坡变形体内的排水沟,除充分利用自然沟谷排水外,应设置必要的人工排水沟。人工排水沟一般设置在呈槽形的纵向沟谷中间,平面多呈树枝状,主沟与滑动方向一致,支沟与主滑方向斜交呈 30°～45°夹角。

滑坡体内排水沟的结构和截水沟基本相同,其不同点如下。

(1)当排水沟通过裂缝时,应设置成叠瓦式的沟槽,可用塑料板和钢筋水泥预制板制成。

(2)当滑体内有积水湿地和泉水露头时,可将明沟上段做成渗水盲沟,伸进湿地内,达到疏干湿地内上层滞水的目的。伸进湿地内的渗水盲沟用不含泥的块石、碎石填实,两侧和顶部做反滤层。这样水可以从碎石、块石间的空隙向渗沟集中排向明沟。

(3)坡面填实整平工程,有明显开裂变形的坡体应及时夯填裂缝,整平积水坑、洼地,使落到地表的雨水能迅速向排水沟汇集排走。

6.3.2 地下排水

地下水是诱发滑坡的主要因素。排出滑坡区的地下水是治理滑坡的一种有效措施。地下排水的工程措施主要有截水盲沟、支撑盲沟盲硐、垂直钻孔群、水平(仰斜)钻孔群等。

1. 截水盲沟

截水盲沟用于拦截滑坡区外的地下水源,使其不进入滑坡区。截水盲沟通常设置于滑坡可能发生范围5m以外的稳定地段,与地下水流方向垂直,一般做环状或折线状布置。基底应埋入补给滑带水最低含水层之下的不透水层内。

截水盲沟由集水和排水两部分组成。其上沟壁迎水面需做反滤层,而下沟壁背水面及沟顶需做隔渗层,渗沟中心用碎石、卵石做填料。渗沟汇集的地下水从沟底的排水孔排出。如果盲沟较深,其排水孔断面亦应相应加大。截水盲沟的断面尺寸主要由地下水情况及施工条件决定。

2. 支撑盲沟

支撑盲沟要求具有一定强度和很好的透水性。它具有支撑斜坡和疏干地下水的功能。支撑盲沟适用于滑面埋深10m以内的中、小型滑坡的防治。布置在地下水露头和局部塌滑处。平面呈树枝状,主沟与主滑方向平行,支沟与主滑方向呈30°～40°的夹角。支沟还可延伸到滑坡后部外围,起到拦截地表水的作用。盲沟需深入滑面以下稳定岩土中0.5～1.0m,否则起不到抗滑支撑作用。支撑盲沟与挡墙配合使用,效果更好。滑坡前部地下水经盲沟汇集流入墙后盲沟(反滤层),由墙内泄水孔也能排出。

3. 盲硐

盲硐用于拦截和排除深部地下水,降低地下水位至滑动面以下,按平面布设和功用可分为两种:

(1)横向拦截排水盲硐:主要修在滑坡后缘滑动面以下,与地下水流方向近于垂直。其目的是截排坡体后部深层的地下水。工程结构和设计施工与铁路隧洞工程规范相同。只需在洞顶和两侧上半部留足够的泄水孔即可。此类工程投资大,施工难度也大,所以一般的滑坡防治很少应用。

(2)纵向排水疏干盲硐:盲硐与主滑动方向一致,主要用于降低滑坡体内的地下水位,整个硐体位于滑动面以下0.5～1.0m处。为扩大疏干范围,可在硐顶设置渗井,两侧设置分支排水隧洞和仰斜排水孔。

4. 钻孔排水

钻孔排水是指用钻孔排出滑动面附近的地下水。按钻孔布置不同,可分为垂直排水孔和水平排水孔两种。

(1)垂直排水孔:若滑移面不透水层隔板以下有一强透水层,并且此强透水层具有向沟谷排水的功能，就可采用在滑坡体上打垂直钻孔群的方式，打穿滑动面下伏隔水层底板深入强透水层中，将滑坡体内的地下水排入强透水层中，达到降低滑坡体内地下水位的目的。

(2)水平排水孔：使用水平或仰斜钻孔群，把地下水引出，达到疏干滑坡地下水的目的。若变形斜坡为岩质陡边坡，节理裂隙较发育，有砂岩类透水层，用此方法效果较好。它具有投资少、造价低、见效快、省力、省物、施工简便等优点。若条件允许，水平孔排水与垂直孔(砂井)排水结合使用，效果更佳。

6.3.3 防治水的冲刷与浪蚀

(1)防冲挡水墙。适用于因江河、湖、库水冲刷浪击引起的斜坡滑动变形，且滑动面剪出口位于现代侵蚀面的滑坡和高陡岸坡崩塌的防治。挡水墙应紧贴斜坡，基础嵌入坚硬岩石 0.5～1.0m 内。若基岩埋藏太深，基础应深入河床侵蚀基准面以下大于 1.0m，否则墙的稳定性得不到保证。

若斜坡发育滑坡的基本特征已经形成，则挡水墙的设计标准要提高，按抗滑挡墙的设计标准进行设计，此种挡水墙称为挡水抗滑墙。

(2)砌石护坡。当斜坡还未出现明显变形时，为防止江、河、湖、库水对坡角的冲刷、浪击，可紧贴斜坡面做浆砌片石护坡。浆砌片石护坡的基础应嵌于基岩，或深入河床侵蚀基准面以下，否则易被洪水冲毁。

在许多情况下挡水抗滑墙与浆砌片石护坡结合使用。具体做法是：挡水抗滑墙高出滑面剪出口 2m 后，上接浆砌片石护坡，护坡高度应高于 30 年一遇的最高洪水位。

(3)抛石护坡。在丘陵平原区，河、湖、库岸大多为第四系冲击层，由于风浪和岸流作用，常使岸坡前缘陡立，引起塌岸，甚至引起长缓斜坡产生蠕动滑移。防止这种塌岸和滑坡现象，可在塌岸处岸坡和滑坡前缘水边抛石、填渣、压脚，阻止或减缓波浪、岸流作用。

抛石量视具体情况而定，压在滑坡前缘剪出口位置的堆石厚度不得小于 2m，或按松散堆石坝计算其抗滑力与滑坡下滑力之间的关系进行设计。

(4)丁坝工程。丁坝的作用是改变河流的流向，使滑动的斜坡前缘免遭河水直接冲刷。其办法是在危险斜坡或滑坡上游侧适当位置修丁坝。

丁坝与河水流向的夹角不得小于 120°。丁坝的一端与斜坡基岩相接，若无基岩出露，应伸进岸坡内 1～2m，并在坝肩两侧(上、下游)5～10m 范围内作挡水护坡墙。丁坝的基础应深入河床侵蚀基准面以下约 1m。丁坝另一端向河心成 30°的倾斜交角，以有利于坝体的安全稳定。

6.3.4 减重与反压

滑坡之所以发生，是因为坡体的力学平衡条件遭到破坏，滑动力大于抗滑力。为阻止滑坡的发生，可采取减小滑动力，增大抗滑力的办法，使坡体重新达到力学平衡状态。主要措施为减重与反压，将滑坡体主滑段物质挖除一部分，反压在前缘抗滑段附近，这样可达到减小滑体的下滑力，增大抗滑力的作用。

减重反压是滑坡防治中最常用的工程治理措施，具有技术简单，投资少，施工容易等特点。主要用于推动式滑坡或滑体中上部较厚、前部有一可靠的抗滑地段，且滑动面是上陡下缓或近于圆弧形的滑坡治理。

减重反压的设计简单，主要是减重范围、减重量和反压位置的确定。在减重反压设计中首先应根据下滑力计算，将滑坡分为主滑段和抗滑段两段，然后根据稳定滑坡的要求，结合其他防治工程措施，综合考虑，确定减重和反压位置。施工时应注意以下几点：

(1)在滑坡体上做减重处理时，应注意施工方法，尽量做到先上后下，先高后低，均匀减重，防止开挖边坡过陡，引起上方和周边岩土体边坡产生新的变形，为了避免由于减重使滑坡后缘及两侧出现过大的高差，减重平台一般可修成(1∶3)～(1∶5)的缓坡，并对减重后的坡面进行平整，及时做好排水与防渗工作。

(2)反压时，为了加强对土的反压作用，可修成抗滑土堤，其土堤断面一般为梯形，其大小应按滑坡推力计算确定。抗滑土堤在堆土时要进行分层夯实，外露坡面应干砌片石或种植草木；土堤内侧应修建渗沟；土堤和老土间应修隔渗层。

(3)如条件允许，应尽可能利用滑坡上方的减重土石堆于滑坡前部抗滑地段，以节约投资。如果一个滑坡没有可靠的抗滑地段，滑坡减重则只能减小滑坡的下滑力，不能达到增加被动土压力的目的。在治理滑坡时，常需有下部支挡措施相配合。另外，减重反压措施不是对所有滑坡都适用，例如，对牵引式滑坡就不宜采用。

6.3.5　抗滑挡墙

1. 抗滑挡墙的种类

抗滑挡墙是目前滑坡防治工程中使用最为广泛的一种抗滑建筑物。它靠自身重量所产生的抗滑力，支撑滑坡的剩余下滑力。按照建筑材料和结构形式的不同，可分为抗滑片石垛、抗滑片石竹笼(含铁丝笼)、浆砌块(条)石抗滑挡墙、混凝土或钢筋混凝土抗滑挡墙、空心抗滑挡墙(明硐)和沉井式抗滑挡墙等。近年来还出现了预应力锚索抗滑挡墙等新的形式。

(1)抗滑片石垛和片石竹(铁)笼。片石垛和片石竹(铁)笼是利用本身的重量及较大摩擦系数所产生的抗滑力来抵抗滑体的下滑力。因此体积要比同类浆砌石抗滑挡墙大。抗滑片石垛的基础必须埋置于可能形成的滑面以下0.5～1.0m处。抗滑片石垛的断面形式和尺寸大小是根据滑坡推力大小计算确定的。在一般情况下，顶宽不小于1.0m，垛的高度应高出可能向上产生滑动面的位置，垛的外侧坡度可采用(1∶0.75)～(1∶1.25)。片石应选用坚硬、不易风化的花岗岩、灰岩、钙质或铁质砂岩，切忌用泥岩、页岩和泥质粉砂岩。抗滑片石垛和片石竹(铁)笼具有就地取材、设计施工简单、投资少、透水性好等优点，宜用于滑动剪出口在河床附近的中、小型滑坡的防治。但由于结构松散，不宜用在地震区中的滑坡防治。

(2)浆砌块(条)石抗滑挡墙。此种抗滑挡墙与抗滑片石垛的原理基本相同，所不同的是片石间用水泥砂浆浆砌填实，具有较好的整体性，适用于取材较近、滑动面剪出口在河床附近的所有滑坡防治。

(3)混凝土和钢筋混凝土抗滑挡墙。此类抗滑建筑与上类的区别在于所用的材料不同。由于混凝土尤其是钢筋混凝土强度比同体积的浆砌块(条)石高，所以此类抗滑挡墙的厚度应适当缩小。此类抗滑挡墙适用于石料缺乏地区的滑坡防治，由于投资较高，一般的滑坡防治不宜选用。

(4)空心抗滑挡墙(明硐)。当铁路、公路和灌溉渠道的内边坡高陡，且有大量中、小型滑坡崩塌群，基础为坚硬的基岩时，可选用明硐保护工程通过。明硐能有效地保护路渠正常运行，还可阻止中小型滑坡发生。但由于明硐特殊的结构特征，在滑坡推力的作用下，墙与拱圈的连接部位，容易产生应力集中、变形，所以明硐不适合推力较大的滑坡防治。加上明硐工程设计和施工技术要求较高，造价投资较大，所以一般滑坡的防治不宜选用。除非其他工程都不能应用时，可考虑明硐抗滑措施。

(5)沉井式抗滑挡墙。为避免普通抗滑挡墙大开挖的缺陷，近 20 年来发展起了沉井式抗滑挡墙。当滑动面埋深不大(一般 15m 以内)，在滑坡前缘(或前部)，布置间隔一定距离的方形或圆形沉井，沉井内用浆砌片石和混凝土填实，基础深入滑动面以下 1.0～1.5m，利用沉井本身的巨大重力来阻止滑坡向下滑动。由于沉井式抗滑挡墙设计简单、施工简便、安全，与同类型抗滑挡墙相比，投资也不会增大，并且它适用于有明显蠕动变形的滑坡防治。此外，沉井式抗滑挡墙不需要大开挖，所以不会引起滑坡或变形体整体滑移。

2. 抗滑挡墙的结构特点

由于滑坡所处的自然环境十分复杂，滑坡结构和动态特征复杂多样，故抗滑挡墙的形式和结构也是多种多样的，无统一规定。抗滑挡墙的结构特点一般有以下几种：

(1)胸坡较缓，一般为(1∶0.30)～(1∶0.50)，也有用(1∶0.75)～(1∶1.00)的。

(2)抗滑挡墙后常设卸荷平台，平台宽度一般为 1～2m。

(3)墙基一般做成倒坡或台阶性。对于土质地基，倒坡以(0.10∶1)～(0.15∶1)为宜，对于岩质地基，常将墙基做成 1～2 个台阶(齿)。

(4)墙高和埋置深度必须通过检算确定，通常基础埋入完整的岩层中不小于 0.5m，埋入稳定土层中不少于 2.0m。

(5)抗滑挡土墙上的伸缩缝、沉降缝、泄水孔、反滤层设置均与一般挡土墙相同，墙后还可设置纵向盲沟以增加抗滑力，防止墙后积水浸泡基础造成挡墙的滑移。

3. 抗滑挡墙的布置原则

抗滑挡墙的布置不仅影响工程效果和造价，而且影响施工的难易。它与滑坡范围、推力大小、滑移面位置、个数、形状、滑床性质和稳定特征，以及与被保护对象的关系等有关。其一般布置原则是：

(1)对于一般中小型滑坡，抗滑挡墙设置于滑坡前缘为宜。

(2)若滑坡发生地为一沟谷地形，且滑坡前缘为一峡口(锁口)，峡口两侧为未滑动的基岩或密实土夹石，可在此处设置抗滑挡墙。

(3)滑动面呈阶梯状，滑坡上部可能有次级剪出口，或滑坡呈纵长型，且滑体厚度小(10m 左右)，可设置分级挡墙。

(4)当滑坡的滑动面沿斜坡中下部基岩层面剪出时，可将抗滑挡墙设置在基岩上，基岩坡脚采用护坡保护。当基岩呈强风化十分破碎时，不宜做抗滑挡墙的基础，可将抗滑挡墙基础设置在坡脚。

(5)治理水库坝肩中的小型滑坡时，若滑坡滑动面剪出口在坝体一端的中部，且滑床为坚硬的基岩，此时抗滑挡墙可与坝体的一端结合，利用坝体本身作为抗滑挡墙。

(6)在新建设区，对已处于相对稳定的老滑坡的治理可与房屋规划建设结合起来，利用抗滑挡墙作为房屋的基础，不过应注意老滑坡体内地表水和地下水的排除。

(7)当铁路、公路和渠道大开挖时，两侧斜坡中上部有发生大量崩塌、滑坡的危险，可采用空心抗滑挡墙(明硐)治理。明硐做好后，硐顶立即填实，并注意地表水和地下水的排除。

(8)已有抗滑挡墙因原设计强度不够，出现轻微变形破坏，需进行加固时，视具体情况可在原墙前、后增做新墙，或在墙前堆砌石增加支撑力，但旧墙加固往往比做新墙施工还要困难，应慎重考虑。

旧墙加固施工严禁大开挖，以防滑体整体复活和损伤旧墙的稳定性，宜选用沉井式抗滑挡墙，还应注意新墙与旧墙的衔接。

(9)已有挡墙的高度不够，滑体中上部有从墙顶剪出的现象，需增加旧挡墙的高度，同时加固旧挡墙，还应注意新挡墙与旧挡墙的衔接。

6.3.6 抗滑桩

抗滑桩是穿过滑体深入滑床以下稳定部分，固定滑体的一种桩柱。多根抗滑桩组成桩群，共同支撑滑体的下滑力，阻止其滑动。同抗滑挡墙相比，抗滑桩的抗滑能力大，施工较复杂，但效果显著，因而被广泛采用。

1. 抗滑桩分类

据抗滑桩所用的材料分为木桩、钢桩(钢管桩、钢轨桩、钢钎桩)、混凝土桩及钢筋(钢轨)混凝土桩等。木桩只适用于浅层、小型、均质土体滑坡的防治，且多适用于短期或临时支撑，不适用于做防治滑坡的永久性工程。近几年用得较多的是混凝土桩和钢筋混凝土桩。

按抗滑桩的施工方法可分为锤入桩、钻孔桩和挖孔桩 3 类。由于施工机具和条件限制，锤入桩只适宜浅层土质滑坡防治(滑动面在土层内)。钻孔桩的适用性较广，但也存在不足之处，受孔径限制，软弱的土质滑坡易从桩间蠕动滑移；由于使用清水钻进，过多的水会灌入滑动面，产生不利影响；有的受地形条件影响而无法施钻。为克服这些弱点，近 10 多年来广泛应用挖孔桩。

挖孔桩是用人工或半机械化，在滑体上设计布孔的位置挖圆形或方形深孔，穿过滑面深入滑床，然后按设计配好的钢筋(有的加入钢轨)混凝土，逐层浇灌至设计的高度。挖孔桩由于断面较大，有较好的抗滑功能。另外可数十根桩同时施工，能加快施工进度，缩短施工周期。

2. 抗滑桩的结构形式

抗滑桩的结构形式取决于滑坡规模、滑坡体厚度、滑坡体推力、设桩位置和施工条件等因素。在一般情况下，可采用排式单桩，桩拱墙、桩板墙或桩基挡墙，若滑坡推力大，可采用椅式桩墙。

对于特大型滑坡，由于滑坡推力很大，滑动面很深，采用单排式抗滑桩很难解决问题，而且也不经济，通过比较，可采用新型的抗滑支挡结构物——抗滑钢架桩。为了解决桩的悬臂段过长，改善桩的受力和工作状态，可采用在桩身设置预应力锚索的预应力锚固桩。

3. 抗滑桩的设计

抗滑桩的设计、应力分布与计算较复杂，国内外做了大量的研究和实践，积累了丰富的资料，下面仅做简单的论述。

(1)抗滑桩截面的选择。抗滑桩截面的选择主要考虑两方面：一是受力要求；二是施工方便。除钻孔桩外截面一般均为矩形。为了人工开挖方便，最小尺寸不宜小于1.5m。抗滑桩截面的长边一般沿滑动方向设置，以增强抗弯刚度。抗滑桩截面尺寸大小根据滑坡推力大小、桩间距以及地基容许抗力决定。常见的截面尺寸为：1.5m×2.0m、1.6m×2.2m、2.0m×2.0m、2.0m×3.0m、2.5m×3.0m和3.0m×4.0m。

(2)抗滑桩长度的确定。抗滑桩长度由两部分组成：滑动面以下的锚固长度和滑动面以上的直接承受滑坡推力的非锚固段长度。锚固长度与滑床地层的强度、滑坡推力大小、抗滑桩的间距、截面和刚度有关。据多年的经验，锚固长度，软质岩层一般为桩长的1/3，硬质岩层为1/4，土质滑坡(滑床也为土层)中为1/2。当土层沿基岩面滑动时，抗滑桩深入滑床的锚固深度可采用桩径的2～5倍。

(3)抗滑桩桩底边界条件的选择。抗滑桩桩底边界条件选择是否适宜，直接影响着计算结果。桩底边界条件可分为5种。

自由端：桩穿经并支立于非坚硬的土层和破碎岩层时，在滑坡推力作用下，桩底有水平位移和转动，但桩底弯矩和剪力为零。

铰支端：桩穿经非坚硬的土层或破碎岩层并支立于坚硬的岩石上(未潜入岩石内)时，桩底有转动而无水平位移，桩底弯矩为零而剪力不为零。

固定端：桩深入(嵌固于)坚硬的岩石中时，桩底无转动和水平位移，而桩底弯矩和剪力不为零。

弹性铰支端：桩底有转动而无水平位移，桩底弯矩和剪力均不为零。

弹性自由端：桩底有水平位移和转动，桩底剪力为零而弯矩不为零。

在抗滑桩设计中经常遇到的是前3种情况。例如，桩拱墙工程中的桩底边界条件按固定端设计，钢架抗滑桩桩底边界条件为铰支端，板桩墙工程桩底边界条件为自由端。

(4)桩间距的确定。桩间距的确定主要考虑如下两个方面：一是在滑坡主轴附近桩间距应小些，两侧和边部大些；二是滑体完整、密实或滑坡下滑力较小时，桩间距可大些，否则可小些，其目的是保证在下滑力作用下，不致使滑体从桩间挤出。桩间距一般在5～10m之间。目前，已有一些桩间距确定方面的理论计算方法(郭建军，2004；杨明等，2002)，仍有待于进一步完善。

4. 抗滑桩平面布置

根据地形、推力大小和对变形的限制要求，其布置形式主要有以下几种。

(1)连接桩排。桩与桩之间的间隔很小，几乎连接。钻孔桩常采用此种形式。

(2)间隔桩排。桩与桩之间的间隔较大，一般取桩直径的3～5倍。多采用上、下两排桩错开排列。如果是3排桩便组成梅花型，所以此种桩的组合又称为梅花桩。

(3)下部间隔桩与上部抗滑护坡挡墙组合。适用于滑动面剪出口在河床附近，且滑面以下基岩埋深很大，常用于软弱土层的滑坡防治。

6.3.7 预应力锚固

预应力锚固是近20多年来发展起来的边坡加固的一种新型工程措施。它具有施工设计简便、省时、节省投资等优点。对岩质陡坡和危岩的加固、滑移面埋深浅的岩质滑坡加固效果尤佳，也可用于强风化岩质陡边坡加固喷锚护壁。

预应力锚固通过增强滑动面或松动岩体破裂面上的正压力，从而增大滑移面上的抗滑力，或是松动岩体与稳定岩体间恢复紧密结合，从而阻止其继续变形。按锚固所用的钢材分为预应力锚杆锚固和预应力锚索锚固。

1. 预应力锚固的结构

预应力锚固的主要受力构件是锚杆(索)的锚头，一般有涨壳式锚头、二次灌浆锚头和扩孔锚头，3 种锚头都有各自的受力性能、施工方法和适用范围。在实际工程中，究竟采用哪种锚固方式，要根据滑床岩性、滑坡的发育阶段和施工条件而定。一般情况下，都要对几种锚固方式进行综合的经济比较。

锚杆(索)的另一端通常采用螺杆或锚夹具固定在孔口的垫墩上，垫墩一般由钢筋混凝土做成并在其中嵌入钢质垫板。

2. 预应力锚固的施工方法

其施工方法主要包括了钻孔、锚杆(索)制作安装、注浆、施加预应力、锁定等过程。

(1)钻孔。在设计布孔的位置上钻孔，钻孔与滑动面(或松动岩体破裂面)尽量做到垂直，如果实在不能垂直，其夹角也不能小于 60°，否则其效果欠佳。钻孔的直径视锚固的深度和可提供的钻具及锚头的大小而定。国内现今在黄金坪水电站的高边坡加固中已采用了 100m 深的锚索，30m 左右深度已经很普遍(尤其是锚索)。

(2)锚杆(索)安装、施加预应力。将装有锚头的锚杆(索)送入孔底，打开锚头(或向锚固段注入水泥砂浆)，使其与孔壁固死；末端(孔口)加上垫板用螺帽(锚板)紧固，施加预应力后向孔内压入水泥砂浆固定整个预应力锚杆(索)。根据锚杆(索)的不同结构，砂浆可分为一次性注入和二次注入两种。

(3)锚杆(索)预应力验算。一个滑坡或一个危岩松动体的加固需要锚杆(索)数，少则数十个，多则数百个。为了确定每孔锚杆(索)的预加应力，需在现场做 3 个以上孔的锚固抗拔试验，求其平均峰值除以安全系数 1.20～1.25。每个孔的锚杆(索)经预加应力后所能提供的抗滑力 P，若滑体锚固横断面上的最大下滑力为 E，可按 $n=E/P$ 计算出需用锚杆(索)的数量 n。

设计和施工中应注意，不能把锚杆深入滑床的深度设计成与岩层厚度相同。若是沿岩层层面滑动的滑坡，锚头的位置不能设计在同一层面上，应上下错开，以防滑动面向深部转移。

3. 预应力锚杆(索)抗滑桩

预应力锚杆(索)常与抗滑桩(也可与抗滑挡墙)结合使用，形成一种新的整治滑坡措施——预应力锚杆(索)抗滑桩。预应力锚杆(索)抗滑桩是在抗滑桩的顶端施加强大的预应力，改变悬臂抗滑桩的受力状态，用预应力锚杆(索)的拉力来平衡滑坡的推力，改变抗滑桩的受力机制。

由于在桩上增加了预应力锚杆(索)，使桩的埋深变浅，断面变小，与老式抗滑桩相比，可以节省大量的材料和投资，经济效益十分显著。老式抗滑桩建成之后，滑坡仍会继续位移，只有滑坡推力使桩产生足够的位移，桩与地基形成有效的抵抗力矩，滑坡才会静止。显然这种受力状态对滑坡治理是不利的。而预应力锚杆(索)抗滑桩在滑坡推力完全发生之前,预应力首先向滑坡反方向作用,在平衡已产生的滑动力之后,还使锚杆(索)影响区受到强大的压力,这样就可以立即起到阻止滑坡的作用。

6.3.8 拦砂坝工程

拦砂坝不仅能拦蓄大量泥石流固体物质,防止对下游的冲刷、危害,而且还能利用拦截的大量泥砂、石块压住两岸坡脚,防止两岸塌滑,因此拦砂坝可用来阻止滑坡的发生。

6.3.9 改变滑带土的性质

滑坡的发生,主要是因为滑动带岩土在水和各种应力的作用下,物理力学性质急剧降低的结果。增强滑动带岩土的物理力学性质,应是稳定滑坡最有效的措施。对此,近几十年来,国内外进行了大量的探索和研究,但由于滑移面岩土结构、特征和性质的复杂性以及一些方法费用十分高昂,目前大部分方法都处于试验与试用阶段,没有广泛的应用推广,其使用范围也多为中小型滑坡。

(1)灌浆处理。灌浆处理是一种用炸药破坏滑动面,随之把浆液高压灌注入滑带附近,通过其扩散,置换滑带水并固结滑带土,使滑坡稳定的一种治理方法。

使用这种方法时,先用钻孔打穿滑动带,在钻孔中爆破,使滑床附近岩层松动;再将带孔灌浆管打入滑带下 0.15m,在一定压力下将浆液压入,使其充满滑动带中的裂缝,形成一稳定土层,从而增大滑带土的抗滑能力。

我国工程部门在黄土高原区曾用石灰浆、水泥浆和黏土浆灌注处理过一些小型滑坡,取得了一些成效。近几年,这一方法被广泛应用于各种隧道滑坡的整治,不过在使用过程中取消了炸药爆破这一破坏性的手段,完全靠高压使浆液充填入滑带裂隙,并且起到了隧道防水的目的。

(2)焙烧处理。焙烧是利用导硐焙烧滑带土,以减少土体的天然含水量,降低黏性土对水作用的敏感性,并使土体具有一定的抗剪强度,从而达到稳定滑坡的目的。

用焙烧法治理滑坡,导硐一般布置在坡脚滑面以下 0.5～1.0m 处,为使焙烧的土体形成上拱形而具有一定的抗滑力,导硐平面上最好也按拱形布置。导硐焙烧温度一般为 500～800℃。

焙烧处理多用来治理一些小型土质滑坡。

(3)电渗排水。电渗排水是利用电场作用而把地下水排除,以稳定滑坡的一种方法。使用电渗排水时,先将电极成排交错埋置于滑坡体及滑动带附近,一般以铁或铜为负极,铝桩为正极,在一定时间内或连续不断地供给直流电源,引起孔隙水在电极之间迁移,最后将水分集中排走,从而增加土体的抗剪强度。

(4)化学处理。采用浓缩的化学溶液处理滑动带的黏土矿物,借助离子交换使黏土的性质产生化学变化,从而提高土体的抗剪强度,使用的化学溶液主要由被处理的黏土矿物和滑动带土体中的地下水状况来确定。

6.3.10　微型桩工程

近年来，随着对滑坡机理、防治原理研究的不断深入和对环境保护的重视，滑坡治理逐步摆脱了对大方量土石方挖填和大面积圬工工程的依赖，滑坡防治措施逐步向复合化、轻型化、小型化、机械化和注重环保的方向发展。锚杆（索）、加筋土和微型桩等防护措施相继应用于滑坡治理中，应用的广度与深度得到不断地扩张，取得了良好的效果。在这些新的研究进展中，尤以对微型桩的研究为代表，正在得到大范围的研究与应用，取得了较为丰富的实践经验（详见第三篇）。

6.3.11　其他治理方式

除了以上所论述的各种方法之外，还可因地制宜选择一些非常规的治理手段。例如，清除滑坡体、改变滑动方向等。

清除滑坡体在一定条件下也是一种行之有效的防治滑坡的方法。采用该方法时必须要注意只有对无向上及两侧发展可能的小型滑坡，可考虑将整个滑坡体挖除，否则将导致更大的滑坡发生。还可采用某些导滑工程改变滑坡的滑动方向，使其不危害到建筑工程的安全。

6.4　本章小结

本章首先从滑坡的防治原理出发，论述了滑坡的防治目的和保护的主要对象，紧接着从预防为主、尽量绕避等 6 个方面阐明了滑坡防治的原则，最后分 11 个方面介绍了常用的滑坡防治工程措施。

7　滑坡监测

滑坡监测是对正在运动的滑坡和具有潜在危害性的滑坡进行变形观测，以掌握滑坡的移动方向、移动速度和确定正在滑动的滑坡面位置等资料。

7.1　滑坡监测的分类

滑坡的监测大致可依据监测对象、监测手段（唐亚明等，2012）和监测内容（彭欢等，2012）分为不同的类型（表 7－1）。本书根据规范、规程以及经常采用的习惯分类（按照检测手段分类）对滑坡的监测加以论述。

表 7－1　滑坡监测的分类

<table>
<tr><th>分类依据</th><th colspan="2">监测对象</th><th>监测手段</th><th colspan="2">监测内容</th></tr>
<tr><td>1</td><td rowspan="3">位移监测</td><td>地表绝对位移监测</td><td>人工监测</td><td rowspan="4">环境因素监测</td><td>气象监测</td></tr>
<tr><td>2</td><td>地表相对位移监测</td><td>简易监测</td><td>水文监测</td></tr>
<tr><td>3</td><td>深部位移监测</td><td rowspan="11">专业监测</td><td>震动监测</td></tr>
<tr><td>4</td><td rowspan="3">物理场监测</td><td>应力监测</td><td>地音监测</td></tr>
<tr><td>5</td><td>应变监测</td><td rowspan="4">地表绝对位移监测</td><td>大地测量法</td></tr>
<tr><td>6</td><td>声发射监测</td><td>GPS 测量法</td></tr>
<tr><td>7</td><td rowspan="3">地下水监测</td><td>地下水位监测</td><td>地表倾斜测量法</td></tr>
<tr><td>8</td><td>孔隙水压力监测</td><td>地表裂缝观测法</td></tr>
<tr><td>9</td><td>岩（土）体含水量监测</td><td rowspan="3">深部位移监测</td><td>内部倾斜监测</td></tr>
<tr><td>10</td><td rowspan="4">外部触发因素监测</td><td>地震监测</td><td>内部相对位移监测</td></tr>
<tr><td>11</td><td>降雨量监测</td><td>支护结构检测</td></tr>
<tr><td>12</td><td>冻融监测</td><td rowspan="2">宏观监测</td><td>地裂缝调查</td></tr>
<tr><td>13</td><td>人类活动监测</td><td>简易观测</td></tr>
</table>

7.2　人工监测

人工监测是指纯粹使用人力进行监测。定期对滑坡体出现的宏观变形迹象，如裂缝发生及发展、地面沉降、塌陷、坍塌、膨胀、隆起、建筑物变形等进行观察，对有关的异常现象，如地声、地下水异常等进行调查记录。

该法直观性、适应性较强，可信程度高，是群测群防的主要内容。

7.3　简易监测

简易监测是指除了人力外还辅助使用一定的简易仪器，主要用于群防群测，又分为简易观测法和布网观测法。

(1)简易观测法。这类监测经历了从早期到现代的一个发展阶段。

早期观测法：如在建筑物开裂部位用贴条法、埋钉法、上漆法等，在滑坡裂缝处用拉线法、埋桩法等，测量工具以卷尺、钢直尺和游标卡尺为主，适用于规模小、性质简单的滑坡。该法简单易行，在实际工程施工过程的控制与安全管理中仍然被广泛使用。

现代观测法：2000 年以后，随着监测仪器的不断开发与研究并投入使用，适用于滑坡监测的各种仪器开始在全国推广使用，例如，中国地质调查局水文地质环境地质调查中心研制了雨量预警器、数据传输预警雨量仪、滑坡预警伸缩仪、裂缝报警器、四路位移预警仪、激光多点位移循测预警仪、泥石流地声仪、泥石流远程监视预警仪等一系列简易监测仪器，取得了较好的使用效果。这类使用检测仪器的简易方法要求检测对象明确，广泛使用于对重点地质灾害区的群防群治工作中的预测预防。优点是投资小，效果明显。

(2)布网观测法。布网观测法主要是指在滑坡体表面根据一定的规则建立符合精度要求的测量网，采用高精度的经纬仪加水准仪(现在一般采用高精度全站仪)，按照一定的时间间隔测量滑坡体特定部位的水平与垂直位移，并采用一定的数据处理手段作位移变化图，分析滑坡的稳定状态及滑动趋势。布网方式主要有以下 3 种：

十字交叉网法：适用于滑体小、窄而长，滑动主轴位置明显的滑坡。

放射状网法：适用于比较开阔、范围不大，在滑坡两侧或上、下方有突出的山包能使测站通视全网的地形。

任意观测网法：适用于地形复杂的大型滑坡。

布网观测法适用于目标明确的特定滑坡，一般与治理工程相结合，监测滑坡治理过程中的滑体稳定性，确保安全施工；治理工程完成后继续观测，以检验滑坡治理措施的有效性。该法测量工程量较大，观测周期长，工程量巨大，数据处理较简单。

7.4 专业监测

专业监测主要使用专门的仪器设备进行，一般能达到远程自动遥测及采集数据的功能。国外的滑坡专业监测是20世纪60年代逐步发展起来的，而我国是最近几年才蓬勃发展的，紧追国外的各种技术。目前国内外在滑坡监测的技术、方法、手段上并无太大的差距（陈文军等，2014）。本书介绍TDR监测法、OTDR监测法、GPS监测法、InSAR监测法和三维激光扫描技术监测法5种新兴技术的应用和研究现状。

7.4.1 TDR滑坡监测技术

TDR技术是时间域反射技术（Time Domain Reflectometry）的简写，属于一种电子测量技术，多年以来它一直被用于各种物体形态特征的监测和空间定位方面。近年来该技术作为滑坡监测的新技术方法，日益受到了相关研究人员的关注。20世纪90年代中期，TDR技术开始用于地质灾害的监测。到目前为止，该技术应用于崩塌、滑坡的监测还属于研究的探索阶段。国外在此方面的研究工作起步早于国内，国土资源部2000年的科技专项计划“长江三峡库区地质灾害监测与预报”中首次包含了有关TDR技术的研究内容，并取得了较好的效果（张青等，2005）。

（1）TDR滑坡监测技术原理。TDR技术因其早期应用形式为雷达技术而被称为“闭路雷达”，TDR监测系统中的应用与雷达技术不同的是其电磁波信号的传播介质为同轴电缆。其基本工作原理为：利用电磁波发生器向同轴电缆发送极窄的电脉冲信号，信号在同轴电缆中向前传播。如果同轴电缆在某处有变形或者断裂现象，其电缆特性随之发生变化，在此处电脉冲信号会进行反射，信号接收端接收到的反射信号就会改变。通过分析计算将反射信号与发射信号比较，可以确定电缆特性发生变化的位置及类型。

在TDR监测系统中，同轴电缆是其电磁波信号的传输介质，由导体、绝缘层、屏蔽层和护套4部分组成，可以有效地将监测传输信号与外部的电磁信号隔离。

当同轴电缆中传输脉冲信号时，根据信号衰减规律和反射定律，可以得出：线路正常时，同轴电缆任一点阻抗为特性阻抗，入射波被完全吸收；线路某一点断路时，此点阻抗趋于无穷，出现全反射现象，反射波与入射波极性一致，如图7-1(a)所示；线路某一点短路时，此点阻抗为0，同样发生全反射，但反射波与入射波极性相反，如图7-1(b)所示。这样，将发射的脉冲与反射波进行对比，即可判断出电缆故障类型，进而得出坡体状态。

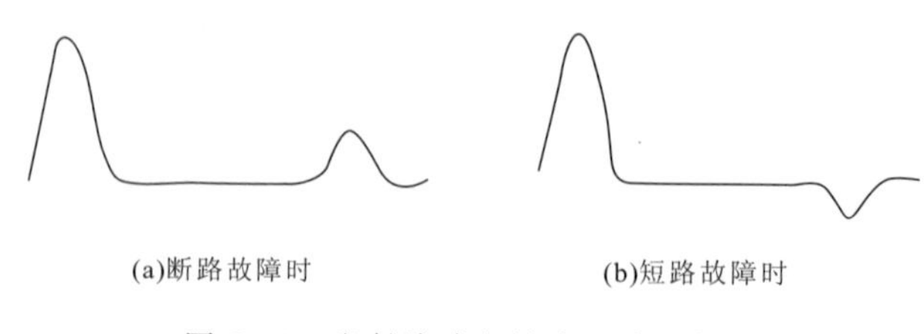

图7-1 发射脉冲与故障回波示意图

故障点的位置，可以根据公式(7－1)进行判断：

$$s=\frac{\Delta t}{2}v \tag{7-1}$$

式中：Δt 为探测脉冲发射时刻与回波到达时刻的时间间隔；v 为脉冲信号在同轴电缆的传输速率。

可见，只要能准确地检测出探测脉冲与回波信号的时间差，就可以计算故障点的实际位置。

(2)TDR 滑坡监测方法。TDR 滑坡地质灾害监测方法如图 7－2 所示。首先确定需要进行监测的边坡的监测点，然后在监测点位置进行钻孔，用于安放同轴电缆。安装完成后用砂浆填补缝隙以保证同轴电缆与孔壁间紧密接触，以便能保证准确反映坡体的变形。TDR 监测仪与同轴电缆顶端相连，产生电磁波信号并实时接收反射信号，进行高速采样、存储和分析，得到边坡的状态变形数据。图 7－2 仅示意了一个监测点的安装方法，一般情况下在 TDR 系统中具有多个监测点需要同时进行监测，系统则需要配置多路复用器。

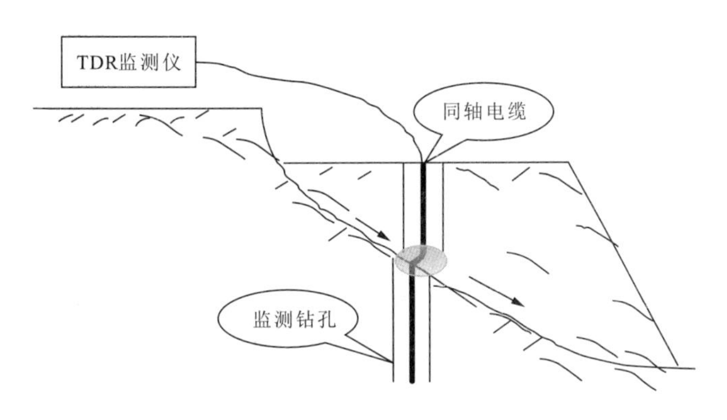

图 7－2　TDR 滑坡监测方法示意图

(3)TDR 滑坡监测系统硬件。结合实际滑坡监测的需要，系统硬件主要包括同轴电缆、信号发射源、反射信号调理电路、信号接收与数据采集模块和上位机通信模块。由于在传输过程中信号会发生衰减，因此要求发射信号脉冲前沿具有良好的特性，以便补偿传输过程中的能量损耗。发射脉冲的幅值和宽度根据具体测量距离确定，远距离配置高幅宽脉冲，近距离配置低幅窄脉冲。反射信号调理电路用来将反射信号按照一定规律转换为数据采集模块可以接收的标准电压信号。

数据采集存储模块是本系统的重要组成单元，其采样频率及分辨率要求很高。《滑坡地质灾害的 TDR 监测技术研究》(张日鹏，2012)一文中的系统设计采用等效采样技术，即利用低速模数转换芯片和存储器实现高速模数转换芯片和存储器的功能，目的在于合理利用资源，节省成本。在首次发射脉冲信号时启动第一次采样并记录，而后在第二次发射脉冲信号 10ns 后进行第二次采样记录，同理以 10ns 为间隔共进行 10 次，然后重构新波形，再按照同样的方法重复采样。这种方法不影响监测系统整体性能，而且等效于获得了更高的采样频率。与上位机的通信模块通过单片机完成，只参与命令解释、数据读取和上传任务，以免带来传输误差。通信模块与上位机采用 RS232 串口方式连接，上电首先进行串口初始化配置各个端口，防止产生误操作。当接收到 PC 机索取数据的命令后，将缓存区的数据返回给上位机。PC 机不断地发送数据索取命令，实现数据的连续处理。

(4)TDR 监测系统软件。不同的监测系统集成都有自己的软件系统，但都要具有信号接收、图形处理和数据分析 3 个基本的功能。张日鹏(2012)介绍的监测系统软件采用图形化编程软件 LabVIEW 进行编程，主要包括串行通信单元、波形处理单元和数据分析单元 3 部分。利用 VISA 模块进行串口通信设置，工作过程中串口一直打开直至系统关闭。数据接收程序以 While 循环为框架，定时向串口发送索取数据命令。将数据返回后对其进行拆分重组，建立完整的波形，然后进行滤波存储和显示。利用 Matlab 节点进行数据的分析，得到故障类型和位置。

与传统滑坡监测方法相比，TDR 滑坡监测技术具有成本低、简便快捷、可远程测量、远程自动控制、定位精度高和安全性高等诸多优点。但同时该技术要求监测目标明确，如果监测范围较大时，则不是很经济，不适宜较大面积滑坡灾害发展趋势的监测工作。

7.4.2 OTDR 滑坡监测技术

OTDR 是光时域反射仪(Optical Time Domain Reflection)的英文缩写，是 1977 年由 Barnoski 博士发明的(贾振安等，2008)，用于检验光纤损耗特性和检测光纤故障的一种有效手段。采用光纤的光时域反射法进行滑坡地质灾害监测，是近几年发展起来的新技术(吴统一等，2013)。

1. OTDR 的工作原理

OTDR 光时域反射计的工作原理是由其自带的光源发出光脉冲，经耦合器注入被测光纤，光电接收器接收到的瑞利背向散射和菲涅尔反射信号是一列按时间顺序分布的光强度信号，每个时刻的信号强度对应着相应的光纤位置的瑞利背向散射或菲涅尔反射强度，接收器将光信号转换成电信号，将其送到信号处理系统和计算机进行处理及运算，显示器可以显示出沿光纤整个路段返回的光强度的分布。

光时域反射计性能参数主要包括动态范围、盲区、分辨率、精度等。该技术的原理涉及到瑞利背向散射光、光在光纤中的传播速度、光纤的折射率等要素而形成了对光纤各测量点的空间定位的计算公式。

2. OTDR 技术的研究与应用

国内三峡大学的蔡德所、何薪基、李俊美基于微弯机制强度调制光时域反射(OTDR)技术的分布式光纤传感，在室内进行了光纤模拟边坡滑移状态下的实验，并且在较困难的作业环境下成功地进行了埋设。中国地质科学院探矿工艺研究所的周策、陈文俊和汤国起，利用OTDR 技术进行分布式压力测量，对岩体推力进行系统检测，并对光纤数据的空间分辨率和灵敏度等方面进行了分析。还有其他一些通过 OTDR 技术展开的滑坡监测系统的野外试验，都证明了该技术的有效性和监测系统工作的可靠性。

国际上日本的 Ando 公司利用该项技术开发出了光纤应变测量仪，该测量仪在应变测量的精度上达到±0.01%，距离分辨率达到 1m，作为基于布里渊散射的应变测量仪，极大地提高了监测的准确性、合理性和科学性。

3. OTDR 技术的优缺点

OTDR 技术还是一个刚刚开始发展并应用于滑坡监测的崭新技术，还没有成熟和统一的监测仪器配置及数据处理方法，尚需科研和工程技术人员在工程实践中不断地发展和研究完善该技术。

(1)传统技术不能精确地研究光纤的传输，光纤的杂质以及其他缺陷会影响监测结果。而利用光时域反射的技术，不仅能精确地测定光纤的衰减特性，而且能确定光纤的杂质以及其他缺陷引起光能损失的空间位置分布。因此较于以往的传统监测技术，具有很大的优势，在监测工程中进行推广应用，能很好地提高滑坡监测的准确性、科学性和时效性。利用 OTDR 可以在滑坡监测过程中，加强在常规监测方法中的地表位移监测和应力监测水平及效率，尤其是在对滑坡推力进行监测、抗滑支挡结构应力监测等方面，能收到良好的效果。

(2)根据滑坡监测布设的原则，布设需要点面结合，监测网由监测线(剖面)和监测点组成，因此布设网点不仅要成点、线、面、体的三维立体的布设监测网，还要确保监测网能尽可能准确地监测崩滑体的主要变形方位、变形量、变形速度、变形发展趋势。而 OTDR 技术通过对光纤各测量点的空间定位，能对各个监测点搜集的数据形成整体的、系统的定位，提高监测的科学性，同时也能保证滑坡的实时化监测。

(3)OTDR 技术在使用过程中尚存在连接器接头清洁、对监测人员技术水平要求高、测量干扰因素多等问题，因此在运用该技术的过程中，要不断总结新的工作经验，不断完善测量方法和分析技术，使其在滑坡检测过程中发挥最大效力。

7.4.3　GPS 滑坡监测技术

GPS 是全球定位系统(Global Position System)的简称，作为一种新型的测量技术具有全天候、自动化、选点灵活、劳动强度小、测区范围大、易操作、可同时测定点的三维位置与移动速率等优点，为滑坡监测提供了一种新的有效的数据采集手段。GPS 监测的整个过程包括了 GPS 的布网、外业观测、数据处理、变形分析等阶段(胡小岗，2009)。大量的实践结果表明，采用 GPS 静态定位技术可达到毫米级的监测精度，完全可以满足高精度滑坡监测的要求，为滑坡灾害的预报预测提供有效的数据基础。

1. GPS 滑坡监测技术的基本要求

GPS 滑坡监测网的技术设计既要依据 GPS 测量规范和规程，又要依据工程测量规范、各相关部门制定的规程以及滑坡监测任务书。GPS 滑坡监测网的精度与密度等主要技术要求应同时参照工程测量中变形测量的技术要求和 GPS 测量的技术要求。如果将 GPS 技术用于滑坡体的变形监测，一般应按照国家 B 级网的精度要求进行；点的密度应根据滑坡体的大小、形状等实际情况确定，布设的监测点的变形要能反映出整个滑坡体的变形规律。

2. GPS 滑坡监测技术要点

GPS 滑坡外观监测的基准点点位的确定原则如下：① 地质条件好，点位稳定；② 适合 GPS 观测条件，并无显著的多路径效应；③ 可选用经实践证明点位稳定的原滑坡区域内的基准网点。

GPS滑坡外观监测的点位选定原则如下：① 能有效地反映滑坡的变形特征；② 适合GPS观测条件。

根据不同的精度要求，GPS的网形布设通常有点连式、边连式及边点混合连接等几种基本方式。在GPS滑坡外观监测中，点连式所构成的网形几何强度很弱，很少有非同步图形闭合条件，所以一般不使用；边连式所构成的网形几何强度高，有较多的重复边和非同步图形闭合条件，可靠性较强，所以在GPS滑坡外观监测中多采用边连式的网形。基准点的选择一般采用静态相对定位的方法进行。

野外数据采集，数据采样率视工程的需求而定，一般为10～15s。在进行外业观测作业中，要注意以下几个具体的问题：① 卫星选择，同步观测的卫星不少于4颗；② 图形强度因子GDOP值的选择，较小的GDOP值表明卫星星座与测站构成的几何图形较好，GDOP值越佳则意味着有更大的把握获取良好的观测成果，所以观测中选择的GDOP值要求在某一具体值之下；③ 量取天线高时，要丈量到天线相位中心的参考点（ARP）。

GPS观测数据处理时，一般采用随机所带的处理软件进行。例如，在《GPS技术在滑坡监测中的应用》（胡小岗，2009）一文中，前期数据采用GMAIT软件和精密星历解算，获得基准点的精确坐标；对于以后各期的数据处理，采用随机软件TGO 1.5进行解算。

在数据处理过程中，要对同步观测数据进行必要的检核：各期观测数据的基线向量剔除率均应保持在5%以内；根据软件生成的残差图曲线要保持基本平滑、连续数值比较小，才能保证观测数据质量比较好，符合高精度GPS监测的要求。

3. GPS滑坡监测技术注意事项

GPS作为一种新型的测量技术，在进行滑坡监测时，完全可以取代传统的野外测量方法。但在具体的工程应用中，需要特别注意以下几个问题：

（1）在对GPS监测网点进行观测时，最好采取强制对中措施，以保证对中精度在1mm内；为保证高程方向的监测精度，应采用固定天线高的方法消除天线高的丈量误差。

（2）对于GPS监测网，外业观测质量合格只能说明GPS网中没有出现错误和大的粗差，网中是否含有小的粗差和异常值，还需要通过网平差后的质量评价来确定。一个GPS网，只有通过了这两个方面的检核，才能认为是合格的。

（3）对于GPS监测网，要根据监测区域中是否存在稳定的基准点而选用固定基准、秩亏基准和拟稳基准；对于选定的基准点，必要时还必须进行基准点的稳定性分析，只有通过检验，才能用于下一步的变形分析。

（4）由于受到气候、固体潮、电离层等的影响，GPS监测（尤其是高程监测）还需要解决一系列技术问题，如卫星轨道误差、对流层折射影响、基准点坐标确定、周跳修复等。

随着GPS应用领域的不断拓展，软、硬件技术的提高，必将推动GPS技术在变形监测方面的广泛应用。由于GPS具有全天候、实时、连续三维位移高精度监测特点，测站间又不用通视，作业效率高，劳动强度低，更适合于大范围的山体滑坡监测。

7.4.4 InSAR滑坡监测技术

InSAR是合成孔径雷达干涉技术（Interferom - etry SAR）的英文缩写，是新近快速发展起来的一种全新的地面变形测量手段。该技术不但弥补了GPS测点稀疏带来的信息损失，而且能弥补普通 GPS 对高程测量精度不高的缺陷。以 InSAR 为基础发展的差分雷达干涉测量对于高程的变化具有高度的灵敏性，这样就可以利用这一技术特点来精确地测定诸如断层运动、地震区形变、火山爆发前的隆起、滑坡前后的形变等许多地球物理现象（邓辉等，2003）。

1. InSAR 技术基本原理

合成孔径雷达干涉技术（InSAR）是以波的干涉为基础，使用平行飞行的两个分离雷达天线（双天线方式）所获得的同一地区的两幅微波图像，或者同一个雷达对同一地区重复飞行两次（重复轨道方式）获得的两幅微波图像，其几何关系见图 7-3。如果两幅图像满足干涉的相干条件，可对它们进行相位相干处理，从而产生干涉条纹，它反映的是相位的变化，这种图像叫做干涉图。它是因两幅图像对应的地面地形变化、数据获取轨道不同以及其他引起相位发生变化的因素所产生的。如果地面没有变形或受其他因素的影响，通过对干涉图像的解缠处理，可以解算出每一点正确的相位，然后由解算出的相位，进一步计算得出地面点到雷达的斜距以及地面点的高程。

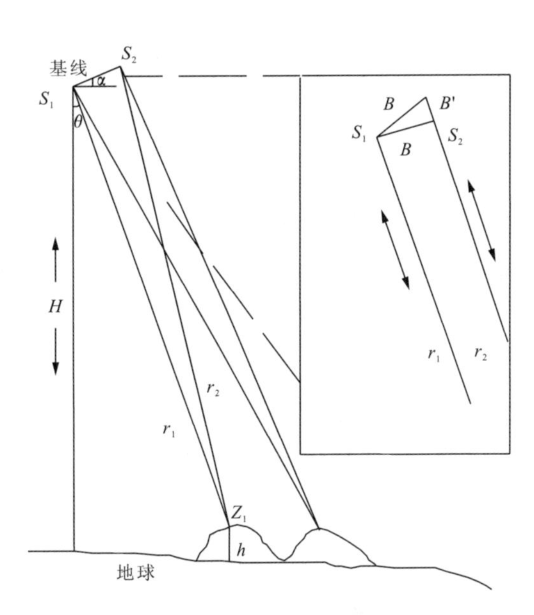

图 7-3　InSAR 的几何条件

利用重复轨道飞行的方法进行 InSAR 数据获取和地面三维信息提取的方法与双天线的原理、目的相同，只是数据获取和处理的方法有所区别。下面介绍采用重复轨道干涉测量的原理（即一般星载干涉雷达）。

如图 7-3 所示，假设 S_1、S_2 是卫星两次对同一地区成像的位置，S_1 位置的轨道高度为 H，两个卫星雷达之间的基线长为 B，基线的水平角为 α，入射角为 θ，则地面目标 Z_1 的高程 h 为：

$$h=H-r_1\cdot\cos\theta \tag{7-2}$$

式中：r_1 为 S_1 至目标 Z_1 的距离。根据余弦定理可得：

$$\begin{aligned} r_2^2 &= r_1^2+B^2-2r\cdot\cos(\alpha+90^\circ-\theta) \\ &= r_1^2+B^2+2r\cdot\sin(\theta-\alpha) \end{aligned} \tag{7-3}$$

式中：r_2 为 S_2 至目标 Z_1 的距离。若令 $\Delta r=r_2-r_1$，则由式(7-3)可得：

$$\sin(\theta-\alpha)=\frac{(r_1+\Delta r)^2-r_1^2-B^2}{2B\cdot r_1} \tag{7-4}$$

整理可得：

$$r_1=\frac{\Delta r^2-B^2}{2B\cdot\sin(\theta-\alpha)-2\Delta r} \tag{7-5}$$

干涉相位是指目标在 S_1 和 S_2 处接受回波的相位差，与距离差、波长有如下关系：

$$\Delta\varphi=2\pi\cdot\frac{\Delta r}{\lambda} \tag{7-6}$$

考虑到重复轨道的雷达所接受的回波信号都是经过发射和返回路程的信号，所以有：

$$\Delta\varphi=4\pi\cdot\frac{\Delta r}{\lambda} \tag{7-7}$$

将式(7－5)和式(7－7)代入式(7－2)可得:

$$h=H-\frac{\left(\frac{\lambda\cdot\Delta\varphi}{4\pi}\right)^2}{2B\cdot\sin(\theta-\alpha)-\frac{\lambda\cdot\Delta\varphi}{2\pi}}\cdot\cos\theta \tag{7-8}$$

式中:H 为已知,可以由卫星上的雷达高度计测得,基线距和天线的连线与水平线的夹角可以由卫星轨道参数确定,但精度不高,可以通过一定数量的地面已知点(控制点),根据其成像原理来解算成像时的轨道参数,用以提高精度。相位差的计算方法有两种:两复值图像相位直接相减和两复值图像共扼相乘——干涉处理,两者之间完全等效,但第二种方法较为常用。通过干涉处理得到的是位于之间的相位主值,必须对其进行相位解缠才能得到的相位全值。

式(7－8)表明了干涉相位信息与雷达参数、天线位置、入射角以及地面高程的关系。这就是 InSAR 能够从干涉相位中得到地面高程的原理。

2. InSAR 技术在地质灾害研究中的应用

InSAR 使用卫星或飞机搭载的合成孔径雷达系统获取高分辨率地面反射复数影像,每一分辨元不仅含有灰度信息,而且还包含干涉所需的相位信号。通过获取地面同一地物的复图像对和该地区的 SAR 影像干涉相位,进而获得其三维信息。

利用干涉雷达技术提取数字高程模型的一般步骤是:① 数据输入;② 两雷达图像配准;③ 卫星轨道校正;④ 进行干涉处理;⑤ 干涉图的相位解缠;⑥ 高程转换及地理编码。

利用这些数据处理方法和几何转化来获取数字高程模型、探测地表形变,对于滑坡监测和灾情评估都有非常大的作用。

InSAR 干涉雷达技术在别的地质灾害研究中已取得了良好的结果:如监测地面沉降、地震位移、火山变形、冰川运移等(仵彦卿等,1995)。其中法国的 Didier Masonnet 于 1992 年用干涉雷达技术研究了同年发生在加利福尼亚的地震川,取得了突出的成果,成为应用干涉雷达技术研究地面位移最早的成功范例。Stow 等于 1993 年利用差分干涉技术研究了英国约克郡 selby 煤矿由于地下采矿引起的地面沉降,取得了较好的效果。Fruneau Benedicte 等采用合成孔径雷达的差分干涉技术研究 the Saint－Etienne－de－Tinee Landslide 和 the Landslide of Sechiliene 两个滑坡的空间位移情况。对 the Saint－Etienne－de－Tinee Landslide 滑坡,他们根据 1995—1996 年的雷达数据作出了 6 幅差分干涉图,在图中有许多证据表明滑坡东部的一个小滑块位移相对较大,并且是不稳定的,并测量了位移值,通过与地面监测结果比较表明,合成孔径雷达的差分干涉测量结果与地面监测基本吻合。

目前国内关于 InSAR 技术在地形测量方面的研究也正在蓬勃发展,研究集中在了如何提高解算精度的差分技术,减小(甚至消除)大气参数的变化(对流层水汽含量和电离层)、卫星轨道参数的误差而产生的解算误差方面。

3. InSAR 数据源及处理

雷达卫星运行周期一般从 24 天(RADARSAT)到 44 天(JERSO1)。在取得数据源的同时必须获得与之相配套的星载 SAR 系统的特征参数。过去采用的雷达卫星以欧洲空间局的

ERS-1/2、日本的JERS-1和加拿大的RADASAT等卫星的SAR图像为代表，应用最普遍的是ERS-1/2获取的SAR图像。ERS-1/2的影像幅宽100km，存档原始数据影像覆盖全国各地，但时间不一致，如果需要，需购买并编程接收。也有专门的干涉像对处理结果（如干涉配准、噪声去除、像对解缠、生成DEM、滑坡分析等）。

主要的处理软件有加拿大Atlantis研制的InSAR Workstation（PCI）软件，美国ERDAS公司开发的IFSAR软件，美国的AFS（Alaska SAR Facility）开发了SAR、InSAR处理软件（ASF SAR，ASF InSAR）和SAR数据查询软件（Descw）。

4. InSAR和GPS技术比较

主要从监测范围、空间分辨率、时间分辨率、误差校正等方面进行比较。

（1）监测范围。GPS受观测点布设的限制，仅仅局限于一定区域，而利用InSAR可以监测大范围的滑坡，能得出一个地表整体连续的变化趋势。

（2）空间分辨率。SAR可以达到很高，就星载SAR来说已达到10m以内，采用D-InSAR技术（合成孔径雷达差分干涉技术）对地观测的分辨率可达到毫米级，且雷达差分干涉测量所得图像是连续覆盖的，由此得到的地面形变也是连续覆盖的，这对分析滑坡形变分布及发展规律是非常有用的。而GPS采集数据的空间分辨率则远达不到星载SAR的水平。GPS连续运行站网当中，站点之间的间隔一般为几十千米不等，而且需要事先建立监测网，会受到地理环境和运作成本等因素的限制，并要有必要的测量成果点。所以对于建网困难或常规大地测量无法进行的地区，干涉雷达将发挥出独到的作用。

（3）时间分辨率。GPS可以在很短的时间间隔（数十秒至几个小时）重复采集数据。如果建立了GPS连续运行站网，更可以提供连续的、区域性的数据。目前世界上许多CGPS（Continuous GPS network）网采用的采样间隔为30s，有些达到了采样频率几十赫兹的水平，故此GPS网已经达到了非常高的时间分辨率。而InSAR目前主要的商业数据还是来源于星载SAR，雷达卫星运行的重复周期24～44天。在解译某些地学现象时，其时间分辨率还满足不了要求。

（4）误差校正。InSAR以遥感成像方式获取数据，然后通过遥感影像处理的技术手段来达到量测的目的。但是对于大气参数的变化（对流层水汽含量和电离层）、卫星轨道参数的误差和地表覆盖的变化非常敏感，干涉像对之间空间基线和时间基线受一定限制。而GPS技术可以推算出对流层延迟和电离层延迟，这是校正InSAR数据产品误差的重要依据。GPS技术也可以进行高精度的定位和变形监测，这些数据可以作为InSAR数据处理过程中的约束条件（控制点）。

由上所述，GPS与InSAR具有很强的技术互补性。单纯依靠InSAR数据和GPS技术无法在同时满足时间和空间分辨率的前提下提供滑坡研究所需的数据，必须加入其他的辅助数据和必要的技术手段来加以改善。

InSAR测量技术适合于绝大多数的滑坡监测，只要能够收集到合适的空间基线和时间基线的数据，都能得到满意的结果。对于需要布设角反射器的滑坡，监测太大的滑坡布设成本比较高，监测小一些的滑坡比较合适。对于高陡峭地形内短期迅速发育，具有高变形梯度的滑坡，由于时间分辨率达不到要求，InSAR测量技术监测并不适合。

7.4.5　三维激光扫描监测技术

三维激光扫描技术又被称为实景复制技术，通过高速激光扫描测量的方法，大面积高分辨率地快速获取被测对象表面的三维坐标数据，为快速建立物体的三维影像模型提供了一种全新的技术手段。由于其具有快速性，不接触性，穿透性，实时、动态、主动性，高密度、高精度，数字化、自动化等特性，是测绘领域继 GPS 技术之后的一次技术革命。它突破了传统的单点测量方法，能够提供扫描物体表面的三维点云数据，因此可以用于获取高精度高分辨率的数字地形模型，具有高效率、高精度的独特优势。

1．三维激光扫描技术原理

三维激光扫描技术是近年来出现的新技术，利用激光测距的原理，通过记录被测物体表面大量密集的点的三维坐标、反射率和纹理等信息，可快速复建出被测目标的三维模型及线、面、体等各种图件数据。三维激光扫描系统包含数据采集的硬件部分和数据处理的软件部分。按照载体的不同，三维激光扫描系统又可分为机载、车载、地面和手持型几类。

地面三维激光扫描系统由三维激光扫描仪、数码相机、扫描仪旋转平台、软件控制平台、数据处理平台及电源和其他附件设备共同构成。三维激光扫描技术的核心是激光发射器、激光反射镜、激光自适应聚焦控制单元、CCD 技术和光机电自动传感装置。利用三维激光扫描技术，可以直接进行滑坡实体或实景三维数据完整的采集，进而快速重构出滑坡实体目标的三维模型及线、面、体、空间等各种制图数据。

三维激光扫描原理如图 7－4 所示。在三维激光扫描仪内，有一个激光脉冲发射体，两个反光镜快速而有序地旋转，将发射出的窄束激光脉冲依次扫过被测区域，测量每个激光脉冲从发出到被测物表面再返回仪器所经过的时间来计算距离，同时编码器测量每个脉冲的角度，可以得到被测物体的三维真实坐标。其中通过两个连续转动用来发射脉冲激光的镜子的角度值得到激光束的水平方向和竖直方向值，通过脉冲激光传播的时间计算得到仪器到扫描点的距离值，借此就可以得到扫描的三维坐标值，而扫描点的反射强度则用来为反射点匹配颜色。

该技术在文物古迹保护、建筑、规划、土木工程、工厂改造、室内设计、建筑监测、交通事故处理、法律证据收集、灾害评估、船舶设计、数字城市、军事分析等领域也有了很多的尝试、应用和探索。

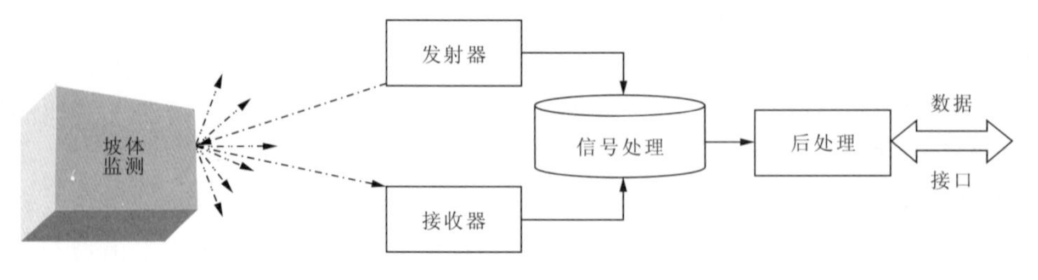

图 7－4　三维激光扫描滑坡原理图

2. 三维激光扫描技术在滑坡监测中的应用

三维激光扫描仪在滑坡监测中，可以在每个测站获取大量的点云数据，点云中每个点的位置信息都在扫描坐标系中以极坐标的形式来描述。在开始扫描以前，要在待扫描的滑坡区域内布设扫描控制点，一般由 GPS 或者全站仪等传统测量的手段获取控制点的大地坐标。这样就可以将点云坐标转换为绝对大地坐标，为滑坡监测提供标准通用的数据。在获得数据后运用逆向工程软件进行坡体特征提取，生成滑坡区域 DEM 模型进行数据预报建模。监测及数据处理流程如图 7－5 所示。

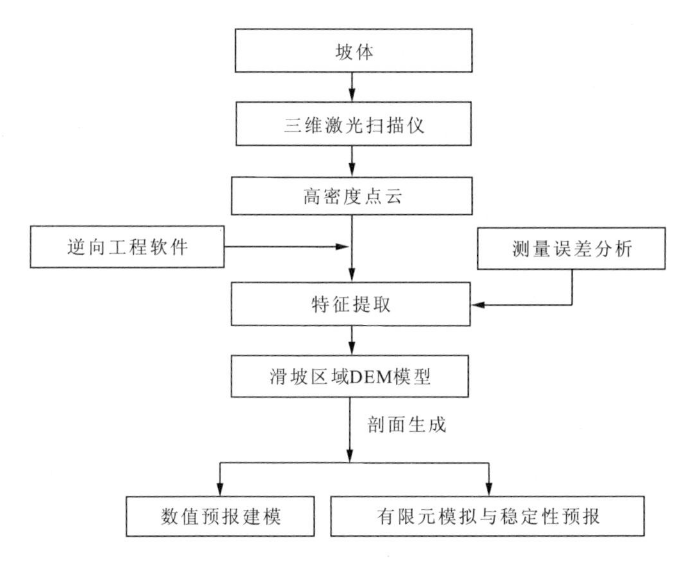

图 7－5　三维激光扫描技术在滑坡监测中的工作流程

完整的实体扫描过程包括数据获取、数据处理、点云建模输出应用 3 个步骤。针对滑坡地理状况采用三维扫描仪分站对坡体进行大面积的扫描。扫描中可采用“分站—分景”的扫描过程，每站以圆形区域进行分景扫描。为了提取坡体地面模型，需要对采集的三维点云数据经过拼接与合并，进行数据预处理剔除粗差数据，获得滑坡监测体地面高程数据，用于建立高精度的 DEM 模型。

3. 三维激光扫描技术的数据处理

要精确地对获取的多传感器数据进行处理，涉及到很多技术环节，主要包括深度图像平面分割、数据匹配和 DEM 建模。

(1)深度图像分割。图像分割一直以来都是图像处理领域中一项关键的技术。深度图像的分割方法也主要集中在基于区域的分割方法上，通过分割可以将图像分成不同的区域，分割后的结果将有助于对图像做进一步的处理和分析。

(2)点云数据匹配。数据匹配的目的是定义明确的数据绝对坐标，匹配过程基于参考点进行。在集成应用中选择全站仪或者 GPS 接收机来测量参考点准确的位置信息，用于校正检验数据融合的准确程度。点云数据匹配的最终目标是把点云坐标(极坐标)转换到绝对的坐标系统(大地坐标系统)中。

点云拼接用标志点匹配方法是先将逐次扫描开始的第一幅点云标志点集合,按照空间坐标与距离值,在动态划分层的前提下形成层嵌套;其次设逐次扫描开始的第一幅点云为基准,对逐次扫描开始的第一幅点云与第二幅点云进行标志点匹配时,要预先估计符合运动规律的数据采集区域,按照区域数据匹配的方法,将处理结果数据加入相应的数据层,进行下一步的预测估计,同时动态地修正数据层,不断加以优化。

(3)点云过滤。扫描仪工作过程中首先进行垂直方向的线扫描,然后按照设定的水平角分辨率水平转动,再进行垂直方向线扫描,这样的工作过程虽然很有规律,但是得到的点云其实仍然比较散乱,建模之前对点云进行平滑处理是必要的。另外对于相当一部分建模对象,原始点云数据的密度过大,无谓增加了数据量,数据简化也是必要的。

点云的过滤主要解决两方面的内容:一是过滤点云中的噪音点;二是降低点云密度。数据点滤波的方法一般有高斯、平均或中值和曲率滤波算法。高斯滤波器在指定的域内的权重为高斯分布,其平均效果较小,故在滤波的同时能较好地保持原数据的形貌。平均滤波法采用滤波窗口中的各数据点的平均值。中值滤波法顾名思义取滤波窗口内各数据点的统计中值。曲面滤波是根据曲率的变化决定点的取舍,在曲率变化大的地方保留较多的点,而在曲率变化小的地方,过滤掉较多的点。对于散乱点云数据,采用随机采样的方法;对于扫描线点云数据,可采用等间距缩减、倍率缩减、等量缩减和弦偏差等方法;网格化点云可采用等分布密度法和最小包围区域法进行数据精简。数据精简只是减少了数据量,并没有对数据进行修改。

(4)数据绝对定位及拼接。多视点云拼接是点云数据处理的关键技术之一,多视点云的拼接也就是把各个局部坐标系通过坐标变换统一到一个坐标系中,从而把多个角度的扫描数据合成完整的三维物体。目前点云拼接方法主要有利用标定物拼接、ICP算法等。利用标定物拼接这种方法的优点是速度快,解一组线形方程组就可以了。缺点是误差比较大,标定物有一定体积,这就需要根据标定物外形计算其几何中心,即使是圆柱、球体等非常对称的几何体也很难保证在室外复杂的环境中表面反射率仍然一致,所以这种方法精度不高。ICP算法精度较高,并且扫描过程中不再需要反射体,使扫描更加方便。但是迭代过程比较耗时,尤其是初值选择不当的话收敛速度会很慢,甚至出现发散的现象。在进行点云数据绝对定位基准时,也可以通过采用GPS以及全站仪联合进行测量,扫描后数据点位误差在2~6mm范围内。由于在各景拼接时,会存在拼接误差,所以拼接后扫描数据点位误差大概为5cm左右。

(5)坡体DEM获取。运用扫描数据处理软件对扫描的杂点进行剔除,处理后的扫描数据仅有地表点,再采用数据导出功能将扫描格式IMP转换为DXF用户需求的格式。为了生成完整的坡体DEM模型,要统一各时段DEM的坐标系统,主要用基于模型求差方法的变形分析。在比较相同水平坐标点的高程变化时,需要以初始DEM数据作为参考,将后面的DEM进行内插计算,通过比较相同水平坐标点的高程变化来分析变形大小。

4. 三维激光扫描技术的速度优势

在常规测量手段里,每一点的测量费时都在2~5s不等,更甚者要花几分钟的时间对一点的坐标进行测量。在数字化的今天,这样的测量速度已经不能满足测量的需求,三维激光扫描仪的诞生改变了这一现状,最初每秒1000点的测量速度已经让测量界大为惊叹,而现在脉冲扫描仪最大速度已经达到每秒50 000点,相位式三维激光扫描仪最高速度已经达到每秒120

万点，这是三维激光扫描仪对物体详细描述的基本保证。同时测量频率可以人为设定，这些都是其他任何测量手段所不能比拟的。

三维激光扫描技术可以获取高密度、高精度的三维点云数据，运用三维激光扫描仪获取"面"式点云数据进行特征提取，精确获得整个坡体地面任何时刻的变化状况，因此三维激光扫描技术具有绝对的先进技术优势和应用潜力，这种监测方法具有无需事先埋设监测设备、无接触测量、监测速度快、测量精度高、能够反映坡体的总体变形趋势等优点，比较适合大变形滑坡边坡的监测应用。

7.5 本章小结

本章以滑坡监测为主题，首先介绍了监测的不同分类，然后根据检测手段的分类，详细论述了人工监测、简易监测和专业检测。其中在专业检测中介绍了 5 种目前广泛采用和研究的新技术，分别是 TDR 滑坡监测技术、OTDR 滑坡监测技术、GPS 滑坡监测技术、InSAR 滑坡监测技术和三维激光扫描技术。当前用于滑坡的监测方法还有很多，如大地测量法(常规测量)、埋设仪表法、陆地摄影测量法，外加现场宏观巡视调查。需要根据滑体的特性和变形破坏机制以及所处不同的变形阶段、监测成本等，合理运用不同的监测方法或手段以达到最佳的监测效果。

8 工程管理和信息化施工

8.1 滑坡防治工程管理原则

随着我国基础建设规模的扩大和建设地域范围的日益扩展，建设用地逐渐在避开平整的基本农田，而不断在向山区、地质构造复杂的地域发展。在这样的建设场地，高填、深挖成为了建筑物场地平整时的常用手段，因此大量的滑坡、高边坡等地质病害伴随着建构筑物的建设而发生，治理费用占整个建设费用的比例不断攀升。由于滑坡灾害的复杂性、特殊性和影响因素的多样性，经常导致了建设场地滑坡发生的不可预知性，许多大型复杂的滑坡灾害有时甚至成了整个建设的控制性工程，例如，南昆铁路八渡火车站的巨型滑坡。因此滑坡等地质灾害问题已经越来越引起建设、设计、监理和施工单位的重视，如何加强对滑坡防治工程的管理、降低其对建设工程的影响成为各相关部门积极研究的问题之一。

滑坡作为六大地质灾害类型中占比最大和损失最大的灾害之一，与其他的地质灾害防治管理工作有相同之处，也有其特殊点。其主要的特点是风险性、预测性和特殊性。

由于滑坡灾害发生具有不易发现的隐蔽性、专业知识要求高的专业性、发展历程一般较短的突发性(尤其在工程滑坡中表现较为突出)和发生后大的破坏的性，导致滑坡防治工程具有较高的风险性。风险性管理的目的就是尽可能地将滑坡发生和破坏的风险降到最低和可控范围之内。

滑坡防治工作强调预防为主，防治结合的管理理念，这就要求滑坡防治的管理工作应以事前管理预测为主，人们也希望在灾害发生之前对其进行早期干预，这样既能减少治理工程的投资费用，又能减少滑坡灾害发生后的损失。一旦滑坡真正地发生了，一般也就失去了管理工作的大部分必要性和主要意义，所以滑坡防治工作的管理应具有超前的预测性。

滑坡防治工作的特殊性包含 3 层意义：其一是指地质灾害工作不同于其他的建设工程，有其明显的特殊性；其二是指滑坡灾害的防治工作又不同于其他 5 种类型的地灾防治工作，有其特有的特殊性；其三是指不同建设场地的滑坡灾害又各具特点，没有统一的发生机理和防治模式，具有明显的地域特殊性。

由于滑坡灾害具有以上的特点，如何将其管理工作做到科学、及时、合理、可靠，是滑坡防治工作管理的主要任务和目标。根据多年来我国地质灾害防治工作的实际情况和滑坡防治工作的实施经验，滑坡防治管理工作的主要原则有以下 4 点。

(1)应选择从事具有地质灾害勘察、设计和施工的相应资质单位从事相关的滑坡勘察、防治设计及工程施工，所选择的单位尤其要具有滑坡防治方面的专业经验。由于国内基本建设规模的扩大，相关领域的地质灾害工作也相应增加，而从事这方面工作的勘察设计单位也随之增加。如何在众多的良莠不齐市场中选择长期从事滑坡灾害防治工作的专业单位是建设管理单位首先要解决的问题。引入专业化的单位,并要求他们派出专业工程技术人员在滑坡灾害防治现场工作,是灾害防治工作能否顺利实施的关键。实践证明滑坡防治工作不光要具有责任心的专业技术人员,更重要的是技术人员还要具备丰富的灾害防治经验,这也只能是长期从事这方面工作的单位所具有的技术和经验优势,这对建设管理者进行快速、科学决断具有十分重要的意义。

(2)建立高效的专家咨询组,协助建设管理单位就滑坡灾害防治管理工作进行科学、有效的管理。实践证明高效的专家咨询组的工作对滑坡灾害治理工作的科学管理具有重要意义,专家咨询组的成员应由国内相关领域的知名专家组成,最好是具有病害治理工作的经历,会勘察懂设计。专家组的工作应按计划定期或不定期开展,以现场调查、咨询为主。

(3)应建立建设、勘察、设计、施工以及监理单位之间畅通的信息交流渠道。只有建立起一条畅通的信息交流渠道,才能准确、及时地就第一手地质资料、灾害信息进行交流,各职能部门才能根据实际情况做出及时、恰当的处置措施,这完全符合滑坡灾害治理工作"治早治小"的防治原则。图 8-1(章勇武等,2007)表现了一般的相关单位信息交流渠道。

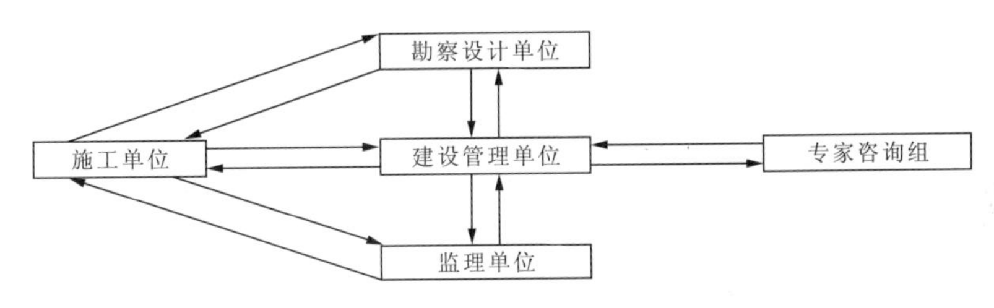

图 8-1　滑坡防治工作相关单位信息交流框图

(4)建设管理单位的重视与支持是一切工作完成的基础。从图 8-1 可以看出,围绕具体灾害工作的所有信息最终都会汇集到建设管理单位,建设管理单位针对某一问题的快速决策是所有工作的关键所在,而这又主要源于建设管理单位对场地灾害防治工作的重视与支持程度。

8.2　滑坡灾害防治工程管理

工程项目管理就是工程项目管理单位应用各种知识、技能、手段和方法去满足或超出项目利害关系各方的要求及期望。尽管工程项目管理的知识、技能、手段和方法很多,也在不断地发展和创新之中,但工程项目管理的基本内容是不变的,涉及目标系统管理、过程控制管理和信息管理。

8.2.1　工作方法

虽然工程项目管理的模式很多,并正在得到不断的创新和发展,但绝大多数的建设项目仍然采用建设单位自行组建工程项目管理机构进行管理,只有少数大型和特大型建设项目采用委托咨询公司协助建设单位进行管理的模式。两种管理模式的特点是虽然建设单位对项目进行管理的广度、深度有所不同，但都很深入，在项目管理中均起到了主导地位。鉴于此，建设单位对工程项目的合理、科学、主动地管理，对工程项目的质量、资金和工期的管理控制是非常关键的。

由于受地形地质条件、新构造运动和人类工程活动等多重因素的影响，任何一种因素在一定的条件下都可能由次要因素转化为诱发灾害发生的主要因素，对于地质灾害的防治管理工作贯穿于整个建设工程的始终。因此应该将地质灾害工程的管理作为一个系统工程来考虑和分析，不应将各影响因素割裂开来，孤立地进行分析。对于滑坡灾害的防治也适用。

根据建设工程的特点，对于地质灾害的工作方法一般均采用调查分析评估、工程地质分类、坡体结构划分、破坏模式预测、重点病害勘察、工程方案优化、科学施工保证、加强动态监测、地质全过程跟踪的科学、系统的工作方法。具体表现为以下几点：

(1)建设工程立项及建设的初期，对建设场地周边的地质灾害隐患进行排查。对高边坡、滑坡工点通过现场工程地质调查，对其稳定性进行现状评价，预测其对建设工程的危害程度。

(2)在地质灾害评估和地质调查的基础上提出需要重点进行工作的灾害点，有针对性地进行补充勘探，查明灾害的规模、性质和危害程度等。

(3)根据工程地质调查及勘察结论，提出技术可行、经济合理的治理工程设计。

(4)加强动态监测工作。为确保规模较大、病害性质复杂的重点灾害点的安全，方案设计中应有针对性地增加地表及深孔位移监测，或采用其他有效动态监测方法。

(5)根据具体灾害点的实际情况和治理工程设计，在设计方案中提出科学、合理的施工工序及工艺，指导现场的施工工作。

(6)动态设计，信息化施工。充分利用监测资料、施工开挖对地层的揭露，验证地质工作的正确性，根据施工、监测反馈信息及时对设计进行调整，使之符合实际情况并用于指导施工。

该工作方法最主要的特点是抓住了地质灾害治理的特点和防治工作各环节所需解决的关键问题，实现了全过程的科学管理和制约机制，在很大程度上降低了人为因素对灾害体的不利影响，大大降低了工程滑坡的发生数量、规模和危害程度，有效地节约了投资，合理控制了施工工期，能够达到最佳的工程效果。

8.2.2 勘察设计阶段的工程管理

近年来由于建设场地向山区和地质构造复杂地段的转移和这些地段开发活动的加剧，建设中的建设项目因滑坡等地质灾害所造成的重大损失不胜枚举，各级建设部门对地质灾害防治工作的重视程度不断提高，逐步认识到地质灾害的防治工作必须从建设场地的选择阶段就要开始抓起。即在选择建设场地的时候就要查清区域工程地质条件，综合比选各方面的地质因素和建设因素，选择相对较好的建设场地、建设位置及场坪标高等，以避免产生工程滑坡和高陡边坡。

1. 建设工程可行性研究阶段的工作

该阶段工程建设管理单位应严格按照国家的相关规定，强调和提醒承担勘察、设计工作的单位安排专门的地质工作，做好地质灾害的评估，在工作的全过程积极组织有关的技术、经济比选讨论会，扎实做好前期的经济、技术比选工作，确定技术、经济合理的场地选择，为下一步的工程建设和灾害防治工作打下良好的基础。

可行性研究阶段的地质工作特点是侧重从宏观角度，查明对工程选址起控制作用的地质要素。虽然也是为工程服务，但是带有较强的区域地质、基础地质和多学科综合性的特点。构造地质侧重于搞清楚地质单元、断裂构造体系、主要断层破碎带的发育情况和现代活动性、地震稳定性、地应力及地质发展史等。工程地质与水文地质侧重评价地层岩性、构造、地下水、不良地质和灾害地质现象对场地选择的控制作用以及可能产生的环境工程地质问题。尽量避开不良地质、大断裂和不良岩土体等地段，例如，避开大型古老滑坡，不在岩层顺倾地段开挖等，避免工程建设活动展开后使老滑坡复活和产生新的滑坡。

工程可行性研究阶段的地质工作主要为场地选择服务，而且还要为初步设计阶段提供较为具体的工程地质资料。

一个大型的建设工程往往首先取决于政治、经济、资源赋存状况和交通网络等因素，因此大的方针原则确定后，地质条件就成为了主要控制因素，在地形、地质条件复杂地段甚至成为首要因素。要想在有限的选择范围内确定出理想的建设场地，还要从以下几个方面开展具体工作：

(1)在切实掌握地形、地质、水文条件的基础上，进行全面分析比较，慎重选择建设方案。严重不良地段应尽量避开；无法避开时，要做出详细、切实可靠的工程措施，先期处理，确保一次根治、不留后患。

(2)要弄清楚区域构造与建设场地的位置关系和相互影响关系，地质条件和工程建构筑物的关系，掌握水、岩土体、构造之间的相互关系和运动变化规律。

(3)场地选择要避开重大不良地段，减少高填和深挖工程量，结合建构筑物的工艺要求，合理进行建构筑物的布局和场坪标高确定。

(4)在膨胀土(岩)等特殊岩土区域，在查清岩土体分布范围及特征的基础上，合理确定特殊岩土体的处理措施。例如，挖除(主要针对局部膨胀土和湿陷性黄土)、工程措施处理、封闭等。

(5)做细地质工作。如果不良地质作用地段范围较大，建设场地无法避开时，就应选择该范围内相对安全的地段，将重点建构筑物修建于“安全岛”内，其余地段根据工程的重要程度合理确定治理措施，增加工程安全型，降低投资造价。

2. 初步设计和施工图设计阶段的管理工作

初步设计阶段建设管理单位对已经选定工程建设场地的灾害点要做到心中有数，并要求主体勘察设计单位或另外委托的专项勘察设计单位能够对灾害点严格按照地质灾害工程的工作方法开展工作，确保每一处灾害点的前期工作量能够满足要求，并对灾害点的稳定性做出全面、科学的评价，提出防治工程措施的建议。

在施工图设计阶段的重点是查清滑坡等地质灾害的形态、规模、发生机理和可能产生的变形及危害，并与其他工程措施(如改变建筑物位置、提高场坪标高等)作比较，减少开挖和回填工程量，设计符合现场实际且经济合理的坡形，减少发生滑坡等变形的可能。

对提出的治理工程措施还应组织具有相关工程经验的专家进行评审，或让有关单位进行审查，防止出现治理工程布设不足、不合理或工程量过大导致的问题，以免影响后续工作或造成造价过高。需要注意的是，在评审中应有经济技术方面的专家参与。

8.2.3 施工阶段的工程管理

对滑坡、高边坡等灾害进行施工管理时，我们必须认识到它是一个系统工程，要建立高效运转的管理体系。既要保证施工的顺利进行，尽量缩短工期、降低工程造价，又要确保施工和工程安全，保证工程质量。要从地质灾害防治工程的特殊性出发，遵循地质灾害防治工作的工作原则，以动态的方式进行管理。

1．施工管理的一般要求

具体到滑坡灾害防治的施工工程，管理中需要着力加强以下几个方面的工作：

(1)重视施工过程中的信息反馈工作，实行动态设计。

(2)加强施工过程中的监测工作，不断指导设计和施工。

(3)提倡规范、科学的管理工程实践，提高施工管理工作能力和及时性。

(4)严格要求病害工程的现场配合制度，要全面了解滑坡病害情况和容易出问题的因素，制定应急预案，做到一旦出现问题即可及时处理，不让病害体规模扩大。

(5)滑坡治理工程同时属于安全隐患较严重的施工项目(尤其对于抗滑桩的施工)，要制定严格的施工安全技术规程，加大施工人员安全培训力度，制订应急预案，防止安全生产事故的发生。

(6)滑坡灾害防治工程中隐蔽项目居多，要建立完善的工程质量保证体系，严把质量关。

工程施工阶段的管理重点是狠抓规范施工，确保工程施工安全和质量。同时注意施工细节问题，大力提倡施工单位与设计单位的信息互通机制，使设计意图通过工程施工充分表达。

2．施工方法的优化

滑坡灾害防治工程的施工方法对整个治理工程的成功与否至关重要。虽然滑坡防治工程措施的施工技术发展到现在，已经相对成熟与固定，但是基于不同情况下的治理工程措施的优化组合，相应的施工工艺方法也是滑坡灾害防治工作的研究内容之一。建设管理部门应积极参与施工单位在施工前和施工中的施工组织设计，做好相关管理协调工作。以下 6 点是滑坡灾害防治工程施工的基本原则及优化原则：

(1)优先选择旱季施工的原则。尽管地层条件是滑坡灾害发生与否的内因，但水却是滑坡失稳的诱因，有时甚至是决定性因素。岩土体中的含水量大小对其强度影响极大，特别是对地质条件差、节理裂隙发育的岩土体，为雨水和地表水的渗入提供了良好的条件。同时在雨季施工，因受降雨的影响，边坡开挖后支护工程往往不能及时跟上，此时的高边坡极易形成新的工程滑坡。因此对于滑坡灾害防治工程的施工应尽量避开雨季，对工期长无法避开雨季施工的，要排好施工工序，不在雨天进行大的开挖施工，做好防水、防降雨措施和雨季施工应急预案。

(2)必须坚持快速施工的原则。即使滑坡灾害防治工程施工安排在旱季施工，也要坚持快速施工。一方面施工工期越长，开挖的坡体或不稳定坡体的暴露时间就越长，支挡工程如果不能及时跟上，会造成坡体应力释放而降低岩土体自身的强度，或者由于局部应力集中而产生坡体的局部破坏而导致滑坡产生；另一方面，即使是旱季也会有降雨，并且通常呈现阵性强降雨的特点，对滑坡的稳定性会产生更加不利的影响，工期越长，对滑坡的稳定性越不利。

(3)做好施工过程的排水措施。工程建设或滑坡灾害治理施工在对坡体局部进行开挖前，应首先做好山坡的截水沟，并及时了解气候变化情况，做好临时排水工作，及时将坡体表面和内部的水排走，这样可减少雨水的入渗和对新开挖未支护坡面的冲刷。

(4)及时开挖、及时支护的原则。一般的滑坡治理工程，不管是采用锚固工程措施还是抗滑支挡措施，都要对其进行开挖，这样就破坏了原有的应力平衡，造成滑体中应力的重新分布，同时坡体表层一定范围内的岩土体强度也因应力状态的改变而降低，这一切都使得坡体向不稳定方向发展。按照边坡破坏的渐进理论，随着时间的推移，边坡失稳的可能性将逐渐增大。因此及时快捷地将支挡结构及坡面防护工程做好，就可以有效控制边坡因开挖引起的土体松弛和应力释放而引起的强度衰减，有效控制并保证边坡的稳定性。

(5)施工过程中的监测原则。在施工过程中做好变形观测，特别是对一些重大防治工程做好施工中的变形观测，能及时预报可能发生的滑动破坏，及时采取相应的对策，确保施工安全，减少不必要的损失。

(6)及时补救原则。在施工过程中，一旦发生局部破坏，应及时采用工程措施进行补救处理，如果整治不及时，破坏范围往往会进一步发展，造成更大规模的破坏，不但会影响滑坡的整体稳定性，而且还会造成更大的工程投资。

8.3　动态设计与信息化施工

8.3.1　动态设计

由于影响滑坡发生的因素具有多样性和滑坡发生机理、地质勘察工作的复杂性，人们对于灾害认识程度的局限性、施工工艺操作的人为性等诸多因素，对于滑坡等地质灾害治理工作必须坚持动态设计、信息化施工才能保证治理工程设计、施工工艺的合理性和切中客观实际。相应的对于滑坡等地质灾害的治理也应坚持动态跟踪管理的方法。

动态设计就是充分考虑、合理把握时间和空间因素对设计工作可能的影响，随着时间和空间的变化，及时修正和完善设计细节。需要注意的是动态设计绝对不等同于边施工边设计。动态设计是由于地质等影响因素的复杂性，在总体方案合理的基础上针对施工中暴露的与前期勘察工作不相符的地方对设计的一种完善，在设计之初要做到对灾害的类型、发生原因和影响等进行客观，动态的分析和把握，在后续的工程进展中针对新情况和新问题进行分析、总结与修正前期的观点及设计细节。

任何地质灾害的发生都有其客观的原因，而且原因并不是唯一和一成不变的，随着时间和空间的发展变化，彼时是导致灾害发生的主要原因，而此时却不一定是。如在工程中碰到的数量众多的由于人工开挖所形成的边滑坡灾害，虽然形成的主要原因是人为开挖，但是在治理工程设计时往往更多考虑的是已开挖临空的不稳定体或已经形成的滑动体在以后时间内遇到降雨、地震等不利因素时可能产生的破坏和危害。这种情况下首先会作出整体的施工设计和施工工艺要求，但是随着边坡的开挖和经验的总结，有必要对原设计进行调整加强或者简化，同时对施工工艺要求也进行调整，在确保工程安全、施工安全的情况下，做到经济最优、工艺简单和工期缩短。动态考虑灾害原因主要体现在以下两个方面：

(1)对灾害点的动态全面了解。认识程度的深浅对灾害的治理设计和施工至关重要，贯彻设计与地质工作的动态结合，从事设计的工程技术人员应做到经常深入现场，尤其是在施工的关键点、关键部位和关键环节，必须在现场了解情况并指导施工工作，做到全面了解灾害的发生、发展过程。

(2)动态选取设计参数。对灾害发生时的状态与设计、施工周期内的可能发生最不利的情况进行动态比较，注意降雨等引起的岩土体的重度、地下水位等的变化，以及由此引起的物理力学参数的变化；考虑风化、应力松弛及应力集中等因素的存在，以及由此引起的物理力学参数随时间和赋存空间的变化。

8.3.2 信息化施工

施工中的信息反馈是滑坡和高边坡灾害防治工作中重要的、必不可少的内容。一般情况下由于地质条件复杂，而我们的勘探手段又比较单一，就使得地质勘探工作存在较大的局限性，导致各种工程措施在设计中存在或多或少的不确定因素，需要在施工中根据地质情况的变化不断修改完善设计。根据施工过程中所获得的各种信息对设计进行修正，对施工方案进行优化，以保证设计和施工更符合现场实际情况，使灾害治理工程更加合理，就称之为信息化施工法。

信息化施工法的核心在于收集灾害工程现场的相关资料，在施工过程中运用各种手段，如锚杆(索)钻孔、抗滑桩桩孔、深孔位移监测、坡面位移观测等手段收集有关地质及施工信息，根据所收集的信息及时了解边坡在施工中的变形情况，了解滑坡滑带以及可能对滑体稳定带来不利影响的软弱层面的位置、工程特性等，据此修改、完善设计。如调整锚杆(索)长度、数量、锚固段深度、抗滑桩截面大小、嵌固深度、桩间距等，还可以调整防治工程类型、防治范围。根据施工过程中反馈的信息，及时调整施工工艺和施工流程，采用有效手段及时控制施工带来的施工变形。

下面以抗滑桩支挡工程为例，介绍信息化施工法在抗滑桩设计中的应用。

抗滑桩支挡工程设计一般是根据工程地质条件，确定不稳定边坡的下滑力，根据下滑力的大小，确定抗滑桩的布置范围、数量、间距、抗滑力、长度(包括嵌固长度和悬臂段长度)、截面尺寸和配筋。其施工程序一般为挖孔、编制下钢筋笼、灌注混凝土。其一般的设计、施工流程如图 8-2 所示。

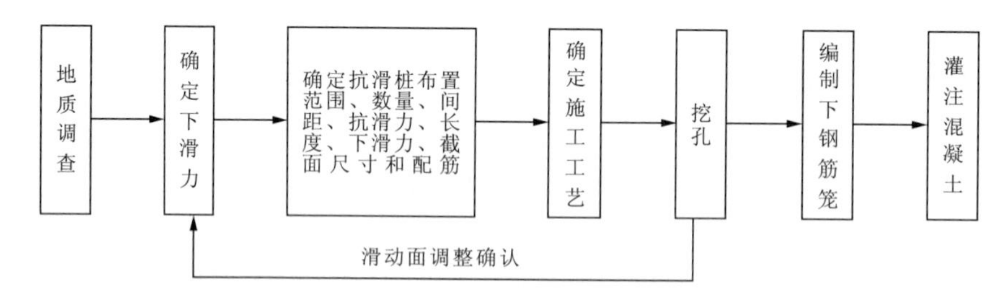

图 8-2　抗滑桩一般设计施工流程

从图 8-2 中可以看出，该流程基本为单一流向，各种信息单向流动，施工中获得的各种地质条件变化信息不能反馈到设计中，也不能用于指导后续的施工。然而由于地质条件复杂，尤其在滑动地段地面以下的地质情况更是千变万化，抗滑桩在设计中存在一些诸如滑动面位置、嵌固地层地质条件等不确定因素，因此及时将挖孔过程中发现的各种地质条件变化反馈给设计人员，及时对设计进行修正完善，确保抗滑桩的抗滑效果是十分重要的。

为了达到以上分析和预期的效果，对图 8-2 中的设计施工流程进行优化调整，设计、施工形成一个闭合循环，施工中获得的地质资料不断反馈到设计和后续的施工中，使设计不断完善，施工工艺得到不断改进。调整后的设计施工流程如图 8-3 所示，该流程将能最大限度地保证抗滑桩支挡工程的施工质量和滑坡治理效果。

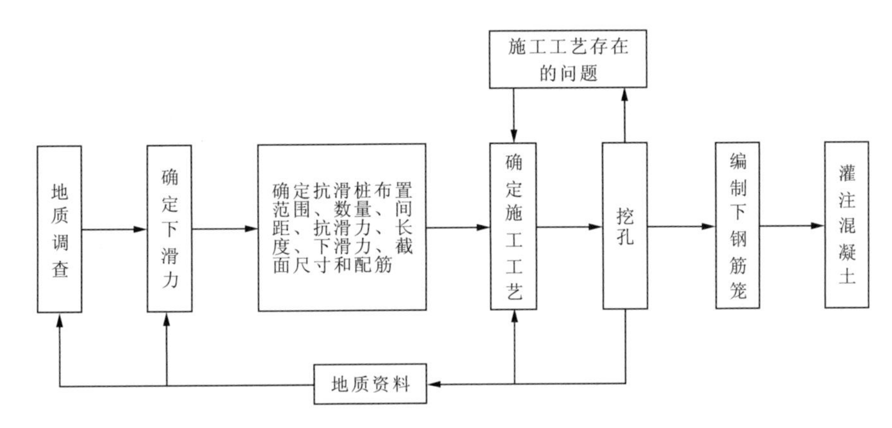

图 8-3　抗滑桩信息化施工法设计施工流程

8.3.3　信息化施工对设计工作要求

在灾害治理工程中，施工的过程不仅仅是施工单位对设计图纸的简单实施和对设计理念的再现，更重要的是工程技术人员通过对施工过程的跟踪和了解，要对设计的合理性、经济性进行检验和修正，对设计理念进行调整，进行经验总结和积累。因此施工开始以后并不意味着设计的终止，成熟的、经验丰富的工程技术人员对施工阶段的重视程度都是非常高的。

所有前期对灾害所进行的调查和勘察工作，只是基于某一种或几种勘探手段的推测和判断，而且常常是以点带面，建立在其上的灾害治理工程设计也因此存在许多有待验证和完善的地方，而进行这一工作的最佳时机即在施工过程中。灾害治理工程施工中的开挖能最大限度地对设计控制范围内的地层情况进行揭露，对有可能导致滑坡等灾害发生的控制性结构面、软弱夹层、泥化带等的准确判定具有十分重要的意义。由于施工过程中对开挖面随时都有覆盖或埋藏隐蔽的可能性，这就要求设计人员随时对施工现场的情况加以了解和掌握，根据实际情况对设计时所采用的边界条件进行对比验证，必要时及时对设计中不合理、不完善的地方进行补充或修改。这样做不仅有可能降低工程造价，而且更重要的是可以避免原设计中可能存在的安全隐患。

目前大多数情况却是仅仅当施工单位反映现场出现与设计不符的地质情况、新的变形或不稳定迹象时，设计人员才赶到现场踏勘、处理，这种做法对于灾害治理工程是不可取的，特别是对在建的长大公路、铁路项目，由于线路长、工点多、工期压力大，如果又适逢雨季，则这种工作方法缺乏实效性，可能给灾害治理工作带来意想不到的问题。这里面存在两个方面的问题：

(1)施工技术人员的问题。施工技术人员对设计的理解程度及其自身专业的原因，没有对现场出现的与设计有关的信息进行全面的了解和掌握，特别是对某些细微的或不易察觉的迹象没有发现或没有引起重视，往往等变形迹象被发现时，坡体的灾害已经进一步恶化，设计变更的最佳时机已经错过，有时候甚至破坏了前期已经做好的工程措施，给后续的设计和施工带来困难，甚至造成工程失败。

(2)设计和施工中的问题。虽然要求在设计中考虑施工因素的不利影响并在设计文件中对施工注意事项做出说明，但是不能排除设计对施工因素考虑不全或现场未能完全按照设计要求进行施工，特别是在滑坡和高边坡灾害防治施工中，施工程序、施工手段对设计的影响更大，一旦出现问题设计人员应及时做出变更处理。

动态设计在施工阶段的贯彻，体现了设计工作的延续性及设计人员的责任心，坚持动态设计的思维，是保证设计工作质量和灾害治理有效、安全开展所必不可少的。治理工程结束进入监测阶段后，对于监测结果，工程设计和施工人员也应及时收集总结，为以后的灾害治理工作积累经验。

8.4 本章小结

本章以滑坡灾害治理的工程管理为重点，分别从工程管理原则、管理工作方法和动态设计与信息化施工3个方面展开论述，对灾害治理工程的特点、与其他工程的区别、管理工作的特点方法进行了详细说明。需要注意的是，随着我国国民经济的发展、建设规模扩大、建设技术水平和管理水平的提高，管理中更加注重科学性和规范性，同时大多数情况下滑坡灾害治理工程在整个建设项目中有辅助性的特点，要求必须以建设工程的主体为重点，这就要求滑坡灾害治理工程的管理人员必须结合工程的特殊性，摸索出适合于具体建设工程的灾害治理的科学合理的管理方法。

9　滑坡灾害防治技术的发展展望

9.1　国外研究发展态势

自从人类利用、开发山地资源以来就自觉或不自觉地开始了与山地灾害的斗争，但有意识开展山地灾害研究，进行山地灾害的防治，只有几百年的历史。

17 世纪阿尔卑斯山脉周边的国家，如奥地利、意大利、瑞士开始了泥石流灾害的防治研究，成立了一些相应的组织；美国在 20 世纪初，西部山区移民逐渐遭到泥石流的严重危害，开始了较大规模的泥石流治理研究。

有意识地开展滑坡的研究始于 20 世纪 20 年代北欧各国，尤其是瑞典；20 世纪 30 年代苏联开展了较广泛的滑坡研究，并于 1934 年召开了全国性的滑坡会议。第二次世界大战以后，随着各国经济的复苏和发展，加大了山区资源开发的力度，公路和铁路修进了山区，矿山和工厂在山区兴起，滑坡等山地灾害危害日益突出。为了有效、合理地防治山地灾害，苏联、美国、日本和欧洲的一些山地国家，逐渐加强了对泥石流、滑坡等山地灾害的研究。到 20 世纪 50 年代，一大批有关泥石流、滑坡研究的论文和专著先后问世。1958 年美国公路局滑坡委员会编著了《滑坡与工程》一书，这是世界上第一部全面论述滑坡及其防治的专著；随后在 1960 年日本高野秀夫出版了《滑坡与防治》一书。同时，苏联、美国和日本等国成立了全国性滑坡方面的学术团体，召开了相应的学术会议。滑坡等山地灾害的研究不断趋向深入，基本上形成了滑坡学的框架。

随着各国泥石流和滑坡等山地灾害研究的深入和发展，以及灾难性滑坡事件的不断发生，国际间的滑坡研究和防治技术交流随之展开，滑坡等山地灾害的研究向更高层次发展。1968 年在布拉格举行的第 23 届国际地质大会期间，成立了"滑坡及其块体运动委员会"。根据最近几次国际滑坡学术会议的讨论主题和论文情况以及近期发表的一些重要论文所反映出来的滑坡研究的前沿领域与发展趋势主要为以下几个方面：

(1)滑坡灾害活动的地带性规律。这是一个古老而又崭新的研究课题，国外专家普遍认为滑坡活动与岩性等地质条件紧密相关，但也有专家认为与地质条件并没有严格的对应关系。基于正确的区域性滑坡预测预报，掌握滑坡与地质条件两者的活动和分布规律，客观、科学地掌握滑坡的活动规律和地带性规律，成为滑坡研究的热点课题。

(2)滑坡与全球气候变化。全球气候变化是当今世界最令人关注的重大问题之一，直接关系到人类的生存和发展。滑坡活动与气候紧密相关，气候的全球变化影响到滑坡活动的大范围变化，相应地滑坡活动的区域性变化也反映了气候的变化。滑坡与气候变化之间关系的研究成为了一个新的探索方向，也是世界各国滑坡研究的热点之一。

(3)滑坡的起动机理。起动机理一直是滑坡研究的重中之重和前沿领域,国际滑坡学术会议,最近几次均把“机理”,主要是起动机理作为会议主题,并有不少论文探讨了这一主题。

(4)滑坡的力学模型。滑坡力学模型是解释滑坡多种物理力学现象和建立力学计算的基础,是当今滑坡研究最前沿领域之一。滑坡的力学模型主要是含有孔隙水压力的库仑模型,但也有不同的认识需要研究、统一。

(5)灾难性滑坡的成灾机理。随着社会的进步,国际上越来越重视造成大量人员死亡的灾难性滑坡的预报与预防,但要正确预报或预防,首先必须揭示灾害性滑坡的成灾机理。美国著名专家舒斯特,从20世纪80年代初就开始研究滑坡堵塞坝(包含泥石流堵塞坝)的形成,溃决机理,出版了专题论文集。因为滑坡坝的溃决,在美国多次造成大量居民丧生,滑坡坝的溃决机理和加固技术,至今仍然是国际上研究的热点。在人员密集、经济较发达的山区,前兆不明显的高速滑坡往往会造成大量的人员伤亡和巨大的经济损失,但是这方面的研究进展不是很大,成功预报和有效预防的实例不多,成为当今滑坡研究的最前沿领域之一。

(6)滑坡灾害风险评价。滑坡灾害风险评价是最近国际性滑坡学术会议中讨论的重点问题之一,也是近几年来滑坡界取得的一项明显进展。关于风险的定义很多,其中1989年Moskrey提出的风险度等于危险度与易损度之和,而1991年联合国提出自然灾害风险表达式为风险度(Risk)等于危险度(Hazard)与易损度(Vulnerability)之积。这一评价模式已为国际上越来越多的学者所认同。虽然此项研究在国际上取得了很大进展,但各专家的认识和处理办法并未得到统一,尚需结合实际做更深入的研究。

(7)滑坡预报。滑坡的正确、及时预报(含警报)是避免或减少滑坡灾害造成人员伤亡和贵重物资损失最有效的措施之一,早已引起各国有关部门和专家们的高度重视,成为国际上最前沿的研究领域之一。尤其在20世纪90年代以后,此项研究如火如荼,涌现出了许多具有创新性的成果,主要集中在现代数理科学新理论和现代监测技术在预报上综合应用,使滑坡监测预报技术手段得到前所未有的发展。但是滑坡预测预报仍存在着不足:真正操作性强、能普遍推广应用的预测系统并未建立,难以做到时空预报相结合;监测、预报技术有待进一步发掘与完善。

(8)滑坡灾害防治的关键技术。世界各国的多位滑坡专家和工程师们长期致力于滑坡防治技术的研究,创造了多种合理、有效、经济的防治工程,解决了多项关键技术问题,为减轻泥石流、滑坡灾害取得了卓越的成效。但由于各国的具体条件不同,在防治方法上各有侧重。在滑坡防治方面,美国、日本新近发展了非开挖型孔道(直径100～500mm)用于浅部水平排水;在阻止、加固的具体措施上,西欧国家主要采用锚固,东欧各国侧重于使用抗滑桩;而在北美一般很少采用阻止、加固措施整治滑坡。根据滑坡特点,如何设计效益最高,投入最少的防治工程,这个问题并没有完全获得解决。

9.2 国内研究发展态势

国内关于滑坡灾害的研究起步较晚,但发展很快。20世纪50年代初,由于铁路、公路建设向西部山区延伸,碰到大量滑坡灾害问题,所以对铁路、公路勘察,设计部门率先开展了滑坡灾害防治技术的研究。20世纪50年代末,60年代初铁道部在兰州、成都分别成立了铁道科学研究院西北研究所和西南研究所,分别以铁路沿线的滑坡、泥石流为主要研究方向,服务于铁路建设。同时中国科学院在兰州和成都分别成立了兰州冰川冻土研究所和成都山地灾害与环境研究所(简称"成都山地所")，分别设有泥石流研究室和泥石流、滑坡研究室，以泥石流、滑坡等山地灾害为主要研究方向，从学科发展的层面开展系统全面的研究。之后有关大专院校也参与调查研究；国家各有关经济建设部门，针对本部门的实际，开展了泥石流、滑坡等山地灾害防治技术的研究。尤其是20世纪90年代末期国土资源部组织大量人力、物力开展了包括泥石流、滑坡在内的全国地质灾害大调查，推进了群众性的减灾防灾活动。至此，我国滑坡灾害研究空前活跃。

从1975年原中国科学院成都地理研究所发表《滑坡》小册子，到现在已40余年，在滑坡区域预测和临滑预报的研究上已赶上或超过了国际先进水平。但与国际最新研究态势相比，我们还存在很大差距。

(1)滑坡基础理论研究不够细微深入。虽然滑坡学的骨架基本形成，但在许多方面的研究较肤浅，如滑坡的起动、机理、动力学模型等涉及甚浅；全国滑坡数据库虽在20世纪90年代后期即开始研究和筹建，但离完全建成路还很长；滑坡的形成与全球气候变化的关系、滑坡的水平、垂直地带性研究几乎还未涉及。

(2)滑坡预测预报理论研究不够。随着近几年我国研究人员对这方面研究的增多，虽然也能说出一些预报的理论和方法，但对于不同自然地质环境条件下的滑坡预测预报因子的选择、预报指标体系的建立和临发指标的研究还很不够，临发预报的准确度和可信度都还比较低。

(3)滑坡防治技术理论研究不够。抗滑桩是我国发展比较早和常用的滑坡防治措施，近20多年来预应力锚索锚固工程在滑坡中的应用也越来越广泛，但是它们的内力计算还没有自己的模型，抗滑机理还有待于进一步研究完善。滑动带压力灌浆治理滑坡效果有好有坏是如何造成的，灌浆后的滑带岩土抗剪强度如何测算，注浆效果的评价标准等也没有现成的理论支持。

(4)针对县级以下乡、村滑坡的减灾防灾理论与方法研究不够。近几年国土资源部门根据我国的国情，组织了山区的地质灾害大调查，对地质灾害的危险性进行了评估，对地质灾害点可能危害到的乡、镇、村民住户发放了明白卡，落实了责任；对一些危害性大的巨大滑坡作为重点，建立了监测和预测、预报系统。减灾防灾的工作、措施已在广大山区农村实行，但理论研究远远滞后于实践。

9.3　滑坡灾害研究展望

滑坡灾害的研究、发展方向主要分为基础理论研究和防治技术研究两个方面。结合上一节对我国滑坡灾害研究与国际研究水平的比较，我国滑坡灾害的基础理论研究要从以下几个方面展开：

(1)深入研究我国滑坡灾害特征与分布规律，创建较完善的中国滑坡数据库。这项工作应该在国家相关部门的统一部署下，整合全国的滑坡研究单位和专家，在全国范围进行广泛的调查，获取较为全面的滑坡信息，创建中国滑坡数据库。该数据库应功能齐全，结构严密、易于操作，便于查询、应用，具有中国特色，达到世界先进水平。这是一项大型的系统工程，必须具有权威部门的强力领导方能实现。

(2)探索滑坡灾害的水平和垂直地带性,更科学地揭示滑坡的活动规律。过去国内外对泥石流、滑坡的水平地带性研究很少,垂直地带性几乎没有进行专门的研究。由于我国幅员辽阔,山体高耸,泥石流、滑坡分布广泛,类型齐全,是研究地带性最理想的场所。通过广泛地收集资料,认真地进行剖析,建立滑坡灾害水平地带谱和垂直地带谱,更科学地揭示滑坡的分布、活动和成灾规律。这项工作如果在第一项工作的基础上进行,将收到事半功倍的效果。

(3)深入探讨滑坡灾害的产生机制,揭示高速滑坡起动的过程。滑坡的产生机制国内外均有大量的研究成果,突发性的大型高速滑坡是危害性最大的滑坡类型,对它的起动机理虽有不少研究成果,但尚未触及到本质,有必要从新的思路,展开更深入的探索。

(4)运用多种力学原理探讨滑坡的力学模型和机制。国内外对滑坡的运动力学特性和主要特征值计算的研究,已有大量的成果。但是各家的认识差别甚大,计算公式的形式很多,计算的结果相差较大。因此运用岩土力学、水力学、结构力学、渗透力学等多种力学的原理,进行创新性的研究,探明滑坡的动力学特性,确立运动力学模型,进一步建立科学、合理、便于应用的高速滑坡的运动速度、冲击力等计算公式,一直是世界滑坡研究的前沿领域及急需解决的应用基础理论问题。

(5)要注重研究滑坡的发生、发展及破坏机理。建立大型滑坡物理实验平台,解决对滑坡推力分布、内部应力变化等方面测试难题,同时利用计算机方法,仿真模拟滑坡的变化过程,使研究成果尽快上升到理论水平和定量化阶段;研究建立滑坡的计算模型,使数值模拟计算结果进一步向定量化和实用阶段迈进。

滑坡灾害形成机理复杂,理论研究需要解决的问题很多,对其防治技术的研究近年来已领先于理论研究。在滑坡灾害防治工程中,如何考虑滑坡发生、发展的影响因素,如何正确圈定滑坡范围,确定滑坡特征、类型及发展强度,采取先进、经济有效的防治措施,仍需要进一步研究和探索。滑坡防治技术的研究应从以下几个方面进一步展开。

(1)采用新技术和新方法勘察、预测滑坡,评价其稳定性随时间的变化特征,研究滑坡的中长期及短期预报,建立滑坡灾害防治工程数据库和专家模糊决策系统,使滑坡的预测更加准确、及时,减少滑坡发生的危害及损失。目前滑坡预测(包括危险性预测)、预报的模型较多,但能得到大多数用户认可、成功率高、可以推广应用的却不多,其原因之一是模型本身不够完善,有的仅适用于局部区域;二是参数太多、太复杂或难以及时获得正确的预报参数。因此预测、预报成功的关键技术:一是建立更加科学合理、结构严密、参数易取,可推广应用的预测、预报模型;二是解决预测参数的选定和能及时获得预报所需的正确参数问题。

(2)进一步研究水对岩土体的抗剪强度 c、φ 值的影响机理,这样有助于解决排水、注浆等通过改善岩土体性质来防治滑坡工程措施的发展水平。

(3)继续深入研究锚杆(索)的锚固力特性,开发和利用新材料和新构件。诸如抗腐蚀、抗生物化学作用、防腐蚀的加筋新材料,高强度、高耐久、拆装方便、可提供较大抗滑阻力的护坡构件等。

(4)开发和应用新工艺、新方法。诸如能提供较大抗滑力且施工便捷的高强度预应力锚固方法、高强度预应力混凝土格构施工工法,用高强度预应力抗滑桩及锚拉式抗滑桩做大厚度、高推力滑坡体的支挡结构以及用于滑坡内部加固的新型灌浆、排水方法等。

(5)开发系统工程方法,优化工程与环保措施,研究开发与环境相协调、与土地利用相结合、与社会效益相联系的各种滑坡绿色治理方法。各类治理工程设计应能做到充分考虑到环境复垦和绿化、美化，治理后土地资源能合理开发与利用，抗滑支挡结构有可能作为建筑物的承重结构等。

(6)研究复合化、轻型化、小型化、机械化、本质安全型和注重环保的防治施工技术。近年来，随着对滑坡机理、防治原理研究的不断深入和对环境保护的重视，滑坡治理逐步摆脱了对大方量土石方挖填和大面积圬工工程的依赖，滑坡防治措施逐步向复合化、轻型化、小型化、机械化、本质安全型和注重环保的施工方向发展。遵循此思路，锚固技术和微型桩治理滑坡技术得到了广泛应用，理论上也有了长足的进步。这也进一步要求滑坡防治工作者继续开发出更加高效、经济、安全的新的施工技术，下一步可能的突破方向是改善岩土体剪切强度技术的发展，例如，注浆法、焙烧法、电渗法和化学加固法等方面理论上的突破。

(7)改进和研制滑坡警报器，强化群众性报警，提高报警的成功率和时间提前量。警报一般是指滑坡已进入滑动阶段，处于剧滑的前夕，得到此信息后，应立即发出警报信号，实行人员疏散和珍贵物品转移。首先达到无人员伤亡，其次考虑尽可能减少珍贵物品的损失。取得警报成功的关键技术一是有工作稳定、正确的警报器或动态监测仪；二是有快速传递信息、立即告知灾区人民的设备，这两个方面构成完整的警报系统。需要注意的是研制滑坡动态监测仪，建立完善滑坡仪器警报系统，同时，也应研究建立群众性报警系统，有时这比用仪器设备实现报警更为现实和重要，还可以广泛快速推广。

可以预见，随着社会经济与建设水平的发展与提高，必将遇到越来越多、越来越复杂的滑坡场地，我们的滑坡灾害基础研究和防治技术也必将越来越深入、先进、可靠和便捷。这都有赖于我们广大岩土工程技术人员的努力和辛勤付出。

9.4　本章小结

本章从国内外滑坡灾害研究的发展态势出发，总结提出了我国滑坡灾害研究应该从滑坡的基础理论研究入手，落脚于解决威胁人民生命财产的滑坡灾害，并对具体的研究方向和内容提出了自己的见解。

第二篇

锚固技术研究

第二編

語圖文本研究

10　锚固技术概述

10.1　引言

岩土工程(Geotechnical Engineering)源远流长,穴居便是人类最早的岩土工程实例,但是其作为一门技术学科并被国际学术界公认至今不足50年的时间。岩土工程与能源、交通、生产和生活密切相关,其应用水平与施工速度,从侧面也反映出一个国家的现代化发展水平。岩土工程作为一门工程专业学科被引入我国也只有20余年的时间,但是毫不夸张地说,目前我国岩土工程的实践和发展水平在世界上是名列前茅的,其应用领域也是最广泛的。两院院士潘家铮曾经说过:“和一系列的科学技术问题相比较,边坡问题是个古老和普通的问题,似乎排不上‘高、精、尖、新’之列。但现实的情况是:不仅建国以来,在水利、水电、铁道、公路、建筑等各个工程领域中滑坡事故成为最常见、最主要的自然灾害,而且要及时预报、合理分析、妥善处理还存在很多问题与困难,我们决不能掉以轻心。今后随着大型工程建设日益增多,高边坡问题也将愈加突出。”滑坡是岩土工程中古老而又复杂的问题,是一种常见和重大的自然灾害,在岩土工程中具有典型的代表意义,由此我们可以看出岩土工程的重要性和复杂性。

岩土锚固技术是挖掘岩土潜能、提高岩土工程稳定性,解决复杂岩土工程问题最经济、最有效的方法之一。近年来,随着我国水利、能源、交通等基础设施与城市高层建筑的方兴未艾,岩土锚固工程获得了迅猛的发展。无论是规模宏大的三峡、小湾、龙滩等大型水电工程,还是具有特大埋深和长度的南水北调隧道工程;无论是世界海拔最高的川藏、滇藏、青藏公路和铁路工程,还是具有高技术难度的城市各类大跨度地下工程,所有这些工程的庞大计划和随之而来的工程安全问题已经吸引了国内外专家的高度重视和参与。在保证岩土工程成功和安全的所有措施中,岩土锚固技术无疑是可供选择的最成熟和经济可靠的技术之一。正因为如此,岩土锚固技术对于高边坡、深基坑和大跨度地下工程的安全防护,已经成为一项具有重要意义的关键技术。

近年来,随着岩土锚固工程的新理论、新技术、新材料、新工艺的不断涌现,岩土锚固技术的应用范围越来越广泛,但是理论方面的研究严重滞后于工程实践。一直以来,都是工程实践发展较快,推动和引导着理论的发展。当前,在我国辽阔的土地上,岩土工程建设蓬勃发展,为推进岩土锚固技术的创新和理论发展提供了前所未有的良好机遇,同时也提出了许多新的更具有挑战性的难题。相信在今后,岩土锚固技术必将在我国的岩土工程建设中发挥更大的作用,迎来更快的发展和更广阔的应用前景。

10.2 岩土锚固理论、技术与应用的发展现状

10.2.1 岩土锚固技术的应用现状

锚固是指通过可确定力的方向和大小的锚固受拉件(钢筋、钢绞线等),将被加固的岩土体或建筑结构体与相对稳定的岩土体"锚"在一起,以达到限制被加固岩土体有害变形的发展,保护围岩、边坡、建筑结构体稳定的目的。换句话说,锚固技术就是一种把受拉杆件(简称锚杆)埋入地层的技术。

在岩土工程中采用锚固技术能充分利用岩土体本身的强度和自承能力稳定岩土体,从而简化结构体系,大大减轻结构自重,节约工程材料,并确保施工安全、缩短工期、降低造价,取得显著的经济效益,因而世界各地都在大力发展锚固技术。据记载,锚杆由英国采矿专家发明于18世纪中叶,但却是1890年在美国首先被应用于矿山巷道支护。1918年西里西安矿山开采中使用了锚索支护,1934年阿尔及利亚的舍尔法大坝加高工程中使用了预应力锚杆(索),1957年西德Bauer公司在深基坑中首次使用土层锚杆。20世纪70年代,英国在普莱姆斯的核潜艇综合基地船坞的改建中,广泛采用预应力锚杆以抵抗地下水的浮力。纽约世界贸易中心深基坑(21m)工程中采用6排地连墙和工作荷载3000kN的预应力锚杆支挡结构取得了成功。英国、日本等国研究开发了单孔复合锚固技术,改善了预应力锚杆的传力机制和锚固段黏结应力分布状态,大大提高了锚杆的承载力和耐久性。1989年,澳大利亚在Warragamha重力坝加固工程中采用了65根直径15.24mm的钢绞线组成的预应力锚索,极限承载力达16 500kN。90年代以来,英国、澳大利亚、加拿大等国的学者和工程师提出了"注浆锚杆的侧向刚度、注浆体长度及膨胀水泥含量对杆体与注浆体界面特性的影响""有侧限状态下注浆锚杆的特性""黏结应力分布对地层锚杆设计的影响""单孔复合锚固的理论与实践"等理论研究成果(苗国航,2003)。

我国岩土锚固技术从20世纪60年代以来,应用范围和广度迅速扩大。预应力岩土锚固技术从1964年首次在安徽眉山水库大坝基础成功地运用设计承载力2400～3200kN的预应力锚杆开始,1989年我国首台6000kN级预应力锚杆张拉设备研制成功,并应用于丰满大坝加固工程,8000kN级预应力锚杆在石泉大坝加固工程中应用成功,10 000kN级预应力锚杆也在龙羊峡水电工程中试验成功。20世纪90年代,预应力锚索技术开始应用于滑坡治理工程,在南昆铁路八渡车站巨型滑坡的治理中,就采用了132根坡面锚索和113根锚索桩进行联合支护(樊怀仁等,2002),锚索孔深度达到了75m。

20世纪90年代以来,我国的预应力岩土锚固技术从理论研究、技术创新、工艺改良、材料开发、设备配套到工程应用都得到了飞速发展。据初步统计,我国在深基坑和边坡加固工程中的预应力锚杆(索)年用量达2000～3500km。

10.2.2 岩土锚固理论的研究与发展

岩土锚固技术在工程中已经得到了广泛的应用。尽管工程技术人员一直在不断地探索和

研究，然而由于岩土锚固工程的复杂性，使得锚固机理的研究和设计理论远远落后于工程实践。

正确地设计和应用锚固技术，必须对锚杆(索)的加固作用有正确的认识，并在此基础上研究锚固工程结构的破坏模式，进行稳定性分析和支护参数的设计与优化。

理论研究主要围绕地层锚杆的荷载传递机理，浆体与地层间的黏结应力及其分布状态，单孔复合锚固的机理，锚杆腐蚀与防护、锚杆长期工作性能测试等几方面展开的。随着科学技术的发展，人们已不限于对锚固工程的实践经验进行总结，还借助于现场大型试验和计算机进行锚固作用机理的研究，由此深入探究锚杆与围岩的相互作用机理、影响因素以及可能发生的失稳模式。目前岩土预应力锚固的理论和实践已提高到一个新水平。传统的锚杆锚固机理主要是在地下工程实践的基础上发展起来的，总结其研究和发展，大致有以下几种观点。

1. 已经得到普遍接受的锚固支护理论

在锚固技术的长期应用中，人们根据现场失败和成功的经验，并结合室内的模型试验研究，先后提出了目前已经被普遍接受的几种理论。

(1)悬吊理论。悬吊理论认为，锚杆(索)支护的作用就是将硐室顶板软弱岩层悬吊在上部稳定的岩层上，以增强较软弱岩层的稳定性。

(2)组合梁理论。组合梁理论是指把层状岩体连接在一起，使层理间的摩擦阻力增大形成组合梁，用以支撑上部的岩石荷载。组合梁理论认为，在层状岩体中开挖巷道，当顶板在一定范围内不存在坚硬稳定的岩层时，锚杆(索)的悬吊作用就居于次要地位。

试验研究表明，在荷载作用下，几块板叠合在一起的梁，由于层间抗剪力不足，各层板有各自单独的弯曲，各层板的下缘和上缘分别处于受拉和受压状态。在实际巷道中，层状围岩的层厚越薄，层间组合越差，在拉应力作用下，可能破坏的范围也越大。试验研究还表明，当把这些板用锚杆(索)固紧后，在荷载的作用下则如同一整块板一样，大大增加了板系的抗弯强度。锚杆(索)之所以能使层状岩层中形成组合梁的作用，一方面依靠锚杆(索)的锚固力增加各岩层间的摩擦力，防止岩石沿层面滑动，避免各岩层离层而各自受力现象的发生；另一方面锚杆(索)杆体可增加各岩层间的抗剪强度，阻止岩层间的水平错动，从而将巷道顶板锚固范围内的几个薄岩层锁紧形成一个较厚的岩层(组合梁)。这种组合梁在上覆岩层荷载的作用下，其最大弯曲应变和应力都将大为减小，组合梁挠度也减小。组合梁越厚，梁内的最大应力、应变和梁的挠度也就越小。

(3)组合拱(加固拱)理论。组合拱理论认为，在拱形硐室围岩的破裂区中安装预应力锚杆时，在杆体两端形成圆锥形分布的压应力，如果沿硐室周边布置锚杆群，只要间距足够小，各个锚杆形成的压应力圆锥体相互交错，就能在围岩中形成一个均匀的压缩带，即承压拱，这个承压拱可以承受其上部破碎岩石施加的径向荷载。

对于块状结构或破碎结构围岩，其共同的特点是岩体被纵横交错的结构面(节理、裂隙、断层)所切割，但岩块却具有一定的强度。采用系统布置的锚杆加固，可提高结构面的抗剪强度，使巷道表面在一定范围内的岩体形成加筋结构，保持岩块间的镶嵌、咬合、联锁效应。这种加固拱既能维持自身的稳定，又能阻止加固体上部围岩的振动和变形。特别是采用预应力锚杆(索)，可以在加固范围内形成压缩带，从而进一步有利于巷道或隧洞的稳定。美国人 Lang 曾做过一个预应力锚杆的锚固性能试验：在一个普通的金属桶内装满碎石，碎石的颗粒为 1cm

以下。在装碎石前,先把锚杆放入桶中,然后装入碎石把它摇到一定结实程度,接着在桶的碎石表面通过螺母对碎石施加预应力,此时将桶倒过来,不仅碎石不会落地,而且由于施加预应力而产生的侧向压力影响,形成压缩带,使碎石能够传递力,即从中心传递到桶的侧面,致使碎石不落下。而且施加预张力后,碎石桶整体能承受很大的荷载;若不施加预应力,使桶内碎石中的锚杆被动受力,其锚固效果很小,即碎石桶整体承载力很小。

(4)固结抗滑理论。固结抗滑理论是指锚杆(索)将可能沿某一软弱结构面滑动的岩土体与相对稳定的岩土体联合在一起,通过施加预应力增加滑动体与相对稳定体之间滑动面上的正压力,从而增加其摩擦力,提高滑动面上的抗滑力。本理论与我们在各种边坡加固、支护,尤其是滑坡治理中所采用的理论相一致。

2. 目前正在研究发展的锚固支护作用理论

随着对锚固技术的应用与发展,人们已经意识到,现有的锚杆支护理论和作用原理还不能对锚固作用机理给予合理的解释和定量评价。因此在前人研究的基础之上,目前又提出了几种新的理论,较有代表性的理论有以下几种。

(1)最大水平应力理论。最大水平应力理论是由澳大利亚学者 Gale 提出的。该理论认为矿井岩层的水平应力通常大于垂直应力,水平应力具有明显的方向性,最大水平应力一般为最小水平应力的 1.5～2.5 倍。巷道顶板的稳定性主要受水平应力的影响,且有 3 个特点:其一是与最大水平应力平行的巷道受水平应力影响最小,顶、底板稳定性最好;其二是与最大水平力呈锐角相交的巷道,顶、底板变形破坏偏向巷道的某一边;其三是与最大水平应力垂直的巷道,顶、底板稳定性最差。

在最大水平应力作用下,顶、底板岩层易于发生剪切破坏,出现错动与松动而膨胀造成围岩变形,锚杆的作用即是约束其沿轴向岩层膨胀和垂直于轴向的岩层剪切错动。因此,要求锚杆必须具备强度大、刚度大、抗剪阻力大等特点,这样才能起到约束围岩变形破坏的作用。

(2)锚杆支护围岩强度强化理论。该理论是在分析已有研究成果的基础上提出来的。该理论解释了锚杆的作用原理和加固围岩的实质,并为合理确定锚杆支护参数提供了理论依据。该理论主要有以下几个要点。

第一点,巷道锚杆支护的实质是锚杆和锚固区域的岩体相互作用而组成锚固体,形成统一的承载结构。

第二点,巷道锚杆支护可以提高锚固体的力学参数,包括锚固体破坏前和破坏后的力学参数(E、c、φ),改善被锚固岩体的力学性能。

第三点,巷道围岩存在破碎区、塑性区、弹性区,锚杆锚固区域内岩体的峰值强度和峰后强度、残余强度均得到强化。

第四点,巷道锚杆支护可改变围岩的应力状态、增加围压,从而提高围岩的承载力,改善巷道的稳定状况。

第五点,巷道围岩锚固体强度提高以后,可减少巷道周围破碎区、塑性区的范围和巷道的表面位移,从而有利于保持巷道围岩的稳定。

该理论所提出的观点实际上在锚固设计和理论分析中均有所反映,但都把此作用作为参数的储备加以考虑。围岩强度强化理论的提出,首次强调了锚杆的锚固作用在于提高了锚固岩体的强度,但如何定量评价锚杆参数与提高围岩强度的关系,还有待于进一步研究。

(3)围岩松动圈理论。围岩松动圈理论是针对煤矿巷道的锚喷支护提出的。该理论认为,由于巷道的掘进,破坏了原岩应力的平衡,改变了原岩应力状态,从而使围岩应力升高范围的岩体强度低于其应力时,发生屈服破坏。这种破坏将由巷道周边向深部发展,由此在巷道周围形成了不利于围岩稳定的松动岩体(松动圈),因此松动圈的范围就决定了巷道的稳定性,也就是锚杆支护设计的依据。所以,该理论还提出了基于松动圈范围的支护参数。松动圈理论将围岩圈内不能自稳的岩体作为支护的对象,并提出了基于声波测试来确定松动圈范围。松动圈理论的重要突破在于:明确巷道支护对象是巷道周围的松散软坡岩体,既不是弹塑性支护理论中的塑性区岩体,也不是冒落拱内的岩石重量(刘佑荣,2002),并强调松动圈形成的实践性、发展的渐进性以及围岩应力与性质相互作用和动态变化。

但同时我们还应该看到,该理论还存在以下两点不足:第一点,松动圈理论明确提出的松动圈范围确定问题,对于松软破碎岩体,由于其节理极为发育,尤其是其不同程度地含有黏土质膨胀矿物,很难通过声波测试明确地确定出松动圈范围。实际上,围岩松动圈边界是十分模糊的,并且随着实践和采矿活动的影响在时刻发生变化。第二点,该理论并没有明确支护结构与围岩之间的相互作用。

(4)岩土锚固机理与设计理论、方法的研究与发展趋势。由于锚固技术在众多岩体加固和工程治理中的成功应用,其锚固机理、设计理论以及设计方法已经受到岩土工程界的关注和深入研究。尤其是近 10 年来,随着计算机和数值分析方法的研究与发展,借助于数值分析方法,进行锚固机理和优化设计的应用研究已经取得较大进展。工程经验、理论与数值分析和现场测试及反馈,已经成为锚固设计缺一不可的手段。

在锚固设计中,工程经验、理论计算和现场监测三者互为参照、对比分析,并且采用信息化施工和动态反馈,使三者的信息逐步趋于统一。这种设计理念方法与传统设计方法相比,是岩土锚固工程在设计理论上的一大进展。

10.3　岩土锚固工程的分类

岩土锚固技术已经广泛地应用于岩土工程的各个领域,按照工程类型可将其划分为以下几种类型:

(1)边坡稳固工程。边坡稳固工程包括岩质或土质边坡的加固、斜坡挡土墙、锚固挡墙以及滑坡抗滑桩防治等。

(2)隧道与地下支护工程。隧道与地下支护工程包括铁路、公路隧道、地下输水隧洞、地下铁道、地下结构(如地下停车场、地下人防工程、水电站地下厂房、地下商场、地下工业厂房等)的临时性或永久性支护。

(3)深基坑支护工程。指单独或与其他支护相结合,利用锚杆(索)进行开挖基坑的护壁、稳坡,以维护基坑在施工期间的稳定(其实这一类型也可归入边坡稳固工程)。

(4)大坝坝体加固工程。防治大坝坝体出现拉应力、整体倾覆等。

(5)地面高塔或高架结构的加固。对于如输电桩塔基础加固、高架桥防倾倒、挡土墙抗倾覆工程的加固。

(6)道桥基础加固。如防治桥桩基础滑移、悬臂桥锚固、大跨度共性结构稳固等。

(7)现有结构补强与加固。主要是利用锚固技术对已产生裂缝、变形和滑移等破坏或有潜在破坏趋势的已建工程的加固、补强。

(8)抗浮加固(陈棠菌等,2004;高大水,2004)。随着地下空间的不断开发和港口工程的建设,一些容积大、靠自重不足以抵抗地下水浮力的地下结构工程,采用传统的配重法及盲沟排水法措施,已不能适应大型地下建筑抗浮稳定要求。而抗浮锚固技术以其独特的效应、简便的工艺、轻型的结构以及经济的造价等优点而被广泛应用,可节约大量的工程材料和工程投资。

(9)加压锚固装置。在一些桩基荷载试验和沉箱工程施工中,锚杆(索)被作为一种反力施加装置(JGJ94—2008),与(8)的作用原理相似。

10.4 本章小结

本章首先介绍了岩土工程和岩土锚固技术的定义,分析了岩土锚固理论与技术研究的国内外发展现状,论述了业界公认的4种岩土锚固理论——悬吊理论、组合梁理论、组合拱(加固拱)理论和固结抗滑理论,介绍了3种目前正在研究发展的锚固理论——最大水平应力理论、锚杆支护围岩强化理论和围岩松动圈理论,最后分9个方面论述了岩土锚固技术的应用范围。

11　预应力锚杆(索)锚固机理

锚杆(索)技术是指在天然地层中钻孔至稳定地层,插入锚拉杆,然后在孔中灌注水泥浆或水泥砂浆,在有些情况下还可以施加预应力,使岩体或土体边坡(或地基、硐室等)达到稳定的一种岩土锚固技术。锚杆(索)锚固技术能够充分发挥岩土体的能量,充分调用和提高岩土体的强度和自稳能力,大大减轻结构自重,节约工程材料,并确保施工安全,具有明显的经济效益和社会效益,世界各国都在大力研究开发这门技术。

11.1　锚杆(索)的结构与分类

传统的锚杆(索)由锚拉杆、锚固体和锚头 3 部分组成,结构如图 11－1 所示。图中的锚固体处于稳定土体或岩体中,在锚拉杆外端用锚头与挡墙、锚墩等结构相连,以便将结构所受的土压力、水压力通过锚头传给锚拉杆,并经由锚固段最终传给锚固体周围的稳定地层。

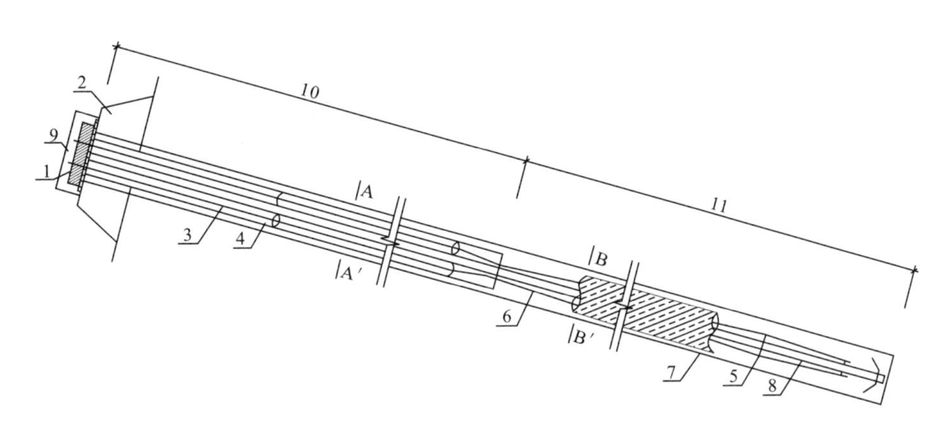

图 11－1　拉力型锚杆(索)结构示意图

1. 锚具;2. 锚墩;3. 涂塑钢拉杆;4. 光滑套管;5. 隔离架;6. 无包裹钢拉杆;7. 钻孔壁;8. 注浆管;9. 保护罩;10. 自由段区;11. 锚固段区

锚拉杆通常采用钢拉杆,如各种直径的钢筋、钢管、钢丝束、钢绞线等。锚固体为拉杆底端位于稳定地层中,在压力下灌有水泥砂浆的圆形体部分。锚头有螺母锚头和锚具锚头两种。

锚杆(索)支护与传统的支护有着根本的不同。传统支护常常是被动地承受破坏岩土体所产生的荷载,而锚杆(索)支护可以主动地加固岩土体,有效地控制变形,防止岩土体的破坏变形发生。

目前国内外使用的锚杆(索)种类有数百种之多,根据锚固段的长度可划分为端头锚固和全长锚固；按其锚固方式可划分为机械式锚固、黏结锚固和摩擦式锚固；按锚拉杆材质不同可分为钢筋、玻璃纤维、木、竹锚杆等；还可按其受力方式划分为预应力锚杆和被动受力锚杆。本书结合前人的研究成果，归纳出如图 11－2 所示的锚杆(索)分类图。

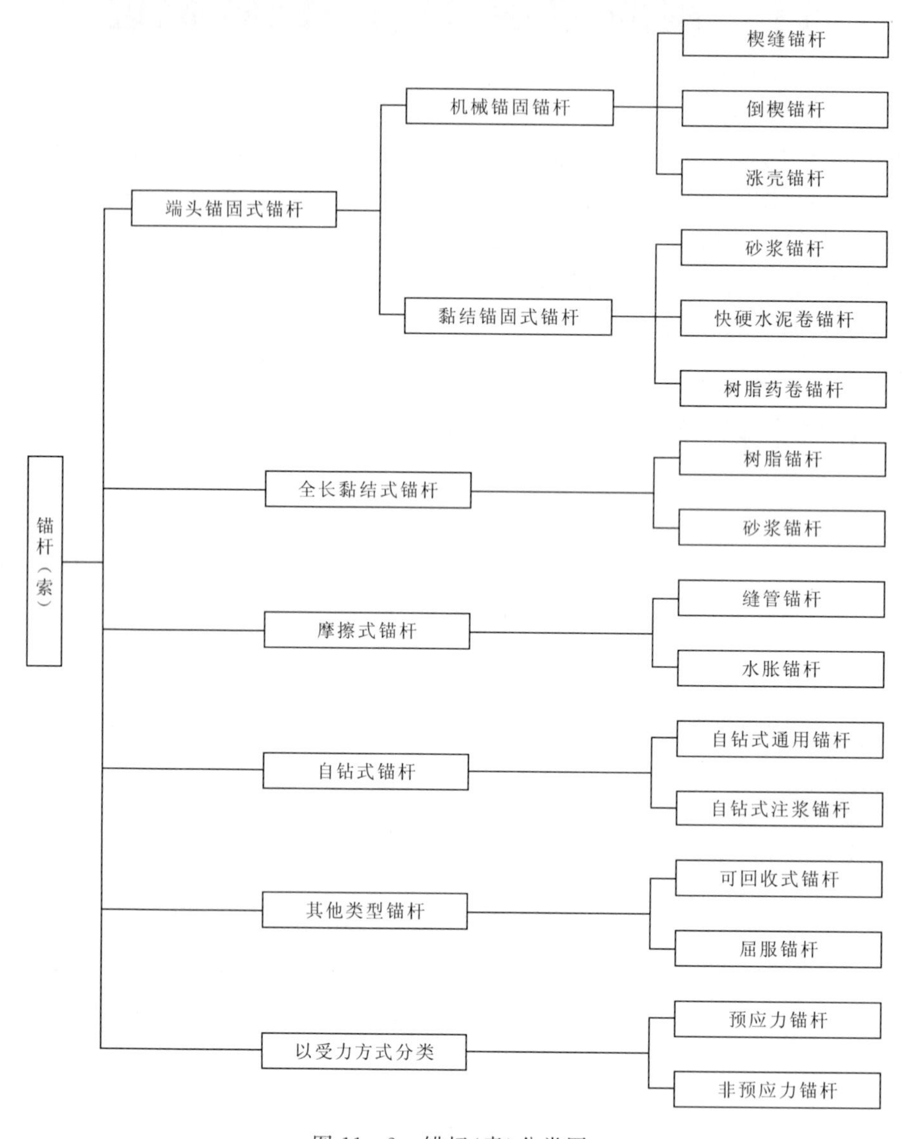

图 11－2　锚杆(索)分类图

目前在滑坡治理工程中应用最广泛的包括不施加预应力的锚杆和施加预应力的锚杆(索)。预应力锚杆(索)是一种既可被动承受拉力又可主动施加预应力的结构体系，核心受拉杆体材料常采用高强钢筋(称为预应力锚杆)或预应力钢绞线(称为预应力锚索)，可根据锚固段的受力情况区分为拉力型、压力型、拉力分散型和压力分散型。预应力杆体安装后，浆体初凝后即可向被加固体主动施加压应力，限制其发生有害变形和位移。本书下面的研究围绕在工程中应用历史最悠久和使用最广泛的拉力型预应力锚索展开。

11.2 预应力锚索锚固机理

预应力锚索加固技术已经广泛应用于岩土加固工程的各个领域，它在改善岩土体的应力状态，提高岩土体的承载能力和稳定性方面的作用已为大量的工程实践所证实。国内许多这方面的专家，如中国人民解放军总参谋部工程兵科研三所的刘玉堂、冶金部建筑研究总院的程良奎、柳州市建筑机械总厂的田裕甲等，都对我国锚固技术的发展和应用作出了重要贡献。特别值得一提的是中国人民解放军总参谋部工程兵科研三所，曾对预应力锚索加固机理与设计计算方法进行了长达8年的深入系统研究，取得了一系列的成果（陈安敏等，2002；顾金才等，2000；张向阳等，2003）。但是，由于预应力锚固作用机理十分复杂，影响预应力锚固效果的因素众多，目前这一方面的研究尚处于探索阶段，还远远不能满足工程应用的需要。

从支护系统历史发展角度、预应力锚索的结构特点、工程效应和力学行为等多方面分析，总结各种不同的观点，对于预应力锚索加固作用机理总的看法是：预应力锚索是利用深层岩体的强度来加固表层岩体。但不同的锚索结构形式对于岩体的加固机制是不同的，不同的工程对象对预应力锚索的加固要求也不尽相同。

11.2.1 预应力锚索对硐室的加固作用机理

（1）预应力锚索本身对硐壁的作用相当于在硐室表面设置的一个主动弹性支撑点，该支撑点的作用既可限制围岩的塌落变形，又可减少硐室表面的悬空尺寸，从而减小了硐壁围岩的塌落高度。当这些支撑点的数目、位置、强度和时间设置适当时，就可以完全避免硐室发生整体式的破坏。

（2）因硐室边开挖、边锚固，预应力锚索可以及时有效地抑制围岩的自由变形，维持原岩的初始状态（因其具有“先加固，后受力”的特征）。同时，因围岩应力分步释放，分步控制，也使之不能形成较大的破坏合力。

（3）围岩体表面施加的锚索初始预应力有下列作用：控制围岩的初始变形不致过大，压紧岩面使表层岩体不致发生松散塌落；张紧锚索，使岩体一旦变形，锚索便可立即发挥加固作用；在锚索体内产生一个初始预应力，增加锚索体后期变形比能；改善围岩应力状态（主要是可以局部减小围岩体内的拉应力值）。

11.2.2 预应力锚索对边坡的加固作用机理

（1）预应力锚索对边坡的加固作用主要是防止滑移体的下滑。对全长黏结式锚索来说，这种阻止下滑的作用主要来自滑移面上的锚索与滑移体相互作用的结果，每根锚索都可视为滑移体与稳定岩土体之间的一个约束点，该约束点的作用既可阻止滑移体的下滑，又可阻止滑移体与稳定岩土体的分离。当这些约束点的数目、位置和强度布置合适时，就可使边坡获得稳定。

同时，每根锚索都可以看成是在滑移体外面设置的一个支撑点。每个支撑点都可对滑移体提供一个上提力和正压力，上提力主要是阻止滑移体的下滑，正压力主要是阻止滑移体的分离，同时又可增加滑面上的摩擦力，间接阻止下滑。当这些支撑点的数目、强度和位置布置适当时，就可以防止滑移体的下滑，保持边坡稳定。

此外每根锚索还可以看作一个销钉，具有销钉作用。也是保持滑体和边坡稳定的因素之一。

(2)对边坡的加固边坡施工一般采用边开挖、边锚固的方案，因而边坡的下滑力是分步释放、分步控制的，不能形成破坏合力。

(3)锚索初始预应力在边坡中的压缩效应。与在硐室中的作用基本相同，也具有11.2.1(3)中所述的特点。

11.2.3 岩石锚固墙理论

丁秀丽等(2002)通过对三峡船闸高边坡的研究，采用三维显式有限差分的方法，建立预应力锚固数值仿真模型，进行了一系列计算机模拟试验，提出了岩石锚固墙的概念。

岩体表层的压缩效应随着锚索数量及预应力值的增加而加强；内锚固段周边岩体应力集中区的范围及应力、变形量值随预应力锚索的数量和吨位的增加而增大。

预应力锚索张拉时在岩体内形成了压缩区。由于群锚的作用，每根锚索的压应力区互相叠合形成一个完整的压缩带，开挖损伤区也是预应力锚索的表层压缩区，即在该区形成了岩石锚固墙。如果及时锚固，形成岩石锚固墙，施锚区内岩体由于开挖爆破引起的力学性状劣化就得到了缓解，进而抑制了边坡岩体的卸荷变形，改善了岩体的力学特性，增强了边坡的稳定性。

此外，在传统的岩土锚固作用机理的认识上，还有受到普遍认同的悬吊理论、支撑理论(成拱理论)、组合梁理论、增强理论和销钉理论等。由于以上几种理论计算方法简单、物理概念明确，在目前的岩土锚固工程中被广泛应用。但是上述几种理论只反映了在某些特定条件和锚固方式下锚杆的锚固作用，相应的力学模型比较简单粗糙，或只考虑了其中的某一种因素，与实际情况出入较大，尚需要更进一步地研究。

11.3 预应力锚索锚固段的剪应力分布状态

锚索在地层中的锚固力受到诸多因素的影响：如岩土的强度、结构、黏结材料强度以及施工工艺等，另外还存在许多尚未了解的因素也对此产生影响。这些因素涉及到注浆体与地层界面、注浆体与预应力筋，多介质、多层面相互结合的复杂力学问题，以及锚索与地层相互作用等问题。本书仅研究在岩土锚固工程被大量使用的直筒型锚固段锚索，这种锚索的锚固段钻孔形状为直筒状，采用较小的压力(一般小于1MPa)或无压注浆，注浆后锚固段钻孔无扩孔现象发生，其锚固力在坚硬及较坚硬岩体中主要受锚索束体与注浆界面的握裹力控制，而在较软的岩土体中则受到注浆体与地层界面的黏结力控制。

11.3.1 黏结界面与剪应力

地层中的锚索，如上所述存在两种黏结界面：其一是注浆体与地层间的黏结界面；其二是注浆体与预应力筋的黏结界面。锚索受力后，在两种界面上都产生剪应力，并将锚索荷载传递到稳定地层中。在这两种界面上产生的剪应力包括以下3个方面的含义。

黏着力:界面间的物理黏结力,当界面上由于剪力作用而产生应力时,黏着力就成为抵抗这种作用的基本抗力,当黏结界面产生相对位移时,这种力就会消失。

机械嵌固力:与界面接触形状(如肋节、螺纹和沟槽等)有关的机械联锁力,这种力与黏着力一起发生作用。

表面摩擦力:与界面的粗糙程度及相互间的压力呈函数关系,当界面间产生相对位移时才会发生。

目前在大多数资料中给出的锚索体界面的剪应力通常是指以上3个力的合力,并且通常还通俗地将注浆体与锚索束体之间的剪应力称之为握裹力,而将注浆体与地层之间的剪应力称为黏结力。

11.3.2 剪应力的分布特征

剪应力在两种界面上的分布规律人们还了解得很有限,特别是水泥浆体与地层之间的黏结应力分布实测资料更少。预应力筋与水泥浆体间的握裹应力分布,则多数来自对混凝土中钢筋应力状况的研究成果。

霍布斯特等(1982)进行的荷载试验(L HOBST),给出了埋入混凝土中钢筋和钢丝表面比较典型的应力分布状况,见图11-3。从图中我们可以看出,埋在混凝土中的钢材,受力时前端应力集中,且应力峰值随拉力增大,向后转移。钢材前端受力大,尾端受力小,其他许多现场试验也发现了类似规律。

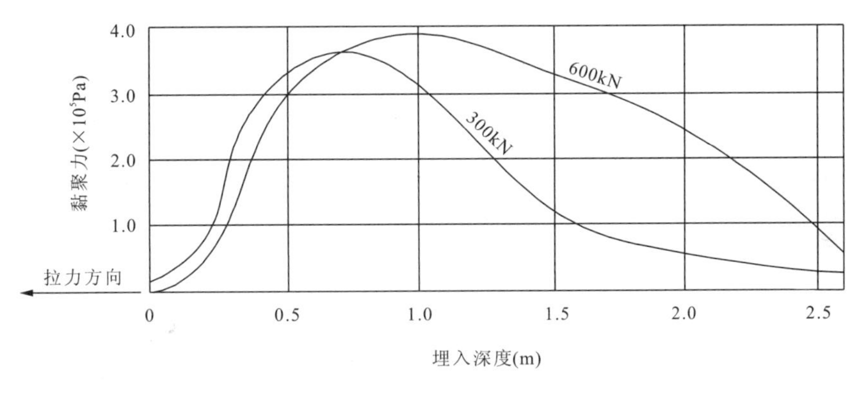

图11-3　不同张拉力时钢材与混凝土黏聚力分布状况图

国内的科学家和技术人员,也对锚索的黏结力和握裹力进行了广泛的研究。其中具有代表性的有程良奎(2002)、尤春安(2004)、顾金才(2004)、陈祖煜(2004)等人,他们根据现场实测和室内试验都得出了相似的结论,锚索内锚固段剪应力分布状况如图11-4所示。由试验结果,可以得出以下的规律性认识:

(1)剪应力曲线形状。不同环境、条件、实践下,试验显示剪应力沿杆长分布形状近乎相同,都呈近似指数形状分布,接近锚固段外端头处出现峰值。随着荷载增加,峰值点沿杆长向后推移,大部分黏结力均发生在靠近锚固段外端1/3长度内,并逐渐向远端减少。达到锚索的荷载远端时,剪应力为0。

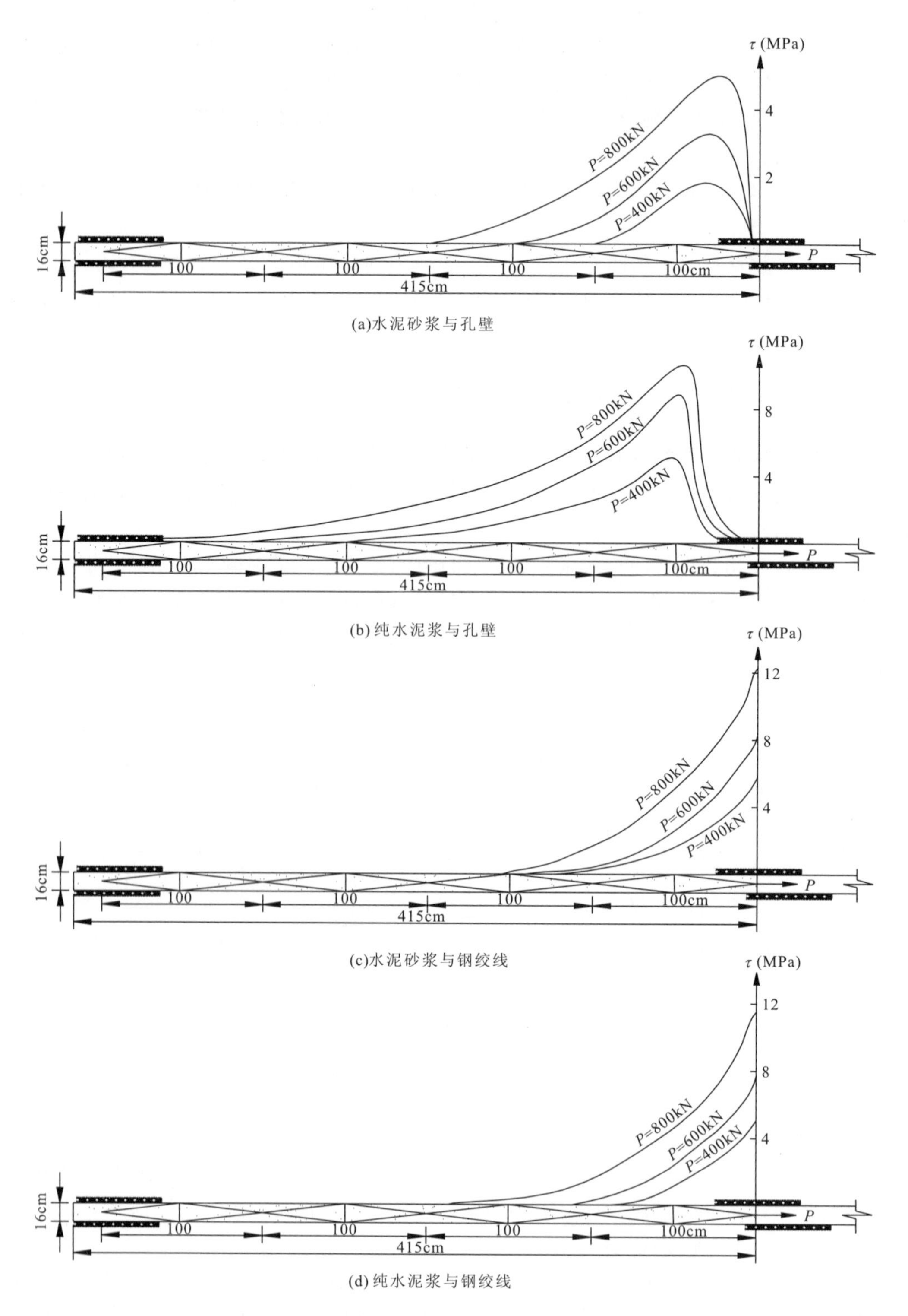

图 11-4　现场试验获得的剪应力分布曲线图

(2)峰值应力。不同试验均在锚固段外端头处得到黏结力(即剪应力)的单峰值。剪应力分布具有最大剪应力数值大和较大剪应力区范围小的特点。即使在最大张拉荷载的作用下,锚固段远端相当长一段长度内,也几乎实测不到黏结应力。也就是说当锚固段长度超过某一值(该值与岩土体种类有关),再增加锚固段的长度对提高锚杆的承载力就极其有限了。

一般而言,对于岩体中的锚索,在某些条件下,即使采用较大的安全系数,远小于3m的锚固段长度就已经足够了。但是对于承载力较大的锚索,若锚固段长度过短,锚固端岩体的突变和施工质量的下降等都会严重降低锚索的锚固力。因此,建议一般岩层中的锚固段长度不小于3m,最大锚固段长度不大于10m;非黏性土中锚索的最优锚固段长度为6～7m;黏性土中的锚固段长度不大于10m。

(3)破坏形式。锚索锚固力的大小由杆体抗拉强度、杆体与注浆体的握裹力大小和锚固段注浆体与周围土体的黏结力大小3个强度指标中最小的一个决定。在不同的岩土体条件下,锚索的破坏有不同的形式。在较坚硬的岩层中,由于锚固段注浆体与岩层间的黏结力值远远大于握裹力值和杆体抗拉强度,所以其破坏以杆体被拉断或从注浆体中拔出为主要破坏形式;而在较软的岩层和土层中,锚固段注浆体与周围土体的黏结力与其他两个力相比而言最小,所以锚索破坏形式以锚索杆体与注浆体相对于岩土层在黏结面上的整体滑移为主。

11.4　预应力锚索的锚固力

从上一节的介绍中我们可以看出,土层中的锚索体主要是在浆体和土层黏结面上破坏,而浆体的强度要远大于土体,所以其锚固力就由土体的力学性质控制。对于直筒型拉力锚索,传统的锚固力计算采用剪应力均匀分布的假设(包括规范的计算方法也是这样),而实际情况是剪应力并不均匀分布。

11.4.1　指数形分布

这种表述方法中,最具有代表性的是Phillips(1970)的表述。对于拉力型锚杆(索),认为锚固体表面与地层间的剪应力沿锚固段长度上呈指数关系分布,Phillips将其表述为下式:

$$\tau_x=\tau_0 e^{-\frac{Ax}{d}} \tag{11-1}$$

式中:τ_x为距锚固段近端x处的剪应力;τ_0为锚固段近端处的剪应力(即为最大剪应力);d为锚杆(索)的直径;A为与锚杆(索)中结合应力、主应力相关的常数(图11-5)。

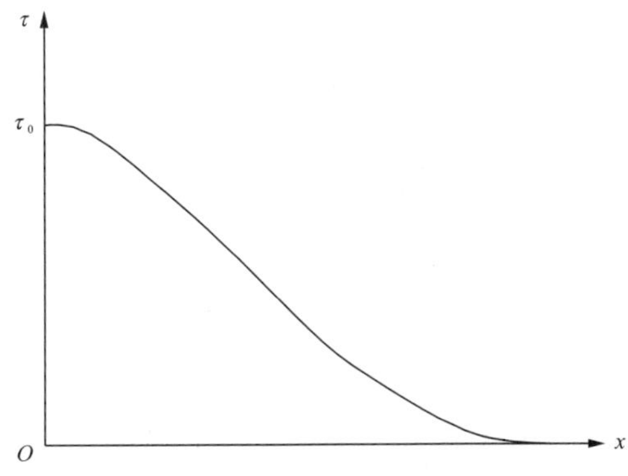

图11-5　Phillips公式剪应力分布曲线

对于式(11-1),我们将其沿锚固段长度L_a积分,可得到极限锚固力T_u的理论表达式:

$$T_u=\frac{1}{A}\pi d^2\tau_0(1-e^{-\frac{AL_a}{d}}) \tag{11-2}$$

在式(11-2)中,由于锚固段长度L_a(一般取10m)远远大于锚索的直径d(通常情况下为

150mm)，故$\frac{L_a}{d}$趋近于70，如果考虑$A \geqslant 1$，则$e^{-\frac{AL_a}{d}} \leqslant 0.00090$，趋近于零，则式(11-2)可简化为：

$$T_u = \frac{1}{A}\pi d^2 \tau_0 \quad (L_a \gg d) \tag{11-3}$$

由上式可以看出，当锚固段的长度远远大于锚固体直径(近似等于钻孔直径)时，锚固力的大小与锚固段长度没有关系，或者说关系不大，这也与试验中表现出来的情况相吻合：当锚固段长度增加到足够长后，再增加锚固段的长度，对极限锚固力的影响微乎其微。

该公式在应用中也有与实际情况不相符的地方。一般来说，随着施加的拉应力的增加，剪应力的最大值τ_0将以渐进的方式向锚固段远端转移，并改变剪应力的分布。但是这不能否认该公式具有典型的普遍代表性，只要在应用中加以适当地处理，就能够得出较理想的计算结果。

其他的具有代表性的相关计算理论还有以下几种。

尤春安(2000)基于半空间集中受力的R Mindlin问题的位移解，推导出全长黏结型锚杆在拉拔荷载作用下沿杆长的剪应力分布，其具体表达式为：

$$\tau = \frac{P}{\pi a}\left(\frac{1}{2}tz\right)e^{-\frac{1}{2}tz^2} \tag{11-4}$$

式中：P为锚杆端头所受的拉拔力；$t = \frac{1}{(1+\mu)(3-2\mu)a^2}\left(\frac{E}{E_a}\right)$。

郑全明(2000)按照变位剪应力理论也推导出拉力型土层锚杆的剪应力分布公式：

$$\tau = k_s \omega = -\frac{k_s p}{AE_a} \cdot \frac{\text{ch}\alpha(l-x)}{\text{sh}\alpha l} \tag{11-5}$$

$$k_s = \frac{E_0}{4(1-\mu_0^2)^2 d} \tag{11-6}$$

式中：负号表示τ随着深度的增加而减小；k_s为剪切位移系数(kPa/m)；ω为杆体表面位移(m)；p为土锚所受荷载(kN)；A为锚固体面积(m^2)；E_a为锚固体弹性模量(kPa)；l为锚固体长度(m)；$\alpha = \sqrt{sk_s/AE}$；s为锚固体的周长(m)；E_0为土体的弹性模量(kPa)；μ_0为土体的泊松比；d为锚固体直径(m)。

杨双锁等(2003)还采用拟合的方式提出了黏锚力τ随深度变化近似遵循的公式：

$$\tau = 2(8e-4x^4 - 0.0109x^3 + 0.0731x^2 - 0.2585x + 0.4986)\tau_{max} \tag{11-7}$$

但上述几种理论都因为其不同的缺陷，还没有被广泛认同，仍然处于研究探讨阶段。

11.4.2 均匀分布

在现行的“建筑边坡工程技术规范”等相关规范以及最常用的设计计算方法中，都是假定沿锚固体的黏结应力为均匀分布，并且规范上给出了相关的黏结强度特征值(表11-1～表11-3)(GB 50330—2013)。

规范中，按照黏结材料同岩(土)体孔壁的破坏和黏结材料同钢筋、钢绞线间破坏两种情况，分别计算锚固段的长度，并比较计算结果，取其中较大值为设计采用值。

$$L_a = \frac{KN_t}{\pi D q_n} \tag{11-8}$$

$$L_a=\frac{KN_t}{n\pi d\xi q_s} \tag{11-9}$$

式中：L_a 为锚固段长度(m)；N_t 为锚杆轴向拉力设计值(kN)；K 为安全系数；D 为锚固体直径(mm)；d 为单根钢筋或钢绞线直径(mm)；n 为钢绞线或钢筋根数；q_n 为水泥结石体与岩（土）体孔壁间的黏结强度设计值，一般取 0.8 倍的标准值(kPa)；q_s 为水泥结石体与钢绞线或钢筋间的黏结强度设计值，一般取 0.8 倍的标准值(kPa)；ξ 为采用 2 根或 2 根以上钢绞线或钢筋时，界面黏结强度降低系数，一般取 0.6～0.85。

表 11-1　岩石与锚固体黏结强度特征值

岩石类别	q_n 值(kPa)	岩石类别	q_n 值(kPa)
极软岩	135～180	较硬岩	550～900
软岩	180～380	坚硬岩	900～1300
较软岩	380～550		

表 11-2　土体与锚固体黏结强度特征值

土层种类	土的状态	q_n 值(kPa)
黏性土	坚硬	32～40
	硬塑	25～32
	可塑	20～25
	软塑	15～20
砂土	松散	30～50
	稍密	50～70
	中密	70～105
	密实	105～140
碎石土	稍密	60～90
	中密	80～110
	密实	110～150

表 11-3　钢筋、钢绞线与砂浆之间的黏结强度设计值 q_s(MPa)

锚杆类型	水泥浆或水泥砂浆强度等级		
	M25	M30	M35
水泥砂浆与螺纹钢筋间	2.10	2.40	2.70
水泥砂浆与钢绞线、高强钢丝间	2.75	2.95	3.40

在理论上，这种设计计算方法是基于 3 个假设得出的：① 锚固段传递给岩（土）体的应力沿锚固段全长均匀分布；② 钻孔直径和锚固段直径相同，即在注浆时地层无被压缩现象；③ 岩土体与注浆体界面产生滑移（硬岩、孔壁光滑）或剪切（软岩、孔壁粗糙）。在这 3 种假设

条件下，锚杆(索)在岩体和黏土地层中的极限锚固力可用公式表示为：

$$T_u = \pi d L_a \tau_s \tag{11-10}$$

和

$$T_u = \alpha \pi d L_a c_u \tag{11-11}$$

由此可以得出锚固段长度的计算公式：

$$L_a = \frac{T_w S_f}{\pi d \tau_s} \tag{11-12}$$

$$L_a = \frac{T_w S_f}{\alpha \pi d c_u} \tag{11-13}$$

式中：T_u 为锚索极限锚固力(kN)；T_w 为锚索工作锚固力(kN)；d 为钻孔直径(m)；L_a 为锚固段长度(m)；S_f 为安全系数；τ_s 为孔壁与注浆体之间的极限黏结强度(kPa)；α 为与黏性土不排水抗剪强度有关的系数；c_u 为锚固段范围内黏性土不排水剪切强度的平均值(kPa)。

由于岩土体强度、所使用的锚索类型和施工方法都控制着黏结强度的发挥，而岩土体的类型千差万别，所以各种现有资料所提供的数据和实际的黏结强度都可能有较大的出入。一般情况下，岩土体与注浆体之间的黏结强度应在进行现场试验的基础上确定。在没有现场试验条件的情况下，极限黏结强度也可根据岩(土)体的强度确定：对于单轴抗压强度小于7MPa的软岩，应对有代表性的岩石进行剪切试验，设计采用的极限黏结强度不应大于最小剪切强度；对于缺乏剪切强度和拉拔试验资料的硬岩，极限黏结强度可取岩石单轴抗压强度的10%，且不大于4MPa。

11.5 本章小结

本章在查阅资料、总结前人研究成果的基础上，首先研究了锚杆(索)的结构与分类，论述了预应力锚索的锚固机理和锚索锚固段上剪应力的分布状态，最后介绍了剪应力非均匀分布和均匀分布两种观点下几种常见的预应力锚索锚固力及锚固长度的计算方法。

12　土层锚索锚固机理试验研究

随着锚固技术应用范围的不断扩大，锚索的种类越来越多，单根锚索的承载力也不断增大。由于锚索受力方式和影响因素的复杂性，许多研究者都采用数值分析方法、相似模拟试验和现场原位测试等手段，分析锚索的受力特征，得到锚索的设计参数。

本章的试验针对我国广泛采用的土层锚索，研究土层的锚固机理和承载力特征。试验地点选择某煤业公司铁路专用线路堑边坡，结合正在实施的路堑边坡锚索防护工程，采用现场实测的方法，探讨锚固浆体与孔壁间剪应力沿锚固段分布的特征，推导求出锚索的锚固力计算公式，并给出推荐锚固段长度，指导边坡治理工作。

12.1　地质概况

研究的试验场地选择的是某煤业公司的铁路专用线路堑边坡。该边坡部分坍塌，选择采用锚索框架梁、排水孔等措施进行综合加固治理。

场地位于山西陆台东南部，即太岳陆梁向晋东台凹的南部，区域构造表现为一种以各类构造形迹复合联合方式构成复杂的构造轮廓。该铁路专用线路堑边坡坍塌区域位于中低山地貌区，山顶平缓，整体地势为北高南低，中间略高于东、西两边，山坡坡度介于15°～35°之间。铁路专用线在此以高路堑形式通过，路堑边坡开挖高度20m左右。

根据地质调查、钻孔揭露和补充勘察情况，试验场区地层主要有①层冲洪积层粉质黏土（Qp^{3al+pl}）、②层冲洪积粉质黏土层（Qp^{2al+pl}）和③层泥质砂岩层（P_1）3层：

①层冲洪积层粉质黏土（Qp^{3al+pl}）：灰褐—黄褐色，潮湿，硬塑，个别土样为软塑，见零星砾砂及粒径在2cm左右的钙质结核。该层厚度一般在1.7～4.0m之间，个别区域可达7.5～8.5m。

②层冲洪积粉质黏土层（Qp^{2al+pl}）：红褐—黄褐—灰黄色，硬塑，个别土样为坚硬状态，土体表面有铁、锰质，表面有光泽，结构致密，肉眼可见浅黄色1～2mm泥质砂岩小角砾，一般含量为5%～20%，局部含量较高，可达40%左右，呈薄层或透镜体。偶见直径4cm左右的岩块。该层一般厚度为15.0～27.0m，最大可达33.7m。

③层泥质砂岩层（P_1）：浅黄色，细—中粒结构，层状构造，上部风化严重，节理、裂隙发育，多由土块加少量泥质砂岩碎块组成，局部泥质砂岩风化成土状。下部风化中等。该层未揭穿，最大揭露厚度为11.2m，整个试验场区均有分布。

根据场区的勘察报告和我们的补充土工试验数据，按照《岩土工程勘察规范》上的岩土参数的分析和选定，采用数理统计的方法确定岩土参数，选定的试验区有关岩土参数见表12-1。

表 12-1 试验区黄土层参数表

参数 地层	c (kPa)	c_r (kPa)	φ (°)	φ_r (°)	γ (kN/m³)	d_s	W (%)	I_p	I_L	$E_{s_{1-2}}$
①	40	14	24	21	19.0	2.72	22.0	15.9	0.37	38.30
②	65	14	29.1	21	20.0	2.72	24.7	15.9	0.37	38.30

12.2 试验方案的设计

根据试验目的，参照相关的研究范例、过程及研究结果，设计了严格的试验方案。为了便于控制和得出有效结论，本次试验选取的锚索锚固段全部位于同一土层中，将土层②作为研究对象，考察锚固工程在边坡支护中的作用和优化设计问题。

12.2.1 试件设计

在参考各种规范数据的基础上，选择合适的建筑场地（已有勘察资料，土层 c、φ 值、重度、含水量等已知，也可自己补测），采用螺旋钻进成孔，选用 Φ130～150mm 孔径，全部采用 5×7Φ5mm1860 级的钢绞线制作成锚索，自由段全部固定为 1m，锚固段采用 4m、6m 和 8m 3 种。每种锚固段长度布置 3 个钻孔，全部做破坏性实验（在土层锚固情况下，浆液与钢绞线之间的握裹力大于浆液与土层之间的锚固力，破坏应该是浆液与土层之间的破坏）。通过该试验，寻找锚固力 T 与土层 c、φ 值及孔径 d、上覆层厚度 h 之间的数学关系。

12.2.2 加载方案

采用液压千斤顶分级加载，张拉过程尽量小分级（采用 1MPa 间隔），稳压时间为 5min，直至锚索破坏。最后整理出拉力-位移曲线，并进行数学分析。

12.2.3 观测方案

拉拔时的伸长变形观测采用人工钢尺测量的方法，应变采用应变仪电测读取。

在锚索制作时，锚固段每隔 1.0m 贴应变片，以便观察试验在黄土层中张拉时钢绞线的受影响变形范围（间接推算出锚固体的受力变形规律），张拉过程中详细记录各应变片工作情况。

需要注意的事项：① 在张拉之前，先用单体千斤顶对每根钢绞线施加 1t 的预加力，然后采用经校验的整体张拉千斤顶张拉；② 为了便于分析计算，钻孔倾角在不影响注浆的情况下尽量取小值，使锚索在垂向上的埋深 h 值尽量保持一定值；③ 每一钻孔断面要测出剖面图，以便于计算 σ 值。

12.3　现场试验过程

按照试验方案设计书的要求，结合试验场地情况，于 2005 年 4 月 2～7 日进行了现场钻孔、钢绞线安装和注浆等的施工。

12.3.1　钻孔

共采用螺旋钻施工试验钻孔 9 个，其中 5m、7m、9m 的钻孔各 3 个。一个 9m 的钻孔倾角为 15°，孔径为 Φ130mm；其余倾角均为 5°，孔径为 Φ150mm。钻孔位置如图 12－1 所示。

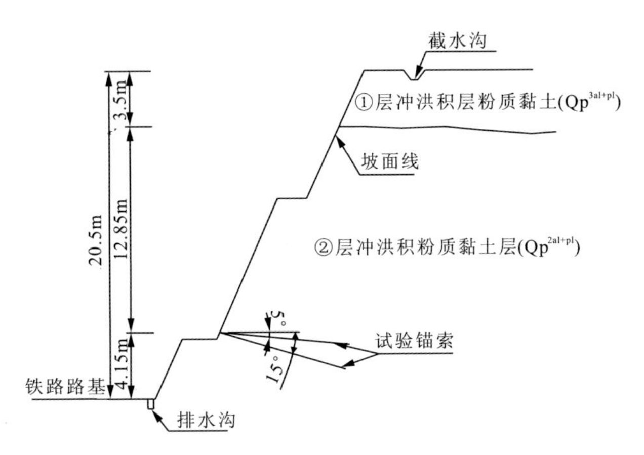

图 12－1　锚索试验孔位置剖面图

12.3.2　应变片安装

应变片安装时先采用砂纸打磨钢绞线的钢丝，再用酒精清洗钢丝表面，黏结应变片，蜡封，最后采用环氧密封贴应变片的位置。注意：应变片应该贴在单根钢丝上面；每一位置对称粘贴两个应变片，如图 12－2 中 1 和 1a；传导电线焊接好后通过 PVC 管接至孔口并标记清楚。以 8m 长锚固段为例的应变片粘贴位置如图 12－2 所示。

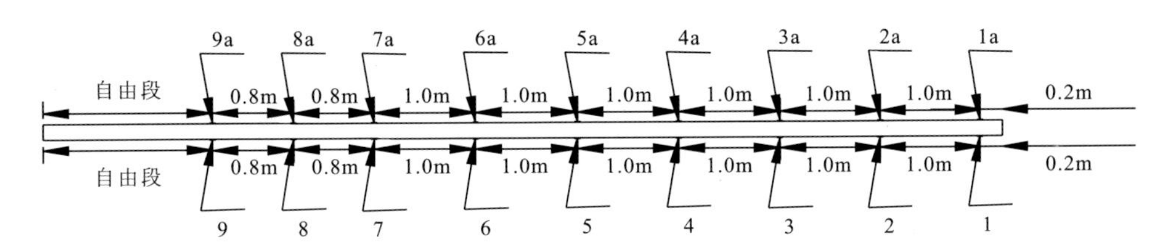

图 12－2　应变片粘贴示意图(以 8m 长锚固段为例)

12.3.3　拉拔试验

拉拔试验在 2005 年 5 月 13 日至 18 日完成。图 12－3 是锚固力拉拔试验全景照片。

张拉时先采用单束张拉千斤顶对锚索进行预张拉，使锚索每一根钢绞线受力均匀，再整体张拉。拉拔过程严格按照试验方案设计要求进行，拉力分级为 1MPa，直至锚索破坏为原则。整体张拉采用柳州市邱姆预应力机械有限公司生产的 YCQ250Q 型千斤顶，与编号为 D04.3281 的压力表配合使用。压力表与千斤顶的校验由陕西省计量测试研究所完成，拉力值与压力表读数的回归方程为：

$$F=46.505P-12.268 \tag{12-1}$$

式中：F 为拉力值(kN)；P 为压力表读数值(MPa)。

由于钢绞线贴置应变片的复杂性和工作应力状况的不明确性，很少有在钢绞线上采用应变片直接取得较为理想的结果，本次试验也不例外。试验采用华东电子仪器厂生产的应变仪测量应变时，各个应变片的测量数值互相影响，读数漂移严重，最终每一台仪器只能测量一个应变片的数值(原因尚不明确)，所以每孔只测量到了两个应变片的应变值。

图 12-3　试验全景

12.3.4　锚索破坏形式

图 12-4～图 12-7 反映了 4 种不同的破坏形式。

图 12-4　注浆体与孔壁土层间的破坏形式

图 12-5　Ⅰ号孔破坏形式

图 12-6　Ⅷ号孔破坏形式

图 12-7　Ⅸ号孔破坏形式

张拉过程中，4m 锚固段和 6m 锚固段的锚索都很容易就张拉破坏了，破坏形式是注浆体与土层之间的剪切破坏。注浆体与孔壁土层间的破坏形式见图 12－4。但是在 8m 锚固段锚索的张拉过程中，由于锚墩基础强度考虑不足，张拉时都是因为锚墩先破坏而导致张拉结束。Ⅰ号孔在张拉时用铁道的木质枕木作为底座，采用两根 10cm 工字钢连接起来作为横梁，最终张拉时由于枕木压碎和工字钢弯曲而结束；Ⅷ号孔直接将工字钢梁放置在浆砌石挡墙上，最终由于挡墙被压塌而结束；Ⅸ号孔以挡墙为基础预制有素混凝土锚墩，表面垫两块 20mm 钢板和工字钢梁，最终由于锚墩剪切破坏和挡墙位移严重而终止张拉。3 种破坏形式见图 12－5～图 12－7。

12.4　试验数据及分析

12.4.1　锚索试验数据

锚索的现场拉拔试验过程如上一章所述，各孔试验拉力 F 与位移 S 的关系曲线见图 12－8～图 12－10。

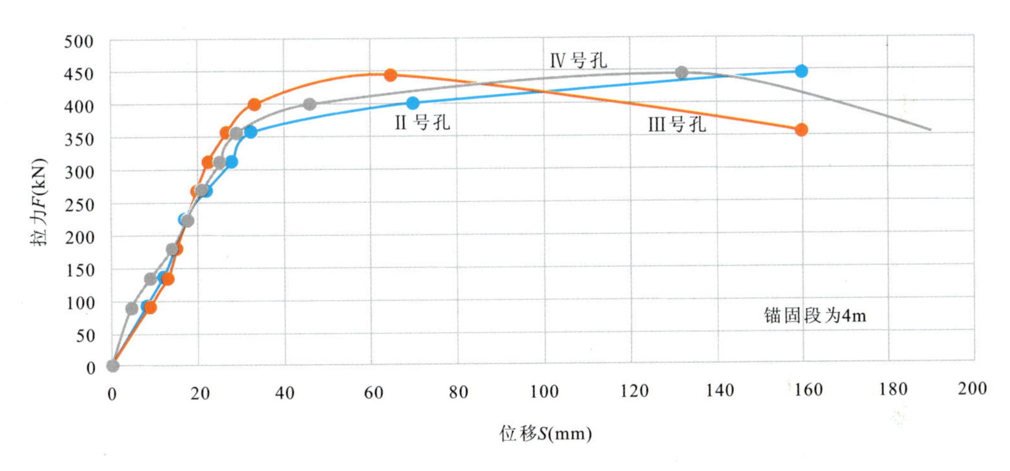

图 12－8　拉力-位移曲线图

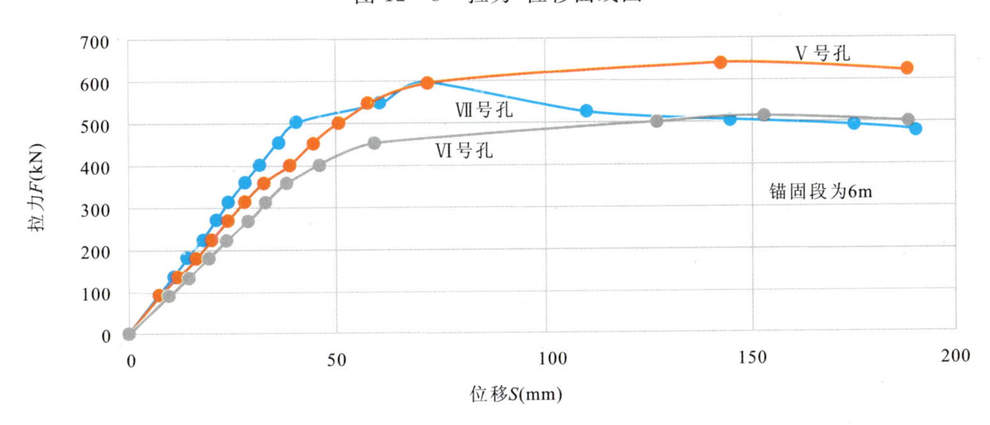

图 12－9　拉力-位移曲线图

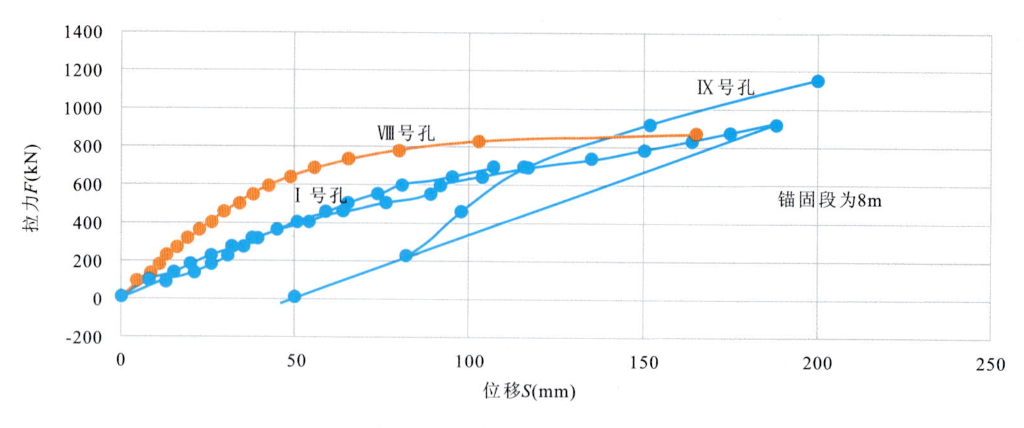

图 12－10　拉力-位移曲线图

根据对图 12－8～图 12－10 的分析，可得每根锚索的极限拉拔力 T_{max}，同时根据《岩土工程勘察规范》上的岩土参数的分析和选定规定，采用数理统计的方法计算出相同孔径和相同锚固长度锚索的拉拔力标准值 T_k，具体结果见表 12－2。

表 12－2　锚索试验数据统计分析表

孔号	孔径(mm)	锚固段长度(m)	极限拉拔力 T_u(kN)	拉拔力标准值 T_k(kN)
Ⅰ	130	8	630	
Ⅱ	150	4	350	323
Ⅲ	150	4	400	
Ⅳ	150	4	350	
Ⅴ	150	6	550	403
Ⅵ	150	6	430	
Ⅶ	150	6	500	
Ⅷ	150	8	730	665
Ⅸ	150	8	700	

据表 12－2 中的数据，我们可以绘出锚固段长度与拉拔力标准值之间的关系曲线，见图 12－11。从图中可以看出，锚固段长度从 4m 增加到 6m 时的锚固力的增长率较锚固段长度从 6m 增长到 8m 时的锚固力的增长率略小一些，但是连接 8m 锚固段锚固力标准值点和 4m 锚固段锚固力标准值点并延长，延长线几乎通过原点。

由于本次每个孔的测量点数较少，不能很完美地反映出锚索轴力沿锚固段的分布曲线，但将锚固段长度、孔径等相同的锚索应变值合成到一起来比较，也得出了规律性的认识。应变 ε、张拉力 F 与应变片所处位置的关系曲线见图 12－12～图 12－14。

从图中可以看出，随着试验时千斤顶施加拉力的增大，钢绞线上的受力也逐渐向深部扩展(应变在逐步增加)。但总体来说，受力的最大点位于自由段与锚固段的转换位置，锚固端最里

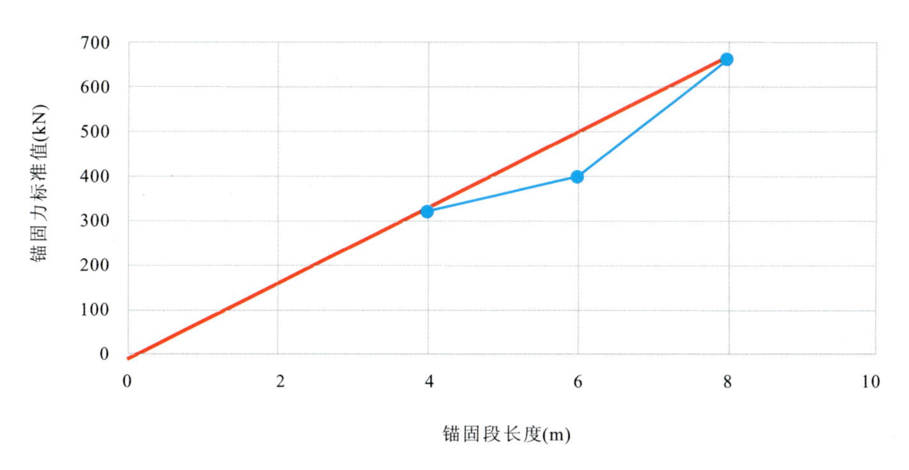

图 12-11　锚固力标准值与锚固段长度关系曲线图

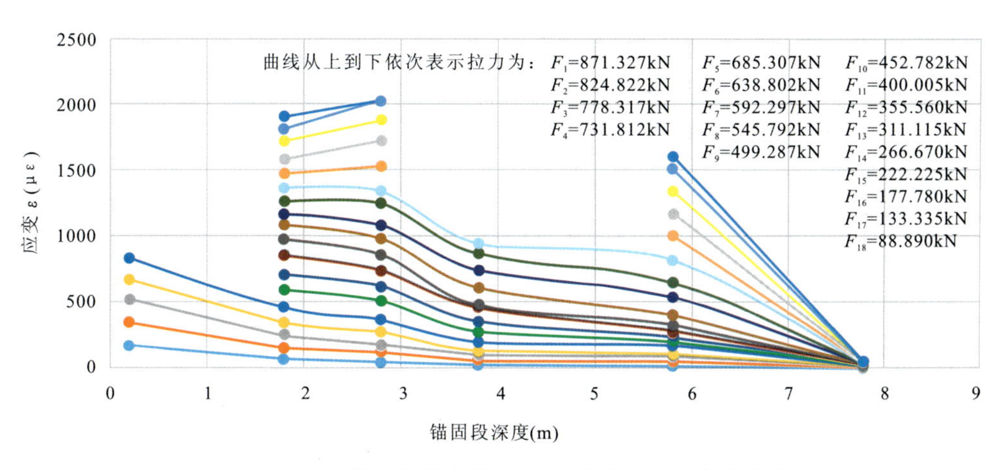

图 12-12　8m 锚固段锚索拉力-应变沿锚固深度变化曲线图

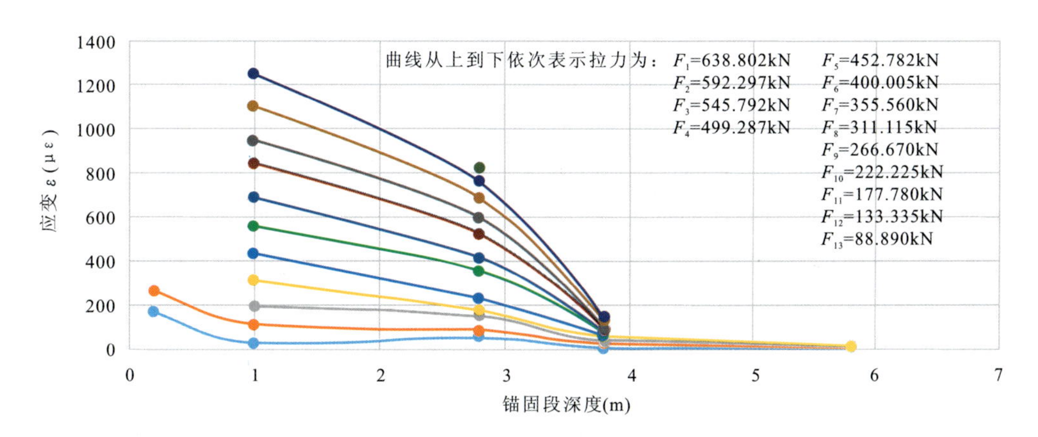

图 12-13　6m 锚固段锚索拉力-应变沿锚固深度变化曲线图

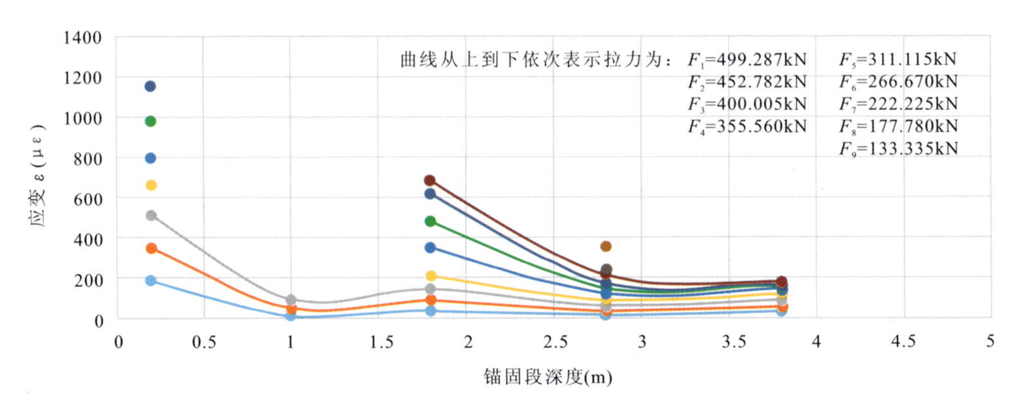

图 12-14　4m 锚固段锚索拉力-应变沿锚固深度变化曲线图

端受力最小。

12.4.2　锚固力、锚固长度与土层性质的关系分析

本节的分析分为两个方面：一是采用 Phillips 公式，考虑锚索工作时，沿锚固段上黏结力分布的不均匀性，计算锚固力；二是采用锚固体黏结应力均匀分布的假设，运用规范上推荐的方法讨论锚索的锚固力。

(1)Phillips 公式法。本节我们利用式(11-3)来计算锚固力值。此公式中由于不涉及到锚固段的长度问题，所以在计算时要确定锚固段的长度达到并超过了最小锚固长度值。在本次的现场试验中只有 8m 锚固段长度的锚索可以说达到了这个要求，所以在推求公式中的常数 A 时，只利用了Ⅷ号、Ⅸ号孔的拉拔资料。

在式(11-3)中，τ_0 为锚固段近端处的剪应力(即为最大剪应力)，该剪应力由两者中强度较小的一方控制，由于土层的抗剪强度一般低于注浆体的抗剪强度，因此 τ_0 取决于土体的抗剪强度。根据 Mohr-Coulomb 强度准则，该值可由下式计算：

$$\tau_0 = c + \sigma\tan\varphi \tag{12-2}$$

式中：c 为锚固区土体的黏聚力(kPa)；φ 为锚固区土体的内摩擦角(°)；σ 为孔壁周边的法向压应力(kPa)。

其中 c、φ 值完全取决于锚固区土层的性质(含水量大小的影响也反映在这两个值中)，但 σ 值则受到地层压力和灌浆工艺等方面因素的影响。一般的锚索施工时，灌浆过程中都未施加特殊压力，其孔壁周边的法向应力主要取决于地层压力，因而式(12-2)可改写为以下形式：

$$\tau_0 = c + K\gamma h\tan\varphi \tag{12-3}$$

式中：h 为锚固段以上的地层覆盖厚度(m)；γ 为上覆地层重度(kN/m^3)；K 为锚固段孔壁的土压力传递系数。

对于土压力传递系数 K，不同的研究人员对于其取值有不同的看法，程良奎等认为在无特殊方式的低压注浆情况下，孔壁压力系数 K 约为 1.0；夏柏如等则认为 $K=0.5$。对于以上两种认识，经施工现场验证，均不能很好地解释锚固力与锚索垂直埋深之间的关系。笔者认为，由于施工所成的钻孔本身具有自稳能力，说明孔壁及其附近的土体已经承担了钻孔上部土体的重量，所以 K 值肯定小于 1.0；又在锚固工程施工中，注浆大多数采用孔口不封闭的低压注浆，所以 σ 值最大只能与注浆压力相当，同时不能大于上覆地层的压力值，所以笔者建议的 K 值由下式表示：

$$K=\frac{P}{\gamma h} \tag{12-4}$$

式中：P 为注浆压力(kPa)，其余参数同上，且 K 值计算结果不大于 1。

将式(12－4)代入式(12－3)和式(11－3)：

$$T_u=\frac{1}{A}\pi d^2(c+P\tan\varphi) \tag{12-5}$$

则
$$A=\frac{\pi d^2(c+P\tan\varphi)}{T_u} \tag{12-6}$$

由试验结果可知各参数的取值见表 12－3，其中采用标准值 T_k 代替了原公式中的锚固力极限值 T_u。

表 12－3　式(12－6)中各参数取值

参数	d(m)	c(kPa)	γ(kN/m³)	h(m)	φ(°)	T_k(kN)	P(kPa)
取值	0.15	65	20	16.35	29.1	665	100

于是有：

$$A=\frac{3.14\times 0.15^2\times(65+100\times\tan 29.1)}{665}$$
$$=0.0128$$
$$\approx 0.013$$

由此可以得出在考虑锚固体黏结力不均匀状态的条件下，利用 Phillips 公式推导的锚固力计算公式见式(12－7)。在此需要注意的是，反算时代入的是经过处理的锚固力标准值 T_k，最后得出的锚固力计算公式中的锚固力也应为标准值代替极限值。

$$T_k=\frac{1}{0.013}\pi d(c+P\tan\varphi) \tag{12-7}$$

(2)黏结应力均布法。假定沿锚固体的黏结应力为均匀分布是现行的“建筑边坡工程技术规范”等相关规范以及最常用的设计计算方法。

式(11－10)和式(11－11)就是基于这样的假设而推导出的一个计算公式，由此可以得出式(12－8)：

$$\alpha=\frac{T_u}{\pi d L_a c_u} \tag{12-8}$$

为了精确地求得值，式(12－8)中的极限锚固力值在此取为 8m、6m 和 4m 锚固段长度锚索试验锚固力标准值的平均值，则锚固段长度取为平均值 6m。其余各参数的取值见表 12－4，其中采用标准值 T_k 代替了原公式中的锚固力极限值 T_u。

表 12-4　式(12-8)中各参数取值

参数	d(m)	L_a(m)	c_u(kPa)	γ(kN/m³)	h(m)	φ(°)	T_k(kN)
取值	0.15	6	65	20	16.35	29.1	463.7

于是，由式(12-8)可计算出得到：

$$\alpha = \frac{463.7}{3.14\times0.15\times6\times65} \approx 2.524$$

因此将 α 值代入式(11-11)，同样用 T_k 代替 T_u，可得出均布黏结力下的锚索锚固力计算公式：

$$T_k = 2.524\pi d L_a c_u \qquad (12-9)$$

式中的参数含义见相关章节。

12.5　试验结果验证

为了检验上节讨论所得结论的正确与否，我们必须选择锚索钻孔进行计算检验。上面的讨论中我们选择了钻孔直径为 Φ150mm 的锚索钻孔，这与本次边坡治理工程项目的设计是相符的，我们可以抽查任意工程施工钻孔；同时本次现场试验中Ⅰ号孔的钻孔直径为 Φ130mm，可以作为不同孔径情况下的检验钻孔。

12.5.1　Ⅰ号试验孔

首先讨论Ⅰ号孔的情况。检验时Ⅰ号孔的参数选择除钻孔直径为 Φ130mm 以外，其余参数与其他试验钻孔完全相同，如表 12-5 所列。需要指出的是，表中的锚固力标准值 T_k 取试验最大锚固力的 80%，即 0.8 倍的 T_{max}。由式(12-7)和式(12-9)计算出的锚固力标准值 T_k 分别为 492.5kN 和 535.8kN。可以看出式(12-7)的计算结果与实际情况几乎一致，而式(12-9)的计算结果偏大约 6.3%，但也在可以接受的误差范围之内。

表 12-5　Ⅰ号试验孔各参数取值

参数	d(m)	L_a(m)	c_u(kPa)	γ(kN/m³)	h(m)	φ(°)	T_k(kN)	P(kPa)
取值	0.13	8	65	20	16.35	29.1	504	100

12.5.2　工程钻孔

其次我们采用现场工程施工中的数据来分析。本次施工中设计采用钻孔直径为

Φ150mm，个别钻孔由于受条件的限制也采用了Φ130mm的钻孔直径，锚固段长度均为10m，采用式（12－7）和式（12－9）计算出的锚固力标准值 T_u 分别为655.7kN和772.72kN，均满足设计拉力的要求，张拉锁定时达到了设计张拉力500kN。这也说明了本书得出的锚固力计算公式是合理的，但黏结力均布法所计算出的锚固力值偏大，在使用时要注意锚固长度的合理选择和使用。

12.6 本章小结

本章重点介绍了土层锚索锚固力试验、数据的处理和数学分析过程，绘制出了锚固段钢绞线变形与受力关系曲线、锚索的拉拔力与变形的关系曲线以及锚固段长度与极限拉拔力的关系曲线，并且推导出了两种不同方法计算锚固力的公式。由以上的试验数据、作图分析以及数值计算分析，在土层中可以得出如下结论：

（1）一般情况下，注浆体的强度都大于土体的强度，锚索的破坏在土层中表现为土层与注浆体之间的黏结力达到极限时，黏结面上出现破裂，导致锚索的破坏失效；黏结面破裂时，呈现沿锚固段深度的递进式发展形式。

（2）锚索的轴力最大值在拉力较小时出现在锚固段近端，随着拉力的增大逐渐向锚固段远端偏移（最大偏移到了距锚固段近端1/3的锚固长度处）；轴力在距锚固段远端1/3的锚固长度处急剧减小，并在锚固段远端趋近于零。锚索的锚固力主要由锚索锚固段的前2/3长度承担，而后1/3长度的锚固段承受的拉力很小。

（3）在试验锚固段长度 $L_a<8$m 的条件下，锚固力与锚固段长度近似成正比。

（4）黏结应力不均匀分布更能真实地反映锚索锚固段锚固力分布的实际情况，Phillips公式可以真实地反映黏结应力的分布状况；而黏结应力均匀分布法在锚固长度较短时也可以较准确地计算锚索的锚固力，但锚固长度超过最佳锚固长度以后，计算结果偏大较多。

（5）土层锚杆（索）对边坡的加固主要表现为改善边坡土体的整体力学性质和结构特征。在坡体表面构筑物或锚墩的作用下，主动对边坡土体产生压力，限制了边坡土体性质的进一步变形恶化。同时，注浆不仅为锚索提供了锚固力，而且充填加固了土体中的裂隙，防止了地下水对坡体的影响，改善了土体的力学性质。

13　岩层锚杆(索)锚固机理试验研究

上一章对土层的锚固力进行了试验研究和理论分析，本章将针对锚固段位于岩层的锚杆(索)锚固力进行试验研究和分析，研究岩层的锚固机理和承载力特征。为了进行岩层锚固机理的研究，我们设计并开展了锚固机理研究的模型试验，试验主要解决以下3个方面的问题：

(1)借助拉拔试验，探讨成孔工艺对孔壁极限剪应力的影响。

(2)通过拉拔试验，进一步分析钢筋与砂浆界面剪力的构成及其作用机理。

(3)通过对锚杆内应力的测量，探讨全长黏结型锚杆(索)锚固段的轴力、剪应力的分布及其传力机理，为锚固设计以及研究工作提供参考。

13.1　试验设计

锚固机理的试验研究主要分为现场试验和模型试验两种。由于具备模型试验的条件，本次试验采用模型试验。其与现场试验的区别主要在于选用单一岩体并且钻孔深度较浅。

13.1.1　试件选择

为了研究岩体类型对锚固力的影响，本次试验选择试验岩石两种共计4块，均为均质岩体。岩石的具体尺寸以及物理参数如表13-1所列。

表13-1　试验岩石物理力学性能

岩石编号	岩石类型	尺寸(cm×cm×cm)	密度(g/cm^3)	单轴抗压强度(MPa)	弹性模量(GPa)
Ⅰ#	细砂岩	85×70×50	2.54	193	44.5
Ⅱ#	细砂岩	75×60×105	2.61	231	54.3
Ⅲ#	花岗岩	55×67×43	2.62	243.1	59.2
Ⅳ#	花岗岩	45×53×73	2.65	—	—

13.1.2　设备、孔位布置以及成孔方案

本次试验使用煤炭科学研究院西安分院钻探技术研究所的瑞典产拖拉姆TOLAM2×20型全液压立轴钻机进行钻进。此钻机主要用于钻头钻进试验，拥有一套完整的岩块液压夹持

以及搬运系统，具备进行岩块钻进试验的条件。钻机配备BW－250型泥浆泵。试验设备详细情况见表13－2。

试验采用SZ120－5AA型电阻应变片测量锚杆杆体轴力。该型应变片电阻值为117Ω±0.2％，灵敏系数为2.11±0.52％。选用的UCAM－70A型数据采集仪可以同时对30组应变进行测量，能够保证轴力的实时测量，轴力$P(x)$与应变读数$\varepsilon(x)$的关系可用式(13－1)表示：

表13－2　模型试验设备清单

设备	型号	功率(kW)	能力	产地
钻机	TOLAM2×20	37	1500m	瑞典
泥浆泵	BW250	15	250L/min	衡阳
空压机	RW－9/7	50	9m³	山东
拉拔机	ZB4－500	2.2	50MPa	柳州
千斤顶	YCQ60B	—	600kN	柳州
数据采集仪	UCAM－70A	—	—	日本

$$P(x)=S\cdot\sigma=S\cdot\varepsilon(x)E \qquad (13-1)$$

式中：$P(x)$为点x处的轴力(kN)；S为点x处的锚杆杆体截面积(mm^2)；E为锚杆杆体弹性模量(MPa)；$\varepsilon(x)$为点x处应变值($\mu\varepsilon$)。

试验中使用3种成孔方式进行钻孔，用以研究成孔工艺对锚固力的影响。3种钻孔方式分别为金刚石钻头钻进成孔、硬质合金钻头钻进成孔和气动冲击-回转钻进成孔。

试验在4块试验岩体上共钻孔16个，其中金刚石钻头成孔10个，硬质合金钻头成孔2个，气动冲击-回转钻进成孔4个。各钻孔参数、成孔工艺及钻具组合见表13－3。

13.1.3　锚杆杆体材料设计及加载方案

(1)锚杆杆体材料设计。由于本次试验是在实验室中采用岩石样进行，为了确保拉拔的顺利进行，试验全部选用Φ28mm的Ⅱ级月牙钢筋与Φ30mmⅡ级钢筋加工的螺杆焊接作为锚杆杆体。在浅孔中，两者采用对接焊(进行握裹力试验)；深孔中，两者采用绑接焊，绑接长度为10cm。在进行分级连续轴力测量的10#孔、11#孔、12#孔、13#孔锚杆上分别布设5～6组应变片，每组两个，分别贴在锚杆杆体钢筋的对称位置。

(2)加载方案。为了达到本次试验的目的，必须对所有锚杆进行破坏试验，本次试验以1MPa为加载间距单位进行加载。在拉拔力较大以后，考虑加载速率和试验进度，可以适当将加载间距增大至2MPa。

(3)数据测读。拉拔试验中，在每级荷载作用下需用钢尺测读3次位移，在伸长稳定以后进行下一级拉拔。对10#～13#孔采用数据采集仪进行实时测量，每级荷载记录3组读数，待稳定后再进行下一级测量。

表 13-3　钻孔参数及钻具组合表

钻孔编号	岩石编号	设计孔径(mm)	钻进方法	钻具组合
1#	Ⅰ#	75	金刚石钻进	Φ73 岩芯管+Φ75 金刚石钻头
2#	Ⅰ#	110	金刚石钻进	Φ108 岩芯管+Φ110 金刚石钻头
3#	Ⅰ#	94	硬质合金	Φ89 岩芯管+Φ94 硬质合金钻头
4#	Ⅰ#	94	硬质合金	Φ89 岩芯管+Φ94 硬质合金钻头
5#	Ⅰ#	94	金刚石钻进	Φ89 岩芯管+Φ94 金刚石钻头
6#	Ⅰ#	90	冲击回转钻进	CIR90 冲击器+Φ90 钎头
新 1#	Ⅰ#	75	金刚石钻进	Φ73 岩芯管+Φ75 金刚石钻头
新 2#	Ⅰ#	75	金刚石钻进	Φ73 岩芯管+Φ75 金刚石钻头
新 3#	Ⅰ#	75	金刚石钻进	Φ73 岩芯管+Φ75 金刚石钻头
7#	Ⅲ#	90	冲击回转钻进	CIR90 冲击器+Φ90 钎头
8#	Ⅲ#	75	金刚石钻进	Φ73 岩芯管+Φ75 金刚石钻头
9#	Ⅲ#	110	金刚石钻进	Φ108 岩芯管+Φ110 金刚石钻头
10#	Ⅳ#	110	冲击回转钻进	CIR90 冲击器+Φ110 钎头
11#	Ⅱ#	110	冲击回转钻进	CIR90 冲击器+Φ110 钎头
12#	Ⅱ#	110	金刚石钻进	Φ108 岩芯管+Φ110 金刚石钻头
13#	Ⅱ#	94	金刚石钻进	Φ89 岩芯管+Φ94 金刚石钻头

13.2　施工以及锚杆制作

按照试验方案设计的要求，结合实验室的情况，于 2006 年 3 月 13 日至 4 月 5 日进行了实验室的钻孔、锚杆制作以及注浆工作。

13.2.1　钻孔施工

钻孔钻进过程如图 13-1 所示。在对钻进所使用的 TOLAM2×20 型全液压钻机进行必要的检查以后，于 3 月 13 日开始按照顺序进行钻进工作，冲洗液为清水。由于潜孔锤对块状岩石具有破碎作用，为减少钻进对钻孔造成的危害，金刚石以及硬质合金钻孔布置较密，而冲击-回转钻进成孔较疏。试验选择的石块近似为矩形，为保证钻孔垂直岩体表面，钻孔在岩体上平行布设。两侧使用液压夹持器夹紧，并尽量在最后施工冲击-回转钻孔。

在钻进过程中，钻孔直径根据情况略有不同；同时由于潜孔锤的冲击作用，导致岩体下部破碎，同一块岩石的钻孔深度也存在较大差别。表 13-4 反映了各钻孔的孔深、孔径等具体变化情况。

图 13-1　钻孔钻进过程

表 13-4　试验锚杆钻孔情况汇总表

孔号	岩石号	孔径(mm)	孔深(cm)	锚杆长(cm)	锚固段长(cm)
1#	Ⅰ#	78	41	68	38
2#	Ⅰ#	112	41.5	68	38.5
3#	Ⅰ#	95	44.5	63	33
4#	Ⅰ#	95	38	68	29.5
5#	Ⅰ#	94.5	38	68	36
6#	Ⅰ#	100	34	60	29
原 1#	Ⅰ#	78	44	140	40
原 2#	Ⅰ#	75	43	68	40
原 3#	Ⅰ#	78	44	140	40
7#	Ⅲ#	94	34	68	31
8#	Ⅲ#	76	38	60	26
9#	Ⅲ#	110	27	60	21
10#	Ⅳ#	111	67	95	60
11#	Ⅱ#	111	67	100	67
12#	Ⅱ#	110	73.5	110	73.5
13#	Ⅱ#	95	83	110	78

13.2.2　锚杆制作及应变片安装

试验锚杆是由Φ28mm月牙钢和Φ30mm螺杆按要求焊接制作而成的。

试验中的10#孔、11#孔、12#孔、13#孔四根锚杆需要粘贴应变片以分段连续测量杆体轴力。应变片的粘贴分为以下几个步骤：

(1)定位。为了测量锚杆杆体的轴力及其变化，本次试验在锚杆杆体上布设5～6组应变片，应变片布设示意图见图13-2，严格保证每组应变片处于对称位置。

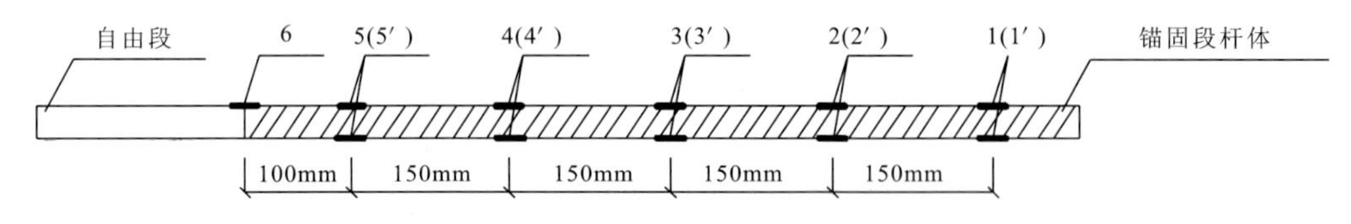

图13-2　应变片粘贴示意图(以贴6组应变片锚杆为例)

由于注浆问题，测试点在锚固段的深度略有变动，具体位置见表13-5。

表13-5　测试点位置

孔号	距离(cm)					
	1(1′)	2(2′)	3(3′)	4(4′)	5(5′)	6
10#	55.5	40.5	25.5	10.5	0.5	—
11#	65	50	35	20	5	0
12#	70.5	55.5	40.5	15.5	10.5	0.5
13#	68.6	53.6	38.6	23.6	8.6	0

注：表中距离为应变片中心埋入锚固段中的深度。

(2)打磨。在贴应变片前，用砂轮机在锚杆杆体点位上打磨出平面，然后用细砂纸仔细打磨平整。

(3)粘贴应变片。在粘贴应变片前使用酒精对点位进行清洗，然后使用502胶将测试合格的应变片粘贴在点位处，确保应变片中心位置处于点位上。本次试验共贴42片工作应变片。

(4)连线。使用黑胶带将应变片连线与锚杆杆体隔开，而后将应变片连线与测试线焊接。

(5)绝缘与防护。所有测试线必须使用绝缘胶带密封，在焊接密封完成以后，对应变片以及焊接区域进行蜡封，在蜡封的基础上再使用环氧树脂进行防水密封。

(6)补偿片。由于电阻应变片对温度以及其他因素有一定的敏感性，本次试验在1#孔中布设1个补偿应变片，对测试用应变片起温度补偿作用。

13.2.3　注浆

试验注浆采用水灰比为0.5∶1、灰砂比为1∶1的水泥砂浆进行无压力灌注，在灌注后4

～5h 内进行补浆。砂浆试件单轴抗压强度为 27.7MPa，$c_{砂}=4.689\text{MPa}$，$\varphi_{砂}=38.46°$。灌浆及补浆工作于 4 月 5 日结束。

13.3 拉拔试验

13.3.1 拉拔基本要求

拉拔试验为本次试验最重要的环节，在 2006 年 5 月 22 日至 27 日进行。拉拔过程严格按照试验方案设计的要求进行，拉力分级为 1MPa，稳压 3min，直至出现破坏。图 13-3、图 13-4 反映了拉拔前及拉拔时的情景。

图 13-3 拉拔前

图 13-4 拉拔过程

拉拔前应对锚杆进行除锈整理工作，保证自由段的洁净。

13.3.2 锚杆拉拔破坏情况

在拉拔试验中，由于岩石性质、成孔方式、锚固段长度的不同，锚杆的破坏拉力以及破坏方式也不尽相同，锚杆破坏拉力最小的为 144kN，最大的达到 388kN，锚杆破坏形式分为杆体及砂浆体整体拉出、杆体拉出和杆体断裂 3 种，其中 1#孔、2#孔、4#孔为锚杆整体拉出，3#孔、6#孔、原 1#孔、原 2#孔、原 3#孔、7#孔、8#孔、9#孔、10#孔均为钢筋（钢绞线）从注浆体中拉出，5#孔、11#孔、12#孔、13#孔为杆体发生断裂。图 13-5～图 13-7 为 3 种破坏形式的典型情况。其中图 13-5 为 2#孔破坏形式图，图中出现杆体与注浆体整体拉出的情况，注浆体与拉拔前相比，向外移动了 10cm，砂浆体未出现任何破坏，钢筋体与砂浆体界面也未见明显破坏；图 13-6 为 9#孔破坏形式，9#孔钢筋体被拉出，从图中可明显看出钢筋与砂浆黏结界面的砂浆体发生剪切破坏，杆体拉出破坏还有其他形式，即砂浆体内部（不是砂浆体与钢筋体黏结界面处）发生不规则剪切破坏；图 13-7 为 13#孔发生杆体断裂的情况，由于拉力达到 388kN，超过钢筋所能承受的拉力，杆体出现明显缩径后，在因贴应变片而形成的薄弱截面处发生断裂。

图 13－5　2# 孔为浆体整体拉出破坏

图 13－6　9# 孔为钢筋体拉出破坏

在对 10# 孔、11# 孔、12# 孔、13# 孔四根锚杆进行拉拔的过程中，同时使用数据采集仪进行应变测量，由于应变片受潮等原因，在 42 个工作应变片中，共有 5 片应变片出现破坏，此 5 片应变片所测数据不予使用。其他测点读数正常。

图 13－7　13# 孔为杆体断裂

试验中由于锚杆杆体易被拉断出现千斤顶倾覆危险，所以未使用百分表进行伸长量量测，而锚杆杆体自由段较短(仅 10～15cm)，故用钢尺量得的伸长量很小，且误差较大，伸长量数据无法使用。

在边坡支护工程中，钻进岩体多为破碎体，有时需使用泥浆进行护壁堵漏，孔壁应有泥皮出现，而上述试验过程中孔壁洁净。为了模拟实际情况，专门进行了补充试验，在金刚石钻进的两个钻孔孔壁上涂抹泥皮，而后进行注浆、拉拔工作。两个钻孔在拉拔时，破坏形式均为注浆体整体拉出破坏。

13.4　试验数据分析以及验证

锚杆的试验过程如上节所示，在拉拔过程中全部出现破坏，各孔的破坏情况以及破坏时的荷载大小见表 13－6。为了便于计算对比，在此采用规范中黏结力均匀分布的算法，假定剪应力沿锚固段均匀分布。将数据代入式(13－2)中，从而可得到界面极限剪应力的计算值，其值列于表 13－6 中。

$$T_u = \pi d L_a \tau_s \qquad (13-2)$$

式中：T_u 为锚索极限锚固力(kN)；d 为钻孔或锚杆杆体材料直径(m)；L_a 为锚固段长度(m)；τ_s 为孔壁或锚杆杆体与注浆体之间的极限剪应力(kPa)。

表 13-6　锚杆破坏情况汇总表

孔号	孔径(mm)	锚固长度(mm)	破坏形式	破坏拉力(kN)	砂浆-岩体界面极限剪应力(kPa)	杆体-砂浆界面极限剪应力(kPa)
1#	78	415	浆体拉出	229.98	2262.65	>6303.10
2#	112	385	浆体拉出	144.65	1068.34	>4273.37
3#	95	330	杆体拉出	254.37	>2406.70	8767.27
4#	95	265	浆体拉出	242.98	3073.77	>10 428.86
5#	94.5	360	杆体断裂	254.37	>2381.23	>8036.66
6#	100	290	杆体拉出	290.95	>3195.15	11 411.24
原 1#	78	400	钢绞线拉出	286.25	>2921.80	4984.70
原 2#	75	400	杆体断裂	193.42	>2053.30	>5499.90
原 3#	78	400	钢绞线拉出	91.6	>935.00	4785.30
7#	94	310	杆体拉出	327.52	>3579.47	12 016.79
8#	76	360	杆体拉出	229.99	>2712.79	7266.39
9#	110	210	杆体拉出	205.6	>2834.53	11 135.66
10#	111	600	杆体断裂	327.52	>1566.15	>6208.68
11#	111	670	杆体拉出	376.29	>1611.37	6387.93
12#	110	735	杆体断裂	327.52	>1290.11	>5068.31
13#	95	780	杆体断裂	388.48	>1669.63	>5664.82
补 1#	78	410	浆体拉出	52.18	523.40	>145.00
补 2#	112	430	浆体拉出	84.78	560.00	>225.00

13.4.1　钻孔施工工艺对极限剪应力的影响

一般来说，进行锚固施工的钻进方法主要有金刚石钻进、硬质合金钻进以及潜孔锤冲击-回转钻进。钻进方法的不同，对岩体的破碎方式也不同，进而产生孔壁粗糙程度的差异，孔壁粗糙程度对接触面剪力中的嵌固力以及破坏后产生的表面摩擦力有相当大的影响。通过对不同钻进方法碎岩机理的分析，可以知道 3 种钻进方法所成钻孔孔壁粗糙程度有所不同。其中，冲击-回转钻进钻孔孔壁最为粗糙，硬质合金钻进次之，金刚石钻进钻孔孔壁最为光滑。

通过实际钻孔试验可以发现，实际孔壁粗糙情况与分析情况相吻合，见图 13-8～图 13-11。图 13-8 和图 13-9 的上半部分为金刚石钻头在砂岩中钻进所成孔壁，其孔壁相当光滑，可见致密的砂岩颗粒，孔壁未见粗糙不平，但手触摸有较明显的摩擦感；图 13-9 的下半部分为硬质合金钻进的孔壁，与此图上半部分相比，可见明显的颗粒纹理以及孔壁的粗糙不平；图 13-10 和图 13-11 分别为冲击-回转钻具在砂岩和花岗岩中钻进的孔壁，图中可见孔壁明显起伏不平，孔壁很粗糙。

试验过程中还发现，同种钻进方法下，坚硬岩石(花岗岩)的钻孔孔壁要比相对较软(细砂岩)的岩石钻孔孔壁光滑。图 13-11 为冲击-回转钻进在花岗岩中所成钻孔，孔壁虽然较为粗糙，可见明显凸凹不平，但起伏程度不大，而在图 13-10 中，孔壁很粗糙，可见明显凸凹不平，且起伏程度较大。金刚石钻进所成钻孔也可见同样规律，图 13-12 为金刚石钻头在花岗岩中钻进所成的孔壁，与图 13-8 中在砂岩中的孔壁相比，孔壁极为光滑，手触摸摩擦感不明显。

图 13-8　金刚石钻孔孔壁（砂岩）

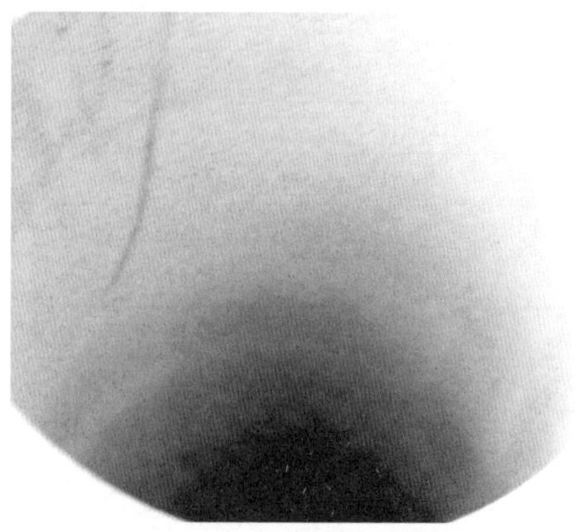

图 13-9　混合钻进方法孔壁（砂岩）

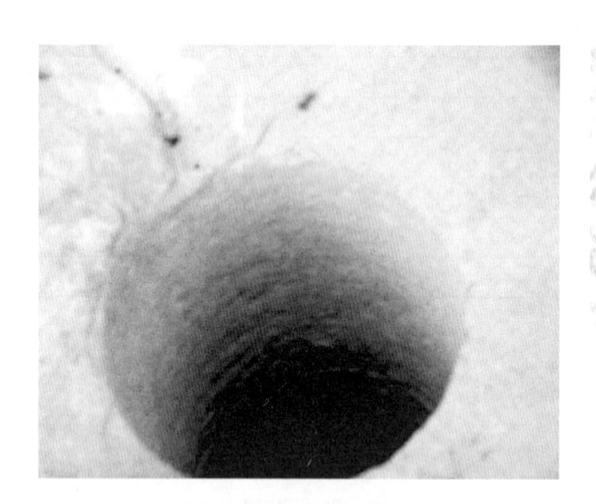

图 13-10　潜孔锤成孔孔壁（砂岩）

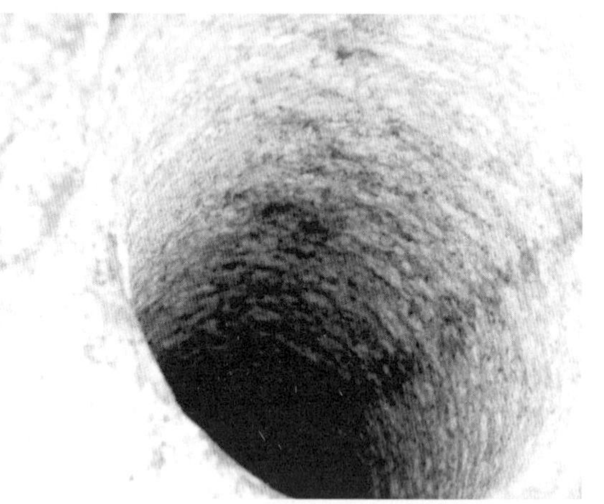

图 13-11　潜孔锤成孔孔壁（花岗岩）

究其原因，一方面，由于在破碎岩石的能量相同的情况下，坚硬岩石中破碎体较小，从孔壁部分剥离的面积较小，因而孔壁起伏程度相对较小，孔壁粗糙程度较小；另一方面，在钻进过程中，钻头、岩芯管会发生摆动并与孔壁发生摩擦，较硬岩石中钻速较低，孔壁被摩擦时间长，孔壁粗糙处被磨平抛光的程度较高，孔壁较光滑，而较软岩石中钻速较高，孔壁被摩擦的时间短，孔壁粗糙处被磨平抛光的程度较低，孔壁较粗糙。

图 13-12　金刚石钻孔孔壁（花岗岩）

综上所述，钻进方法与岩石类型是影

响孔壁粗糙程度的两大因素。

孔壁粗糙程度对岩体与注浆体界面的黏结应力有相当大的影响，表13－7列出了砂岩中采用不同钻进方法施工的7个钻孔的孔壁状况、在拉拔试验中的不同破坏形式和砂浆与岩体界面的极限剪应力。

表13－7　孔壁粗糙程度及其黏结应力情况表

孔号	成孔方式	破坏形式	孔壁状况	砂浆-岩体界面极限剪应力(kPa)
补1#	金刚石钻进	浆体拉出	有泥皮	523.40
补2#	金刚石钻进	浆体拉出	有泥皮	560.00
1#	金刚石钻进	浆体拉出	较为光滑	2262.70
2#	金刚石钻进	浆体拉出	较为光滑	1068.30
3#	硬质合金钻进	杆体拉出	相对粗糙	>2406.70
4#	硬质合金钻进	浆体拉出	相对粗糙	3037.80
6#	冲击-回转钻进	杆体拉出	凸凹不平	>3195.10

补1#孔以及补2#孔在拉力较大时均出现浆体整体外移，即孔壁与岩体界面破坏；1#孔锚杆杆体上部(仍处于锚固段内)贴有补偿应变片，拉拔过程中，上部浆体出现一定程度的破坏，但当拉力继续增大以后，浆体整体出现滑移，将浆体凿开发现浆体与杆体界面未发生明显破坏；2#孔在拉拔过程中，很快就出现浆体外移迹象，并在拉力达到144.5kN时发生破坏；3#孔在拉拔过程中，浆体与杆体界面发生破坏，杆体出现滑移，对浆体与岩体界面检查发现界面未出现任何破坏；4#孔在拉拔过程中，浆体与岩体界面发生破坏，浆体整体出现滑移，对浆体与杆体界面检查发现，上部杆体周围浆体已经出现破裂痕迹；6#孔在拉拔过程中，杆体从浆体中拉出达14.5cm，浆体中与杆体黏结部位出现破裂，但浆体与岩体界面未发生破坏，说明界面完好，实际极限剪应力要大于表中数值。

从表13－7和上面的分析可知，砂浆-岩体界面的粗糙程度对界面的极限剪应力有很大的影响，孔壁越粗糙，砂浆-岩体界面的极限剪应力就越大。孔壁较为光滑的2#孔界面极限剪应力甚至小于孔壁粗糙的6#孔的界面极限剪应力的1/3。而1#孔、2#孔与4#孔之间的差距也相当明显。1#孔与2#孔虽然同为金刚石钻进成孔，但其界面极限剪应力差异较大，1#孔钻进使用的是已开刃的金刚石钻头，钻进较快；而2#孔钻进使用的是新金刚石钻头，420mm深的孔，钻进时间达6h，一方面新钻头出刃较小，另一方面岩芯管以及钻头在钻进过程中出现一定程度的摆动，对孔壁起到抛光的作用，造成2#孔孔壁相当光滑，极限剪应力很小。

在实际施工当中，如果使用泥浆护壁，或者孔内有泥时，钻具将不可避免地使孔壁产生泥皮，补充试验中模拟这种情况，在1#孔、2#孔孔壁(原孔内浆体已完全清除)涂上泥皮，注浆后再进行拉拔试验(图13－13)。结果发现，注浆体与岩石界面极限剪应力明显降低，补1#孔浆体-岩体界面极限剪应力为原剪应力的1/4，补2#孔极限剪应力为原剪应力的1/2。此时极限剪应力的减少与孔壁粗糙度也有很大的关系，因为孔壁凸凹不平的位置被泥皮所覆盖，浆体无法与岩石接触产生咬合作用，即黏结与嵌固力无法发挥作用，同时泥皮在孔壁与浆体之间形成一个软弱面，在拉力的作用下软弱面率先发生破坏，从而降低了平均极限剪应力。

总的来说，冲击-回转钻进所成钻孔孔壁最为粗糙，硬质合金钻进成孔次之，金刚石钻孔孔壁最为光滑。而孔壁越粗糙，岩石-浆体界面极限剪应力越大。在其他条件相同的情况下，即使肉眼难以辨别其孔壁差别，硬质合金钻孔孔壁的极限剪应力较金刚石钻孔孔壁的极限剪应力要大50%，甚至更多。

在设计和施工中，为了提高锚固段承载力，必须加大钻孔的粗糙程度，即尽量使用可提高钻孔粗糙程度的钻进方法进行施工。以本书所涉及到的3种方法为例，应尽量使用冲击-回转钻进方法进行施工。当钻孔较深或者裂隙发育，冲击-回转钻进效果不明显或者成本较高时，才能考虑硬质合金或者金刚石钻进。使用水作为冲洗液钻进时，必要时应在成孔后用清水冲洗孔壁，以减少泥皮对锚固力的影响。

13.4.2　钢筋与浆体界面的研究

资料表明，钢筋（钢束）与注浆体界面的剪力主要由黏着力、机械嵌固力和表面摩擦力组成。黏着力是在受到拉力作用时最先发挥作用的剪力；机械嵌固力通常与黏着力共同作用，其数值远远大于黏着力，是杆体处于静止状态下起主要作用的剪力；而表面摩擦力为杆体与浆体发生相对位移以后起作用的剪力（闫莫明，2004）。

机械嵌固力是指由于锚束体表面存在肋节、螺纹和皱曲，从而使得锚束体与浆体之间形成机械式连锁的力。机械嵌固力在螺纹钢与月牙钢中得到了很好的体现。武汉大学荣冠等（2004）试验研究认为螺纹钢由于存在螺纹起伏使其与黏结物之间存在明显挤压、剪胀、剪断等作用，从而较大地提高了锚固强度。而圆钢表面由于不存在肋节、螺纹，仅有少量皱曲，机械嵌固力很小。试验表明，螺纹钢周边浅部黏结物应力要高于圆钢周边黏结物应力，且两者破坏状态差异较大，螺纹钢多以屈服形式破坏，而圆钢则多为整体拔出。Kilic等（2003）进行了锚杆形状对锚杆抗拔能力影响的试验研究，得出以下结论：锚杆与灌浆体接触面的失效主要表现在对光滑锚杆的试验上，而带肋锚杆的失效主要表现为锚杆杆体材料被拉断。

1. 锚杆杆体材料与注浆体界面机械嵌固力的产生机理

自20世纪80年代以来，建筑施工中月牙钢筋已基本取代了螺纹钢筋，目前的《混凝土结构工程施工及验收规范》（GB 50204—2002）和《钢筋混凝土用热轧带肋钢筋》（GB 1499.2—2007）也主要是针对月牙肋钢筋作出的规定。本节即以月牙肋钢筋为例分析锚杆杆体材料表面形状对锚杆与注浆体之间机械嵌固力的影响。

月牙钢的表面形态对锚杆的承载力，特别是机械嵌固力有较大的影响。在拉拔的过程中，杆体肋节和皱曲等对浆体产生挤压应力，根据莫尔-库仑破坏准则可知，挤压应力可以直接转化为剪切阻力，从而提高锚杆的承载力。图13-14为拉拔试验后，将未破裂浆体剖开所得浆体与杆体接触面形态。下面就杆体-浆体接触面的形态对接触面的机械嵌固力作用原理进行分析。为了方便起见，对杆体表面做如下假设：

（1）假设月牙钢杆体肋节呈均匀等宽分布，且纵肋与横肋相连如图13-15所示。

（2）在实际拉拔过程中，破坏面在浆体凸台中部，为了简化计算，假定破坏面为浆体凸台底部。选取一个单元（一个凸台以及一个凹槽）为隔离体，受力分析如图13-16所示，其中拉力方向向左。通过对图13-14中浆体凸台进行测量，取其平均值，可知 $l_1=4.5\text{mm}$，$l_2=$

10.55mm，l_3＝2.89mm，l_4＝13.4mm，l_5＝1.4mm，α_1＝30.1°，α_2＝51.48°，根据本次试验知 $c_{砂}$＝4.689MPa，$\tan\varphi_{砂}$＝0.795。

图 13-13　钻具拉拔试验

图 13-14　拉拔试验后接触面形态

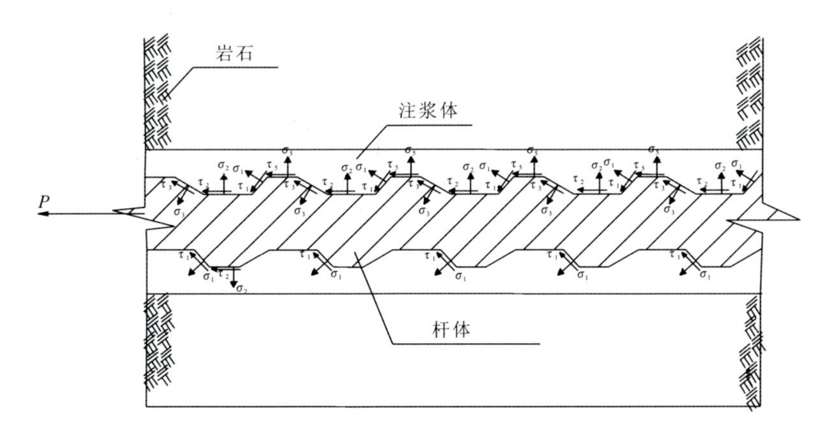

图 13-15　浆体-杆体接触面附近浆体形态简化与受力分析图

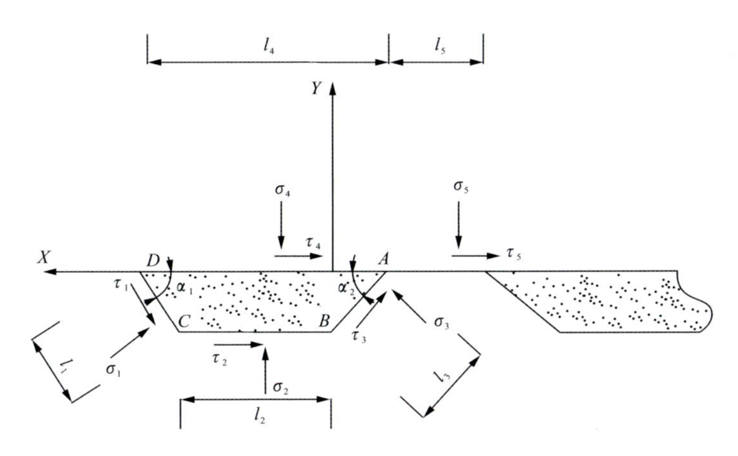

图 13-16　浆体单元受力分析图

(3)假定在试验情况下,每个单元体所受剪力均相等。

(4)为了研究拉拔过程中由月牙钢表面形态产生的径向应力,假设凸台顶部、凹槽底部不受径向应力作用(即锚杆体不受围压作用),其剪应力分别为 τ_2 和 τ_5。由于拉拔力的作用,凸台背面 σ_3 应该很小,所以 τ_3 只能由接触面的黏聚力提供,为简化计算,在发生破坏时,以上3处正应力取0,剪应力取极大值,即:

$$\left.\begin{array}{l}\sigma_2=0\\ \tau_2=c\end{array}\right\} \tag{13-3}$$

$$\left.\begin{array}{l}\sigma_3=0\\ \tau_3=c\end{array}\right\} \tag{13-4}$$

$$\left.\begin{array}{l}\sigma_5=0\\ \tau_5=c\end{array}\right\} \tag{13-5}$$

(5)注浆体与锚杆杆体的黏聚力 c 在本次分析中需要用到,根据赵羽习等(2002)得出的数据,取 $c=0.97\text{MPa}$。

根据以上假设,对隔离体受力分析如下:

$$\sum X=0 \quad l_1\tau_1\cos\alpha_1+l_1\sigma_1\sin\alpha_1+\tau_2 l_2+\tau_3 l_3\sin\alpha_2=\tau_4 l_4+\tau_5 l_5 \tag{13-6}$$

$$\sum Y=0 \quad l_1\sigma_1\cos\alpha_1-l_1\tau_1\sin\alpha_1+\tau_3 l_3\cos\alpha_2-\sigma_4 l_4=0 \tag{13-7}$$

$$\begin{aligned}\sum M_B=0 \quad &\frac{1}{2}\sigma_1 l_1^2+(\frac{1}{2}l_4-l_1\cos\alpha_1)\sigma_4 l_4\\ &=l_1\sin\alpha_1(\tau_4 l_4+\tau_5 l_5)+l_2\sin\alpha_2\tau_3 l_3\end{aligned} \tag{13-8}$$

由式(13-3)~式(13-8)可以求解出 σ_1、σ_4、τ_1 的算术表达式,由于该单元体形体很不规则,算术表达式很复杂且无规律。根据建筑混凝土用钢筋规范(GB 1499.2—2007),月牙钢各部位尺寸均有严格规定,在此可以直接将尺寸代入算术表达式。

在钢筋与浆体接触面发生破坏的情况下,根据莫尔-库仑破坏准则及以上假设,式(13-9)也成立:

$$\tau_4=c_{砂}+\sigma_4\tan\varphi_{砂} \tag{13-9}$$

式(13-3)~式(13-9)以及图13-15、图13-16中各参数意义如下:σ_1、τ_1 为 AB 段所受正应力及剪应力(MPa);σ_2、τ_2 为 BC 段所受正应力及剪应力(MPa);σ_3、τ_3 为 CD 段所受正应力及剪应力(MPa);σ_4、τ_4 为 DA 段所受正应力及剪应力(MPa);σ_5、τ_5 为浆体凹槽底部所受正应力及剪应力(MPa);$c_{砂}$ 为砂浆体内部黏聚力(MPa);$\varphi_{砂}$ 为砂浆体内摩擦角(°)。

联立式(13-3)~式(13-9),代入数据,在临近破坏的情况下,可求得:

$$\tau_{4\max}=6.503\text{MPa}$$

$$\sigma_{4\max}=2.280\text{MPa}$$

由此可知,在无围压的作用下,用月牙钢制作的锚杆在拉拔的过程中,杆体会产生径向应力 σ_4,从而提高界面的抗剪强度。另外,月牙钢或者螺纹钢与浆体界面的破裂处位于浆体内部,两者均可提高岩体锚杆的承载力。

而使用光圆钢筋作为锚杆杆体材料时,界面破坏形式为杆体与浆体界面发生破坏,界面剪应力较小,原因在于一方面界面正应力较小,使得光圆钢筋拉拔过程中径向应力 σ_4 很小;另一方面光圆钢筋破坏面剪应力较小,试验资料表明,在正应力一定的情况下,光圆钢筋与浆体界面黏结强度值要小于浆体的抗剪强度值(闫莫明,2004)。

通过以上分析发现,作为浆体与钢筋界面抗剪力的一部分,机械嵌固力是由浆体凸台的抗剪力提供。同光圆钢筋相比较,月牙钢筋和螺纹钢筋提高了浆体与钢筋界面间的抗剪强度,进而提高锚杆的承载力。根据莫尔-库仑破坏准则,结合月牙钢和光圆钢筋表面剪应力的构成,一个单元体上提高的承载力 ΔF 可由下式表示:

$$\Delta F=[(c_{砂}+\sigma_{砂}\tan\varphi_{砂})-(c_0+\sigma_0\tan\varphi_0)]s_4 \tag{13-10}$$

式中:$c_{砂}$ 为砂浆体黏聚力(MPa);$\varphi_{砂}$ 为砂浆体内摩擦角(°);$\sigma_{砂}$ 为砂浆破裂面正应力,考虑围压作用(MPa);c_0 为钢筋-浆体界面黏聚力(MPa);φ_0 为钢筋-浆体界面内摩擦角(°);σ_0 为钢筋-砂浆界面正应力,考虑围压作用(MPa);s_4 为图 13-16 中 AD 面单位宽度的面积(mm^2)。

2. 锚杆杆体材料与注浆体界面机械嵌固力的试验验证

试验中对多根使用月牙钢作为杆体的锚杆进行拉拔试验。从图 13-14 中可以看出砂浆与月牙钢钢筋螺纹紧密咬合,共同构成一个整体。从图中砂浆体已经发生的轻微变形可以看出,在锚杆杆体受到拉力作用时,由砂浆体向月牙肋提供抗力,拉力逐渐增大,抗力也逐渐增大,直至砂浆体无法提供抗力而破坏为止。图 13-17 可以反映砂浆与螺纹结合面在拉力达到极值后破坏的情况,从图中可以看出剪切破坏的位置处于砂浆凸棱的中下部。试验情况与分析情况相一致。

图 13-17　月牙钢与砂浆界面破坏图

一般来说,在拉拔过程中,钢筋的凸棱不会出现破坏,机械嵌固力的控制性因素是砂浆体的抗剪强度。由此可知,砂浆体的抗剪强度越大,机械嵌固力就越大,钢筋体与浆体间的剪力也就越大。剪力可用式(13-11)来表示。在实际拉拔过程中,围压是一定存在的,它是锚杆承载力的重要影响因素。以 3# 孔为例,该孔孔深为 330mm,拉拔力为 254.37kN。假设每个单元体所受剪力相等,则有:

$$P=\tau_5(s_5+s_6)+\tau_4 s_4 \tag{13-11}$$

式中:s_5 为浆体凹槽底部总面积(mm^2);s_4 为浆体凸棱底部总面积(mm^2);s_6 为纵肋顶部面积(mm^2),根据规范知,其宽为 3mm;其余参数与以上各式意义相同。

由上节杆体形态假定以及混凝土用钢筋规范(GB 1499—1998)可知,各部分面积满足以下条件:

$$s_4+s_5+s_6=s_{总} \tag{13-12}$$

式中:$s_{总}$ 为杆体-浆体破裂面总面积(mm^2),其他参数同前式。

当杆体处于极限状态时,根据莫尔-库仑破坏准则,式(13-11)可以变形为:

$$P_{\max}=[c_0+(\sigma_{砂}-\sigma_4)\tan\varphi_0](s_5+s_6)+(c_{砂}+\sigma_{砂}\tan\varphi_{砂})s_4 \tag{13-13}$$

式中:$\sigma_{砂}$ 为破裂面处考虑围压的实际正应力(MPa);φ_0 为钢筋与浆体界面摩擦角,本书未做专门试验,且无数据可查,此处做定性试验,暂取 45°。

将 3# 孔数据代入式(13－12)和式(13－13),可得到:

$$\tau_{4max}=8.185\text{MPa}$$

$$\sigma_{砂max}=4.4023\text{MPa}$$

全长黏结型锚杆在加载过程中,在对锚杆施加轴向拉力的同时,加载装置对被加固岩体表面施加了大小与拉拔力相等的反向压力作用,在该反向压力的作用下,钻孔发生收缩,即对浆体产生径向应力作用,从而可以提高接触面的极限黏结强度。本次试验中锚杆深度较浅(260～730mm),该反向压力的作用更为明显,产生的径向应力也较大。而在实际施工中,上覆岩体的自重也会产生较大的围压。

由此可知,在实际拉拔过程中,围压与月牙钢自身产生的径向应力均发挥了较大的作用,以 3# 孔为例,总压力 $\sigma_{砂max}$ 约为拉拔自身径向压力 σ_{4max} 的 2 倍。

表 13－8 为本次模型试验中杆体拉出的情况下,浆体-杆体界面极限黏结强度值。

武汉大学荣冠等(2004)采用 Φ32mm 合金结构圆钢(40Cr)做了相同的拉拔试验,在锚杆杆体被整体拉出的情况下,计算出的钢筋-浆体界面极限剪应力 $\tau_{max}=2.985$MPa。与表 13－8 中数据相比较可以看出,月牙钢与浆体界面黏接强度要远大于光圆钢筋。

表 13－8 钢筋-浆体界面极限黏结强度表

孔号	钢筋-浆体界面连接强度(MPa)	孔号	钢筋-浆体界面连接强度(MPa)
3#	8.767 268	8#	7.266 391
6#	11.411 24	9#	11.135 66
7#	12.016 29	11#	6.387 931

13.4.3 轴力以及剪应力的分布研究

国内外学者和工程技术人员在轴力以及剪应力的分布规律研究方面做了大量的工作,本书的试验通过对锚杆杆体上所粘贴的应变片应变的测量,利用 origin 软件对数据进行曲线拟合,给出了轴力以及剪应力的分布规律,并着重研究了临近破坏状态下的锚固段轴力和剪应力的分布。

1. 轴力分布的研究

试验中共对四根锚杆进行了杆体应变测量,但由于各种原因,仅有 13# 孔的测试数据较为完整,在此对 13# 孔的测试数据进行分析研究。图 13－18 为 13# 孔荷载从小到大逐渐增加,轴力沿杆长分布的变化情况(曲线部分异常数据被剔除)。

国内很多学者在试验的基础上对轴力分布进行的研究中采用了曲线拟合的方法,使用较多的拟合函数有高斯函数模型(夏柏如,1997;肖世国等,2004)和复合幂函数模型(朱玉等,2005),也有学者选择 Simpson 近似积分公式对曲线进行分析(汪海滨,2004)。前面相关章节提到的剪应力或者轴力分布模型多数是由计算得来,通过图 13－18 中实测曲线与各模型特征曲线比较,发现基于 Mindlin 问题的锚固内力解析解、高斯函数模型以及复合幂函数模型都可以较为准确地描述 13# 孔锚固段内的轴力分布。其中 Mindlin 模型是通过弹性力学计算所得,解析解中部分参数计算复杂,而高斯函数模型和复合幂函数模型直接通过实测数据曲线拟合的方式来描述轴力分布,可以较好地反映实际状态。本书采用后两种模型对轴力分布进行拟合,并比较它们的优劣性。

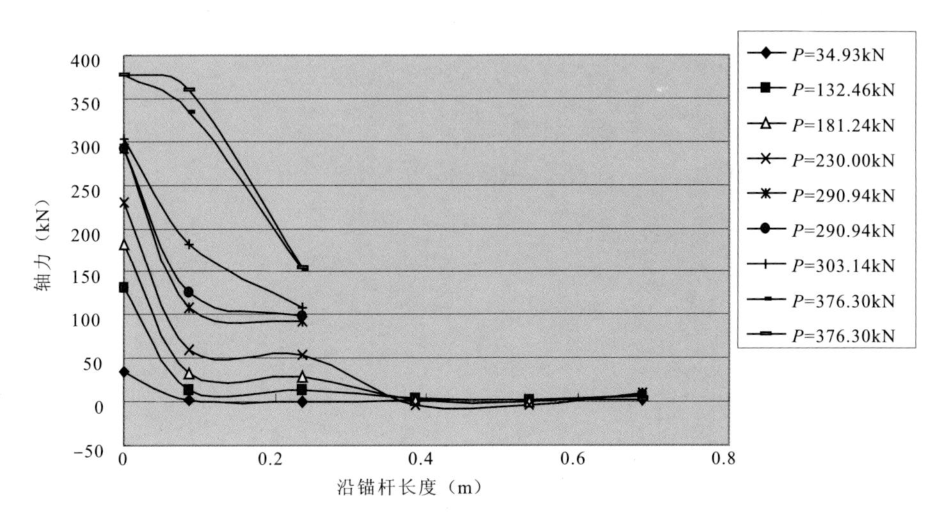

图 13-18　13# 孔锚杆在各级荷载作用下轴力沿杆长分布图

从图中可以发现以下几点:

(1)在荷载不大时,轴力随着杆长方向迅速减小,仅前端 1/3 杆长范围内受到轴力作用,随着荷载的增大,轴力的分布范围也逐渐增大。

(2)当拉拔力小于 290.94kN 时,最外侧两测点的轴力差随着拉拔力的增大而逐渐变大,当拉拔力大于或等于 290.94kN 时,则相反,可以认为此两测点间浆体-杆体界面的剪应力开始减小,即可以认为当拉拔力为 290.94kN 时,两测点间浆体-杆体界面已经发生破坏。在荷载达到 376.30kN 时,在拉力不增加的情况下,0.086m 处轴力迅速增加,几乎达到拉力值。

(3)在荷载不大时,轴力的分布特征为沿杆长方向急剧减小,随着荷载的增加,逐渐呈现出以下曲线特征:具有峰值,且在 $x=0$;峰值右侧呈倒"S"形(随着拉拔力的增加,逐渐变形为反"S"形),并具有拐点;当锚固段长度较大时,轴力逐渐趋向于 0。以上特征与两参数的高斯曲线[正态频率分布函数曲线,见式(13-14)]以及两参数复合幂函数曲线[式(13-15)]相似,可以使用这两种函数对轴力进行曲线拟合。

其中两参数高斯函数为:

$$N=Ae^{-\frac{x^2}{2w^2}} \tag{13-14}$$

两参数复合幂函数为:

$$N=\frac{C}{1+Bx^2} \tag{13-15}$$

式中:N 为距锚固段外端部 x 处的杆体轴力;A、w 为高斯函数中待求参数;B、C 为复合幂函数中待求参数。

使用 origin 软件，利用最小二乘法对图 13－18 中的 13# 孔在各荷载作用下的数据分别进行曲线拟合，即在不同荷载下分别求解式(13－14)、式(13－15)中各未知量的最佳值，选择高斯函数模型进行曲线拟合所得公式为：

$$
\begin{cases}
N_1(x)=35.33\exp(-346.3x^2) \\
N_2(x)=128.54\exp(-312.5x^2) \\
N_3(x)=170.67\exp(-231.24x^2) \\
N_4(x)=216.5\exp(-171.47x^2) \\
N_5(x)=286.50\exp(-130.30x^2) \\
N_6(x)=236.5\exp(-21.99x^2) \\
N_7(x)=298.14\exp(-18.87x^2) \\
N_8(x)=376.57\exp(-16.25x^2) \\
N_9(x)=387.86\exp(-15.90x^2)
\end{cases}
\tag{13-16}
$$

使用两参数复合幂函数的曲线拟合公式为：

$$
\begin{cases}
N'_1(x)=34.33/(1+1690.00x^2) \\
N'_2(x)=135.54/(1+961.79x^2) \\
N'_3(x)=185.67/(1+516.37x^2) \\
N'_4(x)=235.25/(1+313.86x^2) \\
N'_5(x)=289.25/(1+195.60x^2) \\
N'_6(x)=286.60/(1+112.80x^2) \\
N'_7(x)=288.61/(1+41.20x^2) \\
N'_8(x)=385.3/(1+27.20x^2) \\
N'_9(x)=394.53/(1+25.60x^2)
\end{cases}
\tag{13-17}
$$

式(13－16)和式(13－17)分别为式(13－14)和式(13－15)对图 13－18 中数据拟合后的表达式。图 13－19 为 4 种荷载作用下试验实测轴力沿杆长分布和模型拟合曲线的比较。

高斯函数模型和复合幂函数模型拟合的残差平方和 RSS 列于表 13－9 中。从表中可以看出：预应力较小时，复合幂函数模型的残差平方和要小于高斯函数模型的残差平方和；预应力较大时(从 P=290.94kN 开始)，情况恰恰相反。

表 13－9　两种函数拟合的残差平方和(RSS)比较

函数 \ RSS	预应力 P(kN)						
	34.9	132.46	229.99	290.94	303.14	376.3(1)	376.3(2)
高斯函数	2.51	62.44	776.32	1330.27	1061.03	10.14	184.00
复合幂函数	1.82	45.62	512.51	1157.46	2083.96	407.71	972.75

注：①残差平方和是指实测值与模拟值之差的平方和，值越小表明拟合程度越好；②在预应力较大时，残差平方和较大，但与试用的其他函数相比，相对较小。

通过对表 13－9 和图 13－19 中数据的分析及比较可以发现：几乎是以预应力值 P=

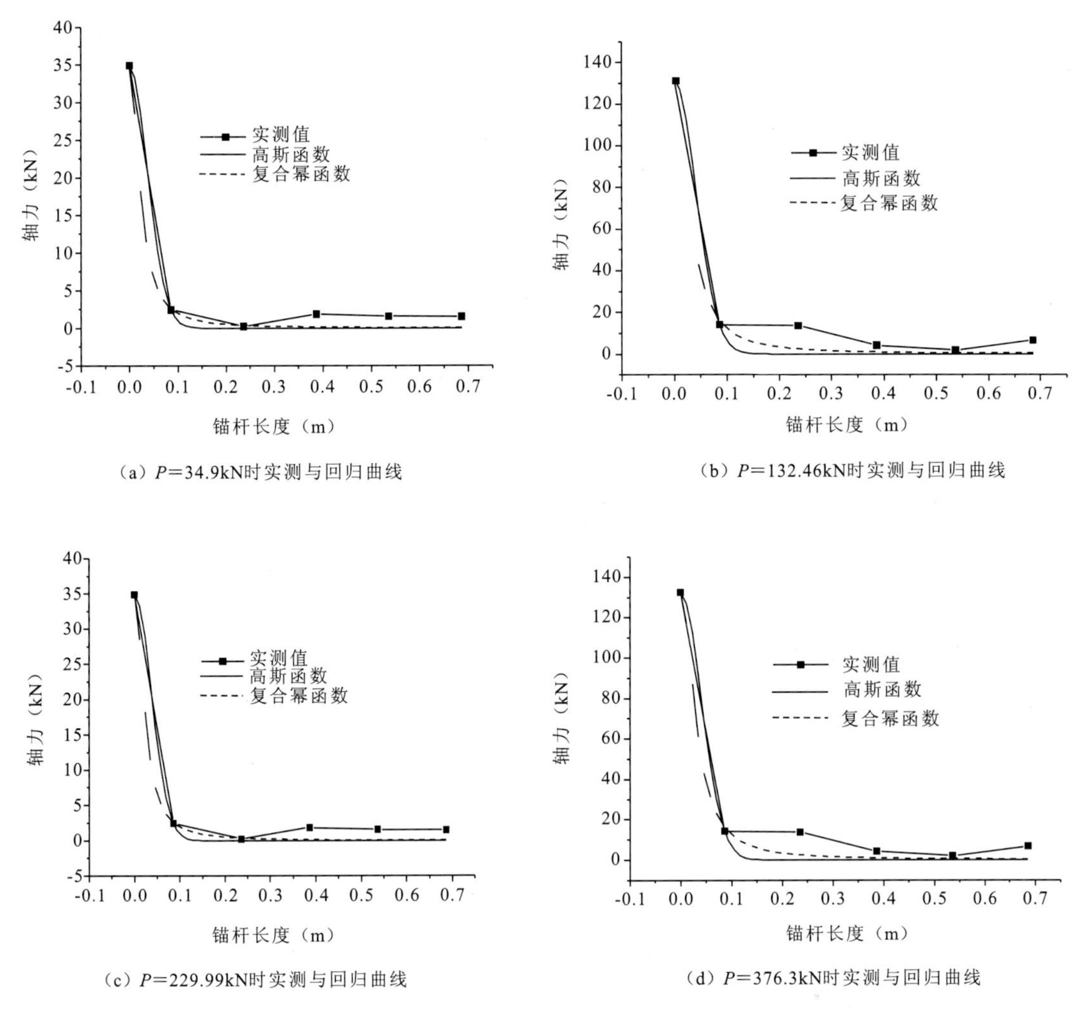

（a）P=34.9kN时实测与回归曲线

（b）P=132.46kN时实测与回归曲线

（c）P=229.99kN时实测与回归曲线

（d）P=376.3kN时实测与回归曲线

图 13－19　试验实测与回归曲线比较

300kN 为界限，在预应力小于此值时，复合幂函数模型的拟合效果要好于高斯函数；而预应力大于此值时，高斯函数模型可以较好地描述锚固段轴力的分布情况。

结合式(13－15)、式(13－17)以及图 13－18，我们可以发现复合幂函数公式中参数 C 随着拉力 P 的增加而增加，且大小相差不远，在分析中可以认为 $C=P$；而式(13－15)中的另一个参数 B 在拟合过程中，随着 P 的增大而减小，其变化范围很大，且无规律可循，因此在轴力分布的基础上对剪应力分布进行研究，使用复合幂函数模型进行研究就不是很方便了。结合式(13－14)、式(13－16)以及图 13－18，我们可以发现，在高斯函数模型中，参数 A 随着拉力 P 的增加而增加，且大小同样相差不远，在分析中同样认为 $A=P$；而参数 w 在拟合过程中是随着 P 的增大而缓慢增大，在发生突变前由 0.037 变化为 0.0615，变化很小，可以认为该参数仅仅与钻孔、锚杆、浆体特性以及破坏与否有关，其变化相对参数 B 来说要小很多，即在对拟合公式进行变换时，要更为准确一些。另外，在拉力较大时，高斯函数拟合公式的残差平方和要小于复合幂函数拟合公式。因此，本书采用高斯函数拟合公式进行剪应力分布的计算和分析。

鉴于在 P=376.3kN 时，0.086m 处的轴力在拉力不变的情况下迅速增加，可以认为此时 0～0.086m 段的浆体提供的剪应力急剧减小，已经处于破坏阶段。高斯函数拟合公式中也可看出，在拉力为 290.94kN 时，参数 w 发生突变，即由 0.057 突变为 0.16，同样可以认为此时杆体-浆体界面已经发生破坏。基于以上两点，可以认为：

(1)锚杆在拉拔过程中，杆体-浆体界面破坏先由孔口附近的破坏开始，沿杆体向深部延伸。

(2)对本次试验中 13# 孔而言，可以使用高斯函数的拟合式(13-18)来描述锚杆临界破坏状态下的轴力分布，可以使用式(13-19)来描述锚杆破坏状态下的轴力分布情况。

$$N(x)=P\exp\left(-\frac{x^2}{2\times 0.0615^2}\right) \tag{13-18}$$

$$N(x)=P\exp\left(-\frac{x^2}{2\times 0.177^2}\right) \tag{13-19}$$

式中：$N(x)$为深度为 x 处的锚杆杆体轴力(kN)；P 为拉拔力(kN)；x 为孔口至测点处深度(m)。

2. 剪应力分布的研究

利用轴力进行剪应力的研究有两种方法：① 利用轴力拟合公式，通过对锚杆进行受力分析，得出剪应力与轴力拟合公式的对应关系；② 在测得杆体应变的基础上，假定相邻测点间剪应力均匀分布，建立锚杆杆体轴力的平衡方程，尤春安等(2004)用式(13-20)来表示，求得钢筋沿杆长的剪应力，并得出了其分布规律。

$$\tau_i=\frac{(\varepsilon_j-\varepsilon_{j+1})EA_s}{l\cdot\Delta x} \tag{13-20}$$

式中：τ_i 为第 j 点和第 $j+1$ 点之间的平均剪应力(kPa)；E 为钢筋的弹性模量(MPa)；ε_j 为第 j 点的应变值；ε_{j+1} 为第 $j+1$ 点的应变值；A_s 为钢筋截面积(m^2)；l 为钢筋截面周长(m)；Δx 为相邻测点间的距离(m)。

关于式(13-20)的使用条件和方法，可参见尤春安等(2004)的相关论述。本书采用第一种方法，利用锚杆轴力的拟合分析方法，对剪应力的分布进行研究。将适用于试验中 13# 孔的破坏临界状态公式(13-18)通用化地表达为：

$$N(x)=P\exp\left(-\frac{x^2}{2w^2}\right) \tag{13-21}$$

式中：P 为拉拔力(kN)；w 为常数，与钻孔状况、浆体状况以及界面破坏与否有关，取正值。

通过对锚杆体中砂浆-杆体界面和砂浆-岩体界面的仔细检查，发现浆体-岩体界面未发生可见破坏，而浆体-杆体界面由于杆体的拉伸出现细微破坏。基于式(13-21)对临界状态下锚杆杆体轴力分布的描述，可以对浆体-杆体界面进行受力分析(在进行应力分布的研究时，暂不考虑杆体表面微观特征的影响)，如图 13-20 所示。

在临界状态时，杆体任一微段 dx 沿杆长方向处于平衡状态，有：

$$N(x)+dN-N(x)+\tau(x)2\pi r dx=0 \tag{13-22}$$

式中：r 为杆体半径(m)。

把式(13-21)代入式(13-22)，可得到剪应力表达式：

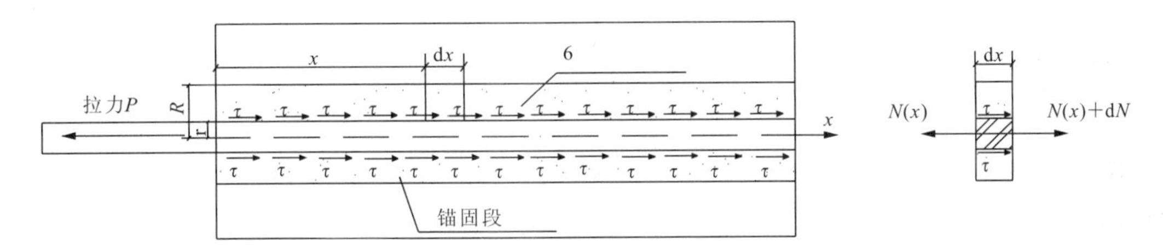

图 13-20　锚固段杆体受力分析示意图

$$\tau(x)=\frac{Px}{2\pi rw^2}\exp(-\frac{x^2}{2w^2}) \tag{13-23}$$

式(13-23)即为剪应力沿杆体的分布规律,可反映锚杆杆体-砂浆界面剪应力分布的如下特征:① 当 $x=0$ 时,$\tau=0$;② 其峰值点在 $x=w$ 处,$\tau_{max}=P\exp(-1/2)/(2\pi rw)$;③ 拐点出现在 $x=\sqrt{3}w$ 处;④ 由前面对轴力的分析可知,在未破坏状态下,w 的数值很小,在 0.06 左右,即使在破坏状态下,其值也仅为 0.17,故较大剪应力分布范围极小。

本次试验中 13# 孔的破坏临界状态下利用式(13-23)所作的理想剪应力分布图如图 13-21 所示。

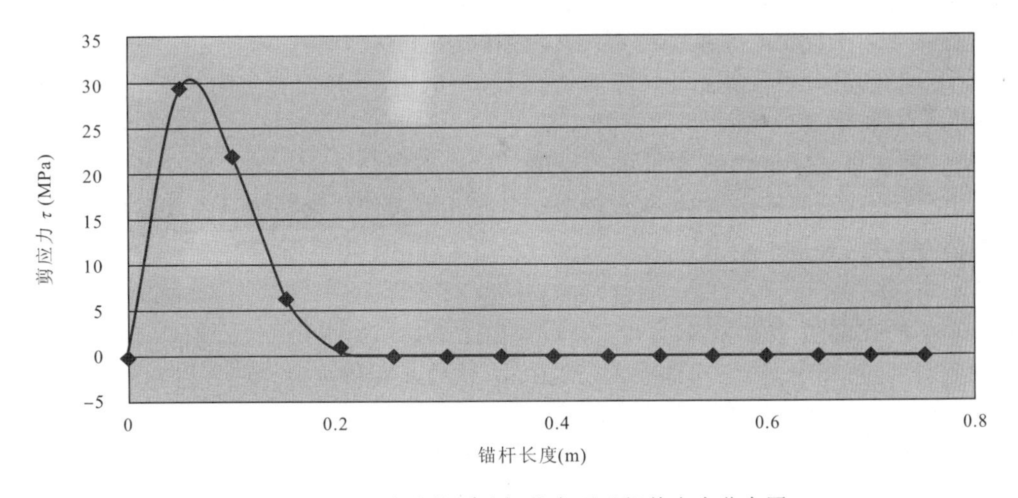

图 13-21　13# 孔临界破坏状态下理想剪应力分布图

从图 13-21 中,我们可以看出:即使在锚固段很短的情况下,剪应力的分布也集中在锚杆杆体前端的 1/3 长度内。

实际上,由于受力情况相近,假定浆体为均质弹性体,进行几乎同样的受力分析,可以得到浆体与岩体界面的剪应力分布,对式(13-23)进行相应的参数代换即可得到:

$$\tau(x)=\frac{Px}{2\pi Rw^2}\exp(-\frac{x^2}{2w^2}) \tag{13-24}$$

式中:R 为浆体半径(m)。

式(13-24)即为浆体-岩体界面的剪应力分布规律,其峰值、拐点与浆体-钢筋界面相同,而 $\tau_{max}=P\exp(-1/2)/(2\pi Rw)$。

13.5 岩体锚杆的锚固力

国内部分研究人员在对锚固段剪应力分布的研究中认为，采用剪应力分布函数计算所得的锚固长度要比平均强度法计算得到的锚固长度大 1 倍以上，平均强度法计算安全系数太小。推导上述结论时采用的边界条件为：峰值抗剪强度 τ_{max} 不大于界面所能提供的黏结强度 τ（该 τ 值由现场试验数据通过平均强度法计算得到）。然而大量现场试验证明，平均强度法计算是偏于保守。下面我们用 13# 孔处于临近破坏状态下的实测数据对 τ_{max} 与 τ 的关系进行讨论。

将 13# 孔的测试数据代入式(13－23)，可得 13# 孔临近破坏状态下浆体-钢筋界面剪应力分布：

$$\tau_{临}=816.59x\cdot e^{-132.30x^2} \tag{13-25}$$

代入 τ_{max} 计算公式，可知杆体-浆体界面剪应力峰值 $\tau_{max1}=30.449$MPa。

由式(13－24)同理可得浆体-岩体界面剪应力峰值 $\tau_{max2}=9.589$MPa。

13# 孔的破坏形式虽然为钢筋断裂，断裂时钢筋未明显拉出，但根据对 13# 孔轴力分布图的分析，可以知道在 $P=290.94$kN 时，13# 孔浆体-杆体界面开始发生破坏，在 $P=376.3$kN 时，前端浆体完全发生破坏。使用平均强度法，根据实测数据可以计算出前端完全破坏时 13# 孔浆体-杆体界面所提供的黏结强度 $\tau_1=5.12$MPa，显然 $\tau_{max1}\gg\tau_1$。

由于 13# 孔浆体-岩体界面并未发生破坏，这里借用 4# 孔钻孔数据进行分析。根据前面的分析可知：在其他条件相同时，硬质合金钻孔孔壁极限剪应力要略大于金刚石钻孔孔壁的极限剪应力。硬质合金钻进所成的 4# 孔与金刚石钻进所成的 13# 孔所在岩石强度差别不大，在使用平均强度法计算界面应力时，可以认为 13# 孔孔壁所能提供的黏结强度要略小于 4# 孔孔壁所能提供的黏结强度。由表 13－6 可知，4# 孔浆体-岩体界面所能提供的黏结强度 $\tau_4=3.07$MPa，可以认为 13# 孔孔壁所能提供的黏结强度 $\tau_{13}<\tau_4=3.07$MPa。而由前面的拟合公式(13－24)是在临近破坏状态下求得的，13# 孔浆体-岩体界面的峰值抗剪强度 $\tau_{max2}=9.589$MPa，比较可知 $\tau_{max2}\gg\tau_{13}$，即 13# 孔浆体-岩体界面峰值抗剪强度要远大于界面所能提供的黏结强度时，界面才发生破坏。

由以上分析可知：本次试验表明，界面峰值抗剪强度远大于界面所能提供的黏结强度时，界面才发生破坏，即界面峰值抗剪强度小于界面所能提供的黏结强度能否作为锚固设计的边界条件还有待商榷。

究其原因，一方面是由于界面所能提供的黏结强度 τ 在测量时一般等同于平均抗剪强度值，测得 τ 值远小于实际值，导致计算偏差较大，锚固段越长，计算偏差就越大；另一方面是由于剪应力峰值段范围很小，即使峰值剪应力处界面发生破坏，该处仍然会受到两侧浆体的阻碍作用，从而引起剪应力的重新分布，界面不会发生整体破坏。

13.6 本章小结

本章通过室内模型试验和试验数据的理论分析，讨论了岩体锚杆锚固力的控制因素，拟合出了锚杆轴力、剪应力的计算公式，绘制出了锚杆锚固段轴力变化曲线。由以上的试验数据、作图分析以及数值计算分析，在岩层中可以得出如下结论：

(1)通过模型试验研究，冲击-回转钻进所成钻孔孔壁最为粗糙，硬质合金钻进成孔次之，金刚石钻孔孔壁最为光滑，而孔壁越粗糙，岩石-浆体界面极限剪应力越大。在其他条件相同的情况下，即使肉眼难以辨别其孔壁差别，硬质合金钻孔孔壁的极限剪应力较金刚石钻孔孔壁的极限剪应力要大 50%，甚至更多。孔壁泥皮的存在可使孔壁极限剪应力减少 50%，甚至更多。

(2)月牙钢和螺纹钢在拉拔过程中会对浆体产生径向应力，该径向应力与围压在同一数量级上。拉拔过程产生的径向应力与机械嵌固力，是以月牙钢或者螺纹钢为杆体的锚杆的承载力要大于以圆钢为杆体的锚杆承载力的主要原因。

(3)复合幂函数和高斯函数都可以较为准确地描述各状态下全长黏结型锚杆杆体的轴力分布。在拉拔力较小时，复合幂函数的拟合程度较好；在临近破坏状态下，高斯函数的拟合程度要好于复合幂函数。在轴力高斯函数分布的基础上可以更进一步进行剪应力的分布研究。

(4)在临近破坏状态下，全长黏结型锚杆锚固段杆体-浆体界面剪应力沿锚固长度分布在靠近锚固段顶端处有最大值并呈向两侧逐渐减小的单峰曲线。通过对 13# 孔破坏临界状态下剪应力分布的分析，发现在本次试验条件下，界面峰值抗剪强度远大于界面所能提供的黏结强度。

14 锚杆(索)材料

在锚杆(索)的设计施工中，首先要选择确定的就是锚杆(索)的制作、施工材料。这些材料包括了锚杆(索)的杆体材料、黏结材料、锚杆垫板、锚具、自由段套管以及其他一些辅助材料。

14.1 杆体材料

14.1.1 锚杆杆体材料

目前常用的锚杆杆体材料为各种类型的热轧螺纹钢筋，其规格、机械性能见表14-1。选择时应根据锚杆锚固力的大小合理选择杆体材料及规格。

表14-1 常用锚杆杆材钢筋型号、规格及机械性能

钢筋牌号	公称直径 d(mm)	屈服强度 δ_z(MPa)	抗拉强度 δ_b(MPa)	延伸度 δ_5(%)	弯曲试验弯心直径
HRB335	6～25	≥335	≥490	≥16	$3d$
	28～50				$4d$
HRB400	6～25	≥400	≥570	≥14	$4d$
	28～50				$5d$
HRB500	6～25	≥500	≥640	≥12	$6d$
	28～50				$7d$

在设计与施工中，大量采用的是HRB400，直径为Φ22mm、Φ25mm和Φ28mm三种规格。

对于锚杆杆体材料的检验，与钢筋混凝土材料中的钢材检验相同，既要有出厂合格证、进场按批次复检，又要有焊接性能的检验。

14.1.2 锚索杆体材料

制作锚索的材料主要有不同规格的钢绞线和高强钢丝，它们的共同特点是柔性好、强度高和运输方便，适用于制作大吨位的长锚索。选取时应考虑材料的特点、锚固力的大小、锚索长度和施工场地条件等因素。根据《预应力混凝土用钢绞线》(GB/T 5224—2003)规定，钢绞线按结构可分为5类(表14-2)。其中在滑坡治理工程中最常用的是第4种：用7根钢丝捻制的标准型钢绞线(1×7)，其尺寸及力学性能见表14-3。

表 14 - 2 钢绞线的结构分类

序号	结构特征	代号
1	用 2 根钢丝捻制的钢绞线	1×2
2	用 3 根钢丝捻制的钢绞线	1×3
3	用 3 根刻痕钢丝捻制的钢绞线	1×3 I
4	用 7 根钢丝捻制的标准钢绞线	1×7
5	用 7 根钢丝捻制又经模拔的钢绞线	(1×7)C

表 14 - 3 1×7 钢绞线尺寸及力学性能

<table>
<tr><th rowspan="2">钢绞线公称直径(mm)</th><th rowspan="2">抗拉强度(MPa)</th><th rowspan="2">公称截面积(mm^2)</th><th rowspan="2">单位长度重量(g/m)</th><th rowspan="2">整根钢绞线的最大力 F_m(kN) ≥</th><th rowspan="2">规定非比例延伸力 $Fp_{0.2}$(kN) ≥</th><th rowspan="2">最大力总伸长率(L_0≥500mm) A_{gt}(%) ≥</th><th colspan="2">应力松弛性能</th></tr>
<tr><th>初始负荷相当于公称最大力的百分数(%)</th><th>1000h 后应力松弛率 r(%) ≤</th></tr>
<tr><td rowspan="3">9.50</td><td>1720</td><td rowspan="3">54.8</td><td rowspan="3">430</td><td>94.3</td><td>84.9</td><td>对所有规格</td><td>对所有规格</td><td>对所有规格</td></tr>
<tr><td>1860</td><td>102</td><td>91.8</td><td rowspan="20">3.5</td><td rowspan="7">60</td><td rowspan="7">1.0</td></tr>
<tr><td>1960</td><td>107</td><td>96.3</td></tr>
<tr><td rowspan="3">11.10</td><td>1720</td><td rowspan="3">74.2</td><td rowspan="3">582</td><td>128</td><td>115</td></tr>
<tr><td>1860</td><td>138</td><td>124</td></tr>
<tr><td>1960</td><td>145</td><td>131</td></tr>
<tr><td rowspan="3">12.70</td><td>1720</td><td rowspan="3">98.7</td><td rowspan="3">775</td><td>170</td><td>153</td></tr>
<tr><td>1860</td><td>184</td><td>166</td></tr>
<tr><td>1960</td><td>193</td><td>174</td><td rowspan="7">70</td><td rowspan="7">2.5</td></tr>
<tr><td rowspan="6">15.20</td><td>1470</td><td rowspan="6">140</td><td rowspan="6">1101</td><td>206</td><td>185</td></tr>
<tr><td>1570</td><td>220</td><td>198</td></tr>
<tr><td>1670</td><td>234</td><td>211</td></tr>
<tr><td>1720</td><td>241</td><td>217</td></tr>
<tr><td>1860</td><td>260</td><td>234</td></tr>
<tr><td>1960</td><td>274</td><td>247</td></tr>
<tr><td rowspan="2">15.70</td><td>1770</td><td rowspan="2">150</td><td rowspan="2">1178</td><td>266</td><td>239</td><td rowspan="6">80</td><td rowspan="6">4.5</td></tr>
<tr><td>1860</td><td>279</td><td>251</td></tr>
<tr><td rowspan="2">17.80</td><td>1720</td><td rowspan="2">191</td><td rowspan="2">1500</td><td>327</td><td>294</td></tr>
<tr><td>1860</td><td>353</td><td>318</td></tr>
<tr><td rowspan="2">21.60</td><td>1770</td><td rowspan="2">285</td><td rowspan="2">2237</td><td>504</td><td>454</td></tr>
<tr><td>1860</td><td>530</td><td>477</td></tr>
</table>

在滑坡治理的设计与工程实践中，大量采用1×7的直径Φ15.20mm、1860级别的钢绞线，其标准标记为1×7-15.20-1860-GB/T 5224—2003。

锚固工程是一项隐蔽工程，特别是永久性锚索，通常是主体工程中一个极其重要的部分，在施工时材料性能和质量直接影响着锚固工程的质量甚至治理的成败，所以对工程中所使用的锚索材料均应进行严格检验。对钢绞线而言，检验包括了外观检查和力学性能检查两个方面。

(1)外观检查。应符合下列要求：① 制作锚索的钢绞线应逐盘进行严格检查，其表面不得有裂缝、小刺、劈裂、死弯等机械损伤和油迹；② 钢绞线的外观尺寸应符合表14-3的规定。

(2)力学性能检查。应符合下列要求：① 钢绞线的力学性能应抽样检查，从每批任意抽取5%盘，且不少3盘的钢绞线各取一个样品进行力学试验；② 通过试验如发现有不符合表14-3要求的，则该盘钢绞线为不合格产品，这时还应从同一批未经试验的钢绞线盘中再取出双倍数的样品进行重复试验，如仍有一个指标不合格，则该批钢绞线为不合格产品；若使用该批钢绞线时，应逐盘取样试验来选用合格产品；③ 测定钢绞线的破断力时，应采用整根钢绞线作拉力试验，不允许将钢绞线拆散；④ 测定钢绞线的伸长率时，标距为600mm。

14.2 黏结材料

黏结材料的主要作用首先是将锚杆(索)固定于钻孔中，实现对滑坡变形体的固定；其次是对杆体材料进行防腐和对松散体进行充填改良。在滑坡治理工程中黏结材料主要采用水泥质的注浆体，树脂类注浆体由于造价高昂而很少用于工程，另外，在矿山和隧道开挖等工程中的锚杆黏结材料还常采用快硬水泥药卷和树脂药卷。本书根据滑坡治理工程的实际情况，主要介绍水泥质注浆体。

水泥质注浆体材料主要由水泥、细骨料、外加剂和水拌和而成，其质量好坏直接决定了锚固工程的质量甚至成败，所以在材料选择上必须按照设计和相关规范严格把关。下面对其共性要求作一简述。

14.2.1 水泥

应根据工程具体情况和设计要求选用，常用的有普通硅酸盐水泥和硅酸盐水泥。矿渣硅酸盐水泥和快硬硅酸盐水泥在一般性工程中也可使用；在腐蚀性地层中宜采用抗硫酸盐水泥和高抗硫酸盐水泥；对于服务年限小于6个月的临时性和用于检验地层承载力的试验锚杆(索)工程也可采用铝矾土水泥。锚固工程中最常使用的是普通硅酸盐水泥(简称普通水泥)，由硅酸盐水泥熟料、6%～15%混合材料，适量石膏磨细制成的水硬性胶凝材料，代号为P.O，其强度等级分为42.5、42.5R、52.5、52.5R四个等级。几种常见的水泥主要性能指标见表14-4。

水泥的密度大小与熟料的矿物组成、混合材料的种类和掺量有关。硅酸盐水泥的密度一般为3050～3200kg/m^3，水泥存储时间延长，密度会降低。水泥的细度也是决定水泥性能的重要因素，颗粒越细，其比表面积越大，水化反应速度越快，标准强度越高。按照国家标准《水泥细度检验方法(筛析法)》(GB/T 1345—2005)规定，测定水泥细度是以水筛法的80μm方孔筛的筛余量为指标，注浆工程一般要求筛余量≤5%。水泥的凝结时间按照规定采用维卡仪进行测定，硅酸盐的初凝时间不早于45min，终凝时间不得迟于6.5h。

表14-4　常见水泥力学性能表(GB 175—2007)

水泥品种	强度等级	抗压强度(MPa)		抗折强度(MPa)	
		3天	28天	3天	28天
硅酸盐水泥	42.5	≥17.0	≥42.5	≥3.5	≥6.5
	42.5R	≥22.0		≥4.0	
	52.5	≥23.0	≥52.5	≥4.0	≥7.0
	52.5R	≥27.0		≥5.0	
	62.5	≥28.0	≥62.5	≥5.0	≥8.0
	62.5R	≥32.0		≥5.5	
普通硅酸盐水泥	42.5	≥17.0	≥42.5	≥3.5	≥6.5
	42.5R	≥22.0		≥4.0	
	52.5	≥23.0	≥52.5	≥4.0	≥7.0
	52.5R	≥27.0		≥5.0	
矿渣硅酸盐水泥、火山灰硅酸盐水泥、粉煤灰硅酸盐水泥、复合硅酸盐水泥	32.5	≥10.0	≥32.5	≥2.5	≥5.5
	32.5R	≥15.0		≥3.5	
	42.5	≥15.0	≥42.5	≥3.5	≥6.5
	42.5R	≥19.0		≥4.0	
	52.5	≥21.0	≥52.5	≥4.0	≥7.0
	52.5R	≥23.0		≥4.5	

水泥浆液的浓度用水灰比 W/C 表示，其中 W 为水的质量，C 为水泥的质量，锚固注浆用水泥浆液的浓度一般取0.5∶1。纯水泥浆的基本性能见表14-5。

表14-5　纯水泥浆的基本性能

水灰比	黏度(10^3Pa·s)	密度(g/cm^3)	凝结时间 h(min)		结实率(%)	抗拉强度(MPa)			
			初凝	终凝		3天	7天	14天	28天
0.5∶1	139	1.86	7:41	12:36	99	4.14	6.46	15.3	22.00
0.75∶1	33	1.62	10:47	20:36	97	2.43	2.60	5.54	11.27
1∶1	18	1.49	14:56	24:27	85	2.00	2.40	2.42	8.90
1.5∶1	17	1.37	16:52	34:47	67	2.04	2.33	1.78	2.32
2∶1	16	1.30	17:07	48:15	56	1.66	2.56	2.10	2.80

注：表中数据采用42.5普通硅酸盐水泥，测定数据为平均值；资料来源于刘文永(2008)。

14.2.2 细骨料

注浆体中的细骨料除了大量采用的中细砂外，还可适当采用粉煤灰、黏性土、细粒矿渣或细粒硅粉等。

中细砂应为质地坚硬的天然砂或机制砂，粒径不宜大于2.5mm，细度模数不宜大于2.0，SO_3的含量宜小于3%，有机物含量不宜大于3%。

黏性土塑性指数不宜小于14，黏粒(粒径小于0.005mm)含量不宜小于25%，含砂量不宜大于5%，有机物含量不宜大于3%。

粉煤灰应为精选的Ⅱ级以上，烧失量宜小于8%，SO_3含量宜小于3%。

同时应注意在使用这些材料时，既要考虑设计浆液强度的要求，也要考虑浆液的流动性和施工装备的能力，其掺入比例遵守生产厂家和设计要求。

14.2.3 外加剂

为了改善浆液在注入施工和硬化时的性能，达到设计技术要求，在浆液中可加入适量外加剂。外加剂的种类繁多，其中有不少外加剂的性能和使用效果尚没有成熟的经验，在使用时必须经过材料和注浆试验。对于永久性锚杆(索)，其外加剂中不能含有有害性、腐蚀性成分。常用的外加注浆用外加剂类型及掺入量见表14-6。

表14-6 注浆用外加剂

类型	名称	最佳掺量(%)	说明
速凝剂	氯化钙	1～2	加速凝结、硬化、提高早期强度
	硅酸钠	0.05～3	加速凝结
	铝酸钠		
缓凝剂	木质磺酸钙	0.2～0.5	延缓凝固、增大流动性
	酒石酸	0.1～0.5	
	糖		
流动剂	木质磺酸钙	0.2～0.3	增大流动性
	去垢剂	0.05	产生气泡
加气剂	松香树脂	0.1～0.2	产生约10%的气泡
膨胀剂	铝粉	0.005～0.02	膨胀约15%
	饱和盐水	30～60	膨胀约1%
防析水剂	膨润土	2～10	
	纤维素	0.2～0.3	
	硫酸铝	约20	产生气泡

14.2.4　水

注浆体中应使用纯净且对锚杆(索)杆体材料无腐蚀的水。一般情况下凡是可饮用的水均可直接用于浆液的拌和,当使用其他非饮用水时应进行化学分析。

现场制浆时要求加料准确并注意加料顺序,先往搅拌机中放入规定的水量,然后再加入水泥搅拌均匀后再加入外加剂。使用普通搅拌机时浆液的搅拌时间不少于3min,使用高速搅拌机时不少于3s。搅拌时间大于4h的浆液应废弃。任何季节浆液的温度都应保持在5～40℃之间。

14.3　锚具

锚具是锚杆(索)的重要部件,锚杆(索)的锚固性能是否能满足设计要求,所选锚具的质量是关键。一般情况下对于锚杆而言称之为锚杆垫板,对于锚索则简称为锚具。目前国内已研制和生产出了适用于不同用途的多种锚杆垫板和锚具系列产品。例如,用于钢绞线锚固的锚具就有JM系列、XM系列、XYM系列、QM系列和OVM系列等产品。

14.3.1　锚杆垫板

垫板是锚杆的重要部件之一,对于端头锚固的锚杆而言,如果没有安装垫板或垫板没有压紧孔口壁面,就意味着锚杆根本没有发挥作用。对于端头锚固的锚杆,当施加预应力后,垫板紧压岩土体面,使岩土体产生侧向应力从而改善其力学性能,提高岩土体的自承能力。对于无预应力全长黏结型锚杆,垫板同样起着很大的作用,当用螺帽压紧垫板时,可防止垫板附近一定范围内的破碎岩土体的脱落。

锚杆垫板一般使用较高强度的钢板制成,平板式垫板厚度不应小于6mm,面积不应小于150mm×150mm。垫板也可以使用铸铁材料,但由于铸铁的力学性能较差,厚度应增大。在隧道和矿山工程的锚固施工中,还大量采用了各种异形垫板,使用情况表明端头锚固的锚杆采用各种异形垫板可以改善锚杆的锚固性能。目前地下工程中使用的异形垫板有斗形、钟形、三角形和环形等形式,它们采用性能较好的钢板在模具上冷压而成,其厚度一般不少于4mm。对于滑坡锚固工程,垫板的厚度、大小应根据锚固力的大小确定。

14.3.2　锚索锚具

关于锚具的最新标准有《中华人民共和国预应力筋用锚具、夹具和连接器》(GB/T 14370—2007)、住建部《预应力筋用锚具、夹具和连接器应用技术规程》(JGJ 85—2010)、原铁道部《预应力筋用锚具、夹具和连接器》(TB/T 3193—2008)等。锚具选择应符合上述规范要求的合格产品,使用的锚具要有出厂合格证和质量检验证明。锚具的规格型号应根据锚索体材料的类型、锚固力的大小、锚索受力条件和锚固使用要求选取。承受动载和承受静载的重要工程,应使用Ⅰ类锚具,该类锚具除必须满足静载锚固性能外,必须能经受200万次循环的疲劳试验,在抗震结构中还应满足循环50次的周期荷载试验。受力条件一般的非重要工程,可使用只需满足静载锚固性能要求的Ⅱ类锚具。

14.3.3 检验

锚杆垫板、锚具在使用前，除应按照设计文件、出厂证明文件核对锚固性能级别、型号、规格及数量外，还应进行外观检查、硬度检查以及静载和动载锚固能力试验。

(1)外观检查。从每批中抽取10%且不少于10套的锚具，检查其外观和尺寸。如一套表面有裂纹或超过产品标准及设计图纸规定的允许偏差，则另取双倍数量的锚具进行重新检查；如有一套仍不符合要求，则应逐套检查，合格的方可使用。

(2)硬度检查。从每批中抽取5%且不少于5套的锚具，对其中的锚环和不少于5片的夹片进行硬度试验。每个零部件测试4点，其硬度应在设计要求的范围内。如有一个试件不符合要求，则另取双倍数量的零件重新进行试验；如仍有一个试件不符合要求，则该批锚具为不合格产品。

(3)静载锚固能力试验。锚具的静载锚固性能由预应力锚具组装件静载试验测定的锚具效率系数 η_a 和达到实测极限拉力时的总应变 ε_{apu} 确定。

$$\eta_a = \frac{F_{apu}}{\eta_p F_{apu}^c} \tag{14-1}$$

式中：F_{apu} 为预应力锚具组装件的实测极限拉力(kN)；F_{apu}^c 为预应力锚具组装件中各根筋计算极限拉力之和(kN)；η_p 为预应力筋的效率系数。

预应力筋的效率系数 η_p 可按照下列原则选取：① 对于重要的锚固工程，按《预应力筋用锚具、夹具和连接器应用技术规程》(JGJ 85—2010)规定的计算方法确定；② 对于一般的锚固工程，当预应力筋为钢丝、钢绞线或热处理钢筋时，η_p 取0.97。

为了保证被锚固的预应力筋在破坏时有足够的延伸性，总应变 ε_{apu} 和锚具的效率系数 η_a 要同时满足下列要求：① 对于Ⅰ类锚具，$\eta_a \geqslant 0.95$ 且 $\varepsilon_{apu} \geqslant 2.0\%$；② 对于Ⅱ类锚具，$\eta_a \geqslant 0.90$ 且 $\varepsilon_{apu} \geqslant 1.7\%$。

(4)动载锚固能力试验。Ⅰ类锚具的预应力筋锚具组装件除必须满足静载锚固性能外，必须经受200万次的循环疲劳试验，在抗震结构中还应满足循环50次的周期荷载试验；Ⅱ类锚具只需满足静载锚固性能要求即可。

除以上的要求之外，锚具还要符合以下两点：① 当预应力筋锚具组装件达到实测极限拉力时，全部零件均不应出现肉眼可见的裂缝或破坏；② 锚具应能满足分级张拉、补偿张拉等张拉工艺要求，并具有能放松预应力筋的性能。

14.4 其他

14.4.1 自由段套管

自由段套管有以下两个功能：

(1)用于锚索体筋材的防腐。阻止地层中有害气体和地下水通过注浆体向锚索杆体材料渗透。

(2)隔离效果。即将锚索杆体材料与周围注浆体隔离,使锚索自由段杆体能够自由伸缩,达到使应力和应变在自由段全长均匀分布的目的。

自由段套管的材料常用聚乙烯、聚丙乙烯或聚丙烯,施工时可选用与钢绞线尺寸相符的优质塑料管现场套制;或者选用带套管的无黏结钢绞线,但在施工时要剥去锚固段部分的套管,并用清洁剂除净附着在钢绞线周围的油脂。无论是现场自制或使用工厂生产的带套管钢绞线,套管均要保证其壁厚不小于 1mm,以防在施工中破损。

自由段套管制作时应符合以下要求:

(1)套管宜选用聚氯乙烯、聚丙乙烯或聚丙烯塑料管,并具有出厂检测报告和出厂合格证。

(2)选用的套管应具有足够的厚度、柔性和抗老化性能,并能在锚索有效服务时间内抵抗有害化学物、气体及地下水对锚索杆体材料的腐蚀。

(3)既可以使用工厂制作好防腐层的钢绞线(无黏结钢绞线),经设计人员同意,也可以使用普通钢绞线在现场制作防腐层。

(4)对于现场制作的防腐层应进行现场试验,以检验其隔离效果,套管和钢绞线的摩擦不应影响锚索体在工作状态下应力的传递和分布。

14.4.2　波纹套管

地下水或岩土中存在腐蚀性时,经常在锚杆(索)杆体与孔壁之间增设波纹套管,全段隔离锚杆(索)体与周围岩土体。波纹套管一般采用具有一定韧性和硬度的塑料制成(也有采用钢带卷制的),其功能也有两点:

(1)锚索体防腐。作用同与自由段套管,多一重保护,增加防腐的可靠性(对于临时性和一般工程锚索,可不设波纹套管)。

(2)保证锚固段应力向地层传递的有效性。波纹管可使管内的注浆体与管外的注浆体形成相互咬合的沟槽,以使锚索的应力通过注浆体有效传入地层。

波纹套管应符合以下要求:

(1)套管宜采用聚氯乙烯塑料管。采用钢带卷制的波纹管时要保证卷制质量,套管内外不能有气体、液体的交换。

(2)套管材料应具有较强的化学稳定性和耐久性。

(3)套管壁厚不应小于 0.8mm,波纹间距一般为壁厚的 6～12 倍,齿高一般不应小于壁厚的 3 倍。

(4)套管应具有一定的刚性和韧性,能在施工中承受一定的外力冲撞和摩擦损伤。

(5)对于永久性锚索,套管材料的性能参数应符合表 14－7 的规定。

14.4.3　油脂

无黏结钢绞线的隔离防护层主要由塑料套管和油脂组成,油脂的作用是润滑和防腐。临时锚索可以使用普通黄油制作自由段,但用于永久性工程的锚索不宜使用黄油,这主要是由于黄油中含有水分和对金属腐蚀有害的元素,同时油脂老化时将分离出水和皂状物质,使原来的油脂失去润滑作用并加剧腐蚀。永久性锚索应选用符合表 14－8 规定的专用油脂。

表 14－7 波纹套管性能指标

序号	性能参数	单位	验收标准	
			聚氯乙烯	聚丙烯或聚乙烯
1	密度	kg/m^3	≥1.35	≥0.93
2	抗拉强度(23℃、试验速度 50mm/min)	MPa	≥45	≥29(聚乙烯) ≥30(聚丙烯)
3	软化点	℃	≥75	≥110
4	硬度(肖氏 D 级)		≥65	≥65
5	脆化温度	℃	≤－5	≤－5
6	抗环境应力裂纹	h	200h 无裂纹	
7	耐霉性		速度小于 1Δ	
8	抗菌性		样品表面无细菌生成	
9	吸水性	%	长期浸泡、重量增加≤0.5%	
10	抗静水压力		无局部膨胀、渗水、滴水	

注：观测细菌生长应不超过表面积的 10%。

表 14－8 无黏结预应力筋专用防腐润滑油脂技术要求

序号	项目	质量指标	
		Ⅰ#	Ⅱ#
1	工作锥入度(1/10mm)	296～325	265～295
2	沸点(℃)	≥160	≥160
3	水分(%)	≤0.1	≤0.1
4	钢网分油量(100℃、24h)(%)	≤8.0	≤8.0
5	腐蚀试验(45 号钢片、100℃、24h)	合格	合格
6	蒸发量(99℃、22h)(%)	≤2.0	≤2.0
7	低温性能(－40℃、30min)	合格	合格
8	湿热试验(45 号钢片、30*d*)级	≤2	≤2
9	盐雾试验(45 号钢片、30*d*)级	≤2	≤2
10	氧化安定性(99℃、100h、78.5×10Pa) (1)氧化后压力降(Pa) (2)氧化后酸值(mgKOH/g)	≤14.7×10 1.0	≤14.7×10 1.0
11	对套管的兼容性(65℃、40*d*) (1)吸油率(%) (2)拉伸强度变化率(%)	≤10 ≤30	≤10 ≤30

14.4.4　配件

锚索配件主要指导向帽、隔离支架、对中支架和束线环(图 14-1)。

导向帽主要用于钢绞线和高强钢丝制作的锚索,其功能是便于锚索推送。导向帽由于在锚固段的远端,即便腐蚀也不会影响锚索性能,所以其材料可使用一般的金属薄板或相应的钢管制作。

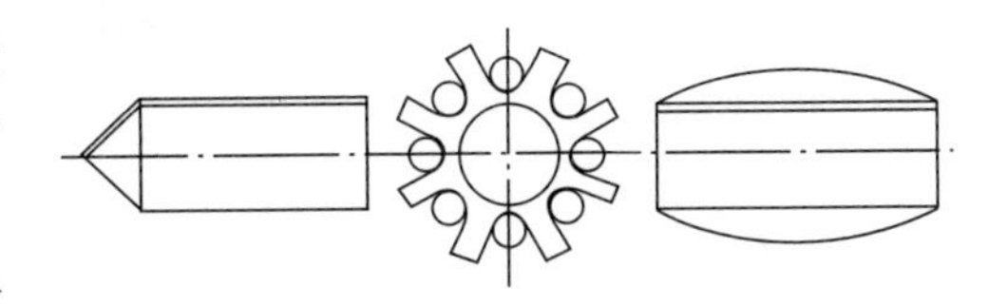

图 14-1　锚索配件

隔离支架的作用是使锚固段各钢绞线相互分离,以保证使锚固段钢绞线周围均有一定厚度的注浆体覆盖。对中支架用于张拉段,其作用是使张拉段锚索体在孔中居中,以使锚索体被一定厚度的注浆体覆盖。隔离支架和对中支架位于锚索体上,均属锚索的重要配件,对于永久性锚索应使用耐久性和耐腐蚀性良好,且对锚索体无腐蚀性的材料,一般选用硬质塑料制作。

束线环主要用于保证钢绞线的形状,使其不松不散。一般布置在两个隔离支架或对中支架之间,采用绑扎丝扎紧即可。

14.5　本章小结

本章以锚杆(索)的结构为基础,分类详细介绍了的锚杆(索)的杆体材料、黏结材料(注浆体)、锚具和主要配件、选择依据及要求,并对各种材料的检验要求也作了简要论述。

15　锚固工程的设计

锚固技术作为一种边(滑)坡的治理加固措施,与传统的支护方式如重力式挡墙、抗滑桩等有着根本的区别。传统的支护方式常常是被动地承受变形坍塌岩土体产生的荷载,而锚固技术可以主动加固岩土体,有效控制变形。锚固工程的设计包括了锚杆(索)类型的选择、布置形式、锚固深度、锚固力大小和注浆等方面的设计,并要求对锚固工程的施工提出相关技术和工艺要求。

15.1　锚固形式的选择

为了使锚杆(索)的应力能传入稳定的地层,通常采用以下3种形式来实现。

(1)使用机械装置(如胀壳式内锚头)把锚杆(索)固定在坚硬稳定的地层中。

(2)用注浆体(如砂浆、素水泥浆或树脂类注浆体)把锚固段锚杆(索)体与孔壁黏结在一起。

(3)用扩大锚头钻孔(如高压注浆、扩孔)等手段把锚固段固定在稳定地层中。

能否合理选用以上的锚固形式,主要取决于设计人员对地层的工程力学性质和锚杆(索)力学性能的了解程度。在滑坡和边坡的锚固工程中,由于考虑到对岩土体的改善,一般采用注浆锚固的形式,很少采用机械锚固形式。在地层力学性质不好、不足以提供所需锚固力时,也采用加大钻孔直径或仅仅扩大锚头的锚固形式。正如前面对土层和岩层中锚固力的研究所表明的,锚杆(索)的锚固性能对地层性质、黏结材料的变化十分敏感,而地层条件千变万化,黏结材料的类型和配比也不是固定不变的,我们仅能使用推荐的公式来初步大致地估算锚杆(索)锚固力。最终锚固力的确定应通过现场试验来确定。

通过前几章的论述可以得知,锚杆(索)的破坏通常有以下几种形式:

(1)沿着锚杆(索)体与注浆体界面破坏。

(2)沿着注浆体与地层界面破坏。

(3)由于埋入稳定地层中的深度不够而使地层呈锥体状剪坏。

(4)由于材料强度不足而出现杆体断裂。

(5)锚固段注浆体被压碎或破裂。

(6)整体支护力不够而出现锚杆(索)群体性破坏。

设计时应考虑到锚杆(索)在最大承载力范围内工作时,锚固形式的选择以能够避免以上破坏形式的出现为宜。

15.2 一般规定

15.2.1 设计流程

当滑坡工程采用锚固方案或包含有锚固措施的防治办法时,应充分考虑锚杆(索)的特性、与被锚固结构体系的稳定性、经济性和施工的可行性。锚杆(索)设计的流程和内容见图15-1。

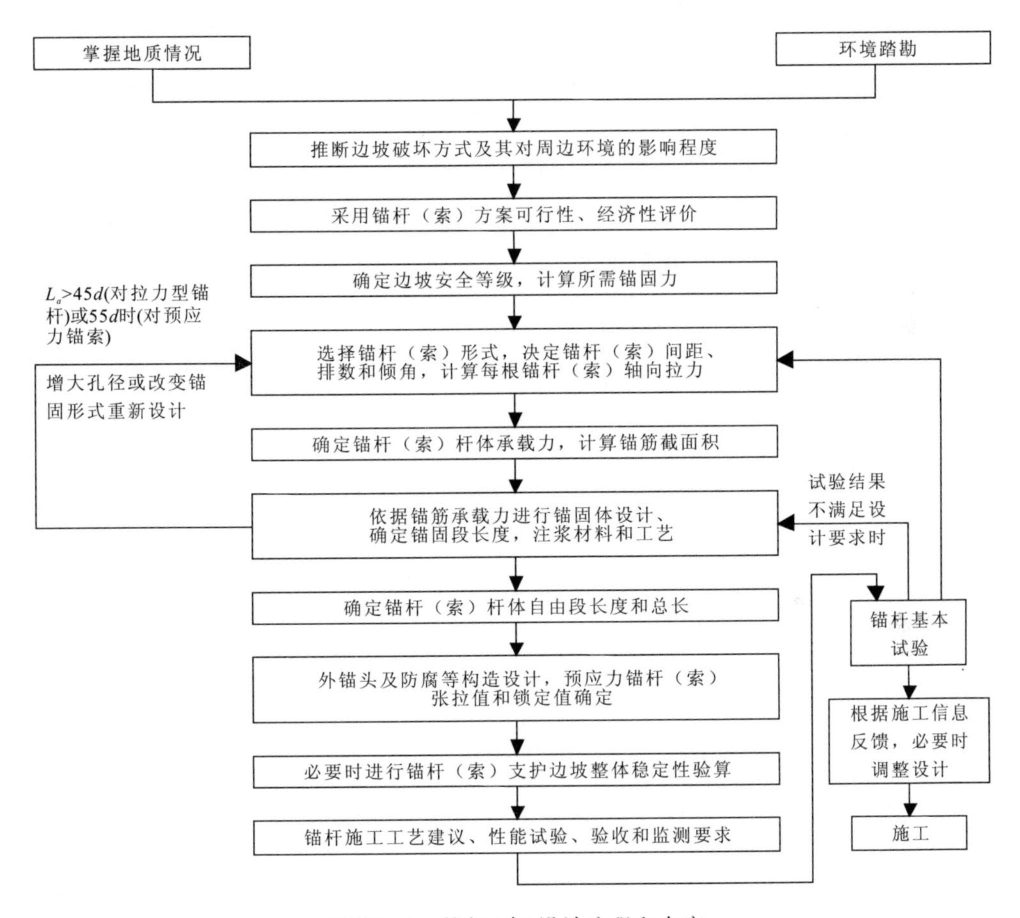

图15-1 锚杆(索)设计流程和内容

根据锚杆(索)的使用材料、加载方式等,在滑坡治理中通常采用不施加预应力的砂浆锚杆和施加预应力的预应力锚索。

(1)砂浆锚杆。由水泥砂浆(或净浆)、杆体、垫板、垫圈和螺帽(或与岩土体表面可靠连接的其他部件)组成,通过水泥砂浆将锚杆和孔壁黏结在一起,达到加固岩土体的目的,可适用于各种地层,但一般不施加预应力。

(2)预应力锚索。其设计是针对特定的地层条件和锚固形式,确定预应力锚索的承载能力和锚固长度，并使预应力能够可靠地传入稳定地层。

15.2.2 注意的问题

在锚固工程的设计中，为了达到技术可靠、经济合理的目的，还应注意以下几个共性问题：

(1)锚固设计应在调查、试验、研究的基础上，充分考虑锚固区地层的工程地质、水文地质条件和工程的重要性。

(2)在满足工程使用功能的情况下，应确保锚固设计具有安全性与经济性。

(3)确保锚杆(索)施加于结构或地层上的预应力不对结构物本身和相邻结构物产生不利影响，锚固体产生的位移应控制在允许的范围内。

(4)永久锚索的有效寿命不应小于被加固物的服务年限，防腐等级应达到相应的要求。

(5)设计采用的永久锚杆(索)均应在进行锚固性能试验后才能用于工程加固。

(6)锚固设计结果与试验结果有较大差别时，应在调整锚固设计参数后重新进行试验。

为了确保锚杆(索)加固的长期有效性，从地层强度方面考虑，《建筑边坡工程技术规范》(GB 50330—2013)规定锚杆(索)的锚固段不应设置在未经处理的下列岩土层中：

(1)有机质土和淤泥质土。其有机质含量为 $5\% < W_u \leqslant 10\%$，具有高压缩性的特点，含水量接近或超过液限，孔隙比大于1(有的甚至高达2.5)。

(2)液限 ω_L 大于50%的土层。属于高液限土，遇水极易产生大的变形，强度低。

(3)松散的砂土或碎石土。空隙比较大，受力后变形较大。

除了从地层强度方面要考虑设置锚固段的可靠性以外，从地层腐蚀性的角度也应作出考虑，国际预应力协会(FIP)规定不得在下列地层中设置锚固段：

(1)地下水pH值小于6.5的地层。

(2)地下水中CaO的含量大于30mg/L的地层。

(3)CO_2 含量大于15mg/L的地层。

(4)NH_4^+ 含量大于15mg/L的地层。

(5)Mg^{2+} 含量大于100mg/L的地层。

(6)SO_4^{2-} 含量大于100mg/L的地层。

《建筑边坡工程技术规范》(GB 50330—2013)还规定了宜采用预应力锚杆(索)的几种情况：

(1)边坡变形控制要求严格时。

(2)边坡在施工期稳定性很差时。

(3)高度较大的土质边坡采用锚杆(索)支护时。

(4)高度较大且存在外倾软弱结构面的岩质边坡采用锚杆(索)支护时。

(5)滑坡整治采用锚杆(索)支护时。

15.2.3 锚固工程设计的主要内容

根据滑坡的勘察资料、整治目的和使用要求，进行锚固工程设计需要解决的主要内容包括：

(1)根据地层情况合理选择锚杆(索)的锚固类型、结构尺寸。

(2)确定锚杆(索)的锚固力和锁定预应力值。

(3)确定锚杆(索)杆体材料和截面面积。

(4)计算锚杆(索)注浆体与地层之间黏结长度。

(5)计算锚杆(索)注浆体与杆体材料之间的黏结长度。

(6)确定锚杆(索)的锚固段、自由段长度和锚固深度。

(7)根据选用的张拉设备及锚具,确定锚杆(索)张拉段的外露长度。

(8)确定锚杆(索)的结构形式及防腐措施。

(9)确定锚杆(索)的锚头锚固形式及防护措施。

15.3　锚固工程设计的计算

15.3.1　锚固力总体要求

锚杆(索)进行锚固设计时,锚固力应满足的条件为:

$$T_a = T_u / S_f \tag{15-1}$$

$$T_a \geqslant T_W \tag{15-2}$$

$$T_d \geqslant T_W \tag{15-3}$$

式中:T_a 为锚杆(索)容许锚固力(kN);T_u 为锚杆(索)极限锚固力(kN);S_f 为锚杆(索)设计安全系数,见表 15-1;T_W 为锚杆(索)工作锚固力(kN);T_d 为锚杆(索)设计锚固力(kN)。

以上是对锚杆(索)设计的总体要求,下面分别从拉力计算、杆体截面积选择、锚固段长度选择等方面介绍《建筑边坡工程技术规范》(GB 50330—2013)中的规定。

表 15-1　锚杆(索)设计安全系数

分类	安全系数			
	锚杆(索)体	注浆体与地层界面	注浆体与锚杆(索)体或注浆体与套管	锥体破坏
服务年限小于6个月的临时锚杆(索),破坏后不会产生严重后果,且不会增加公共安全危害	1.50	2.00	2.00	2.00
服务年限小于2年的临时锚杆(索),破坏后尽管会产生严重后果,但没有事先预报也不会产生公共安全危害	1.60	2.50①	2.50	3.00
永久、高腐蚀性地层和破坏后果相当严重的锚杆(索)	2.00	3.00②	3.00	4.00

注:① 如果现场试验已进行,可取 $S_f=2.00$;② 如果在黏性土中,可取 $S_f=4.00$。

15.3.2 轴向拉力计算

锚杆(索)的轴向拉力标准值按下式计算:

$$N_{ak}=\frac{H_{tk}}{\cos\alpha} \tag{15-4}$$

式中:N_{ak}为相应于作用的标准组合时锚杆(索)所受的轴向拉力,相当于锚杆(索)的设计锚固力 T_d(kN);H_{tk}为锚杆水平拉力标准值(kN);α 为锚杆(索)的倾角(与水平面夹角)(°)。

15.3.3 杆体截面积计算

锚杆(索)钢筋截面面积应满足下列公式的要求:

普通钢筋锚杆:

$$A_s\geqslant\frac{K_b N_{ak}}{f_y} \tag{15-5}$$

预应力锚索:

$$A_s\geqslant\frac{K_b N_{ak}}{f_{py}} \tag{15-6}$$

式中:A_s 为锚杆(索)杆体材料(钢筋或钢绞线)截面面积(m^2);f_y、f_{py}为普通钢筋或预应力钢绞线抗拉强度设计值(kPa);K_b 为锚杆(索)杆体抗拉安全系数,取值见表 15-2。

表 15-2 锚杆(索)杆体抗拉安全系数

边(滑)坡工程安全等级	安全系数	
	临时性锚杆(索)	永久性锚杆(索)
一级	1.8	2.2
二级	1.6	2.0
三级	1.4	1.8

15.3.4 注浆体与岩土层锚固长度计算

锚杆(索)锚固体与岩土层间的接触长度应满足下式的要求:

$$L_a\geqslant\frac{KN_{ak}}{\pi\cdot D\cdot f_{rbk}} \tag{15-7}$$

式中:K 为锚杆(索)锚固体抗拔安全系数,取值见表 15-3;L_a 为锚杆(索)锚固段长度,同时应满足构造设计要求(m);f_{rbk}为岩土层与锚固体极限黏结强度标准值,通过前面的论述或者试验确定,当无试验资料时可参照表 15-4 和表 15-5 取值(kPa);D 为锚杆(索)锚固段钻孔直径(m)。

表 15－3　锚杆(索)锚固体抗拔安全系数

边(滑)坡工程安全等级	安全系数	
	临时性锚杆(索)	永久性锚杆(索)
一级	2.0	2.6
二级	1.8	2.4
三级	1.6	2.2

表 15－4　岩石与锚固体极限黏结强度标准值

岩石类别	f_{rbk}值(kPa)
极软岩	270～360
软岩	360～760
较软岩	760～1200
较硬岩	1200～1800
坚硬岩	1800～2600

注:① 适用于注浆体强度等级为 M30;② 仅适用于初步设计,施工时应通过试验检验;③ 岩体结构面发育时,取表中下限值;④ 岩石类别根据天然单轴抗压强度 f_r 划分:$f_r<5$MPa 为极软岩,5MPa$\leqslant f_r<15$MPa 为软岩,15MPa$\leqslant f_r<30$MPa 为较软岩,30MPa$\leqslant f_r<60$MPa 为较硬岩,$f_r\geqslant60$MPa 为坚硬岩。

表 15－5　土体与锚固体极限黏结强度标准值

土体类别	土的状态	f_{rbk}值(kPa)
黏性土	坚硬 硬塑 可塑 软塑	65～100 50～65 40～50 20～40
砂土	稍密 中密 密实	100～140 140～200 200～280
碎石土	稍密 中密 密实	120～160 160～220 220～300

注:① 适用于注浆体强度等级为 M30;②仅适用于初步设计,施工时应通过试验检验。

15.3.5　注浆体与杆体锚固长度的计算

锚杆(索)杆体材料与锚固砂浆之间的锚固长度应满足以下要求:

$$L_a \geqslant \frac{KN_{ak}}{n\pi d f_b} \tag{14-8}$$

式中：K 为锚杆(索)锚固体抗拔安全系数，取值可参照表 15-3 执行；L_a 为锚杆(索)杆体材料与砂浆间的锚固长度(m)；d 为锚杆(索)杆体材料直径(m)；n 为锚杆(索)杆体材料(钢筋、钢绞线)根数；f_b 为杆体材料与锚固砂浆间的黏结强度设计值，应由试验确定，当缺乏试验资料时可参考表 15-6 取值。

表 15-6　钢筋、钢绞线与砂浆之间的黏结强度设计值

锚杆类型	水泥浆或水泥砂浆强度等级		
	M25	M30	M35
水泥砂浆与螺纹钢筋间的黏结强度设计值(kPa)	2.10	2.40	2.70
水泥砂浆与钢绞线、高强钢丝间的黏结强度设计值(kPa)	2.75	2.95	3.40

注：① 当采用两根钢筋点焊成束的做法时，黏结强度应乘以 0.85 的折减系数；② 当采用 3 根钢筋点焊成束的做法时，黏结强度应乘以 0.7 的折减系数；③ 成束钢筋的根数不应超过 3 根，钢筋总截面积不应超过锚孔面积的 20%；④ 当锚固段钢筋和注浆材料采用特殊设计，并经试验验证锚固效果良好时，可适当地增加锚筋用量。

15.3.6　锚固段长度确定原则

锚杆(索)的设计宜先按照式(15-5)和式(15-6)计算所用锚杆钢筋的截面积，选择每根锚杆(索)实配的钢筋(钢绞线)根数、直径和锚孔直径；再用选定的锚孔直径按照式(15-7)确定锚固体长度 L_a；然后再根据选定的钢筋(或钢绞线)根数及面积，按照式(15-8)确定锚杆(索)杆体的锚固长度 L_a；最终的锚固段长度选择两者中的较大值。

在土层中，锚杆(索)杆体与锚固材料之间的锚固力一般高于锚固体与土层间的锚固力，因此土层中锚杆(索)锚固段长度一般均由式(15-7)所控制。

在岩层中，极软岩和软质岩中的锚固破坏一般发生于锚固体与岩层之间；硬质岩中锚固段破坏可发生在杆体与锚固材料之间。因此岩石锚杆(索)锚固段长度应分别按照式(15-7)和式(15-8)计算，取其中的较大值。

15.3.7　抗震设计

临时性锚杆(索)可不考虑地震的影响；永久性锚杆(索)做抗震验算时，其安全系数应按照 0.8 倍折减。

15.4　锚杆(索)的构造设计

锚杆(索)的构造设计是指在锚固工程的设计中，除满足设计计算条件外，还应满足施工简便、经济和规范性方面的要求。

15.4.1　锚杆(索)的总长度

锚杆(索)的总长度应为锚固段、自由段和外锚头的长度之和,如果外锚头长度不满足张拉工艺要求的长度时,增加张拉工具要求长度。除此之外,还应符合下面的构造要求:

(1)锚杆(索)的自由段长度应为外锚头到潜在滑裂面的长度;预应力锚杆自由段长度应不小于5.0m,且应超过潜在滑裂面1.5m。

(2)锚杆锚固段长度按照式(15-7)和式(15-8)的计算结果取其中的较大值。尽管基于前面的研究我们可以发现,对于土体中取4.0m、岩体中取3.0m长的锚固段都已经足够,但是如果锚固段过短,锚固段岩土体质量有突然下降或施工质量控制不好时,可能会严重降低锚杆(索)的锚固力。所以在土层中的锚杆(索)锚固段长度不应小于4.0m,并不宜大于10m;岩石锚杆的锚固段长度不应小于3.0m,且不宜大于$45d$和6.5m;岩体中的预应力锚索锚固段长度不应小于3.0m,且不宜大于$55d$和8.0m。

(3)位于软质岩体中的预应力锚索,可根据地区经验确定最大锚固长度。

(4)计算的锚固段长度超过构造要求长度时,应采取改善锚固段岩土体质量(如压力灌浆、焙烧等手段)、扩大锚固段直径、二次注浆、采用荷载分散型锚杆(索)等措施,提高锚杆(索)的承载能力。

15.4.2　锚杆(索)的钻孔直径

钻孔直径除考虑达到计算要求、施工简便经济的因素外,还应满足以下要求:

(1)钻孔内的锚杆(索)杆体材料的截面积不超过钻孔面积的20%。这可以通过两个方面的措施来达到:一是在满足设计要求的前提下,尽可能减小杆体材料的截面积;二是增大钻孔的直径。

(2)钻孔内的锚杆(索)杆体材料的保护层厚度,对永久性锚杆(索)不应小于25mm,对临时性锚杆(索)不应小于15mm。

15.4.3　锚杆(索)的倾角

滑坡灾害防治设计中,锚杆(索)的倾角[即锚杆(索)轴线与水平面的夹角]是一个十分重要的问题。倾角过小,会使锚杆(索)纯粹作为受拉杆件,发挥不了岩土体本身的力学性质;倾角过大,不仅抗滑作用减低,甚至可能会产生与抗滑相反的作用,加剧岩土体的变形破坏。经过大量的施工实践总结,锚杆(索)的倾角宜采用10°~35°,并应避免对相邻构筑物产生不利影响。

15.4.4　锚杆(索)的隔离架

根据前面的论述,锚杆(索)的隔离架也包括了对中支架和束线环,沿锚杆(索)轴线方向每隔1~3m设置一个,对土层应取小值,对岩层可取大值。

15.4.5　锚杆(索)传力结构

锚杆(索)的传力结构分为被动受力结构(非预应力)和主动受力结构(预应力),都应满足以下要求：

(1)预应力锚杆(索)传力结构应有足够的强度、刚度、韧性和耐久性。

(2)强风化或软弱破碎岩质边坡和土质边坡宜采用框架构型钢筋混凝土传力结构。

(3)对于Ⅰ类、Ⅱ类及完整性好的Ⅲ类岩质边坡，宜采用墩座或地梁型钢筋混凝土传力结构。

(4)传力结构与坡面的结合部位应做好防排水设计及防腐措施。

(5)承压板及过渡管宜由钢板和钢管制成，过渡管钢管壁厚不宜小于5mm。

15.4.6 锚固段岩体处理

在锚杆(索)的设计中，锚固段一般情况下均应位于完整、稳定的岩层中，但由于构造或其他因素的影响，要把锚固段施工到稳定岩层深度太大，通过稳定分析也没有必要时，锚固段也可以局部位于破碎岩体中。但是，如果锚固段所处岩体破碎、渗(失)水量大时，则必须对破碎岩体做灌浆加固处理。

15.4.7 锚杆(索)的防腐

对于永久性锚杆(索)的防腐，应达到并符合以下要求：

(1)非预应力锚杆的自由段位于岩土体中时，可采用除锈、刷沥青船底漆和沥青玻纤布缠裹两层进行防腐处理。

(2)对采用钢绞线、精轧螺纹钢制作的预应力锚杆(索)，自由段可按照(1)中处理方式处理后装入套管中。自由段套管两端100～200mm长度范围内用黄油充填，外绕扎工程胶布固定。

(3)对于无腐蚀性岩土层内的锚固段，水泥浆或水泥砂浆保护层厚度不应小于25mm；对于腐蚀性岩土层内的锚固段，应采取特殊防腐蚀处理，且水泥浆或水泥砂浆保护层厚度不应小于50mm。

(4)经过防腐蚀处理后，非预应力锚杆的自由段外端应埋入钢筋混凝土构件内50mm以上；对预应力锚杆(索)，其锚头的锚具经除锈、涂防腐漆3次后采用钢筋罩网、现浇混凝土封闭，且混凝土强度等级不应低于C30，厚度不应小于100mm，保护层厚度不应小于50mm。

对于临时性锚杆(索)的防腐，可以简单处理，应达到并符合以下要求：

(1)非预应力锚杆的自由段，可采用除锈后刷沥青防锈漆处理。

(2)预应力锚杆(索)的自由段，可采用除锈后刷沥青防锈漆或加套管处理。

(3)外锚头可采用外涂防腐材料或外包混凝土处理。

15.5 本章小结

本章以锚固工程设计为重点内容，首先从锚杆(索)的锚固形式选择入手，介绍了滑坡防治工程中常用的锚杆(索)形式；其次针对设计中存在的应注意的共性问题做了介绍，以避免还没开始设计就出现了常识性的错误；再结合建筑边坡规范的要求，详细介绍了锚杆(索)设计计算步骤和要求；最后论述了锚杆(索)的构造设计。通过前三点的介绍可以从理论上对其进行分析、计算和设计，但是只有结合了第四方面构造的要求，才能设计出合格的锚杆(索)工程。

16　锚杆(索)的施工

锚固技术在不断的发展,施工方法也在不断地发展和改进。锚杆(索)的承载力即使在相同的地层条件下,由于施工方法、施工机械、使用材料和施工技术的不同而不同,所以施工时为了满足设计的各项要求,正式施工前必须进行现场施工试验,根据试验资料、成果和以往的工程实践经验,确定最适宜的施工方法。同时,锚杆(索)的施工具有隐蔽性和专业性强的特点,施工人员的经验往往直接影响到施工的质量,所以锚杆(索)的施工,应由具有一定施工经验的专业化施工队伍承担。

锚杆(索)的施工包括施工前的准备、造孔、杆体制作与安装、注浆、张拉和锁定等过程。施工时,往往会受到地形、地貌和地质等条件的限制与影响,不能按照原设计进行施工,这种情况下就需要施工人员及时向设计人员报告与沟通,会同相关人员妥善处理。锚杆(索)的施工一般流程见图 16－1。

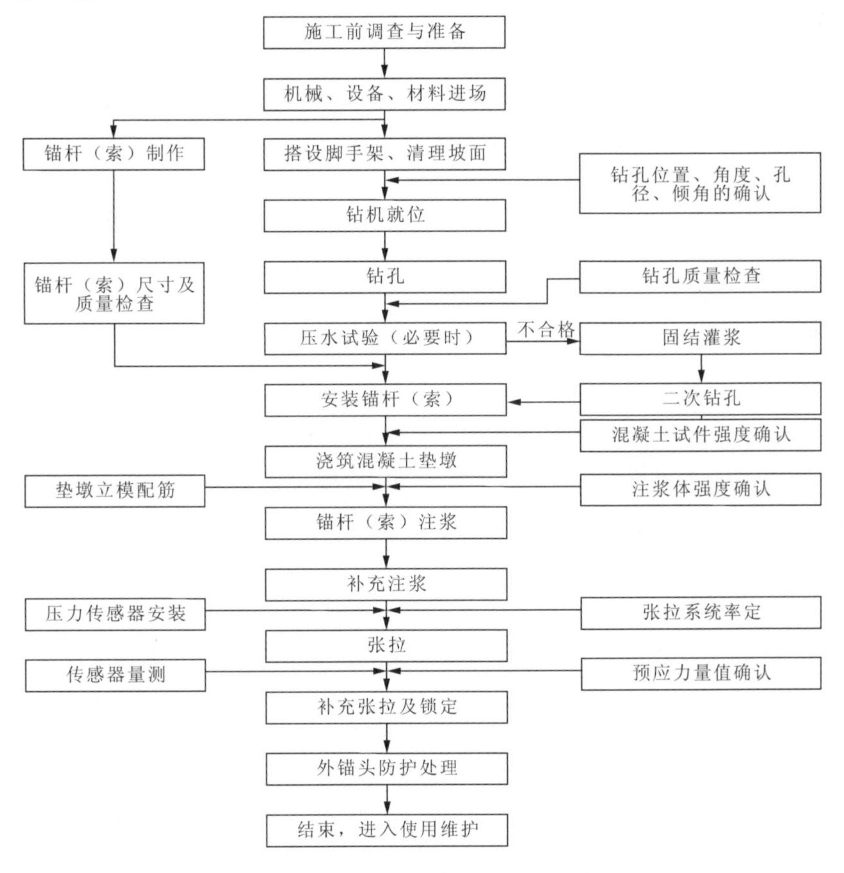

图 16－1　锚杆(索)施工流程图

16.1 施工组织设计

16.1.1 施工前调查

施工前调查是施工组织的基础，也是编制施工组织设计的基础。施工组织调查主要完成两大方面的工作。

(1)自然条件。包括锚固工程施工的地形与地貌条件、水文地质与工程地质条件、岩土性质与破碎程度、气象与环境条件、交通与交通影响条件等。

(2)人为条件。包括施工用水、用电，临近建(构)筑物基础埋深和地下管线(或埋设物)的分布及其对施工的影响与锚固施工对它们可能产生的不良影响，施工噪音和排污可能对周围环境造成的影响，施工应遵循的相关标准、法规、规范、规程等。

16.1.2 施工组织设计

在进行了施工前的调查之后，锚固工程施工之前，要根据设计书的要求和调查试验资料，制订切实可行的施工组织设计。

施工组织设计一般应包括工程概况(工程名称、地点、工期、工程量、工程地质与水文地质条件等)，锚固工程施工的目的，锚杆(索)类型、长度，锚固力的大小、结构，工程进度计划表，施工场地布置图，施工人员配置(包括技术人员配置和劳动力配置)，主要施工机械配置和材料供应计划，施工工艺、流程，施工安全、质量、工期保证和环境保护措施，工程竣工验收时应提交的技术资料等内容。根据具体工程的不同，可根据工程的具体情况和复杂程度进行必要的增减。

16.2 钻孔

钻孔施工是锚固工程中关键工序之一，其工程量也在锚固工程施工中占据较大的比重，是影响工程费用和工期的关键性因素。锚杆(索)钻孔的施工应根据设计要求的钻孔参数和地层类型，确定适用的施工装备和工艺，力求达到提高工作效率和降低工程费用的目的。

16.2.1 一般要求

根据锚固工程中钻孔的目的——安放锚杆(索)杆体、提供稳定地层作为锚固段等要求，结合滑坡防治的具体特点，对钻孔的布设位置、施工以及清理等有如下的要求：

(1)应对锚固段位置的围岩质量、厚度进行确认，如原设计的部位不适合做锚固段时，应采用固结灌浆改良、改变锚固段位置或增加锚索长度等措施进行补救。

(2)钻孔应保证在钻进、锚杆(索)安装和注浆过程中的稳定，钻孔完成后应及时进行锚杆(索)的安装和注浆工作。

(3)钻孔施工时应优先采用干法成孔(螺旋钻进或空气钻进)，不宜采用循环钻进，特别是不宜使用膨润土等制作泥浆作为循环液。

(4)钻孔过程中有地下水从孔口溢出时，应采用固结灌浆进行预处理，以避免锚固体浆液流失或稀释后降低强度。

(5)钻孔孔壁上附着的粉尘、泥屑应使用高压空气或水进行彻底清洗，以确保注浆体与孔壁的黏结强度。

(6)钻孔完成并清洗干净后，应对孔口进行暂时封堵，不得使碎屑、杂物等进入孔内。

(7)在钻进过程中，应注意钻进速度、排出岩粉的成分与数量、地下水等资料的收集与记录，发现异常情况及时向现场技术人员汇报，必要时应向设计人员反馈施工信息。

16.2.2 钻孔精度

钻孔施工应满足设计图纸要求的参数，其精度应控制在规定的范围内。钻孔的精度包含了4个方面的含义：钻孔直径、钻孔深度、钻孔位置和孔斜。

(1)钻孔直径。设计所要求的钻孔直径是为了满足施工和锚杆(索)锚固性能的需要，直径过小会造成施工困难、影响锚固性能，过大则会造成浪费，因此应该严格按照设计要求进行钻孔施工。一般情况下要求钻孔直径不小于设计要求。

在大多数情况下，钻孔完成后钻孔直径都不会发生明显变化，但应考虑在某些地层，如黏土、泥灰岩等情况下，钻孔完成后孔径可能会产生严重的遇水收缩。这种情况下应预先扩大钻孔直径，预留收缩量，严格控制并采用干法施工，严禁地层见水。

在破碎坍塌地层中采用套管钻进时，应考虑套管占据的面积。一般情况下，如果不影响锚杆(索)的安装，套管外径不小于设计孔径即可。

(2)钻孔深度。考虑到滑坡治理工程中的锚杆(索)钻孔均为下斜孔，不管采用何种钻孔清理手段，都难免会在孔底积聚少量的废渣，这些碎屑会占据一定的钻孔长度，因此要求钻孔深度超过锚杆(索)设计长度的0.5m以上。

(3)钻孔位置。对于钻孔位置的偏差，不宜大于20.0mm。如果由于地形条件的限制达不到要求，应与设计人员联系，重新确定孔位。

(4)孔斜。钻孔时由于钻机的振动可能会使钻机发生移动而造成过大的孔斜误差，因此钻机应该稳固牢靠。一般情况下，钻孔的开孔误差控制在$\pm 2.5°$以内，沿长度方向的偏斜度不大于孔深的2%。

对于高密度的长锚杆(索)群，可能会由于孔斜偏差而造成锚固段区域各锚杆(索)的相互干扰，这种情况下建议将相邻锚杆(索)的倾角或锚固段位置交错布置。

对于一般的钻机，当遇到较大倾角的层面、破碎岩体、软硬交替的地层或有孤石存在时，要达到2%的偏差要求并无保障。在这种情况下，或者采用较高精度的钻机(一般采用大功率钻机，这样会造成施工成本的上升和资源浪费)，或者与设计单位沟通，降低精度要求。

16.2.3 钻孔机具与成孔工艺

应综合考虑钻孔通过的岩土类型、成孔条件、锚固类型锚杆(索)长度、施工现场环境、地形条件、经济性和施工工期等因素，选择合适的钻孔机具和成孔工艺。在滑坡防治工程中，由于钻孔一般均布置在不稳定地层中，地层受水流扰动会造成局部甚至整体的失稳，均应采用干法成孔，破碎地层中还要采用跟管钻进工艺。

根据构造设计的要求，锚杆（索）的钻孔直径一般均大于100mm，长度大于10m。在岩层中，应优先选用潜孔冲击类钻机。这不仅是由于经济方面的原因，更重要的是采用潜孔冲击钻凿的钻孔孔壁粗糙，对锚杆（索）的锚固十分有利。在松软破碎的岩体中一般选用高压空气循环的旋转钻进或跟管钻进，有些钻孔中甚至需要多次注浆加固才可能成孔。目前国内已研制和生产出了适用于不同条件下的同心及偏心跟管钻具，也根据实践经验发明了螺旋冲击回转钻进工艺（吴璋等，2005），大大提升了复杂松软破碎岩体的锚杆（索）钻孔施工效率，降低了成本。在黏性土地层中，一般使用各种螺旋排粉方式的回转钻进钻机，该类钻机扭矩、给进力和起拔力要求较大，功率较大。砂卵石地层中的成孔比较困难，传统上采用冲击式锚杆机将锚杆（通常采用布有一定密度注浆孔的钢管）直接打入地层，或者采用随钻锚杆（钻杆即为高强度的锚杆，钻入后即放置于底层中），然后进行压力注浆。随着跟管钻进工艺的成熟和普及，目前基本都采用跟管钻进工艺施工砂卵石层中的锚杆（索），提高了砂卵石地层的支护安全度，降低了支护成本。

在锚杆（索）的发展初期，钻孔的施工一般都采用传统的地质钻机或国外进口专用钻机，使得锚杆（索）的使用受到严重限制，成本居高不下。近年来，随着锚固技术的广泛应用，锚固专用施工装备开始大量出现。目前，在锚固工程施工中常用的有MD－50、100B潜孔钻机、QDG系列钻机等。近年来，在传统锚杆钻机的基础上又开发了一系列履带式钻机，增加了钻机的机动性，降低了人工劳动强度。常用的几种钻机的技术性能参数见表16－1。

表16－1　几种常用钻机技术性能参数

钻机型号	MD－30	MD－50A	MDL－60C	YG－50	YGL－50
钻孔直径（mm）	ϕ65～130	ϕ85～160	ϕ85～185	ϕ100～168	ϕ130～200
钻孔深度（m）	30～50	40～60	50～80	40～60	50
钻杆直径（mm）	ϕ73×1000	ϕ73、ϕ89	ϕ73、ϕ89、ϕ102、ϕ114	ϕ73×1500，ϕ89×1500	ϕ89×1500，ϕ127×1500
钻孔倾角（°）	－15～90	－10～90	0～90	0～120	
回转器输出转速（rpm）	0～42、0～118	10～130	12～150	5～120	40～98
回转器输出扭矩（N·m）	1600	2000	2500	2000	2500
回转器行程（mm）	1200	1800	1800	1800	1800
推进架给进行程（mm）		600	600	500	500
回转器提升力（kN）	22	42.5	42.5	30	30
回转器加压力（kN）	15	26	25	15	15
输入功率（kW）	15	18.5＋1.5＋0.15	18.5＋11＋1.5	18.5	37
重量（kg）	主机：350 泵站：400 操纵台：50	1200	4500	1000	2000
运输状态外形[长（mm）×宽（mm）×高（mm）]	2100×640×1070	3200×700×1300	3800×2100×2200	3000×1000×1500	3850×1450×2000

潜孔冲击钻机使用的冲击器(又称潜孔锤)按配气类型可分为有阀式和无阀式两大类,早期国内使用的均为有阀式潜孔锤,如J系列和CIR系列,这类冲击器对气压要求较高,个别零件的使用寿命短,柱销容易损坏使钻头掉入孔内。针对以上的缺点,近年来研制生产了无阀式冲击器。无阀式冲击器与有阀式冲击器工作状况相近,但在结构上没有特定的配气阀,依靠冲击器内部活塞在运动过程中与冲击器特殊构造的配合来完成整个气动冲击器的配气过程。这类冲击器较好地克服了有阀式冲击器存在的问题,适应性强,在不同的气压下(0.7～5.0MPa)均可正常工作。

在选择钻孔机具时,可能会受到钻孔所通过地层的类型、钻孔几何尺寸、设计要求的钻孔精度、工程规模、工期和现有设备情况等多种因素的影响,但只要能保证工期和达到钻孔设计尺寸及精度的要求,采用任何钻孔机具都是允许的。

16.3 锚杆(索)的制作与安装

16.3.1 锚杆(索)的制作

因为不同用途、不同类型和不同材料的锚杆(索)在制作与施工方面存在较大的差异,每个细小环节都能影响到锚固工程的质量,所以其制作应由熟练工人在工程师的指导下进行。锚杆(索)的制作流程见图16-2,一般有如下规定。

(1)锚杆(索)的制作应该在加工车间或有覆盖的工棚内进行。

(2)制作锚杆(索)的各种配件的放置位置及数量应在现场根据组装试验或设计要求确定。

(3)锚杆(索)制作前应对钻孔实际深度进行测量,并按孔号截取杆体材料;其长度按照锚固段长度、自由段长度、锚头长度和张拉长度之和截取杆体材料。

(4)杆体材料的截取宜使用机械切割,不得采用电弧切割。

(5)按照设计要求进行防腐处理,将处理好的杆体材料顺直置放于制作支架上。

(6)按照设计和规范要求编织成束(笼),注意对中支架、束线环、注浆管等的安装位置。

(7)锚杆(索)制作完成后,应经有关人员进行详细检查,检查合格的产品编

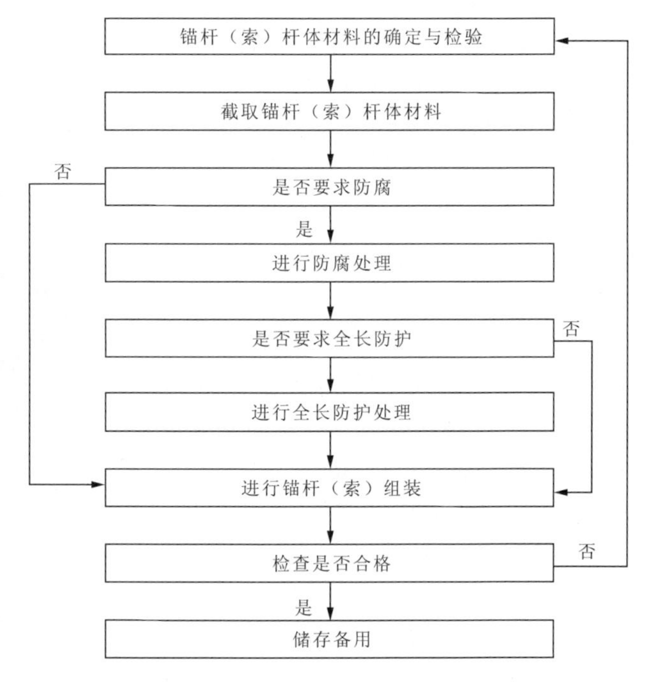

图16-2 锚杆(索)制作流程图

号待用;检查不合格的产品不能投入储存和使用,需及时进行返修或做报废处理。

16.3.2 锚杆(索)制成品的储存

锚杆(索)成品的储存应符合以下要求:

(1)锚杆(索)制作完成后应尽早投入使用,避免长期存放。

(2)锚杆(索)应存放在干燥、清洁的地方,不得露天存放,要避免机械损坏或使焊渣、油渍溅落在其上。

(3)锚杆(索)存放的相对环境湿度超过 85%时,杆体裸露部分应用浸渍油脂的纸张或塑料布进行包裹防腐处理。

(4)锚杆(索)应遵循随用随做的原则,对存放时间较长的锚索在使用前要进行严格的检查,如有松散和锈蚀现象,应重新进行制作并做除锈处理。

16.3.3 锚杆(索)的安装

目前,锚杆(索)一般由人工安装,对于大型锚索在个别情况下也采用吊装的办法。在锚杆(索)的安装前应对钻孔重新进行检查,发现塌孔、掉块等情况时应对钻孔进行清理。在岩土体破碎等不良地层中安放锚杆(索)时,应谨慎小心,防止在推送时破坏钻孔,进而造成安装事故。在搬运和推送过程中,应有专人指挥,动作和用力要整体、均匀,以免破坏锚杆(索)的配件和防护层;安装前再次对锚杆(索)体进行详细检查,对破坏的防护层、配件、螺纹等进行修复,修复合格后才能进行安装作业。当锚杆(索)设置有排气管、注浆管和注浆袋时,推送过程中不能使其转动,并不断检查排气管和注浆管,以免堵塞、折死、压扁和磨坏,确保锚杆(索)就位后排气管、注浆管通畅;对于预制锚固段的锚杆(索),应避免安装时张拉段与锚固段交界处产生剧烈弯曲,以防注浆体开裂和脱离。当推送困难时,应将锚杆(索)抽出,查明原因并处理后再次安装;同时应对抽出的锚杆(索)的配件安装固定的有效性、防护层的损坏程度、排气管和注浆管的状况、止浆带的位置及完整程度进行仔细检查,必要时应重新对锚杆(索)进行编制;如果锚杆(索)体上黏附的粉尘和泥土较多时,要对钻孔重新进行清洗,并对其他钻孔的清洁程度也进行检查。

锚具、垫板的安装应与锚杆(索)体同轴且位于锚孔轴线的垂直面上,安装应平整、牢固;对于钢绞线或高强钢丝制作的锚索,锁定后其偏差不应超过±5°(图 16-3);锚垫板与垫墩应紧密接触,无缝隙,并满足局部抗压强度要求。锚头多余的钢拉杆应采用冷切割的方法,锚具外保留长度不小于 5cm;当采用热切割时,保留长度不小于 8cm;当需要补偿张拉时,应考虑保留张拉长度。锚头的防腐要符合前面相关章节的规定。

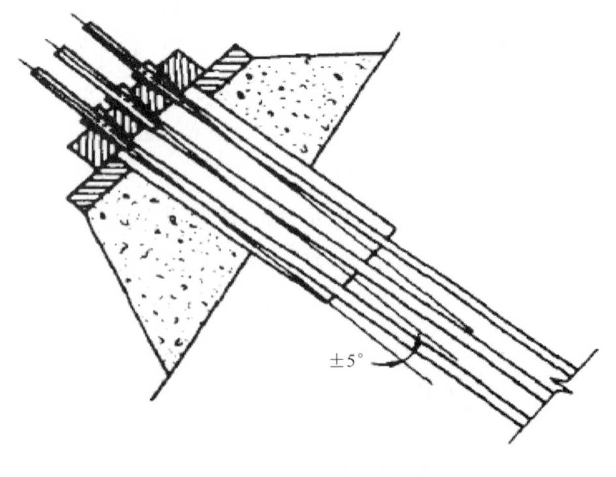

图 16-3 锚杆(索)的安装

锚杆(索)用垫板的材料一般为普通钢板,外形为方形,其尺寸大小和厚度应由锚固力的大小确定。为了确保垫板平面与锚索的轴线垂直,提高垫墩的承载力,一般使用与钻孔直径相匹配的钢管焊接成套管垫板(图16-4),现在也有铸造的成品供直接使用。

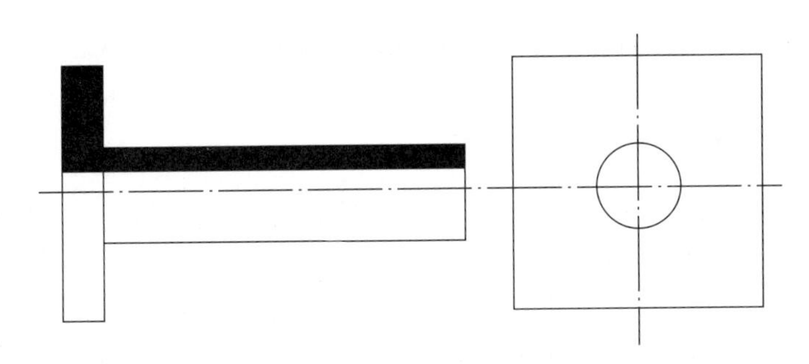

图16-4　锚杆(索)用垫板材料

浇筑混凝土垫墩所用的混凝土标号一般大于C30。锚头所处的地形不太规则时,为了保障混凝土垫墩的质量与强度,应确保垫墩最薄处的混凝土厚度大于10cm。对于锚固力较高的锚杆索,垫墩内应配置环形钢筋或钢筋网片。如果滑坡治理是采用独立锚垫墩作为锚杆(索)的传力结构时,应从结构力学、岩土力学两方面计算锚垫墩的大小和间距。

16.4　注浆

锚杆(索)的注浆是用注浆泵将水泥、砂子拌制的浆液以一定的压力注入已下入锚杆(索)体钻孔的过程。注浆的目的是形成锚固段和为锚杆(索)提供防腐蚀保护层;另外,一定压力的浆液可以深入到地层的裂隙和孔洞中,从而起到固结地层、提高地层承载力的作用,地层的固结范围和效果取决于注浆的压力及地层的裂隙大小。注浆是锚杆(索)施工中最为关键的工序之一,其效果的好坏直接影响到锚杆(索)的锚固性能和耐久性。

16.4.1　一般要求

锚杆(索)的注浆应符合以下的相关规定:

(1)注浆用的水泥宜采用P.O42.5等级,砂子过筛孔径不宜大于4mm。

(2)注浆前应再次清孔,清理干净孔内的积水和岩粉等杂物。对钻孔中的积水,最可靠的办法是注入浆液将水全部替换排出。

(3)注浆管宜与锚杆(索)同时安放入孔内。对于上仰钻孔,应在孔口或适当位置设置止浆塞,注浆管的出浆口露出止浆塞即可;对于水平和下斜的钻孔,注浆管的出浆口应插入距孔底100～300mm处,两种情况下都要确保浆液自下而上连续灌注。

(4)如果设计中设置有止浆塞,则应在下入注浆管的同时要下入排气管。对于上仰钻孔,排气管应下至孔底,确保孔内空气能排放干净;对于下斜钻孔,排气管露出止浆塞即可。

(5)孔口溢出浆液或排气管停止排气并返流出浆液,且待溢出的浆液的浓度与注入浆液的浓度相当后，即可抽出注浆管，停止注浆。

(6)根据工程条件和设计要求确定灌浆方法及压力，最大压力一般控制在0.6MPa(由于滑坡治理时均为下斜钻孔，采用自然返浆法注浆即可达到要求压力)，确保钻孔灌浆饱满和浆体密实。

(7)浆体强度检验用试块的数量每30根锚杆(索)不应少于一组，每组试块不应小于6块。

16.4.2 浆液的制备

锚杆(索)施工时应设置专门的注浆站，以保证浆液的制备、输送和灌注的连续性。注浆站的位置要尽量地靠近注浆点，以减少输浆管路长度和保障注浆管路的可靠性。

浆液制备使用的水泥(砂)浆搅拌机是注浆的主要设备，其形状有立式和卧式两种，大多数为施工单位自制，结构上主要由电动机带动与减速机相连的带叶片的搅拌轴旋转搅拌水泥(砂)浆，如图16-5所示为常用的立式搅拌机示意图。锚固工程施工用的搅拌机容积一般达到1m³即可满足施工要求。为保障不间断地供应浆液，一般采用两台搅拌机配合一个储浆池，注浆泵从储浆池中吸取浆液。

浆液严格按照设计的水灰比配置，不得随意改动，如需添加外加剂，也要严格按照设计要求适时、适量添加。制浆时采用标记法或定时法，首先加入符合水质要求的搅拌用水，加入量以配合比为准，然后加入设计量的水泥，搅拌3～5min后，可按照设计再加入适量的砂，再经3～5min搅拌，最后加入各种外加剂，即可放入储浆池使用。制备浆液时应注意以下事项：

图16-5 常用的立式搅拌机

(1)配制浆液时，各种材料的比例要严格按照设计要求，按照重量计量掺入。经验表明，锚杆(索)用的水泥浆的最适宜的水灰比为0.40～0.50，砂灰比应根据施工机械性能尽量提高。

(2)冬季施工时拌和料不应含有冰、霜和雪，浆液的温度应保持在5℃以上，必要时采用加热和保温措施。加热即可分别直接加热水或者是水泥、砂，也可加热拌和好的浆液。

(3)水泥(砂)浆的搅拌必须使用机械搅拌，搅拌时间要能够保障水、水泥和砂充分混合。根据搅拌机类型和能力的不同而不同，但最低不应小于3min。

(4)搅拌桶上要安装粗滤网，以免在倒入水泥和砂时，编织袋、废纸等包装物混入浆液；浆液在放入储浆池时，还应再经较细筛网过滤，以免未搅拌均匀的大块堵塞注浆泵。

(5)浆液要随拌随用，超过初凝时间的浆液要废弃。一般情况下考虑到水泥(砂)浆的不稳定性(易于沉淀离析)，进入储浆池的浆液存放时间不得大于30min。

16.4.3　注浆泵及管路

注浆泵的选择要根据注浆压力、距离和注浆量等因素综合考虑，应尽量选用压力、泵量可以调节的专用注浆泵，台数根据工程量和工期进度合理安排。注浆泵的基本要求如下：

(1)注浆泵的排量要求并不严格，注纯水泥浆的泵量一般在150～200L/min，砂浆泵的排量一般为20～50L/min，排量不宜太大，满足施工的连续性即可。

(2)注浆泵的压力需超过注浆所需的最大压力，并能克服管路阻力和高差形成的势能，具备一定的动能，使浆液达到注浆位置，压力能满足需要即可。如果注浆泵的压力过大，则相应管路的配置标准也要提高，会增大施工成本。

(3)由于锚杆(索)的施工一般在野外，流动性和机动性要求较高，注浆泵的体积和重量不宜过大，以便于根据场地条件布置注浆工作。

(4)适用范围广，能灌注浓度大以及不同成分、不同颗粒大小的浆液。

根据以上的要求和近年来设备的进展状况，注浆泵从最初的BW系列(主要灌注纯水泥浆，参数见表16-2)，发展到目前普遍采用的UBJ系列(适用于灌注纯水泥浆和水泥砂浆，但泵量、泵压较小，参数见表16-3)、SNS系列(适用于灌注纯水泥浆和水泥砂浆，泵量大，泵压高，参数见表16-4)。

注浆管的作用是保障浆液从注浆泵输送至钻孔中，耐压要超过最大注浆压力并要有一定的安全储备。锚杆(索)的施工中一般采用PE塑料管，耐压可达5MPa，且可随意弯曲摆布，既适用于主管路的，也适用于孔内注浆管，且管径可选择。如果采用金属管时，应采用外接箍连接，禁止采用异径接头连接。注浆前应采用清水润滑注浆管路内壁，注浆结束后要及时清理管路(冬季最好用压风冲洗)，钻孔内的注浆管抽出后如果完好并符合长度要求可重复利用。

表16-2　BW系列泥浆泵技术参数

项目	单位	泥浆泵型号		
		BW-150	BW-250	BW-320
最大流量	L/min	150	250	320
最大压力	MPa	7	8	10
额定功率	kW	7.5	15	30
吸水管直径	mm	50	75	75
排水管直径	mm	32	50	50
外形尺寸(长×宽×高)	mm^3	1840×795×995	1100×995×650	1280×855×750
质量(不含电机)	kg	560	760	1000

表 16－3　UBJ系列挤压式灰浆泵技术参数

技术性能	单位	挤压泵型号		
		UBJ－1.0	UBJ－1.8	UBJ－3
出浆量	m^3/h	1.2	0.4/0.6/1.2/1.8	1.0/2.0/3.0
电源电压	V	380		
额定功率	kW	2.2	2.2/2.8	4.0
电机型号		Y90L－2	YD112M6/4	Y112M－4
控制电路电压	V	36		
挤压管内径	mm	32	38	50
输送管内径	mm	32	38	50/38/32
最大输送高度	m	25	30	40
最大输送距离	m	80	100	150
额定工作压力	MPa	1.2	1.5	2.45
料斗容积	L	80	200	200
长×宽×高	mm^3	1120×662×1035	1270×896×990	1370×620×800
质量	kg	185	300	350

表 16－4　SNS系列高压注浆泵技术参数

技术性能		单位	注浆泵型号		
			SNS200/10	2SNS	3SNS
电机型号			Y180L－4	Y160M－4	Y180M－4
额定功率		kW	22	11	18.5
转速		rpm	102/145/170/242	91/193	65/192
理论排量		L/min	86/122/143/204	63/135	54/161
压力	水泥浆	MPa	10/9/8/6	8/4	10/5
	砂浆	MPa	5	4/2	4/2
配比	水∶灰		0.5∶1		
	水∶灰∶砂		0.5∶1∶1.5		
长×宽×高		mm^3	2260×765×955	1800×945×705	
质量		kg	1000	612	730

16.5 张拉与锁定

张拉与锁定是通过张拉设备使锚杆(索)杆体的自由段产生弹性变形,从而对锚固体对象产生所要求的预应力值,然后用锁定配件将预应力固定在设计值的施工过程。锁定配件在锚杆中一般采用螺杆与螺帽相配合,锚索中一般采用锚板和夹片相配合。

16.5.1 张拉系统

张拉系统是指张拉千斤顶、油压表、油泵以及连接它们的高压油管。对于预应力较小的锚杆,也可用扭力扳手加力。不管采用哪一种方式,只要能按设计要求的精度把锚杆(索)的预应力施加到设计大小都是允许的。

张拉系统投入正式使用前,应在具有相应资质的计量单位进行率定并绘制压力表读数与系统出力曲线,拟合出这两个参数之间的数学公式。为了确保张拉系统能够可靠地进行张拉,其额定出力值一般不应小于锚杆(索)设计预应力值的1.5倍。张拉系统应能在额定出力范围内以任一增量对锚杆(索)进行张拉,且可在中间对应荷载水平上进行可靠稳压。系统油压表的精度一般不低于1.5级,常用度数不宜超过表盘刻度的75%。张拉系统在正式使用满3个月、经拆卸维修、受到强烈碰撞或损害后,必须经过重新率定后才能继续使用。需要强调的是,不在同一系统标定的千斤顶和压力表不能相互混用,即使是油管型号或长度的变化也可能会影响张拉的精度。

锚杆(索)施加预应力和进行锚杆(索)性能试验对张拉系统精度的要求大不一样。锚杆(索)试验时对应力和变形可能需要几种手段(例如精度较高的油压表、压力传感器、千分表等)同时进行测定,并且要求几种测试结果有较好的相关性。而在锚杆(索)张拉时,往往只需要采用率定过的张拉系统出力(油表或压力传感器任选其一)来控制其实际需要的应力,锚杆(索)的伸长量采用游标卡尺或钢尺量测千斤顶的油缸伸长量即可。

16.5.2 一般要求

为了能够安全、保质保量的将锚杆(索)张拉和锁定到设计的应力值,其张拉和锁定应符合以下的规定:

(1)锚固体强度的要求。锚杆(索)的张拉已在锚固体强度大于20MPa并达到设计强度的80%后进行;垫墩混凝土的强度也应符合此要求。

(2)张拉顺序的要求。锚杆(索)的张拉首先应避免相邻锚杆(索)之间的相互影响;其次根据锚杆(索)的类型,可采取整体张拉、先单根预张拉然后整体张拉或单根对称分级循环张拉方法;锚杆(索)在正式张拉前,应取0.1~0.2倍的锚杆(索)轴向拉力值,对其进行1~2次的预张拉,使其各部位的接触紧密、杆体完全平直。

(3)张拉应力分级的要求。采用先单根预张拉然后整体张拉的方法时,锚索各单元体的预应力值应当一致,预加预应力总值不宜大于设计预应力的20%,也不宜小于10%;采用单根对称分级循环张拉的方法时,不宜少于3个循环,当预应力较大时不宜少于4个循环。

(4)张拉总应力的要求。锚杆(索)张拉时的控制应力不宜超过0.65倍的钢筋或钢绞线的标准值;超张拉值根据试验确定,一般可取设计应力值的5%～10%。

(5)锁定应力的要求。锚杆(索)的锁定必须在压力表稳定后进行,稳压时间应根据设计要求或现场施工情况确定;锁定值在满足设计要求的同时还应遵循以下原则:对地层及被锚固结构位移控制要求较高的工程,其锁定值宜为锚杆(索)轴向力的特征值;对容许地层及被锚固结构可以产生一定变形的工程,其锁定值宜为锚杆(索)设计预应力值的0.75～0.90倍。

(6)加卸载速率的要求。张拉时加卸载应均匀平缓,加载速率以控制在设计预应力值的0.1倍/min左右,卸载速率应控制在设计预应力值的0.2倍/min左右。

(7)伸长量的控制。在张拉时,应采用张拉系统出力与锚杆(索)的伸长值来综合控制,当实际伸长值与理论值差别较大时(一般控制在±20%以内),应暂停张拉,待查明原因并采取相应措施后方可继续张拉;理论伸长值根据虎克定律计算:

$$\Delta l=\frac{Nl}{EA} \tag{16-1}$$

式中:Δl为锚杆(索)张拉时的弹性伸长量(m);N为锚杆(索)张拉时的轴向力(kN);l为锚杆(索)的自由段长度或自由段长度与1/2锚固段长度之和(m);E为锚杆(索)杆体材料的弹性模量(kPa);A为锚杆(索)杆体材料的截面积(m^2)。

(8)应力损失的要求。张拉完成后的48h内,若发现锚杆(索)的预应力值损失大于设计值的10%时,应查明情况采取相应措施后进行补偿张拉。

16.5.3 张拉与锁定设备

预应力张拉设备就是施加预应力值所用的设备,通过设备工作张拉产生预应力相关的数值。预应力张拉设备主要有张拉所用的千斤顶(张拉千斤顶)和张拉所用的电动油泵(张拉油泵)配合使用,通过工具锚拉拔锚固件中的钢绞线或钢筋,从而达到赋予预应力的目的。

预应力千斤顶是用于张拉钢绞线等预应力筋的专用千斤顶。预应力千斤顶均为穿心式液压双作用千斤顶,需与高压油泵配合使用,张拉和回顶的动力均由高压油泵的高压油提供。根据作用原理和工作方式的不同,千斤顶可分为前卡式千斤顶、穿心式千斤顶和顶推式千斤顶3种形式。电动油泵均采用ZB系列高压油泵,只要能满足千斤顶的工作要求即可。

(1)前卡式穿心千斤顶。主要型号有QYC等系列,是一种多用途的预应力张拉设备,主要用于单根对称式循环张拉,也可用于多孔预紧、张拉和排障,能适用于多种规格尺寸的高强钢丝束、钢绞线和钢筋。该千斤顶体积小、重量轻、效率高、操作方便。适合高空或空间位置较小的地方作业。其前部采用可安装夹片的夹紧结构时,可张拉钢绞线制成的锚索,所需钢绞线预留长度短(一般情况下10～15cm即可);更换前部支撑结构后也可张拉钢筋锚杆,此时所需螺杆长度较长,应超过千斤顶的长度。该千斤顶与大于、等于63MPa双回路油泵配套使用。其结构特征如图16-6所示。

(2)穿心式千斤顶。主要型号有YCD、YCW等系列,专用于钢绞线(或高强钢丝)制作的锚索的整体张拉,此时需配合前卡穿心式千斤顶先做好预张拉。该千斤顶操作简单,性能可靠,但重量大,在桥梁等的预应力工程中可采用起重装备安装,使用较为方便,但在滑坡锚固工程中由于张拉施工点分散,使用极为不便。其主要特点是能够一次张拉全部钢绞线,分级张拉施工速度快。使用时需在千斤顶后使用张拉工具锚。其结构特征如图16-7所示。

图 16-6　前卡式穿心千斤顶结构特征

图 16-7　穿心式千斤顶结构特征

(3)顶推式千斤顶。主要型号有 YDC、YDT 等系列，广泛应用于顶推、举升，也可以用作桥梁等的预应力先张法张拉，在滑坡锚固工程中较少采用。

千斤顶各个厂家的型号和能力略有不同，使用时要参照厂家的出厂说明书和工程设计要求选择使用，常用的几种型号和技术参数如表 16-5 所示。

表 16-5　常用张拉千斤顶技术参数

型号	张拉力(kN)	张拉行程(mm)	工作油压(MPa)	张拉缸面积(cm^2)	穿心孔径(mm)	外形尺寸(mm)	质量(kg)
YC200D	255	200	50	51	31	Φ116×387	19
QYC230	238	200、150	63	38	18	Φ160×565	23
YCD1200	1450	180	50	290	128	Φ315×489	190
YCD2000	2200	180	50	440	160	Φ398×489	270
YCD4600	4600	160、200	50	970	200	Φ504×620	520
YC20Q	198	150	51	34.6	20	Φ93×780	20
YCW100	980	200	51	191	90	Φ250×480	115
YCW150	1470	200	51	290	128	Φ310×510	193
YCW250	2450	200	54	452	136	Φ380×491	273
YCW350	3430	200	54	638	190	Φ430×510	340
YCW400	3920	200	54	754	190	Φ450×530	362
YCW650	6370	150	49	1350	240	Φ570×550	960
YCW900	8820	150	54	1658	280	Φ600×580	1325
YCW1200	11 760	150	53	2243	320	Φ740×610	1800

(4)高压电动油泵。用于预应力张拉时，为预应力千斤顶提供张拉动力的设备，目前主要采用的规格型号为ZB系列，主要由下泵体、控制阀、电动机、油泵箱体和管路等组成，其主要参数如表16－6所示。

表16－6　常用张拉油泵技术性能

技术性能	单位	油泵型号			
		ZB0.8－500	ZB0.6－630	ZB4－500	ZB3－630
额定油压	MPa	50	63	50	63
公称流量	L/min	0.80	0.60	2×2	2×1.5
额定功率	kW	0.75	0.75	3.0	3.0
额定转速	rpm	1400	1400	1430	1420
电机型号		A07124A3d	A07124A3d	JO3－32－4T2	JO3－T2－100L
油箱容积	L	12	12	50	—
外形尺寸(长×宽×高)	mm^3	402×230×500	402×230×500	745×494×1052	745×494×1052

ZB系列高压油泵泵体是自吸式轴向柱塞泵，其工作过程是由电动机带动轴旋转，轴在旋转过程中，通过轴上的斜盘将柱塞压入柱塞套内，而回程弹簧靠其弹力使柱塞时刻贴紧在推力轴承面上，轴和弹簧的交替作用，使柱塞在柱塞套中往复运动，达到吸排油的目的，使出油嘴得到连续均匀的压力油。控制阀由左、右两个结构相同的阀体组成：节流阀是一个可调的锥式阀，通过改变其阀隙通流截面大小来调节进入工作缸的流量；卸荷阀是一个手动截止阀。打开卸荷阀，工作缸中的油便可流回油箱；持压阀是一个单向阀，用以切断千斤顶工作缸内高压油的进排油路，保证停车或空运行时千斤顶不回油即持荷。安全阀是靠弹簧压力来限制系统的最高压力，调节弹簧的压力即可改变系统的最高压力，从而起到安全保护的作用(图16－8)。

图16－8　ZB系列高压油泵泵体

16.5.4　张拉与锁定施工

当注浆体和地表的反力构件达到预计的能够开始张拉锁定的强度后，即可开始张拉锁定的施工。锚杆(索)的张拉主要为达到以下两个目的：一是通过张拉加载，进一步证实锚固段的承载力和锚杆(索)的各种力学性能；二是通过施加预应力，达到锚固破碎地层的效果。

最快捷的张拉方法是一次性张拉(也称为整体张拉),但是这种张拉方法存在着许多不可靠因素。因为高应力锚杆(索)通常由多根钢绞线组成,要保证每一根钢绞线受力的一致性,采用这种方法是不可能的,特别是自由段较短的锚索,其微小的变形往往会出现很大的应力变化,所以应采取有效措施以减小锚杆(索)整体张拉时的受力不均匀性。前人的实验研究成果表明,采用单根预张拉后再整体张拉的施工方法,可以大大减小应力的不均匀现象。

但是由于滑坡锚固工程中的锚索布置较为分散,基本上整个坡面都有分布,而整体张拉油缸重量较大,例如,张拉力要达到3000kN时的千斤顶重量一般超过350kg,使用十分不便,这时采用小型千斤顶进行单根对称和分级循环的张拉方法同样有效。但这种方法在张拉某一根钢绞线时会对其他的钢绞线产生影响。实验研究表明,分级循环次数越多,钢绞线之间的相互影响和应力不均匀性越小。在实际工程中,根据锚杆(索)承载力的大小和经验,一般分为3～5级进行循环张拉。目前,采用小型千斤顶进行单根对称和分级循环的张拉方法在滑坡治理工程中被大量采用。

考虑到张拉时应力向远端传递分布的时效性和施工的安全性,加载速率不宜太快,并且在达到每一级张拉应力的预定值后,应使张拉设备稳压一段时间,一般情况下每级稳压时间不小于2min。在达到锁定应力值,且张拉系统出力值不变的情况下,确信油压表压力值无向下漂移后再进行锁定。

张拉应力的大小要根据设计要求进行,预应力一般不宜超过杆体材料强度标准值的65%。由于锚具回缩等原因造成的预应力损失通常可采用超张拉的方法克服,超张拉值一般为设计预应力的5%～10%,其张拉程序为:

$$0 \longrightarrow m\sigma_{con} \xrightarrow{\text{稳压 } t_{\min}} m\sigma_{con} \longrightarrow \sigma_{con}$$

式中:m为超张拉系数,取105%～110%;σ_{con}为设计预应力(kN);$t_{\min}$为最小稳压时间,一般大于2min。

16.6　本章小结

本章的主要目的是解决锚杆(索)的施工问题,以施工过程的先后为主线,详细介绍了锚杆(索)施工时施工组织设计的编制、钻孔的施工、锚杆(索)的制作与安装、注浆的方法与设备、张拉锁定的施工方法及注意问题。其中的许多要求和细节也是最新规范中的要求内容,相信通过本章的参阅,对于锚杆(索)的施工工艺及过程会有一个全面的了解,对于现场施工也具有指导意义。

17 锚杆(索)试验与验收

为了确定锚杆(索)的极限锚固力,验证锚杆(索)的各种安全系数、锚固性能、设计参数及施工工艺的合理性,要对锚杆(索)进行各种实验。根据《建筑边坡工程技术规范》(GB 50330—2013)的规定,主要包括基本试验和验收试验。蠕变试验属于专门试验,在需要时特别处理,本书不做论述。

在试验之前,所用的千斤顶、油泵、测力计、应变计和位移计等计量仪表应进行计量检定并合格,且精度经过确认,在试验期间保持不变;所用的反力装置在计划的最大试验荷载下应具有足够的强度和刚度;锚固体的强度达到设计强度的 90%后方可进行试验。锚杆(索)的试验记录可参考规范的表格,也可自己根据实际情况编制。

17.1 锚杆(索)基本试验

不管是临时锚杆(索)还是永久锚杆(索),在实际投入使用前均应进行基本试验。基本试验的主要目的是确定锚固体与岩土层间黏结强度极限标准值、锚杆(索)设计参数和施工工艺,研究和证实拟采用的锚杆(索)的性质和性能、设计质量、设计合理性以及所提供的安全度。该试验要重点研究锚杆(索)的承载力、荷载-变形、松弛和蠕变等问题。在评估总体性能的同时,也要考虑搬运、储存、安装和施工过程中的抗物理破坏能力,发现问题时要采取相应的预防措施进行解决。

17.1.1 基本要求

锚杆(索)基本试验的地质条件、杆体材料和施工工艺等应与工程锚杆一致,每种试验锚杆(索)数量均不应少于 3 根。

为了获取锚固力与地层之间的关系,对于基本试验的钻孔,不同的岩土层均应钻取岩芯进行岩土力学性能试验,尤其对于锚固段地层应作为重点。

17.1.2 加载条件

为了安全原因,基本试验时的最大试验荷载不应超过杆体材料标准值的 85%,普通钢筋不应超过其屈服值的 90%。如果锚杆(索)在达到最大试验荷载值前被破坏,则应对锚固设计分析的方法重新进行研究。

17.1.3　锚固段长度

当进行确定锚固体与岩土体层间黏结强度极限标准值、验证杆体与砂浆间黏结强度极限标准值的试验时，为使锚固体与地层间首先破坏，当锚固段长度取设计锚固长度时，应增加锚杆(索)的杆体材料用量，确保杆体材料的足够强度和其与砂浆间有足够的黏结力；或者采用设计锚杆(索)的配筋率时，适当减短锚杆(索)的锚固长度。

试验锚杆(索)的锚固长度对硬质岩取设计锚固长度的 0.40 倍，对软质岩取设计锚固长度的 0.60 倍。当进行确定锚固段变形参数和应力分布的试验时，取设计锚固段长度。

17.1.4　荷载与位移测读

锚杆(索)的基本试验应采用循环加、卸荷载法，并应符合以下要求：

(1)每级荷载施加或卸除完毕后，应立即测读一次变形量。

(2)在每级加荷等级观测时间内，测读位移不应少于 3 次，每级荷载的稳定标准为 3 次变形读数的累计变位量不超过 0.10mm，稳定后再施加下一级荷载。

(3)在每级卸除荷载时间内，应测读锚头位移两次，荷载全部卸除后再测读 2～3 次，稳定标准同上一条。

(4)加、卸荷等级，测读时间间隔按照表 17－1 确定。

表 17－1　锚杆(索)基本试验循环加、卸荷等级与变形观测间隔时间规定

加荷标准循环数	预估破坏荷载的百分数(%)												
	每级加载量						累计加载量	每级卸载量					
第一循环	10	20	20				50				20	20	10
第二循环	10	20	20	20			70			20	20	20	10
第三循环	10	20	20	20	20		90		20	20	20	20	10
第四循环	10	20	20	20	20	10	100	10	20	20	20	20	10
观测时间(min)	5	5	5	5	5	5		5	5	5	5	5	5

17.1.5　破坏判定标准

基本试验中出现下列情况之一即可视为破坏，应终止加载：

(1)锚头位移不收敛，锚固体从岩土层中拔出或杆体从锚固体中拔出。

(2)锚头总位移超过设计允许值。

(3)土层锚杆(索)试验中后一级荷载产生的锚头位移量，超过了上一级荷载位移增量的 2 倍。

17.1.6 数据处理

基本试验完成后，应根据试验数据绘制荷载-位移（$Q-s$）曲线、荷载-弹性位移（$Q-s_e$）曲线、荷载-塑性位移（$Q-s_p$）曲线。

拉力型锚杆（索）弹性变形在最大试验荷载作用下，所测得的弹性位移量应超过该荷载下杆体自由段理论弹性伸长量的80%，且小于杆体自由段长度与1/2锚固段长度之和的理论弹性伸长值[采用式(16-1)计算]。

锚杆（索）极限承载力标准值取破坏荷载前一级的荷载值；在最大实验荷载作用下未达到17.1.5中所列的破坏标准时，锚杆（索）极限承载力取最大荷载值为标准值；当锚杆（索）试验数量为3根时，每根极限承载力值的最大差值（极差）小于30%时，取最小值作为锚杆（索）的极限承载力标准值；若极差超过30%，应增加实验数量，按照95%的保证概率计算其极限承载力标准值。

17.2 锚杆(索)验收试验

锚杆（索）的验收试验也称为质量控制试验，目的是检验施工质量是否达到设计和规范的要求，获知锚杆（索）受力大于设计荷载时的短期锚固性能，以及满足设计条件时锚索的安全系数。试验对象是针对所有的工作锚杆（索）。

17.2.1 取样要求

验收锚杆（索）的数量为取每种类型锚杆（索）总数的5%，自由段位于Ⅰ类、Ⅱ类、Ⅲ类岩层中时取总数的1.5%，且均不得少于3根。

验收试验的锚杆（索）要求随机抽样，质监、监理、业主或设计单位对质量有疑问时，对有疑问的锚杆（索）也应抽样做验收试验。

17.2.2 加、卸荷要求

（1）验收试验的荷载，对永久性锚杆（索）为其设计轴向拉力N_{ak}的1.50倍；对临时性锚杆（索）取1.20倍。

（2）加载时前三级荷载可按照试验最大荷载的20%施加，以后每级按照10%增加。

（3）达到最大荷载后观测10min，在10min持荷时间内锚杆（索）的变形量应小于1.00mm；当不能满足时，持荷时间增加至60min，锚杆（索）的变形量应小于2.00mm。

（4）卸荷到试验最大荷载的0.10倍并测出冒头的位移。

（5）加、卸荷时的观测时间可参照表17-1执行。

17.2.3 锚杆(索)合格评定条件

锚杆（索）验收试验完成后应绘制荷载-位移（$Q-s$）曲线图。符合下列规定时，试验的锚杆

(索)应评定为合格：

(1)加载到试验最大荷载后变形稳定,符合17.2.2中第(3)条的规定。

(2)得到的最大荷载标准应满足设计要求。

(3)锚杆(索)的总变形量满足设计允许值,且与地区经验基本一致。

(4)当验收锚杆(索)不合格时,应按照其总数的30%重新抽检;重新抽检仍有锚杆(索)不合格时应全数进行检验。

17.3 质量控制与验收

17.3.1 概述

锚杆(索)的质量包括了设计质量和施工质量两个主要方面。一方面设计质量在一定程度上首先依赖于地层调查与试验所提供数据的真实性和设计者本人对地层的认识程度;另一方面设计者应知道他们的职责并具有履行这些职责的能力。设计者应将设计意图和目的向施工者交代清楚,使施工者在符合设计意图的条件下掌握施工过程的主动性。施工质量应从施工单位的技术素质和能力的确认、材料的质量及性能保证、施工中的各主要施工工序质量把关等全过程进行控制和有效管理。

工程验收的目的是确认和检验工程的施工质量能达到设计要求。对于锚固工程的施工而言,其验收的主要内容是检验锚杆(索)的锚固性能(如锚索体的伸长、预应力大小等),在锚杆(索)验收时测试的数据应与锚杆(索)试验的结果进行对比,并以验收试验的结果和判断标准判定被验收锚固工程是否合格。

17.3.2 质量控制

为了保证锚杆(索)的施工质量,施工时应遵守以下规定,对施工的全过程进行管控：

(1)在确定锚固工程的施工队伍时,应对其资质和施工经历进行审查。

(2)施工过程中必须建立健全各项规章制度。

(3)各关键施工工序必须设立专职负责人,并认真做好质量的自检和互检。

(4)各工序的施工人员必须严格按照本工序指定的施工操作规程、规定进行作业。

(5)所有施工用的机械、材料、配件必须进行详细检查或按规定进行检验。

(6)由于锚固工程基本都是地下工程,施工中上一道工序不合格或未经验收,不得进入下一道施工工序。

(7)施工的全过程中,必须认真做好施工记录和施工日志,将各参数认真填入记录表,关键性事件写入施工日志,并作为竣工验收的必备资料。

(8)当发生质量事故时,施工单位应及时提出事故报告,并与设计人员共同拟定处理措施。

17.3.3 工程验收

锚固工程竣工后,应按照设计要求和质量合格条件进行验收,验收时应查验、确认的资料一般包括：

(1)原材料出厂合格证。

(2)原材料抽样检查或检验报告。

(3)代用材料合格证和试验报告。

(4)施工用设备、仪器、仪表的检验和率定报告。

(5)各工序记录表。

(6)锚杆(索)基本试验和验收试验报告。

(7)钻孔过程中发现异常地层的性质、层位、深度等情况及相应的处理措施。

(8)设计变更文件及图纸。

(9)工程质量问题的调查和处理文件。

(10)施工总结报告和竣工图。

对于设计要求进行监测监控的工程，还应提交以下资料：

(1)市级监测、测量点布置图。

(2)使用的监测监控手段及仪器。

(3)监测监控仪器检验结果报告。

(4)监测监控元件标定结果。

(5)监测监控原始记录表及其分析报告。

17.4 本章小结

锚杆(索)的试验和验收是锚固工程成败的关键环节，本章结合规范要求，首先介绍了锚杆(索)的基本试验和验收试验应遵守的基本原则和数据的处理方法、锚杆(索)合格的判定标准等内容，接着从施工管理的角度，论述了锚杆(索)工程的质量保障应从设计质量和施工质量两个方面入手，提出了质量保证的方法和要求。最后简单介绍了工程验收时应查验的资料。

第三篇

微型桩防治滑坡技术研究

18 概　述

18.1 问题的提出

自19世纪中叶开始，欧美国家就开始了对滑坡灾害治理的研究。在初期由于研究人员对滑坡的发生机理和演变规律缺乏深入的理解，对一些大、中型滑坡只能采取避让措施，尤其对于一些大型和特大型的滑坡，由于发生机制复杂、治理措施难度大、治理费用高等原因，目前避让措施仍被广泛应用；而对小型滑坡根据发生机理的不同(主要区分为推覆式和牵引式)，采取截头固脚的削方减载、反压措施以及在坡脚设置抗滑挡土措施等进行防治；同时已经认识到了水对滑坡的发生具有决定性的影响，防治时优先考虑在滑坡体和周缘设置截排水工程。到20世纪四五十年代，随着"二战"后各国经济的恢复和大规模的战后重建与新建工作的开始，开始了新一轮的国土开发利用热潮，建设过程中遇到的滑坡也越来越多，对一些大型滑坡也开始采用支挡措施进行治理。经过多年的工程实践和理论研究，国内外的滑坡防治在抗滑桩支挡结构(铁道部第二勘测设计院，1983)、锚固技术(吴璋，2005；王恭先，1998)两方面已经形成了较为成熟的计算理论与施工方法，并作为主要的滑坡治理措施得到了广泛应用，两种方法也经常结合使用。但从经济、技术角度而言，抗滑桩支挡和锚固技术并不是适用于加固一切类型的滑坡。

我国地域辽阔，地形、地质和气候条件千差万别，山区面积占到了国土总面积的69%，属于滑坡灾害严重的国家之一，于20世纪50年代开始对滑坡灾害进行系统研究和防治工作。我国的滑坡灾害研究与国外在"二战"后开展的研究工作在时间上基本同步，在滑坡形成机理、防治措施等方面进行了深入研究，形成了一系列新的具有特色的理论认识，防治工程中也采用了许多新方法和新技术，成功地处治了诸如南昆铁路八渡车站巨型滑坡等众多大型复杂滑坡。2007年殷跃平主编出版了《中国典型滑坡》画册，根据成因和地层的不同，分别用照片的形式表现了我国常见的8种滑坡类型(殷跃平，2007)。我国滑坡研究和治理的技术发展过程也基本上与国外同步，大致可分为5个阶段(王恭先，1998；殷跃平，2007；户巧梅，2009；喻和平等，2003；樊怀仁等，2002；张永兴，2008)：

(1)20世纪五六十年代，滑坡灾害防治通常采用地表和地下排水、削方减载和填土反压等措施。常用的排水措施主要有地面截、排水沟，地下截排水盲沟、盲硐和支撑渗沟等。工程实践表明，如果仅采用排水、削方减载和填土反压措施，可以使滑坡体暂时处于稳定状态，随着外界条件改变，许多滑坡又重新复活。

(2)20世纪六七十年代，成功将支撑盲沟加小抗滑挡土墙联合使用，取得了疏排水和支挡的双重效果。但深盲沟的开挖施工困难，尤其是在松散的滑坡体中，基槽边坡坍塌严重，安全隐患明显。为了克服抗滑挡土墙基础深开挖的困难，曾在贵昆线二梯岩滑坡治理中采用沉井式抗滑挡土墙，但施工非常困难且十分复杂，造价高。

(3)20 世纪七八十年代，研究和工程技术人员开始强调以支挡为主的概念。抗滑桩因其具有布置灵活、水平承载能力大、对滑坡扰动较小等优点，受到工程设计和施工单位的青睐，被大量采用，形成了以抗滑桩支挡为主，结合削方减载和截排水的滑坡防治综合技术。

(4)20 世纪 90 年代，在大量采用抗滑桩结合地表、地下排水的滑坡综合治理措施的同时，伴随着预应力锚固技术理论研究和实践的突破性进展，应用锚杆(索)将滑坡体锚固于其下的滑床中的工程措施逐步得到推广和广泛使用。预应力锚杆(索)使支挡结构物的受力状态从被动受力转变为主动受力，能实现机械化施工，比抗滑桩工程施工周期短、费用低且安全性高，但同时也存在钢材的防腐和耐久性等难题。

(5)近年来，随着对滑坡机理、防治原理研究的不断深入和对环境保护的重视，滑坡治理逐步摆脱了对大方量土石方挖填和大面积圬工工程的依赖，滑坡防治措施逐步向复合化、轻型化、小型化、机械化和注重环保的施工方向发展。锚杆(索)、加筋土和微型桩等防护措施相继应用于滑坡治理中，应用的广度与深度得到不断地扩张，取得了良好的效果。在这些新的研究进展中，尤以对微型桩的研究为代表，正在得到大范围的研究与应用，取得了较为丰富的实践经验。

尽管微型桩治理滑坡技术在工程实践中顺利推进，但由于对其抗滑机理认识的空白，设计计算却碰到了困难，理论发展严重滞后于工程实践的需求，目前几乎无规范、无理论、无法规可依据。参考不同研究者的研究成果，产生了不同的计算结果，对实际的设计仅具有有限的指导意义，大多数情况下只能依靠设计者的经验。同时，由于微型桩具有直径小、承载力大、所需施工场地小、桩位布置灵活，能够在危险情况下安全、快速施工等特点，在滑坡治理工程中应用将会越来越广泛。鉴于此，急需对微型桩支护体系进行试验与理论研究，提高设计计算水平，解决工程实践难题。

18.2 微型桩治理滑坡的研究现状

微型桩是一种口径介于 70～300mm 之间的小口径钻孔灌注桩或插入桩，20 世纪 50 年代由意大利 Fondile 公司的 Lizzi 首创，桩体主要由加筋材料和压力灌注的水泥(砂)浆或细石混凝土组成。根据受力需求，加筋材料可为钢筋、钢管或型钢等。一般常见的灌注桩的正截面配筋率(构件的截面配筋率是指纵向受力钢筋截面面积与截面有效面积的百分比)为 0.2%～0.65%，而微型桩的截面配筋率可高达 50%。微型桩可以承受轴向和水平向的荷载，可以垂直或倾斜布置，可以成排或交叉网状配置(吕凡任等，2003；冯君等，2006；孙建平等，1999；沈龙运，2007；Lizzi F，1978)。

根据对微型桩的施工方法和受力分析，微型桩对滑坡的加固作用主要表现在对岩土体的注浆改良和桩体本身的作用两方面。下面分别对注浆加固技术和微型桩技术的国内外研究现状做一论述。

18.2.1 注浆加固技术的国内外研究现状

注浆技术是利用液压、气压或电化学的方法把某些能很好地与岩土体胶结的浆液注入到岩土体的孔隙、裂隙中去，使岩土体与浆液固结形成强度大、抗渗性好、稳定性高的新复合体，从而达到改善岩土体物理力学性质的目的。

1802年，法国人查理斯·贝里格尼首次采用冲击泵注入黏土和石灰加固港口砌筑墙，首次实现了注浆技术的应用，发展已有200年的历史（杨米加等，2001）。1826年，英国的阿斯普丁研制成功硅酸盐水泥；1845年，美国的沃森在一个溢洪道渡槽基础下灌注水泥砂浆；1856—1858年间，英国的基尼普尔经过一系列试验，成功地将水泥作为注浆材料进行应用；1864年，法国的巴洛利用水泥浆液进行充填，解决了伦敦、巴黎地铁隧道衬砌背后的空洞问题（王济洲，2011），同年在阿里因普瑞煤矿首次采用水泥注浆对竖井井筒进行注浆堵水，成功地解决了井筒漏水问题；1876年，为了解决滕斯托尔水坝的岩石地基漏水问题，美国的托马斯、霍克斯莱利用浆液下流方式向坝基中注入水泥浆液；1886年，英国研制成功类似目前采用的压力注浆泵等注浆设备，为注浆技术的应用创造了条件（张彦奇，2010）；1887年，德国的切萨尔斯基利用一个钻孔注浓水玻璃，临近孔注氯化钙，创造了原始的硅化法；此后，在20世纪初出现了化学注浆、水玻璃注浆材料和双液单系统注浆法、水玻璃氯化钙注浆法等（张景秀，1992；李茂芳等，1990，郝哲等，2006）。特别是到了20世纪40年代，注浆技术的研究和应用进入了快速发展时期，各种新的浆材和新的注浆方法相继问世，应用范围及规模也越来越大。

我国注浆技术的研究和应用直到20世纪50年代初才开始起步。中国科学院戴安邦研究员提出的硅酸聚合机理，较好地解释了水玻璃的胶凝现象（郝哲等，2006），推动了我国水玻璃注浆材料的发展；中国科学院叶作舟研究员研制出高渗透性的“中化-798”环氧树脂类补强固结化学注浆材料，具有良好的可注性和强度，其渗透能力达$K=10^{-6}\sim10^{-8}$cm/s，起始黏度为5.4～12.5MPa·s，抗压强度可达50～80MPa，抗拉强度10～20MPa，抗剪强度10～40MPa（叶作舟等，1987）；东北大学杜嘉鸿教授等（杜嘉鸿等，1992）的注浆学术论文多次在国际研讨会上交流并获得同行认可；程鉴基等（程鉴基等，1994，1995）系统研究了水泥-水玻璃双液灌浆加固软弱地基的理论与机理。经过60多年的发展，我国在水泥注浆材料的研制方面，已处于世界先进行列，注浆应用也已遍及水利、建筑、铁路和矿业等众多领域。目前我国可自行生产水玻璃、丙烯酰胺、铬木素、脲醛树脂、环氧树脂、超细水泥、湿磨水泥、硅粉、膨润土等多种有机和无机的注浆材料（胡安兵等，2002；刘凯，2010；袁继国等，1998；冯志强，2007；张有等，2005；王杰等，2000），且这些浆材具有可注性好、抗渗能力强、胶凝时间易于控制及固结强度高等特点。

注浆方法与注浆参数相互制约，注浆方法是注浆参数设计的依据，而注浆参数的确定又依赖于注浆方法的选择和对注浆理论的认识。对注浆参数的掌握与控制是注浆施工成败的关键。国内外学者对注浆方法进行了深入的研究（Nichol S C，et al.，2002；Krizek R J，et al.，1985；杨坪等，2006；杨秀竹等，2005；张淑国，2006），发展了诸如球形扩散、压密注浆和劈裂渗透等一系列注浆理论（郝哲等，2001；何修仁，1990；乔卫国等，2004）。此外随着机械设备能力的发展，在土层中近年来又出现了高压喷射注浆（包括旋喷、定喷和摆喷）、强制搅拌等注浆方法，丰富和发展了注浆内容和应用范围。

注浆技术从理论、施工工艺到注浆材料目前都有了长足的进展，并有许多成功的实例。其主要应用包括了地基加固、基坑支护、滑坡治理、止水防渗、井巷加固堵水、堵气等诸多方面（白云等，1991；张旭芝等，2004；李松营，2000；谷栓成等，2009）。对于沿软弱结构面滑动（或潜在滑动）的滑坡，由于重点加固的软弱带多为泥化夹层，具有密度大、孔隙少、含水量高、可注性差等特点，而滑体孔隙度大、裂隙发育，注浆施工时浆液大部分注入了滑体，大大改善了滑体的物理力学性质，但是其对滑带或潜在滑带的改善加固作用甚微，故单纯采用注浆加固滑坡往往是不成功的，也比较少见。例如，呼和浩特至集宁高速公路一个砂岩沿泥岩软弱夹层的滑坡，采用注浆加固花费了数百万元，仍未能稳定滑坡，不得不再采用抗滑桩治理(王恭先，2005)。但注浆法对于破碎围岩体高边坡的改善和加固效果十分明显，也有较多的成功工程实例。对于滑坡或中小型滑坡采用注浆微型桩群支护体系加固，与单纯注浆不同的是在钻孔中插入钢管、型钢或钢筋笼，在滑面处微型桩增加了抗剪强度，滑体和滑床的注浆又提高了岩体的强度，同时改善了滑体、滑带和滑床的性质，从而使滑坡得以稳定。

18.2.2　微型桩的国内外研究现状

(1)国外研究现状。微型桩20世纪50年代由意大利Fondile公司的Lizzi首创并将其应用于基础托换，修复在第二次世界大战中被毁坏的纪念性建筑物，此后该法迅速传到欧洲、美国和日本。开始只是用于修复古建筑、地铁施工时的建筑物地基托换等工程，如意大利罗马的圣安德烈教堂的加固、那不勒斯市地下铁路施工等都是对已有房屋的保护性加固。随着意大利人微型桩专利权的终止，20世纪70年代初开始该技术得到了广泛的应用，并且被认为是非常有价值和发展潜力的深基础形式。近年来，微型桩在基坑开挖支护、地面沉陷修复、铁路路堤及路基加固、边坡加固和滑坡治理等方面都得到了成功应用(Bruce D A，et al.，1995；Vemon R S，1997；Reese L C，et al.，2001)，成为工程建设中一项重要的甚至是不可缺少的技术。

美国FHWA(the Federal Highway Authority)在1993—1996年投资对微型桩进行了系统的研究；1993年，意大利进行了一个名为“FOREVER”的国家五年计划，通过数值计算、室内试验(离心模型试验)、现场试验等方面对微型桩进行了系统的研究工作，促进了微型桩在深基础、边坡加固和现有构筑物的加固等方面的应用(吕凡任等，2003；刘凯等，2008；Andrew Z，2006)。Cantoni(1989)、Juran(1996)等提出了网状微型桩加固斜坡的设计方法。Ho(1997)等在土体内设置不同倾角的杆状结构物，模拟微型桩加固边坡的作用进行剪切模型试验，测出了土体剪切时的表观内聚力和内摩擦角，同时与土体内不加入任何结构物的剪切试验做对比分析，试验结果如表18-1所示，从表中可以看出：土体中布置微型桩可以明显提高土体的表观内聚力，而竖直布置比倾斜布置微型桩时土体的表观内聚力提高更为明显，工况6的布置形式效果最好，不同工况对土体的表观内摩擦角几乎没有影响。

表18-1　试验工况和试验结果数据表

试验编号	试验工况	有效内聚力 c(kPa)	有效内摩擦角 φ(°)
1	无结构物	0	34
2	1排直杆	22	30
3	1排正向倾斜直杆	14	30
4	1排逆向倾斜直杆	15	31
5	3排直杆，不连接	30	30
6	3排直杆，顶部连接	33	30

注：① 倾斜方向与剪切方向相反为正向倾斜；② 倾斜方向与剪切方向相同为逆向倾斜；③ 三排直杆指一排正向，一排逆向，一排直杆，且杆顶相交，其中相交处固结在一起为连接，不固结在一起为不连接。

目前微型桩作为一种有效的抗滑工程措施在国外得到了大量的工程实践应用。Macklin(2004)等介绍了美国科罗拉多州运输部在阿斯附近的临时支护工程中成功应用微型桩支护系统的案例;Bruce(2004)等介绍了采用非网状的微型桩结合表面盖梁的方案对位于加拿大安大略省南部的一个铁路路堤进行加固修复的工程,并使用 Flac 软件对微型桩挡墙及堤坡进行了稳定性分析,优化了微型桩的深度及间距;Helmut(2004)等介绍了在 AG Weser 港口工程中运用微型桩结合锚锭技术加固码头的成功案例;Kevin(2004)等介绍了美国在北卡罗来纳州采用锚锭微型桩挡墙成功修复 Pigeon River 沿岸滑坡的案例;Dino(2006)等介绍了提图斯电厂的深基坑工程中应用的永久性微型桩支护挡墙。

微型抗滑桩的试验研究主要集中于水平荷载作用下的受力特性、桩间距和桩的倾斜角度的影响等方面,研究方法一般采用模型试验和数值模拟试验。

在模型试验方面,通常把微型桩作为承受水平荷载的桩基来研究(刘凯等,2008)。Awad(1999)通过现场试验初步研究了作用在单根微型桩上的横向荷载与所需桩长的关系;Rechards(2004)等研究了微型桩的承受水平向荷载时的工作性状,证实了微型桩及微型桩群能够抵挡水平向荷载;Konagaia(2003)等通过模型试验对具有坚硬承台的水平向受载微型桩群的工作性状进行了分析,指出当桩间距较大时,桩群的工作性状可以以单桩的形式进行研究;当桩群的间距较密,由于强烈的群桩效应,桩群整体则可以视为一根等效竖梁,但并没有给出划分群桩工作性状的具体桩间距;Rollins(2003—2006)等通过试验研究了微型桩群在抗震加固方面的工作性状,得出了不同条件下桩体平均侧向抗力与桩间距的关系和群桩效应对桩体抵抗侧向力的影响;Thompson(2004—2006)等利用剪切盒模型对单桩及双桩进行试验,研究了微型桩在土体侧向运动时的荷载传递特性;Andrew(2006)采用大型模型试验研究了滑坡中微型桩的荷载传递特性,指出采用具有表面联系梁的微型桩可以较大程度地提高坡体的稳定性。

但是水平荷载模型试验对于研究微型桩而言存在着一定的局限性,主要体现在测量、视觉观察的局限性和费用的高昂,随着计算机和数值模拟技术的发展,在研究中也采用了大量的数值试验。其优点是可以任意设置边界条件,变形可以直观观察,但结果受人为因素影响明显。

在数值模拟方面,Brown 等早在 1990 年就通过有限元模型对水平荷载下的群桩效应进行了数值模拟,研究表明桩间距对于单排桩的影响要比成排的群桩影响小,当群桩的桩间距小于 3 倍桩径时,群桩效应十分显著,当桩距为 5 倍桩径时,群桩效应则微不足道;Rollins 等(2003—2006)所做的原型试验与 Brown 的结论基本一致。Sadek 等(2006)通过数值模拟试验研究了倾角对由两排向相反方向倾斜(八字形)的微型桩组成的墙形网状微型桩的性能,结果表明在水平向荷载作用下倾斜桩能够充分发挥微型桩的轴向刚度,并增加群桩的横向刚度、减小微型桩的剪力及弯矩,但该结论与 Ho 等(1997)的可明显增加岩土体表观黏聚力的结论似乎有矛盾。

(2)国内研究现状。国内微型桩应用和研究历史比较短。1982 年,法国 SOLETANCHE 公司来华,介绍微型桩技术的应用情况,引起了国内工程界和学术界的高度重视。从当年开始,叶书麟、杨伟方、周申一、杨永浩等开始了对微型桩的系列研究,并于 1983 年在上海地区对饱和软黏土做了较为系统的试验(杨永浩,1992)。研究内容包括以下两个方面:① 摸索在软土地基中行之有效的树根桩施工工艺和合理的构造形式。包括竖桩和斜桩的成孔、填料、下钢筋和压浆,设置套管和不设置套管对成桩质量的影响,配置钢筋笼和单根钢筋对桩的成型和承载力的影响。② 研究不同施工方法和不同长度的长桩、短桩和斜桩的单桩承载力、群桩承载力及沉降特性。

近年来，邹越强、朱宝龙等(邹越强等，1994；谢晓华等，2001；郝卫国，2003)，对在滑坡治理中应用的微型桩进行了大量的分析研究。但是对于微型桩的抗滑承载能力还没有统一的认识，也未形成公认的抗滑作用机理，计算理论更无从谈起。目前，除了丁文光(2004)、周德培(2009)等对微型桩的抗滑设计有论述以外，尚未见其他明确的设计与计算方法。

龚健等(2004)在软土地基中对微型单桩及群桩的水平荷载试验表明微型桩有较好的抵抗水平荷载的能力；姜春林等(2007)利用 ABAQUS 有限元软件对不同倾斜角度的复合微型桩的承载力进行了数值模拟计算，研究认为倾斜桩能够显著提高桩群的水平承载能力，相同组合方式的桩群极限水平承载力随倾角的增加基本呈线性变化，其中八字形斜-斜组合双桩的水平承载力超过斜-直组合桩，且无需考虑倾斜方向。

孙书伟等(2009)对微型桩群与普通抗滑桩的抗滑特性通过室内模型试验进行对比分析，试验表明微型桩群具有较好的抗滑承载能力，其承载力略小于普通抗滑桩，可以代替普通抗滑桩用于边坡加固。微型桩群与普通抗滑桩的受力机制不同，普通抗滑桩刚度大，其变形主要由桩后土体产生压裂破坏引起；微型桩群抗弯刚度小，水平荷载作用下桩身发生挠曲变形使桩间土体的塑性破坏区交叉重叠，在滑面和桩顶附近产生较大变形。

闫金凯等(2009)通过开展滑坡基本参数试验和微型桩加固滑坡体的模型试验，研究微型桩单桩加固滑坡体的承载机理、受力情况及破坏模式。结果表明：微型桩可有效地提高滑坡的稳定系数；微型桩所受的滑坡推力呈上小下大的三角形分布，滑床抗力呈上大下小的三角形分布；随加载量的增加合力作用点逐渐向滑面靠近；微型桩在滑面附近发生弯剪破坏。

周德培等(2009)通过对微型组合抗滑结构的室内模型试验，表明微型桩与岩土体形成新的复合抗滑体，但是其抗滑机制与一般的抗滑桩不同，其抗滑效果不是由桩的整体抗弯和抗剪能力来实现的，而是通过发挥微型桩的抗拉强度和桩土地基的承载力达到抗滑目的；并将桩土复合体视为接受横向约束的弹性地基梁，提出了计算理论，给出了相应设计计算方法，通过工程实例的检验，计算结果较为合理。

在微型桩的设计计算方面，目前尚处于理论探讨与研究阶段，还没有公认的计算方法，大多借用普通抗滑桩的计算模式，再结合微型桩的实际工况加以改进，从而应用于实际工程。早在 2001 年，丁文光(2001)根据工程实践，采用抗滑桩的设计思路，在分析微型抗滑桩群加固机理的基础上，假设微型抗滑桩群结构作为一个整体共同发挥作用，介绍了组合微型抗滑桩群的设计计算方法，并结合工程实例说明了其处理滑坡的设计步骤。但其设计计算十分保守，设计工程量明显偏大。陈喜昌等(2002)将桩与桩间土视为复合整体，再把复合体简化为计算十分成熟的挡土结构来进行设计计算。冯君等(2006)、朱宝龙(2009)、曹平(2009)等则是把微型桩体系与桩间土视为复合结构，用压弹性连接解释滑面以上的桩与桩间土的相互作用，探讨了微型桩桩间距的复合土拱计算方法。

关于微型桩内力计算方法目前主要有两类：一类是简化的地基系数法；另一类是数值计算方法。地基系数法将地基土看成弹性介质，以温克尔的“弹性地基”假说为理论基础。若桩前滑体不能保持自身稳定，按悬臂桩计算；若桩前滑体能保持自身稳定，则须考虑桩受力段有抗力的作用。关于这部分抗力的考虑：一种做法是取计算桩前滑体剩余抗滑力及被动土压力的小者作为已知力作用在桩上；另一种做法是按弹性抗力考虑，但此弹性抗力应同时小于桩前滑体的剩余抗滑力、被动土压力以及侧向承载力。采用此法是通常借助 $p-y$ 曲线来判断所取的地基系数的合理性。但是此分析方法没有充分考虑土体—微型桩之间的相互作用关系。

从以上论述可以看出，针对单桩和成排的微型抗滑桩群的研究较为充分和广泛，但对组合成不同截面形式下的微型抗滑桩群的研究较少。计算中常采用抗滑桩的计算理论，或采用等效理论进行截面和刚度等为常规抗滑结构进行内力计算分析。对于微型桩是如何承受水平荷载的、与抗滑桩相比有什么不同等问题还未涉及，同时各位研究者的研究成果在不同程度上存在一定的矛盾，这也造成了对微型桩加固滑坡机理认识上的混乱，限制了微型桩的推广应用。

18.3　微型桩支护体系的特点

微型桩之所以能够在理论发展相对滞后的情况下，在最近几十年得到快速发展，在滑坡治理实践中应用越来越广泛，与其所具有的明显的优点是分不开的。与滑坡治理中通常采用的大截面抗滑桩以及锚杆(索)相比，微型桩支护体系具有以下特点：

(1)安全性好。包括两个方面的安全：一是施工安全，二是工程本身的安全。与普通抗滑桩施工相比，施工人员不用进入桩孔中开挖，在地表活动安全、自由，危险源少，是一种本质安全型的施工方法；由于微型桩支护体系是靠群桩效应，即使其中个别桩施工中存在质量问题而失效，也不会成为决定因素影响滑坡治理工程的成败，使工程本身具有较高的安全性。

(2)施工方便。微型桩施工一般采用 ϕ150mm 孔径的钻孔，深度在 20m 以内，钻孔施工机具无需专用设备，可利用现有的常规钻探设备；注浆一般采用水泥净浆(或水泥砂浆)，配比易于控制，浆液可用小型砂浆泵远距离输送，对施工场地通行及环境条件要求低。

(3)环境适应性强。微型桩施工采用小型设备，不需开挖形成大的工作平台；即使在桩顶有混凝土联系梁，施工中也可随坡就势，挖方量几乎可以忽略；在植被茂密的滑坡体施工时，几乎不用破坏地表植被，不会产生废弃土石方；布置形式可根据需要灵活变化，既可作为临时安全工程措施使用，也可作为主体防护工程。

(4)承载力大。微型桩通常深入滑面以下足够深度，配筋率较高，与同体积的抗滑桩相比，其承载力较高；对于刚架体系来说，各桩通过连梁刚性连接，多根微型桩组成的整个体系与桩间岩土体形成整体结构，可承受较大的荷载。

(5)可以有效地控制边坡的变形。岩土在注浆作用下，可明显改善其力学性质，同时与微型桩形成复合结构，坡体的完整性增强，整体刚度变大，明显减小坡体变形。

(6)有效减小水的不利影响。首先由于桩顶联系梁的使用，使微型桩与桩间岩土体紧密联系在了一起，能够有效控制坡面上拉裂缝的形成和扩展；其次在注浆的作用下可明显充填导水裂隙，减小岩土体的渗透性和含水率，从而减小孔隙水压力和动水对边坡稳定性的不利影响。

(7)环境效益明显。微型桩布置灵活，不用大面积的平整坡体而破坏原有的植被；同时没有像抗滑桩施工一样的大量弃土，不会造成土地占压和次生灾害。

18.4　微型桩治理滑坡技术研究中存在的问题

从以上的论述和研究现状来看，目前专门针对微型桩的抗滑试验研究还非常不足。主要存在以下几个方面的问题：

(1)对微型桩侧向抗力的研究局限于单桩或成排的微型桩群，对于其他排列组合形式，如矩形、圆形截面组合微型桩群的研究较少。同时绝大部分的研究者对微型桩群侧向抗力的研究是将其视为大直径的灌注或抗滑桩而展开的，但在实际应用中微型桩的本身性状和工作方式与灌注桩和抗滑桩存在巨大的差异，采用该理论会造成明显的误差。

(2)微型桩在国内的应用历史比较短，对于其滑坡支护的作用机理尚处于研究起步阶段，还未得到充分的认识，没有成熟的设计计算理论，同时对于其施工方法、检验措施等也都没有公认的论述。

(3)数值分析方法是近年发展起来的理论上具有最严密解答计算方法，能够最大限度地模拟实际工况，但是由于实际情况十分复杂，模型及参数选取直接决定了计算结果的可信程度，甚至会造成错误的结果。如何正确认识微型桩的工作机理，直接关系到数值分析时计算模型的选择和参数的选取，依然是亟待解决的理论基础。

(4)参照锚杆(索)、抗滑桩和桩基的设计及施工规范，在施工过程中主要控制钻孔的直径、深度、垂直度等参数，加筋材料如钢管、钢筋笼等严格按照设计要求控制制作质量，注浆要控制浆液的配合比、注浆压力、结束条件等。在这些过程中，注浆效果是最不易控制的且影响最大的一个方面，注浆效果也是决定微型桩治理滑坡效果的关键因素。如何将注浆效果纳入微型桩治理滑坡支护体系的设计计算中加以考虑，施工工艺如何控制等，尚缺乏有效的试验论证和理论研究。

18.5 主要研究内容与技术路线

18.5.1 主要研究内容

本篇首先采用数值模拟、室内模型实验和现场工程试验相结合的方法，研究微型桩的受力特征，再采用理论分析和数学推导作为手段，研究微型桩治理滑坡的作用机理；根据研究结果分析微型桩抗滑的关键控制因素，提出微型桩治理滑坡的设计计算步骤、方法，并总结论述其施工工艺和适用条件。主要研究内容共有5项：

(1)微型桩支护体系的分类。采用资料查阅、现场调研和结构力学分析等手段，总结近年来微型桩工程应用实例及研究成果，依据微型桩不同的布置形式、受力特点等，对微型桩支护体系进行分类，阐明不同类型微型桩支护体系的特点、适用条件和范围。

(2)微型桩受力特点试验研究。通过数值模拟、室内模型试验和现场工程试验，对微型桩支护体系中基桩的受力特点，特别是对其水平受力特点进行分析，明确微型桩基桩与一般大灌注桩、抗滑桩之间受力的不同点和特有的受力特性。

(3)微型桩支护体系作用机理研究。微型桩属于长径比较大的柔性桩，在滑坡治理中作为支护体系的作用明显不同于抗滑桩和混凝土灌注排桩等刚性桩。本篇在总结已有研究成果和现场试验的基础上，从理论上对微型桩支护体系的作用机理进行分析，将注浆加固和被动锚固理论引入到微型桩支护体系作用机理中，提出微型桩支护体系的抗滑作用机理。

(4)微型桩支护体系设计计算理论研究。在第(3)研究的基础上，结合滑坡治理的相关规程，根据微型桩支护体系不同组合方式的适用条件，论述微型桩治理滑坡时的勘察、设计方法及步骤；论述微型桩桩体材料配备、布置数量等设计参数的详细计算方法。

(5)微型桩施工工艺研究。采用微型桩进行滑坡治理的支护技术由于发展时间短，人们对其支护机理正在不断地深入研究和认识，所以其施工方法也在不断地发展和改进。即使在相同的地层条件下，由于施工方法、施工机械、使用材料和施工技术的不同，微型桩的各项指标也会产生较大的差异，因此本篇结合提出的微型桩支护体系的作用机理，对其施工机具和成孔、制桩、插桩、注浆等具体的施工工艺提出建议方法。

18.5.2　技术路线

本篇针对微型桩支护体系在滑坡治理中的应用，在数值模拟、室内模拟实验、现场工程试验和前人研究的基础上，首先对微型桩根据受力特点和布置形式进行分类，并阐明其适用范围；然后采用理论分析和数学推导的方法，研究其治理滑坡的作用机理；再根据以上的研究结果，提出不同微型桩支护体系治理滑坡的设计计算方法、施工工艺。本篇的研究技术路线如图18-1所示。

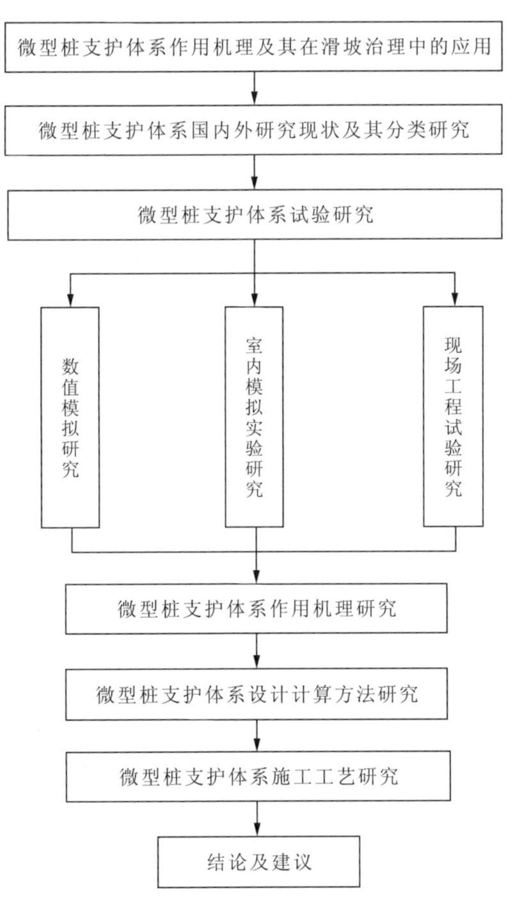

图18-1　本篇研究技术路线图

18.6 本章小结

本章介绍了微型桩的概念、国内外研究现状、微型桩支护体系的特点等内容。在总结前人对微型桩研究的基础上，重点总结了将微型桩应用于滑坡防治工程的思路和前人做过的工作，并论述了微型桩治理滑坡研究中存在的问题，最后提出了本篇将要解决的问题和研究的技术路线。

19 微型桩支护体系分类

19.1 微型桩的分类

按照微型桩的受力特点，可将其分为承受竖向力和承受水平向力两种。承受竖向力的微型桩主要用于基础加固、不均匀沉降处理等方面，称其为微型桩基础（或树根桩）；而承受水平向力的微型桩用于加固滑坡、边坡以及基坑支护等方面，称其为微型桩支护体系。对微型桩支护体系又以其与其他加固措施的配合使用关系，将其分为微型桩独立支护体系和微型桩联合支护体系两大类。其中微型桩独立支护体系根据微型桩的不同组合形式和其受力特点分为5类，微型桩联合支护体系根据其与不同加固措施的联合可分为3类（图19－1）。本篇仅论述微型桩支护体系中的微型桩独立支护体系。

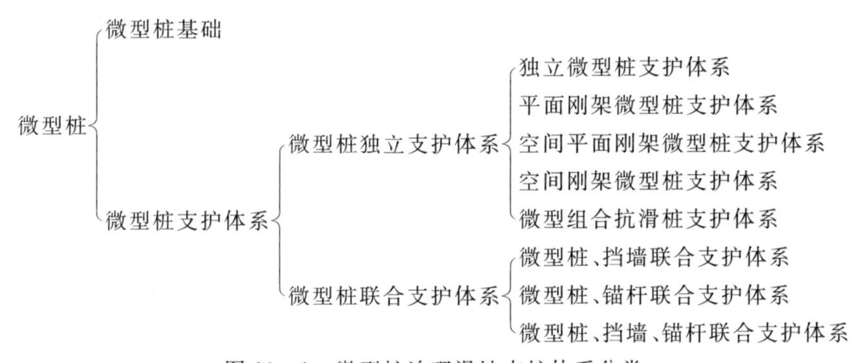

图19－1 微型桩治理滑坡支护体系分类

19.2 独立微型桩支护体系

独立微型桩体系就是在边坡的开挖坡面或自然坡面上按照一定的间距在一定范围内布置数量众多的微型桩，各桩桩顶之间没有连接结构，相互独立。当微型桩工作时，桩与桩之间的作用仅通过桩间岩土体进行传递（图19－2）。

在这种情况下，微型桩桩位的布置力求总体满足抗滑要求，尽量均匀，重点部位局部加强，要求便于施工。该结构形式的微型桩在滑体上布置灵活，较少受地形和设备的影响，施工方便，适用性较强，主要适用于以下几种情况：①滑体完整性较好且强度较高的顺层岩质边坡，例

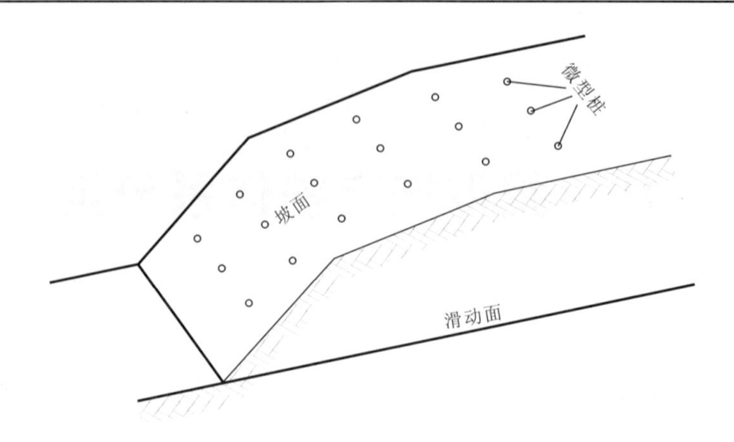

图 19-2 独立微型桩支护体系示意图

如硬质岩顺层岩质边坡；②滑体裂隙发育的松散岩土体滑坡，结合适当的注浆措施，此时要求注浆作为单独内容进行专门设计，注浆量较大；③边坡地形复杂、植被发育，不具备坡面修整条件，但对变形要求不严格的情况。

19.3 平面刚架与空间平面刚架微型桩支护体系

根据结构力学的定义(李廉锟，2010)，由直杆组成并具有刚性节点，各杆均为受弯杆，内力通常是弯矩、剪力和轴力都有的结构体系称之为刚架[图 19-3(a)]。按照杆轴线和外力的空间位置，可分为平面结构和空间结构。如果刚架结构的各杆轴线及外力(包括荷载和反力)均在同一平面内则称为平面结构[图 19-3(b)]，否则便是空间结构[图 19-3(c)]。然而如图 19-3(d)所示的刚架，虽然各杆轴线都在同一平面内，但荷载不在此平面内(一般与该平面垂直)，故属于空间刚架问题，也称为承受空间荷载的平面刚架(本书中简称为空间平面刚架)。

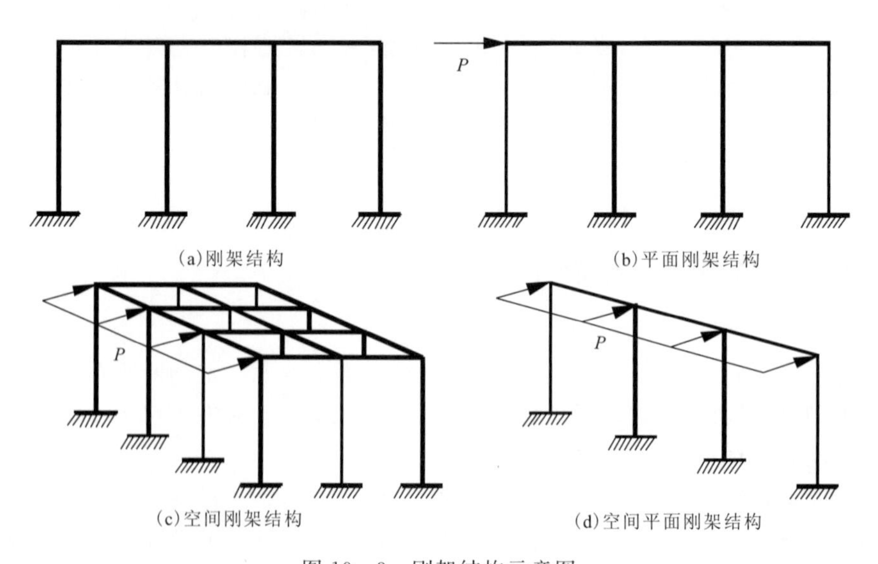

图 19-3 刚架结构示意图

据此，将坡面上布置的多排微型桩通过使用联系梁将其顶端连接在一起而形成的结构体系也相应划分为平面刚架微型桩支护体系和空间刚架微型桩支护体系。本篇将空间荷载条件下的平面刚架结构划入空间刚架进行研究，简称为空间平面刚架微型桩支护体系（图 19－4）；而将荷载和刚架结构在同一平面内的微型桩支护体系称为平面刚架微型桩支护体系（图 19－5）。

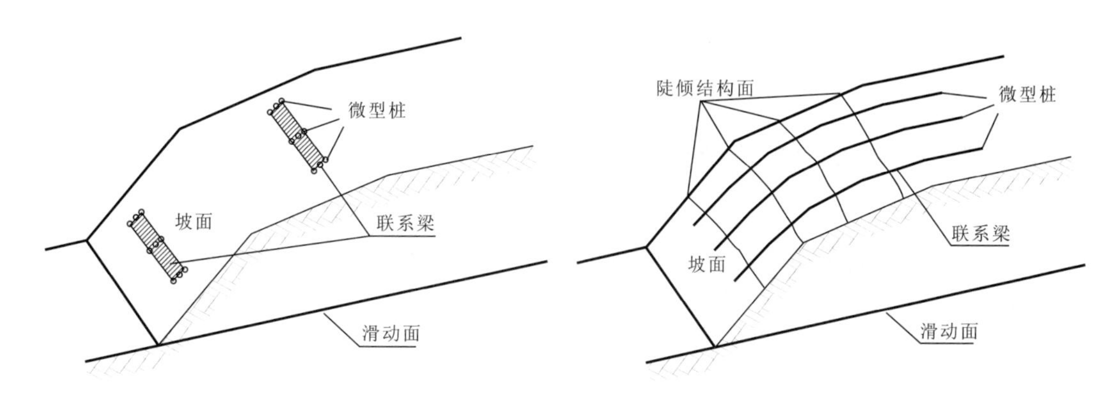

图 19－4　空间平面刚架微型桩支护体系　　图 19－5　平面刚架微型桩支护体系

基于以上两种结构形式，其应用范围和计算理论差别也十分显著。第一种空间平面刚架组合微型桩支护体系虽由单个桩体组合而成，但由于其顶底均形成整体，桩间滑体在压力注浆的作用下，与微型桩组成共同作用整体，承担滑坡的推力。主要适用于以下几种情况：①滑坡已形成较为明显的梯级平台，采用此措施可以分级消除滑坡的危险性；②由于工程的需要边坡需开挖为梯级平台，此时可在每级平台上按照要求分散布置，使滑坡分级稳定；③推力型滑坡直接处理滑坡顶部不稳定体，或者是拉力型滑坡直接在坡脚位置布设，消除滑坡启动条件而使滑坡稳定；④边坡施工条件受限，只能在平台位置布设抗滑措施且完整性较差的岩土体滑坡，此时需配合注浆措施；⑤作为抗滑桩、锚索等施工的临时安全措施工程。第二种平面刚架微型桩支护体系中，微型桩仅由平行于滑动方向的顶梁相连，适合于坡体发育有两组结构面（除层面外，还发育一组平行于边坡走向的陡倾结构面）、完整性较差的顺层岩质边坡。此种结构形式由于顶梁施工长度较大，且在顺着倾向一般地形变化较大，施工困难，使用较少。

19.4　空间刚架微型桩支护体系

空间刚架微型桩体系是在独立微型桩体系的基础上，用联系梁将边坡上分布的多排微型桩刚性连接在一起而形成的结构体系，每根微型桩都处于联系梁的一个十字交叉点（图 19－6）。空间刚架微型桩支护体系是空间平面微型桩支护体系和与平面微型桩支护体系的组合体，其直接加固作用面积更大，顶部采用框架系

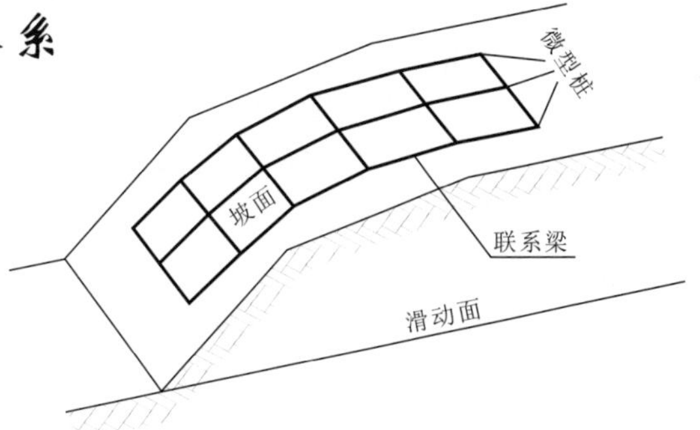

图 19－6　空间刚架微型桩支护体系示意图

统将其连接为一个整体,底部插入滑面以下也可视为整体。

这种情况下的微型桩支护体系,既有桩体本身的加固作用,同时通过一定的注浆措施,可以最大限度地发挥桩间岩土体自身的作用。主要适用于以下几种情况:①坡体发育有两组以上的结构面、软弱破碎、完整性很差的岩土体滑坡或边坡;②位于基本稳定的滑坡上的线型构筑物,仅处理影响范围内的滑坡部分,例如在公路、铁路路基范围内的处理;③小范围的局部滑坡,且变形要求严格的情况;④坡面较为平整,可以大面积布置混凝土框架结构且变形要求严格。

19.5 微型组合抗滑桩支护体系

微型组合抗滑桩是采用小间距(一般桩间距采用 0.5～1.0m)的微型桩组合在一起(一般采用 3×3、3×4 或 3×5 的组合形式),顶部用混凝土顶梁(或承台结构)连接形成强度较高的整体(图 19－7)。顶梁形状根据工程情况可以是矩形、正方形、圆形或其他能提高对滑体抗力的形状。

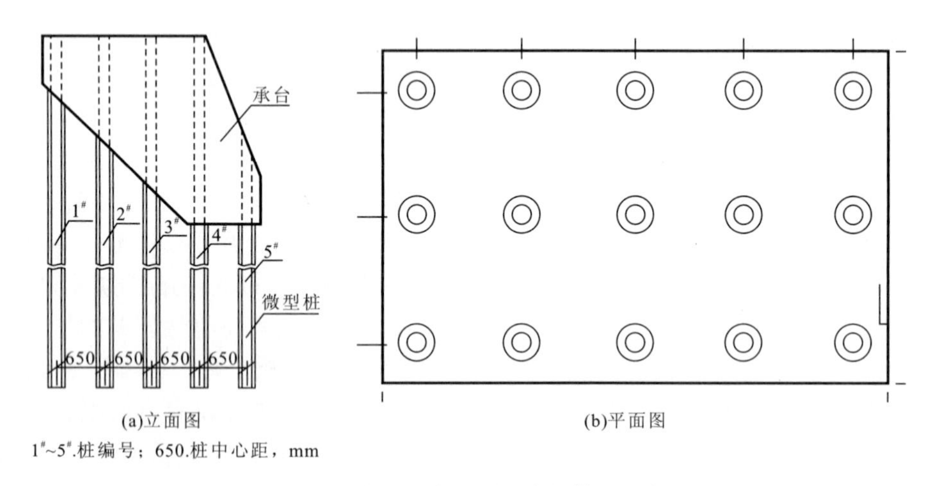

图 19－7 微型组合抗滑桩支护体系示意图

该结构由于布桩密集,桩顶混凝土结构物强度高,通过注浆作用,极大地改善了桩体周围的岩土体力学性质,在滑体中形成了近似于抗滑桩的结构体,故称为微型组合抗滑桩支护体系。其主要适用于以下两种情况:①施工场地狭小、岩体结构破碎,工程措施位置受限,只能布置在边坡平台或坡脚位置的岩质滑坡体;②滑坡体施工抗滑桩时上部存在破碎岩体的高边坡,安全问题突出,不适宜爆破开挖,其他开挖方式难度很大的情况。以上两种情况均要求滑体具有裂隙岩体的特点,这样在后期微型桩施工过程中,注浆可以明显改善滑体的整体性和滑面的力学性质,可以使滑体快速稳定,也可以使岩体的强度充分发挥而不单纯依靠微型桩的作用。

19.6　本章小结

本章在总结前人研究成果和工程实践的基础上，根据微型桩的受力形式将其分为微型桩基础和微型桩支护体系。根据本书的研究重点是微型桩在滑坡治理中的应用这一主题，进一步将微型桩支护体系分为微型桩独立支护体系和微型桩联合支护体系。又将微型桩独立支护体系细分为5种：独立微型桩支护体系、平面刚架微型桩支护体系、空间平面刚架微型桩支护体系、空间刚架微型桩支护体系和微型组合抗滑桩支护体系。将微型桩联合支护体系细分为3种：微型桩、挡墙联合支护体系，微型桩、锚杆(索)联合支护体系和微型桩、挡墙、锚杆(索)联合支护体系。本书的重点研究对象为微型桩独立支护体系，详细论述了其5种不同分类的力学定义、特点、使用条件、适用范围和各自的优缺点。

20 微型桩支护体系力学分析

微型桩的构造和结构有其独有的特点,而其结构特点又决定了其力学特征。本章从微型桩的结构特点入手,首先对单桩的受力和变形特点进行理论分析,再对多桩刚架结构采用ADINA数值模拟软件进行分析,并画出变形、轴力、弯矩及剪力图。

20.1 微型桩结构特征

微型桩的桩径一般小于300mm、长径比(L/D)大于30,按照《建筑桩基技术规范》(JGJ 94—2008)的相关规定,微型桩属于长径比较大的小直径($d \leqslant 250$mm)非挤土桩,在受压状况下要计算其压屈稳定性,但在滑坡支护中微型桩普遍承受水平推力和拉力,可不计算其压屈稳定性;一般微型桩最小的配筋率即可达25%,最高甚至超过了50%,而普通灌注桩的配筋率为0.65%~0.2%。微型桩与普通钻孔灌注桩、抗滑桩的结构特征比较见表20-1。

微型桩由于其长径比较大,呈现弹性的特点,承受竖向压力时易于出现压屈现象,故在承受竖向压力的基础处理中,一般都采用较大的桩径和较小的桩长,使其长径比尽量减小;但在滑坡治理工程中,由于受制于滑体的厚度和微型桩需进入稳定层一定深度的要求,一般情况下桩长较大;而桩径受制于施工条件和设备的能力又不能很大(一般情况下$D \leqslant 190$mm),使其长径比(L/D)普遍达到了100以上。最初因为常与注浆工程配合使用,微型桩的加筋材料一般直接采用钢制注浆管,在注浆管下部约1m范围内布设直径约1cm的小孔形成注浆通道;随着理论与设计的发展,工程中也采用螺纹钢筋(一般直径大于25mm)编制成钢筋笼下入钻孔中,然后再下入聚乙烯塑料注浆管,由孔底向上压注水泥浆。这两种形式受其结构和材料强度的影响,一般情况下水平支挡的能力(抗弯性能)较差,在一些较大型的滑坡治理中,又将两者相结合,在钻孔中先下入钢制无缝管,再在管中下入钢筋笼,或者是将螺纹钢筋焊接在无缝钢管外一并下入钻孔中,然后压注水泥浆,以提高其抗弯性能。近年来,为了进一步提高微型桩的抗弯性能,也尝试使用了槽钢、工字钢,甚至钢轨等高强度的型材作为加筋材料。

理论上微型桩的灌注材料可以使用细石混凝土,但在实际施工中受到孔径和灌注设备的限制,灌注细石混凝土很难实现,施工中多采用灌注水泥砂浆或纯水泥浆。尤其纯水泥浆由于具有较好的流动性和较高的强度,可以通过渗透较好地加固松散滑动体、填充滑床和滑体中的裂隙,而被广泛使用。

表 20-1　钻孔灌注桩、抗滑桩与微型桩特征比较

比较内容＼桩型	钻孔灌注桩	抗滑桩	微型桩
截面形状	圆形	矩形	圆形
桩径(边长)(mm)	一般 300～1200	≥1.5×2.0	一般 150
长径比(L/D)	一般≤50		≥100
配筋率(%)	0.65～0.2		一般≥25
加筋材料	箍筋:圆钢; 主筋:螺纹钢	箍筋:圆钢; 主筋:螺纹钢、型钢	箍筋:圆钢; 主筋:螺纹钢、钢管、型钢
成桩工艺	钻机或人工挖孔,非挤土	人工挖孔(一般),非挤土	小型钻机成孔,非挤土
注浆材料	混凝土	混凝土	水泥砂浆
适用地层	所有地层	所有地层	所有地层
排布形式	根据需要灵活组合,一般为排状	一般为排状	根据需要灵活组合
地下水影响	不受影响	水位以下施工困难或无法施工	不受影响
场地要求	平整且交通便利	交通便利	无要求
使用条件	一般用于建筑基础和基坑围护	专用于滑坡治理	可用于建筑基础处理、基坑围护和滑坡防治

20.2　单桩受力特征研究

微型桩单独作为滑坡和边坡的加固手段,是几种微型桩支护体系中常用和最简单的一种方法,支护效果非常明显。在本章的研究中,仅研究微型桩及其桩顶结构在外力作用下的变形和内力特征,忽略了岩土体对它们的作用。

在结构力学上,承受水平推力的微型桩单桩可以看作底部与滑床刚性连接的悬臂梁。在滑坡推力计算中,我们假设滑坡推力在桩上矩形分布,其滑坡推力、剪力、弯矩如图 20-1 所示。如果滑动推力为 q(kN/m),则 $F_{smax}=ql$,$M_{max}=ql^2/2$,位置均处于桩与地基(滑床)的连接处。

实验室测试时，一般将力加载在滑面以上桩的中点处，其剪力、弯矩如图 20－2 所示。此时的集中力如果为 P，则 $F_{smax}=P$，在受力点以下均布；$M_{max}=Pl/2$，位置在桩与地基（滑床）的连接处。

如果不考虑地层对桩体的作用力（实际此种情况不可能发生，此处因为只考虑桩体本身变形时的内力，所以作此假定），此时根据力的平衡，沿轴线方向的轴力 F_a 始终为 0。

从图 20－1 和图 20－2 中可以看出，不管是均布荷载还是集中荷载，其最大剪应力和最大弯矩值均出现在桩的固定端，即滑面位置，这也表明微型桩的破坏点也最有可能出现在滑面位置。

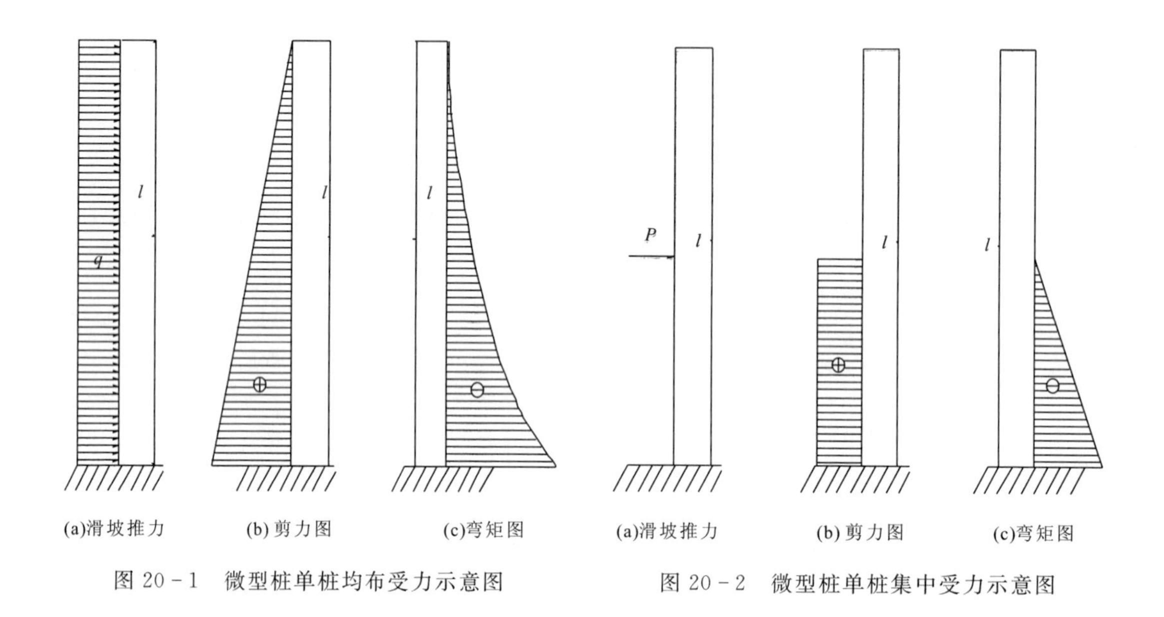

图 20－1　微型桩单桩均布受力示意图　　图 20－2　微型桩单桩集中受力示意图

20.3　多桩刚架体系内力分析

单桩的力学分析很容易手算得出结论，但对于多桩刚架支护体系的受力特征和内力分布特点，由于推导过程十分繁琐，本章采用 ADINA 数值模拟软件进行分析。

20.3.1　ADINA 软件简介

ADINA 软件是美国 ADINA R&D 公司的产品，是基于有限元技术的大型通用分析仿真平台，广泛应用于各个工业领域、研究和教育机构。ADINA R&D 公司由著名的有限元技术专家 Bathe 博士及其同事于 1986 年创建，总部设在美国马萨诸塞州 Watertown。该公司专门致力于开发能够对结构、热、流体及流构（固）耦合、热构（固）耦合问题进行综合性有限元分析程序——ADINA，从而为用户提供一揽子解决方案。

ADINA 的最早版本出现于 1975，是 Bathe 博士在麻省理工学院工作期间，带领研究队伍开发而成，其含义是 Automatic Dynamic Incremental Nonlinear Analysis。从 1975 年到 1985

年间，尽管 ADINA 还不是商业产品，但它却是全球最先进的有限元分析程序，被工程界、科学研究、教育等众多用户广泛应用；而且其源代码是 Public Domain Code，被传播到了全球各个领域，甚至很多商业有限元程序都来自 ADINA 的基础代码。随着 1986 年 ADINA R&D 公司的成立，ADINA 软件开始了商业化发展的历程。ADINA 程序结构包括的主要模块见表 20－2。

表 20－2　ADINA 软件模块简介

ADINA 软件模块	ADINA 软件模块简介
ADINA－AUI：前后处理模块	基于 Parasolid 建模内核；Parasolid 几何接口；有限元 Nastran 文件接口；IGES 通用几何传输；自动网格划分；加载和边界条件；模型列表；结果列表；等值线显示；向量显示；流场粒子流显示；动画生成；输出格式 Bmp，Jpeg...；用户自定义图标；在线帮助文档；宏语言；二次开发资源
ADINA　Structure：结构分析模块	结构线性；静力；隐式瞬态算法；显式瞬态算法；频域求解；模态叠加结构非线性；材料非线性；大变形/大应变/大转动；静力；隐式瞬态算法；显式瞬态算法；接触(包括考虑接触的模态分析)；断裂力学(裂纹扩展、考虑动力学、温度效应、用户自定义单元、材料模式、断裂力学判据和裂纹扩展规律)；复合材料(每层可以为不同的非线性材料、多种复合材料失效准则)；多孔介质材料本构
ADINA－CFD：计算流体动力学求解模块	稳态/瞬态；层流/湍流；有限元/控制体积(Lagrange/Euler/ALE 物质与参考构形关系)；牛顿/非牛顿流体；不可压缩流动；微可压缩流动；低速可压缩流动；高速可压缩流动；各种湍流模型；自然/强迫对流；共轭传热/传质；气/液相变、气蚀
ADINA－FSI：流体-结构耦合分析模块	势流体与结构耦合求解；不可压缩流体/微压缩流体/低速可压缩流体/高速可压缩流体与结构耦合求解；各种流体与多孔介质材料的耦合求解；流体网格与结构网格独立
ADINA － Thermal：热分析模块	热传导/对流/辐射；相变；流体介质中的辐射(几何示踪理论)；焦耳热；用户自定义热属性
ADINA－TMC：热-结构耦合分析模块	热应力；塑性功热转化/摩擦生热；热电耦合；压电分析
ADINA － M：Parasolid 高级建模模块	导入 SolidWorks、Unigrahics 和 SolidEdge 等基于 Parasolid 模型
ADINA － Transor：接口模块	与 CAD/CAE 软件的专用接口

ADINA 除了求解线性问题外，还具备分析非线性问题和动力学问题的强大功能，以及温度、渗流、流体及其相互耦合的力学现象。一直以来，ADINA 在计算理论和求解问题的广泛性方面处于全球领先的地位，尤其针对结构非线性、动力学、固液耦合等复杂问题具有强大优势，被业内人士认为是非线性有限元发展方向的代表。以这些先进的理论为基础，ADINA 能真正实现流场、结构、热场的耦合分析；除计算功能外，ADINA 软件在模型处理、网格划分技术、与其他工程软件数据接口等方面都有着优秀的表现。产品理论基础深厚、求解能力强大，具备理论严谨性、技术先进性和求解高效的特点。

ADINA 是一个全集成有限元分析的系统，采用完全的 Windows 界面风格，既可以采用图标也可以采用菜单来执行任务。所有分析模块使用统一的前后处理用户界面 ADINA User Interface(简称 AUI)，其友好的交互式图形界面中可实现所有建模和后处理功能。

本次研究中仅使用到了 ADINA－AUI(前后处理模块）和 ADINA Structure 结构分析模块，其余未涉及。

20.3.2 基本假设及参数

本章的研究对象为微型桩本身的变形及受力特征，考虑到建模和计算的简便性以及结果的可对比与代表性，对微型桩支护体系作了适当的简化。主要的简化假定(设)如下：

(1)不考虑桩间土的作用。

(2)微型桩与顶部混凝土梁为刚性连接。

(3)微型桩在滑床部位与滑床刚性连接。

(4)微型桩与连梁在计算时均设定为梁单元。

(5)滑坡推力为矩形，假定仅作用于最左侧(后桩)的微型桩上。

(6)轴力拉力为正，压力为负。

(7)剪力以绕隔离体顺时针转动为正，逆时针转动为负。

(8)弯矩以使梁的下侧或右侧纤维受拉者为正，反之为负。

基于以上的假设，为了使数值模拟结果相互之间以及与室内模型试验之间具有可比性，数值模拟时将微型桩的外形及力学参数设定如下：

(1)桩的悬臂段长为 1.0m，间距 1.0m。

(2)微型桩与连梁均设定为 0.1m×0.1m 的矩形截面，弹性模量为 2.07×10^{7}MPa。

(3)水平推力设定为 25kN/m・根。

(4)微型桩和其顶部联梁均采用梁单元，单元划分大小均为 0.1m。

20.3.3 数值模拟与计算结果分析

基于以上的假设和参数取值，分别对单桩、两桩刚架体系、三桩刚架体系、四桩刚架体系和八桩刚架体系建立模型进行求解计算。

图 20－3 为单桩受力时的变形、轴力、弯矩和剪力图。从图中可以看出，在这种情况下桩所受的轴向力为 0。在实际工程工况下，由于桩与桩周的岩土体存在黏结力，桩产生变形时肯定会存在轴向力。最大的弯矩与剪力出现在桩与滑面的刚性连接处。

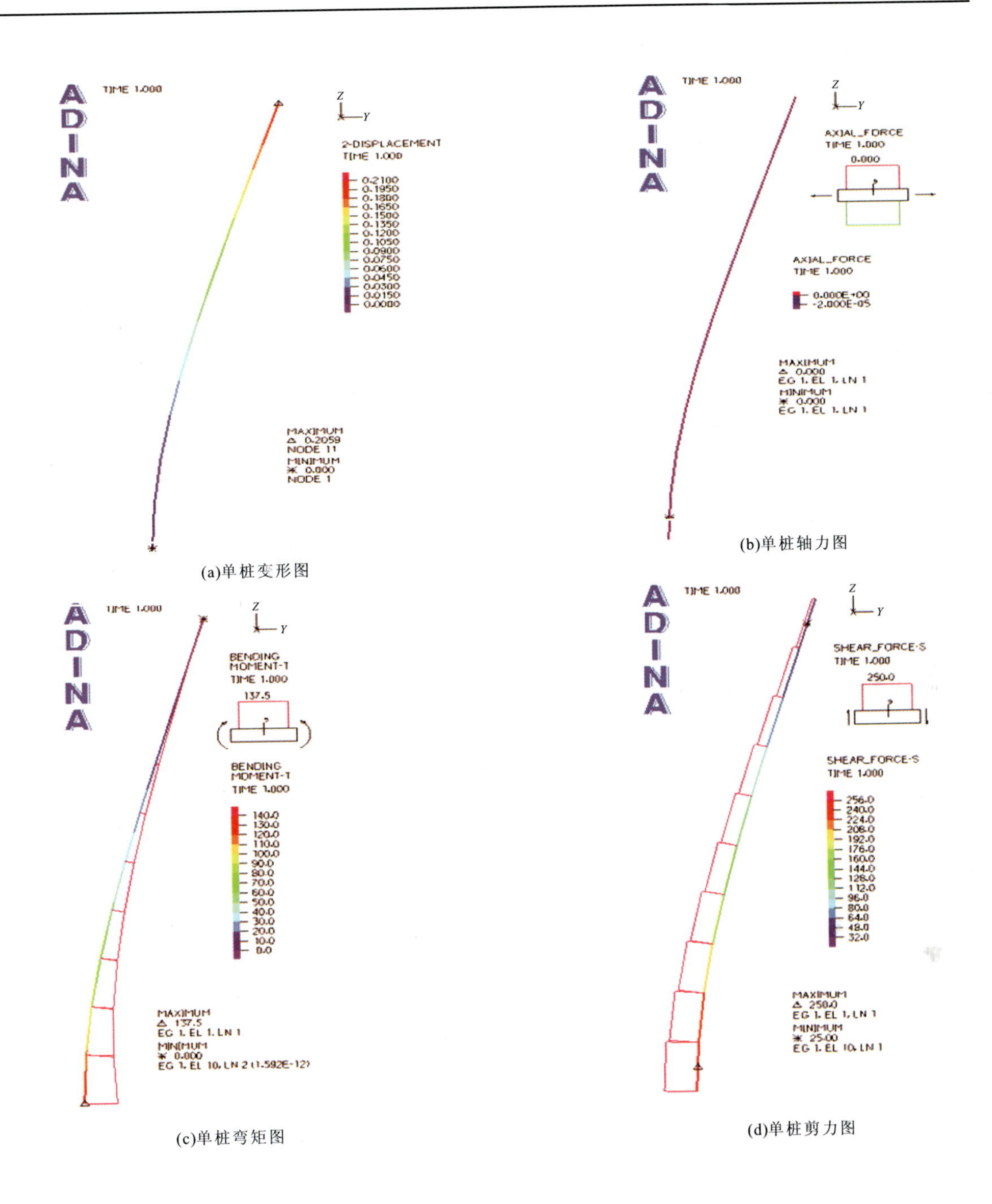

(a)单桩变形图

(b)单桩轴力图

(c)单桩弯矩图

(d)单桩剪力图

图 20－3 单桩计算简图

图 20－4 为两桩刚架体系受水平力时的变形、轴力、弯矩和剪力图。从图中可以看出，在受水平推力的情况下，前桩承受压力，后桩承受拉力（左侧为后桩，靠近受力侧），同时联系梁也承受压力；弯矩在桩与滑面连接处、桩与联系梁的节点处等 4 个地方绝对值相对较大，尤其在桩与联系梁的节点处需承受两个方向的弯矩，受力状态十分复杂；轴力弯矩和剪力的最大值均出现在左侧桩的桩与滑面的刚性连接处。

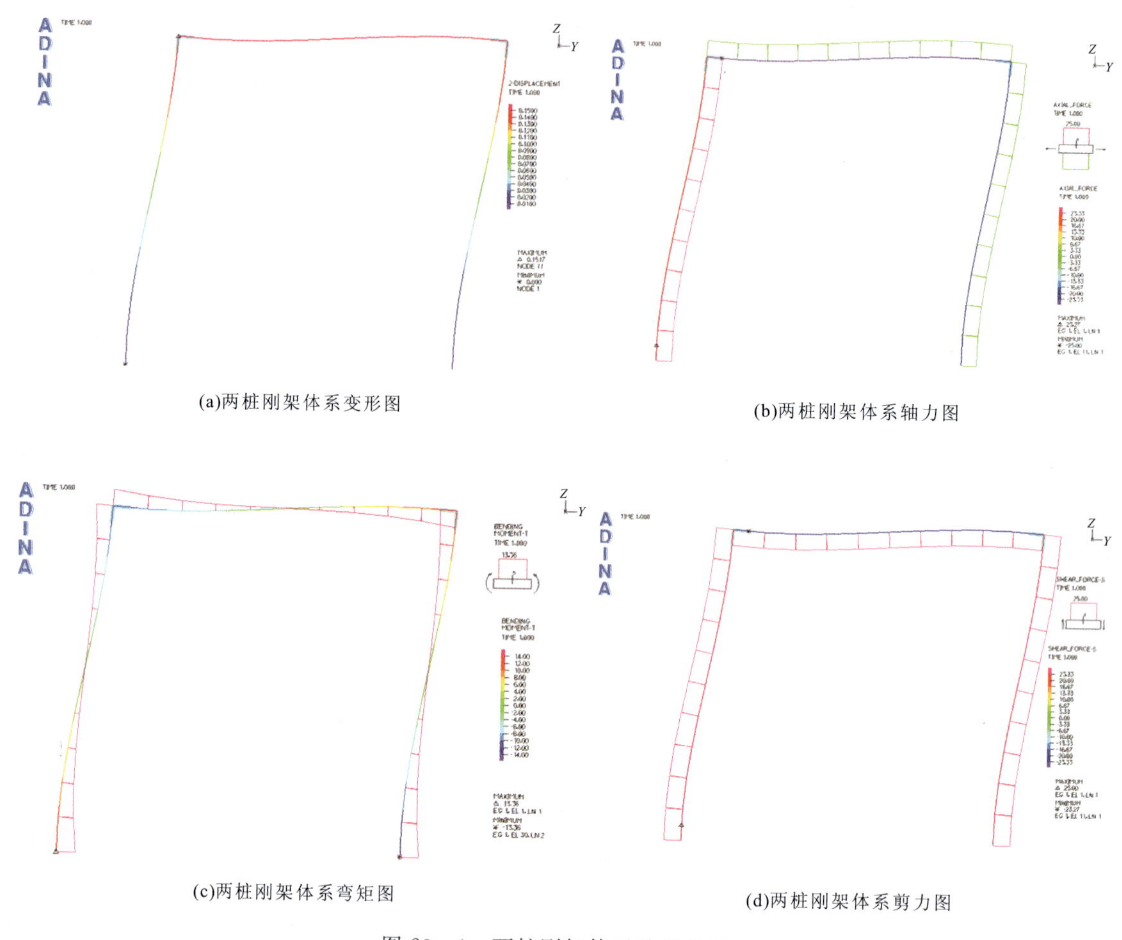

(a)两桩刚架体系变形图

(b)两桩刚架体系轴力图

(c)两桩刚架体系弯矩图

(d)两桩刚架体系剪力图

图 20－4　两桩刚架体系计算简图

图 20－5 为三桩刚架体系在承受水平力时的变形、轴力、弯矩和剪力图。从图中可以看出，左起第一、二两根桩承受拉力，最后一根桩承受压力，最大轴力在中间一根桩的底部；弯矩和剪力与两桩刚架体系相类似，联系梁与桩的刚性节点处受力最为复杂，最大值均出现在左侧第一根桩的底部。

图 20－6 为四桩刚架体系在承受水平力时的变形、轴力、弯矩和剪力图。从图中可以得出与三桩刚架体系相似的结论，区别主要在于轴力分布的不同，左起前三根桩均承受拉力，最后一根桩承受压力，而第一和第三根桩承受的轴力几乎为 0；轴力的最大值出现在左起第二根桩的顶部与联系梁相连接的部位，弯矩和剪力最大值出现在左起第一根桩的底部。

图 20－7 为八桩刚架体系在承受水平力时的变形、轴力、弯矩和剪力图。左起第一、三、五、六、八桩轴力为压力，第二、四、七桩轴力为拉力，最大值出现在第二根桩的顶部；弯矩、剪力与其他几种情况相似，最大值出现在第一根桩的底部。

表 20－3 为 5 种不同结构的数值模拟计算结果。从表中数据可以看出，随着桩数的增加，变形的最大值在逐渐减小；随着推力的增大，桩上所承受的最大和最小轴力、弯矩、剪力都在逐渐增加，且最大值位置基本相同。

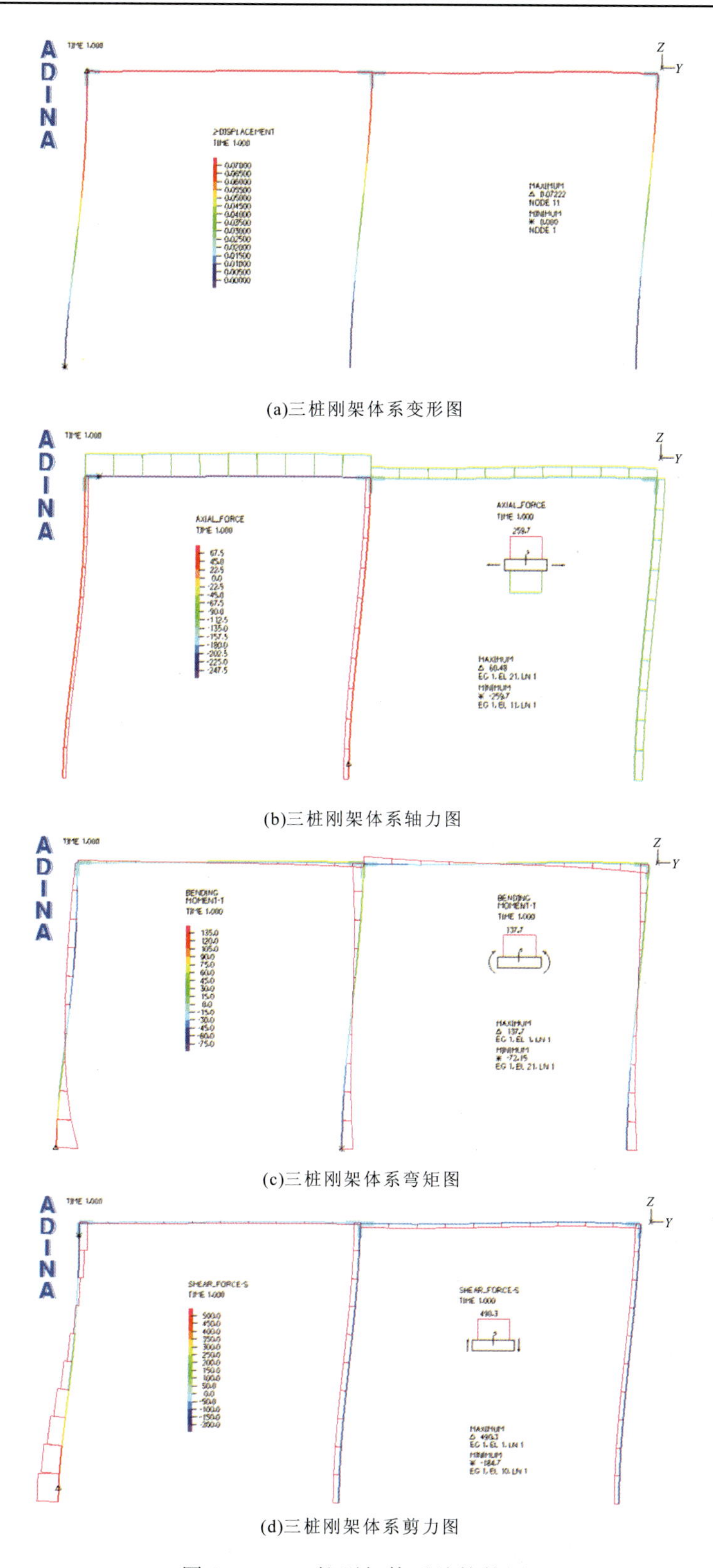

(a)三桩刚架体系变形图

(b)三桩刚架体系轴力图

(c)三桩刚架体系弯矩图

(d)三桩刚架体系剪力图

图 20－5　三桩刚架体系计算简图

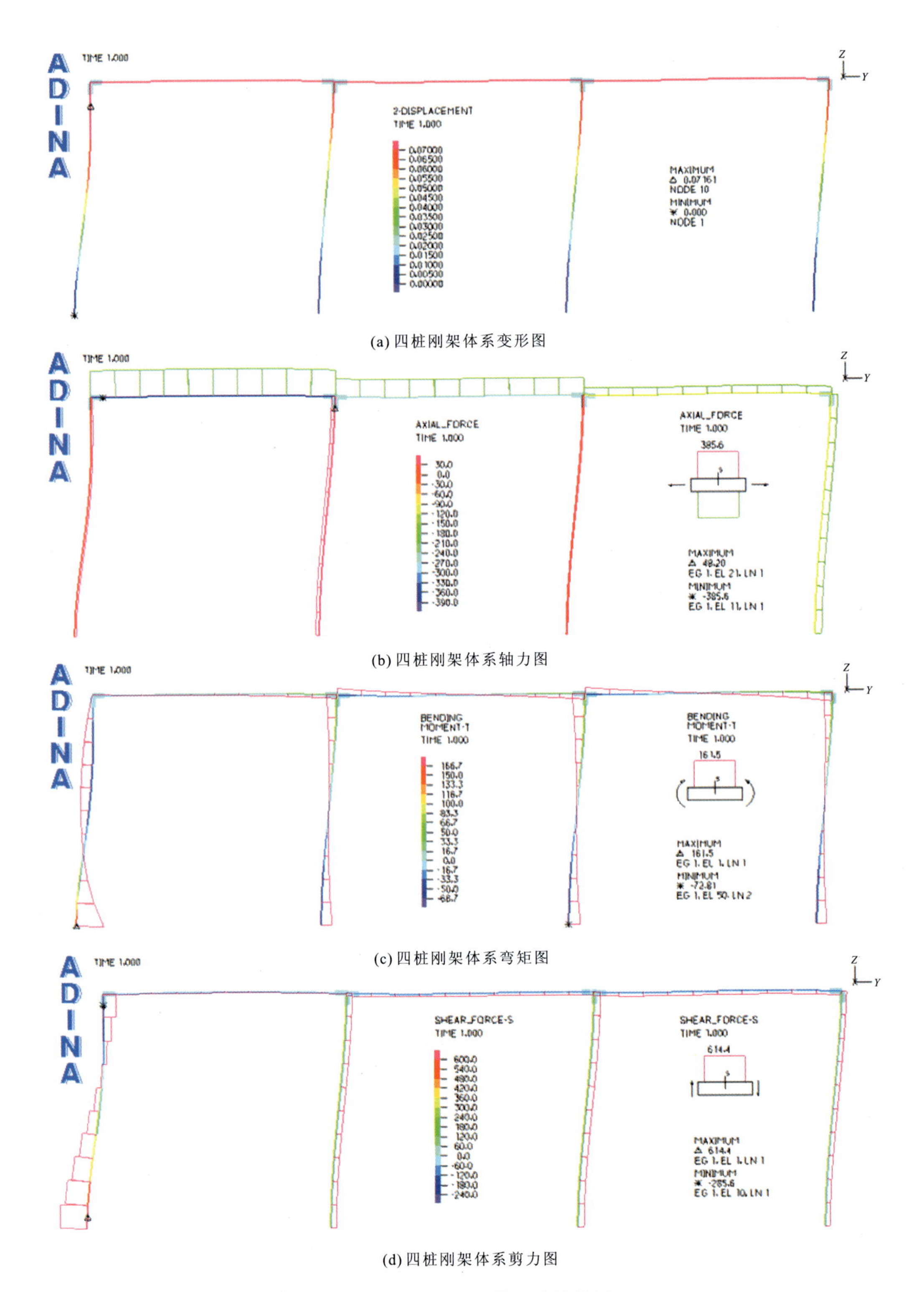

(a) 四桩刚架体系变形图

(b) 四桩刚架体系轴力图

(c) 四桩刚架体系弯矩图

(d) 四桩刚架体系剪力图

图 20-6 四桩刚架体系计算简图

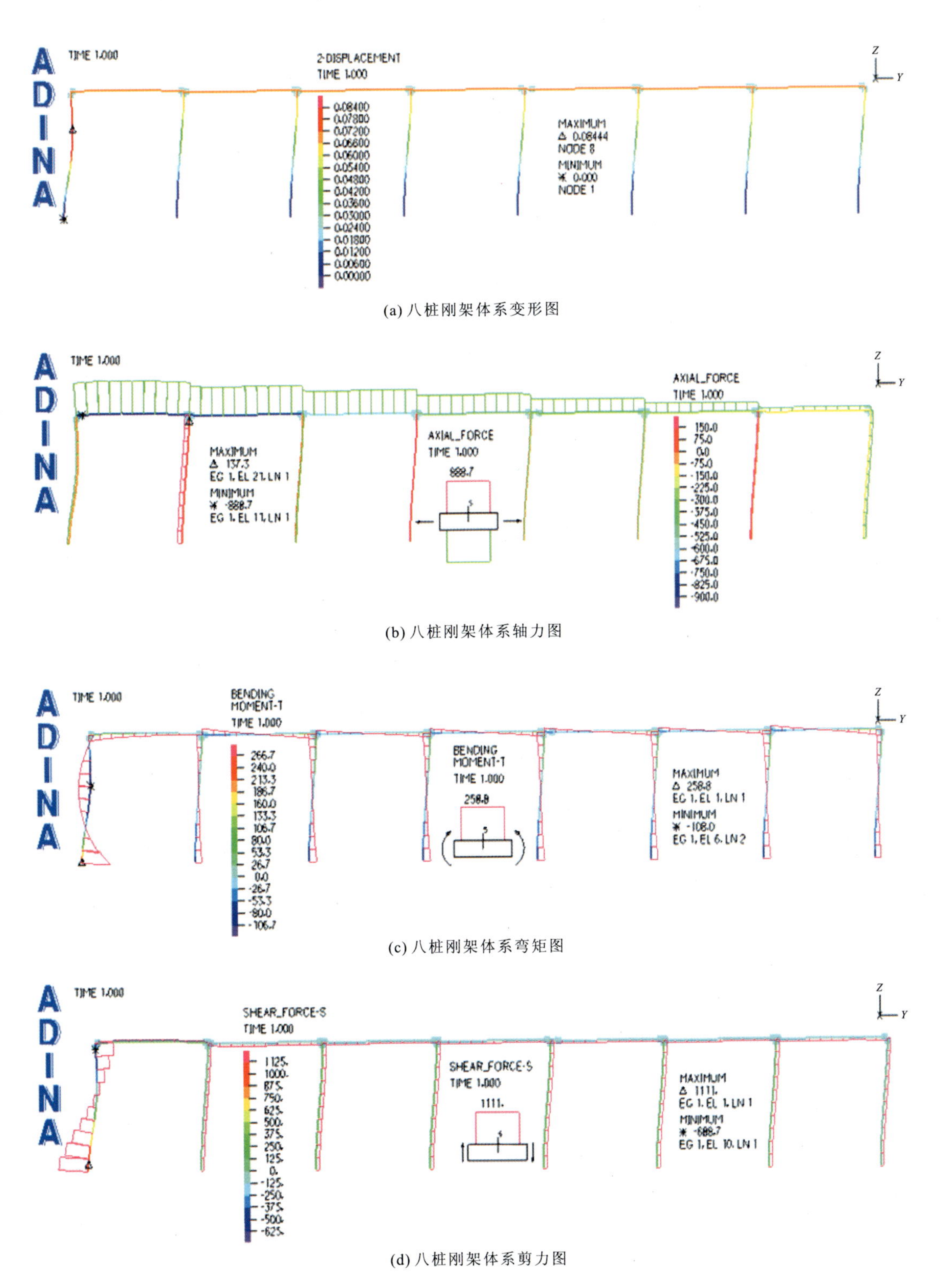

(a) 八桩刚架体系变形图

(b) 八桩刚架体系轴力图

(c) 八桩刚架体系弯矩图

(d) 八桩刚架体系剪力图

图 20－7　八桩刚架体系计算简图

表 20-3　数值模拟计算结果

计算值 \ 桩型组合		单桩支护体系	两桩刚架支护体系	三桩刚架支护体系	四桩刚架支护体系	八桩刚架支护体系
水平推力(kN/m)		25	50	75	100	200
变形(m)	最大值	0.2059	0.1517	0.072 22	0.071 61	0.084 44
	最小值	0.0000	0.0000	0.0000	0.0000	0.000 00
轴力(kN)	最大值	0.00	23.27	60.48	48.20	137.30
	最小值	0.00	−25.00	−259.70	−385.60	−888.70
弯矩(kN·m)	最大值	13.75	13.36	137.70	161.50	258.80
	最小值	0.0	−13.34	−72.15	−72.81	−108.00
剪力(kN)	最大值	25.00	25.00	49.03	61.44	111.10
	最小值	0.00	−23.27	−18.47	−28.56	−68.87

20.4　本章小结

本章从对单桩的理论分析入手，运用 ADINA 数值模拟软件对单桩、两桩刚架体系、三桩刚架体系、四桩刚架体系和八桩刚架体系进行了数值模拟计算。在不考虑岩土体作用的情况下，有如下结论：

(1)微型桩的最大剪力、弯矩均出现在滑面位置；两桩刚架体系下轴力的最大值出现在第一根桩靠近滑面位置，三桩以上刚架体系最大轴力值均出现在第二根桩靠近联系梁位置，而在靠近第一根桩的联系梁上承受最大的压力。

(2)在微型桩单桩平均承受相同推力的情况下，随着刚架体系中桩数的增加，体系的弹性变形越来越小。

(3)在刚架体系中，靠近承受水平力方向的桩的轴力以拉力为主，并随着距离的增加，逐渐转化为压力；桩数超过 3 根时具有拉力、压力间隔分布的趋势。

(4)与联系梁刚性连接时，联系梁也承受了轴力、弯矩和剪力，受力状态复杂。

(5)三桩刚架体系和四桩刚架体系中各桩承受的力较为均匀，是工程实践中布置较为合理的组合形式。

21 微型桩支护体系试验

21.1 微型桩支护体系推力模型试验

21.1.1 试验目的

为了对微型桩承受水平支挡力的性能有直观的认识和了解，针对独立微型桩支护体系和平面刚架微型桩支护体系，在实验室设计实施了3组微型桩支护体系的推力模型试验。

21.1.2 试验基本情况

图21-1所示是推力模型试验中微型桩的布置和水平力施加示意图。图中P为施加的水平力，位置在地面至桩顶的中间；F为采用虚位移计算时假定的单位力，位置在桩顶，尺寸单位均为米。

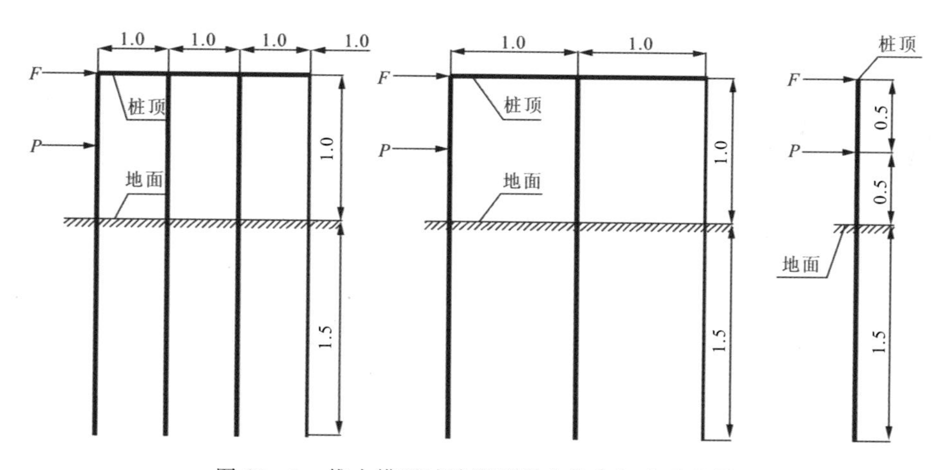

图21-1 推力模型试验微型桩布设和加力示意图

本次试验微型桩采用外径ϕ76mm、壁厚3mm的直缝焊接钢管；钻孔采用螺旋干法成孔，孔径ϕ130mm，孔深1.5m，钢管外露1.0m；浆液配比为水：灰=0.5：1、砂：灰=0.2：1。成孔注浆于2011年8月6日完成，水泥砂浆配料共计6次，水总用量150kg，水泥总用量300kg，砂总用量55kg。水平推力试验于2012年元月1～4日完成。

21.1.3 桩顶位移测量及分析

桩顶位移的测量通过机械式百分表获取。百分表安装在距桩顶 10mm 处，测试在不同荷载下桩顶的水平向位移。

表 21－1 为室内模拟试验测量结果数据，图 21－2 是微型桩制作（胶带缠绕位置为应变片安装部位）、安装注浆和施加水平力的试验全过程照片，图 21－3 是微型桩单桩、三桩刚架体系和四桩刚架体系承受水平力 P 与桩顶位移 s 的曲线变化图，图 21－4 是微型桩单桩、三桩刚架体系和四桩刚架体系桩顶位移与水平支挡能力比较图。

表 21－1　室内模拟实验数据

试验加载步骤	单桩试验		三桩试验		四桩试验	
	水平荷载（kN）	桩顶位移（mm）	水平荷载（kN）	桩顶位移（mm）	水平荷载（kN）	桩顶位移（mm）
1	1.95	2.01	1.95	0.62	2.00	0.35
2	5.18	7.00	5.18	1.94	5.18	1.12
3	4.94	6.86	8.41	3.42	8.41	1.87
4	8.56	11.81	11.64	5.01	11.64	2.71
5	11.05	23.02	14.92	6.88	15.02	3.72
6	11.45	34.01	13.16	7.18	17.21	4.66
7	11.94	54.00	21.09	12.21	21.98	5.70
8	8.41	40.50	23.87	18.06	24.62	6.80
9	5.23	35.83	26.11	26.92	27.85	8.01
10	2.15	30.84	27.10	32.45	33.36	10.54
11	0.71	27.30	21.54	30.49	34.36	11.28
12			11.74	26.42	39.58	13.93
13			2.00	19.69	40.87	15.07
14					44.05	17.72
15					46.73	22.26
16					45.24	22.26
17					49.71	28.75
18					33.61	25.64
19					11.64	19.49
20					0.66	14.21
单桩平均水平承载力（kN）	8.56		7.03		11.01	

图 21-2 微型桩制作、下设注浆和施加水平力

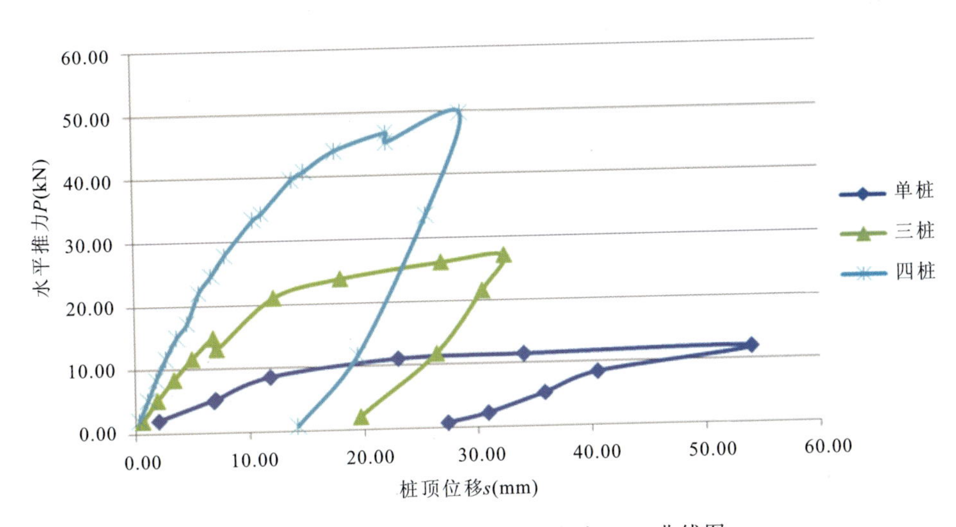

图 21-3 微型桩受力与桩顶位移 $P-s$ 曲线图

从表 21-1 中数据和图 21-4 可以看出，试验采用的钢管微型桩具有一定的水平支挡能力；随着桩数的增加，尽管总的支挡能力有明显的提高，但单桩的平均支挡能力没有明显变化；随着桩数的增加，弹性变形量基本相当，但破坏前的塑性变形逐渐减小，抵抗变形的能力逐渐增强。

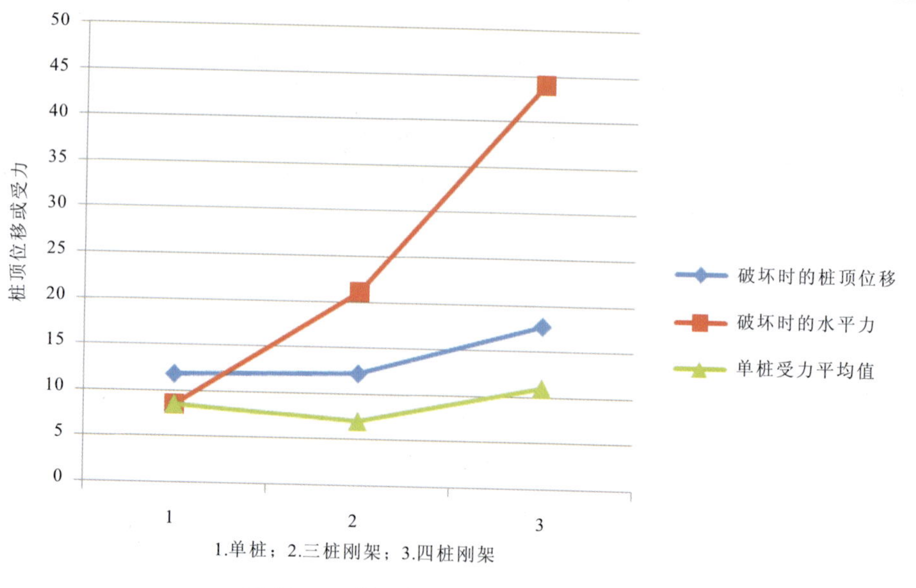

图 21－4　微型桩桩顶位移、受力比较图

21.1.4　应变测量及分析

桩身应变的测量采用电阻应变片。本次试验采用的测试仪器为北戴河电气自动化研究所生产的 BZ2206 型静态电阻应变仪，如图 21－5 所示。

图 21－5　静态电阻应变仪

试验中应变片粘贴点布置如图 21－6 所示，嵌固段下设置 8 个断面，自由段设置 2 个断面，间距如图上标示尺寸。应变片粘贴于微型桩的钢管外壁上，且桩前、桩后成对粘贴（本书中桩后为受荷面），粘贴完成的钢管如图 21－2 左图所示。

本试验采用的应变片使用规格为 1.5cm × 0.5cm，灵敏度 2.13，电阻值 120Ω。电阻应变片的工作部分是粘贴在极薄的绝缘材料的金属丝，桩身在推力作用下发生变形时，粘贴在桩身上的应变片的长度也会随之发生变化，导致其自身电阻的变化，通过测量应变片电阻的变化就可得到桩身的应变。

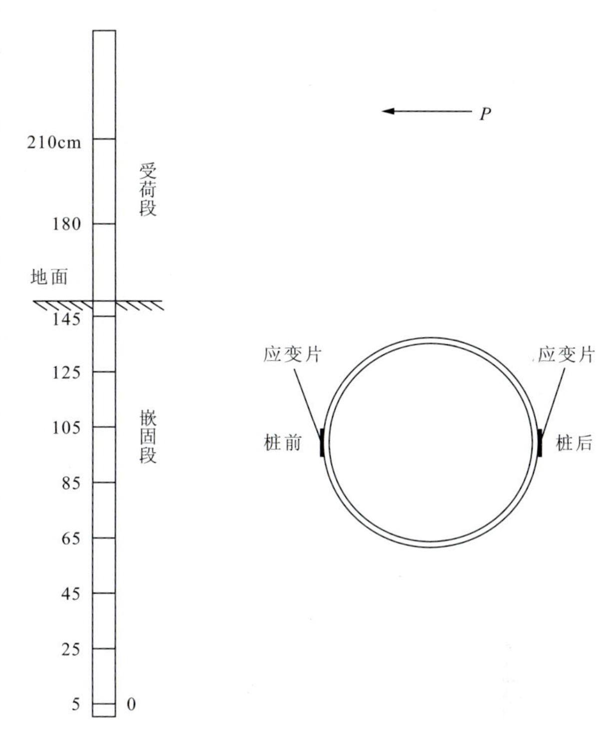

图 21－6　应变测点布设示意图

单桩桩前、桩后（力的作用侧为桩后）应变分布情况（应变值受拉为正，受压为负）分别如图 21－7、图 21－8 所示。桩前受荷段主要为负值，嵌固段主要为正值，并且随着水平推力的增加应变值变大，说明在水平推力作用下桩前受荷段处于受压状态，嵌固段处于受拉状态；桩后的受拉、受压情况与桩前相反，受荷段处于受拉状态，嵌固段处于受压状态。单桩受荷段的最大应变值主要集中在地面以上 60cm 范围内，说明地面以上的抗弯应力主要集中在此处；嵌固段的最大应变值主要集中在地面以下 5～40cm 范围内，说明地面以下的抗弯应力主要集中在此处。加载前期应变值变化比较大，加载至 8kN 后渐渐稳定。

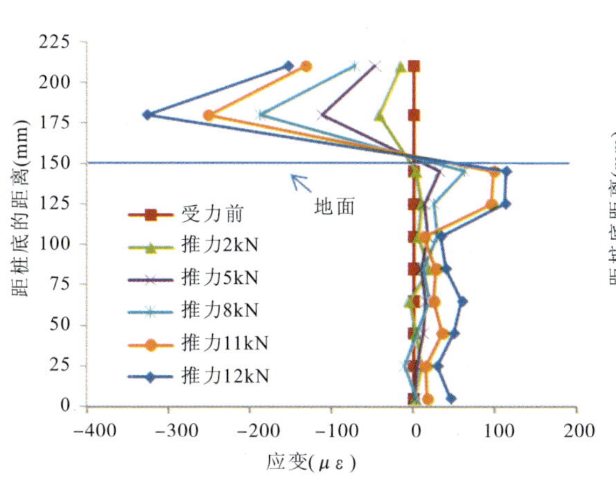

图 21－7　单桩桩前应变分布图

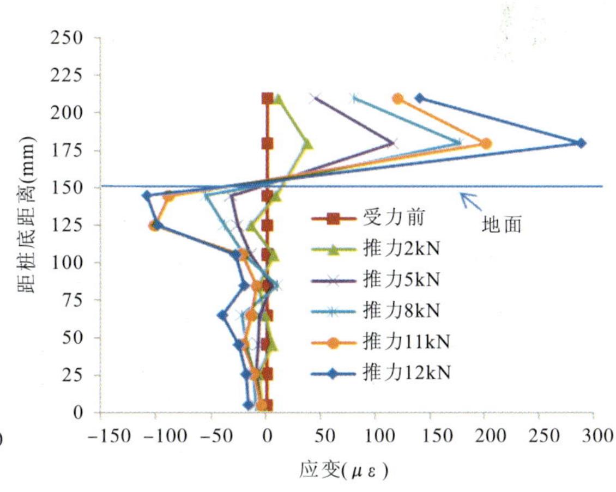

图 21－8　单桩桩后应变分布图

三桩刚架、四桩刚架的微型桩体系受力侧第一根桩桩前、桩后的应变分布情况分别如图21－9～图21－12所示，其受荷段与嵌固段的受拉、受压情况与单桩一致，均为桩前受荷段为负值、嵌固段主要为正值，桩后与其相反。其最大应变值的集中部位也与单桩一致，建议在进行微型桩的设计时，可在微型桩设置在滑面上下各10倍桩径的范围进行加强配筋，且桩身前后的配筋量等同。

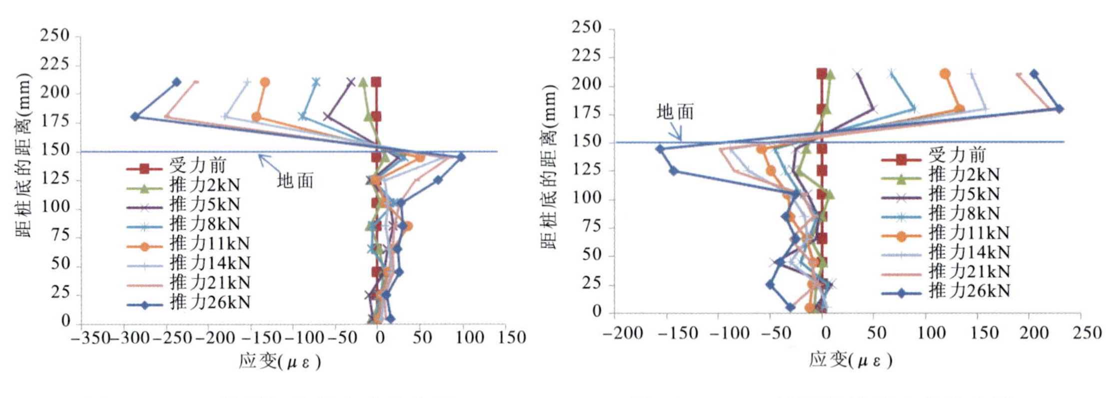

图21－9　三桩刚架桩前应变分布图　　　　图21－10　三桩刚架桩后应变分布图

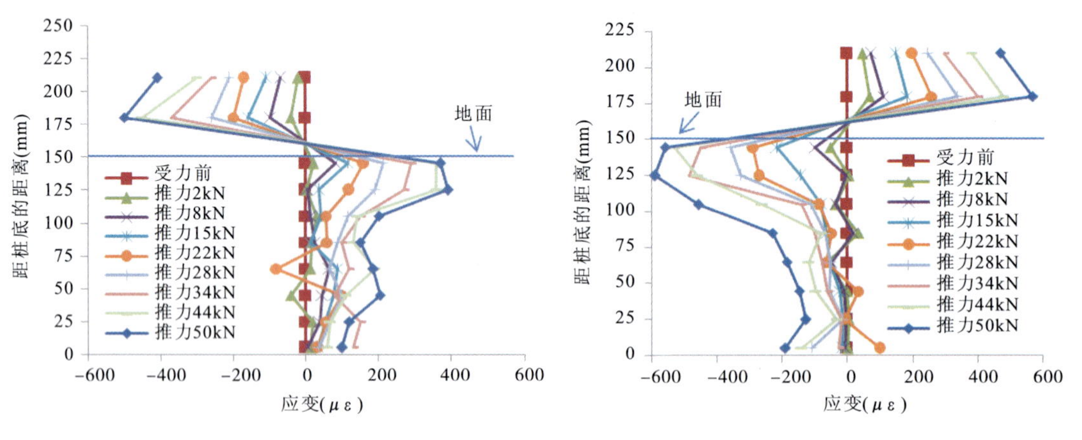

图21－11　四桩刚架桩前应变分布图　　　　图21－12　四桩刚架桩后应变分布图

将3组试验的桩身应变分布图进行对比可以看出，在相同荷载下，刚架体系随着桩数的增加，桩身的应变值明显小于单桩，说明刚架体系在承受水平推力的作用下抗弯效果优于单桩。

从以上图和表中数据可以看出：①随着桩数的增加，在受到相同水平推力的情况下，桩顶的位移明显降低，说明采用刚架系统时微型桩抵抗变形的能力明显加强；②微型桩桩前受荷段受压、嵌固段受拉，桩后相反；③微型桩结构体系破坏时，刚架结构的变形远小于独立微型桩，且桩数越多变形越小，说明随着桩数的增加，结构的刚性变强，其抵抗变形的能力也逐渐加强；④从微型桩独立支护体系到四桩刚架支护结构，其从弹性变形向塑性变形过渡的临界变形值从11.81mm增加到15.07mm，略有增加；⑤基桩水平支挡力从7.03kN增加到10.22kN，略有增加;⑥可以预见,随着微型桩悬臂段的加大,其水平支挡能力会越来越小。

21.2　微型桩支护体系现场工程试验

21.2.1　试验目的

结合工程应用实例,通过在滑坡治理现场施工的微型桩中埋设钢筋应力计等测量仪器,研究治理滑坡时的微型桩支护体系中基桩的受力特点,为研究微型桩支护体系治理滑坡的作用机理提供依据,并为微型桩治理滑坡的计算、设计和施工服务。

21.2.2　试验地点与条件

本次试验研究工作结合青海省 S101 公路 K367＋020～＋195 滑坡段的治理工程进行,试验微型桩同时作为工程桩。微型桩采用空间刚架支护体系组合形式,测量时间段涵盖了微型桩的施工阶段和顶部联系梁完成以后的工作阶段。

滑坡位于青海省 S101 公路果洛州玛沁县境内,公路由滑坡的中后部通过。路线扩建时为了加宽路基,在原始坡面上局部采用填方路基。完工后,路基开裂、下错、外移,路基外侧下坡面出现鼓胀和隆起,路基及其边坡局部产生滑动。滑坡形态见图 21－13。

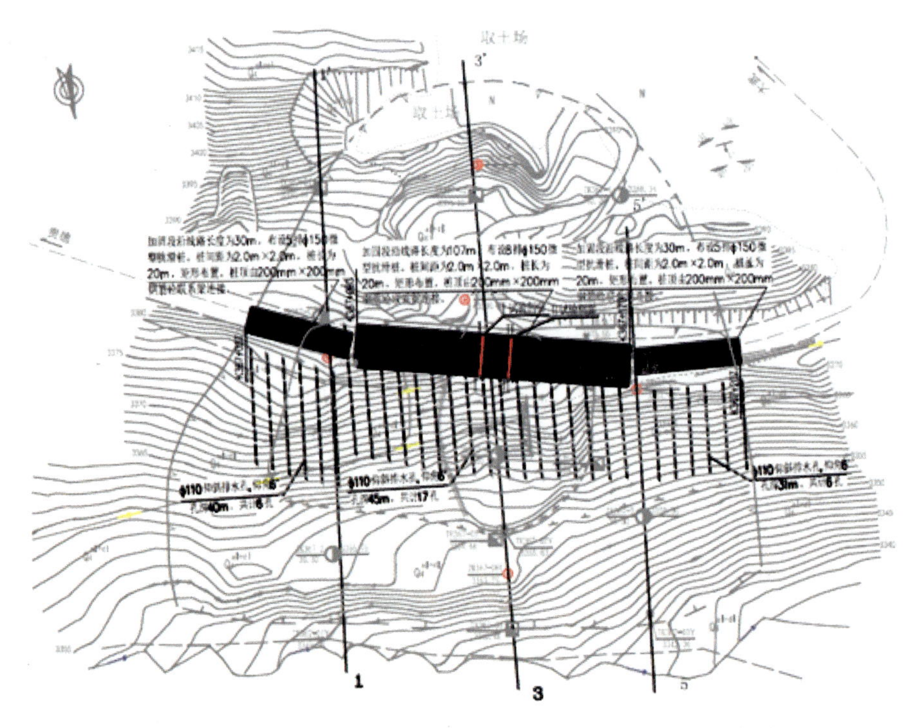

图 21－13　滑坡形态及微型桩支护体系试验平面布置示意图

该区总体属于中高山区，地貌单元属高原沟谷谷坡地貌，以剥蚀切割为主，沟谷下切侵蚀强烈。海拔高程在3300～3550m之间，沟谷水流较急，河床下切较快，岸坡滑坡发育。滑坡所在区为河谷阶地区，在滑坡的后缘及剪出口都有较厚的卵砾石土，后缘卵砾石土的厚度更是达到了10余米，在线路施工时作为砂砾石取料场，进行了有效的卸载。

滑坡主要地层为第三系泥岩，产状为357°∠9°，主要节理有4组，其中产状为1°∠29°的一组对滑坡的变形影响最为显著。滑体为上部1.6～5.7m卵砾石土，灰色，松散—中密，卵石为青灰色砂岩，土质为砂土；7.8～11.9m为全—强风化泥岩，棕红色，泥质结构，层状构造，全风化呈类土状，强风化成块土状，软塑—半干硬状，物质成分以黏粒为主，局部夹砂粒（滑面即位于该层中，在降雨的作用下强度降低并泥化，形成隔水层又加剧了其力学性质的恶化）；下部滑床为强—中风化较完整泥岩，滑坡剪出口在沟谷岸坡的Ⅰ级阶地一线，局部变形体剪出位置在Ⅰ级阶地后部（图21-13）；滑坡前缘剪出口位置表层沉积的卵砾石土厚度为0.8～2.5m。滑坡分条分块主要受老阶地即老地貌控制。

该滑坡为强风化泥岩滑坡，滑坡后缘距离公路中线约94m，前缘位于公路下方，距离公路中线约96m，滑坡长约190m，沿线路宽约175m，滑体厚度约13.5m，滑体体积约为$44.8\times10^4m^3$。目前变形为路线在扩建时路基采用填方施工，老滑坡因中部加载而失去平衡引起的局部复活。

地下水主要为松散层孔隙潜水和风化泥岩裂隙水。雨水或融雪水从坡面地表下渗，在节理裂隙和层间裂隙聚集流动，在相对隔水段富集，沿层面流动并从滑坡前缘的裂隙渗流排泄。

经过调查和勘察分析，该滑坡为强风化泥岩滑坡，影响滑坡的因素有以下几点。

(1)不良地质条件：不良地质条件是滑坡形成的基础，滑坡区地层由古近系渐新统贵德组红色泥岩组成，泥岩固结程度相对较低，成岩性较差，强度低。泥岩风化层在下渗雨水的浸润下泥化，强度降低，在其他内外营力作用影响下诱发滑坡变形。

(2)地质构造因素：新构造运动对滑坡的形成有重要的影响，岩体中节理、裂隙发育，地表水的下渗通畅，在相对隔水层顶部富集，软化岩层，形成滑坡滑动面。

(3)气象环境因素：受气候条件影响，该路段冬季浅层黏性土及泥岩在降水下渗后冻胀，翌年夏初消融，促使上部松散岩土体向下蠕动；而夏季降水集中，水自坡面入渗，汇聚于相对隔水岩层，软化隔水层上部岩土体，使其强度指标急剧降低，形成滑带，导致坡体发生滑动。

(4)人为因素：线路改造时的路基填方施工加大了滑坡中部荷载，打破了老滑坡原有的平衡状态，使得局部复活。

21.2.3　试验原理

通过在微型桩中埋设钢筋计，测量支护体系中不同部位微型桩、同一微型桩中不同深度的轴力分布特征，绘制微型桩轴力分布曲线。在此基础上分析计算微型桩受力分布规律。

钢筋计荷载采用式(21-1)计算：

$$F=K(f_x^2-f_0^2) \tag{21-1}$$

式中：F为钢弦张力（即钢筋轴向荷载，+号表示压力，-号表示拉力）(kN)；K为传感器灵敏系数（由实验室标定）；f_x为张力变化后的钢弦自振频率(Hz)；f_0为传感器钢弦初始频率(Hz)。

用钢筋计的拉力或压力计算构件的内力采用式(21－2)和式(21－3)。

$$\text{支撑轴力：}\quad P_c=\frac{E_c}{E_g}\overline{F}\left(\frac{A}{A_g}-1\right) \tag{21-2}$$

$$\text{支撑弯矩：}\quad M=\frac{l}{2}(\overline{F_1}-\overline{F_2})\left(n+\frac{bhE_c}{6E_gA_g}\right)h \tag{21-3}$$

式中：P_c 为构件轴力(kN)；E_c 为构件混凝土弹性模量(MPa)；E_g 为钢筋弹性模量(MPa)；$\overline{F}$为所测量钢筋的拉压力平均值(kN)；A 为构件截面积(mm^2)；A_g 为构件中钢筋截面积(mm^2)；$\overline{F_1}$、$\overline{F_2}$ 为混凝土结构两对边受力主筋实测拉压力平均值(kN)；n 为埋设钢筋计的部位受力主筋总根数；l 为受力主筋间距(m)；b 为支承构件宽度(m)；h 为支承构件宽度(m)。

21.2.4　试验设备

微型桩轴力测量采用振弦式钢筋计，监测采用振弦式检测读数仪。

振弦式钢筋计选用辽宁丹东市环球检测仪器制造有限公司生产的 HXG－1 型钢筋计。HXG 型钢筋计主要用于各类建筑物基础、桩基、桥梁、码头、船坞及深基坑开挖安全监测中，测量混凝土内部的钢筋应力、锚杆的锚固力、拉拔力等。HXG 型钢筋计与建筑用钢筋相适应，规格包括 ϕ12mm、ϕ14mm、ϕ16mm、ϕ18mm、ϕ20mm、ϕ22mm、ϕ25mm、ϕ28mm、ϕ30mm、ϕ32mm、ϕ36mm 等。本次试验根据微型桩钢筋使用规格，选用 ϕ25mm HXG－1 型钢筋计。其主要技术指标为：最大拉力 200kN、最大压力 100kN、最大拉应力 200MPa、最大压应力 100MPa、分辨率≤0.2% FS；零漂 3～5Hz/3 个月；温度漂移 3～4Hz/10℃；温度范围－10～50℃。振弦式检测读数仪是一种通过频率测读振弦式测力仪器数据的读数仪，普遍适用于各种非连续激振型的振弦式传感器，可根据现状选用仪器。本次试验中层采用了两种型号的读数仪，均取得了理想的效果。

21.2.5　试验方案

试验选择滑坡推力最大部位，即 3—3′断面附近。施工图设计中该部位共布设 8 排微型桩，考虑到试验与滑坡治理设计方案的统一性，试验微型桩也布置 8 排，分为两个断面进行平行试验，总共 16 根桩，沿滑坡推力方向纵向排列，两组试验微型桩均布设于滑坡主滑动面附近。微型桩的轴向测点钢筋计布设见图 21－14，桩位纵断面布置见图 21－15。

两组微型桩试验为了确保具有良好的可比性，测点沿深度方向布设位置保持一致；试验过程中和施工完成后，须采取相应保护措施，保证连接检测点的电缆线的安全与有效。

测点布设深度数据见表 4－2。

21.2.6　试验结果及分析

试验微型桩现场安装完毕后，同时从 2010 年 8 月 1 日开始观测，大多数实测 8 次，至 8 月 12 日结束，个别导线保护良好的桩在 9 月 10 日再测量一次。在现场的实际操作和测读过程中，第一组的 1# 和 5# 桩未检测出数据。图 21－16～图 21－21 为第一组试验桩的轴力分布图，图 21－22～图 21－26 为第二组试验桩的轴力分布图。

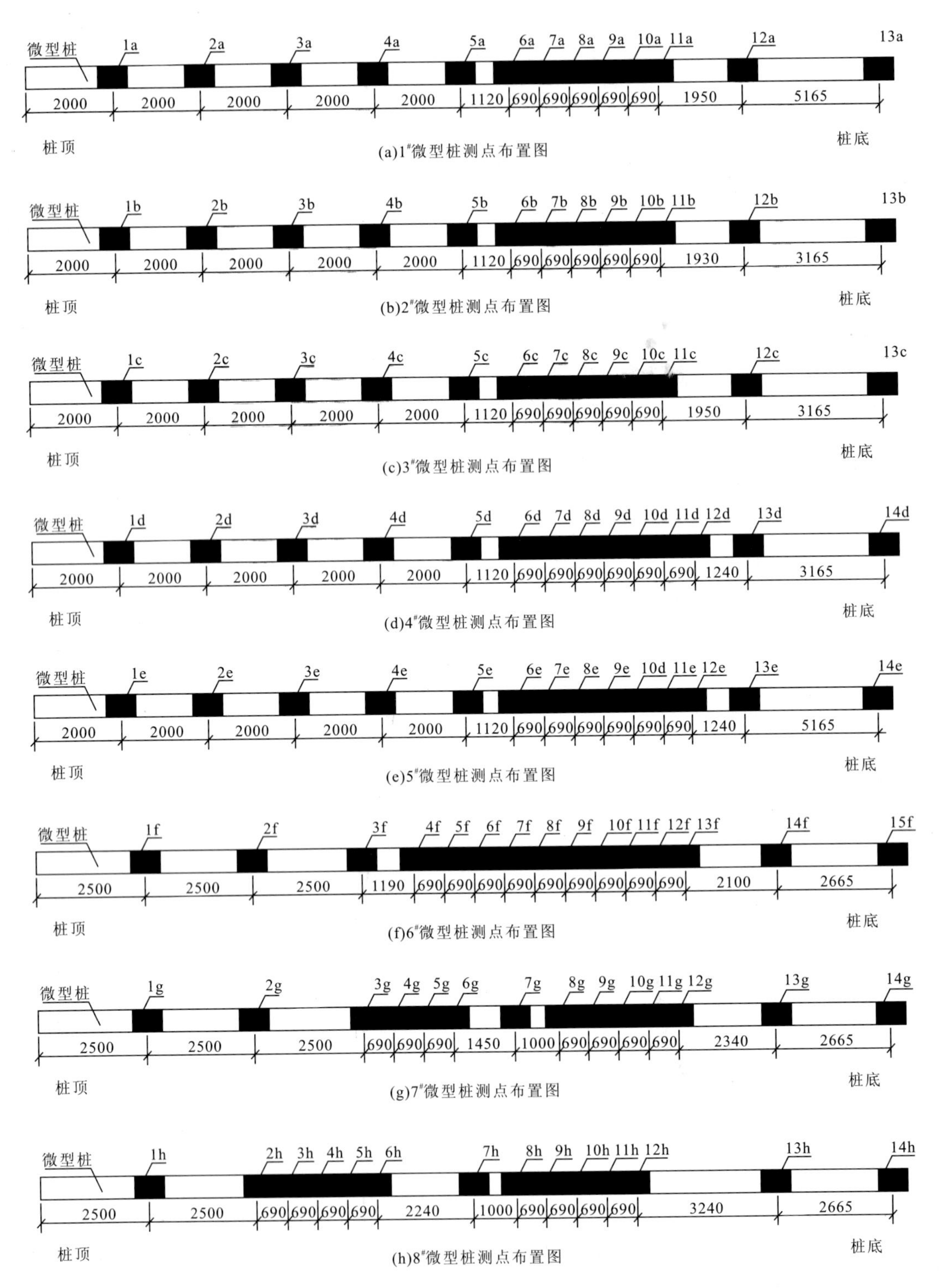

图 21-14　微型桩支护体系试验钢筋计布置图

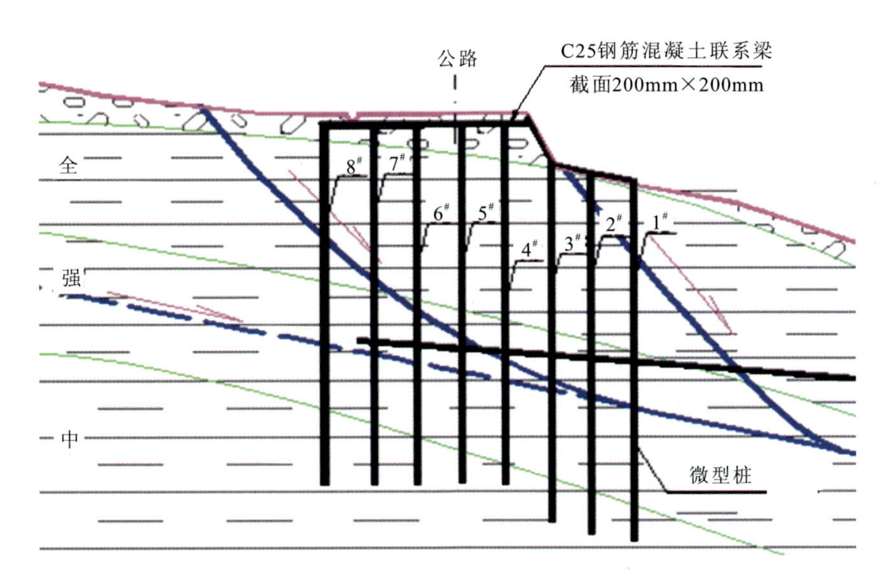

图 21 - 15　微型桩支护体系试验纵断面示意图

表 4 - 2　钢筋计埋设数据表　（埋深单位：m）

钢筋计号 \ 桩号	1#(a)	2#(b)	3#(c)	4#(d)	5#(e)	6#(f)	7#(g)	8#(h)
1	2.00	2.00	2.00	2.00	2.00	2.50	2.50	2.50
2	4.00	4.00	4.00	4.00	4.00	5.00	5.00	5.00
3	6.00	6.00	6.00	6.00	6.00	7.50	7.50	5.69
4	8.00	8.00	8.00	8.00	8.00	8.69	8.19	6.38
5	10.00	10.00	10.00	10.00	10.00	9.38	8.88	7.07
6	11.12	11.12	11.12	11.12	11.12	10.07	9.57	7.76
7	11.87	11.81	11.81	11.81	11.81	10.76	11.00	10.00
8	12.50	12.50	12.50	12.50	12.50	11.45	12.00	11.00
9	13.19	13.19	13.19	13.19	13.19	12.14	12.69	11.69
10	13.88	13.88	13.88	13.88	13.88	12.83	13.38	12.38
11	14.57	14.57	14.57	14.57	14.57	13.52	14.07	13.07
12	16.50	16.50	16.50	15.26	15.26	14.21	14.76	13.76
13	19.665	19.665	19.665	16.50	16.50	14.90	16.50	16.50
14				19.665	19.665	17.00	19.665	19.665
15						19.665		

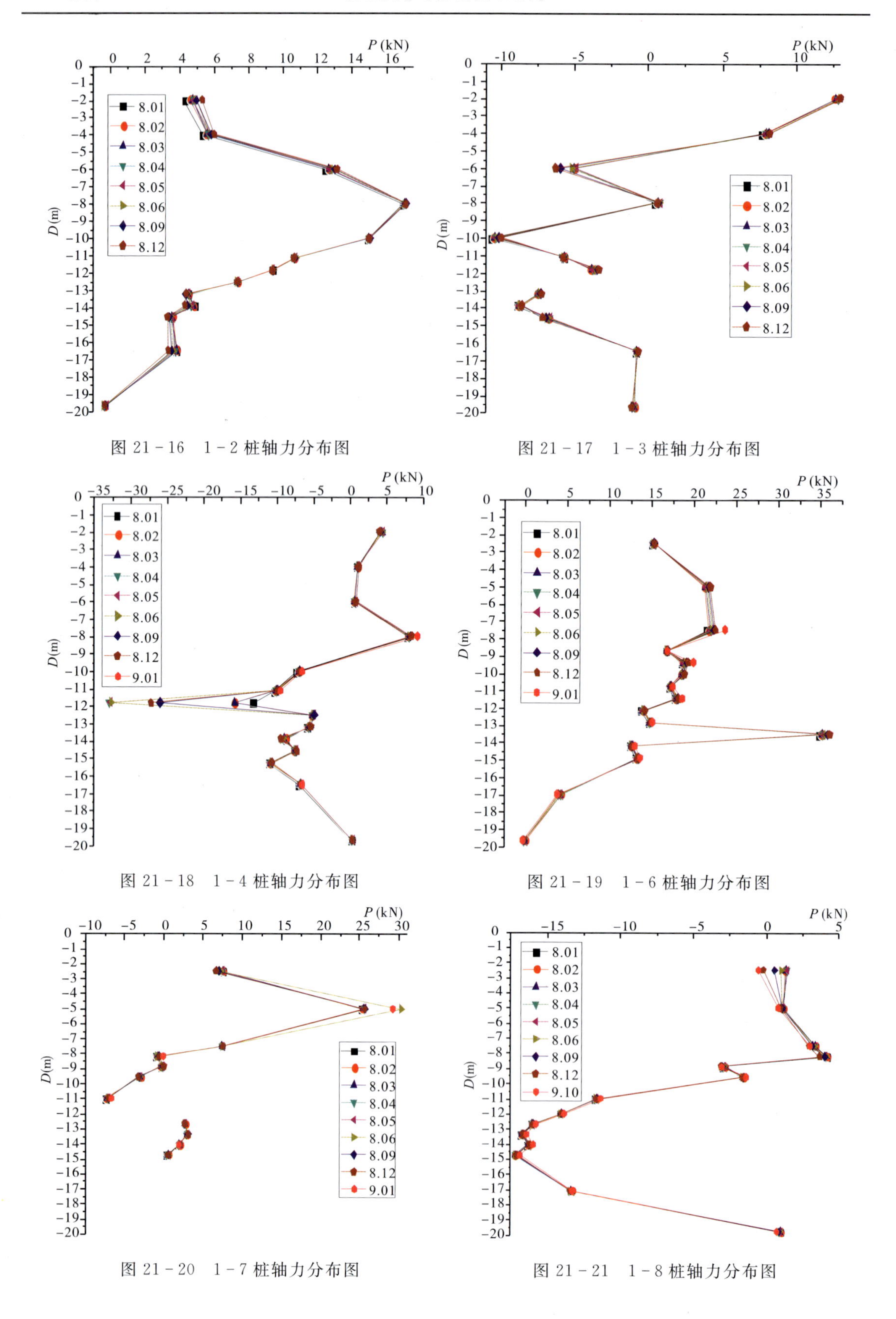

图 21-16　1-2 桩轴力分布图

图 21-17　1-3 桩轴力分布图

图 21-18　1-4 桩轴力分布图

图 21-19　1-6 桩轴力分布图

图 21-20　1-7 桩轴力分布图

图 21-21　1-8 桩轴力分布图

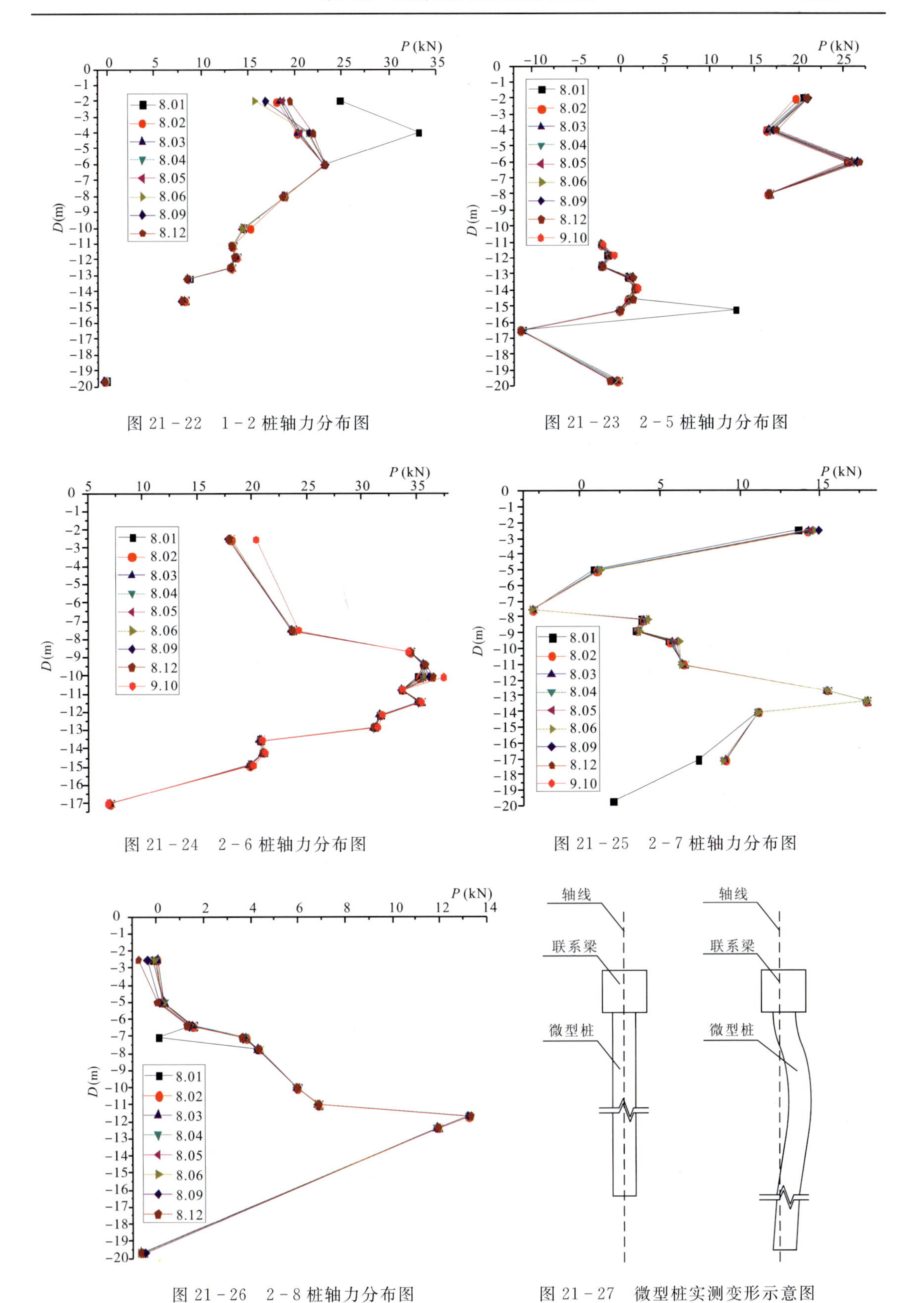

图 21-22　1-2 桩轴力分布图

图 21-23　2-5 桩轴力分布图

图 21-24　2-6 桩轴力分布图

图 21-25　2-7 桩轴力分布图

图 21-26　2-8 桩轴力分布图

图 21-27　微型桩实测变形示意图

从图中可以看出：①由于微型桩由 3 根钢筋制作而成，而钢筋计只安装在其中一根钢筋上，尽管在试验中要求安装钢筋计的主筋放置在靠山一侧，但由于操作的误差等原因，并没有严格按照试验预想操作，造成测读的数据在各桩之间很难区分微型桩受力的拉压关系。②各桩钢筋计的读数异常点绝对值(最大或较大点)位置首先位于滑动面位置，说明滑面附近桩变形和受力较大；其次是在桩顶联系梁附近桩的变形和受力也较集中，这也验证了在其他现场开挖观测(图 21 - 27)和数值模拟与室内模型试验的结果。③桩底位置的钢筋计读数据均约等于零，表明微型桩在桩底位置几乎不受力。④第二组桩与第一组比较，在断面相同位置的桩受力具有良好的相似性，说明试验结果具有普遍的代表性。

图 21 - 28～图 21 - 38 为第一和第二组桩各测点轴力以 8 月 1 日所测数值为其初始点所得的相对值随时间的变化图。

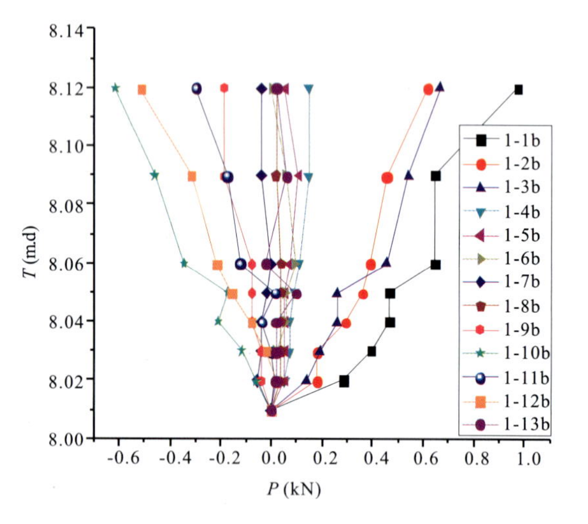

图 21 - 28　1 - 2 桩轴力变化图

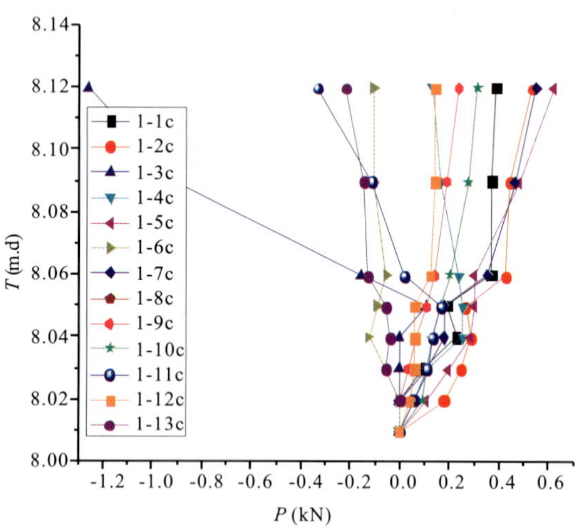

图 21 - 29　1 - 3 桩轴力变化图

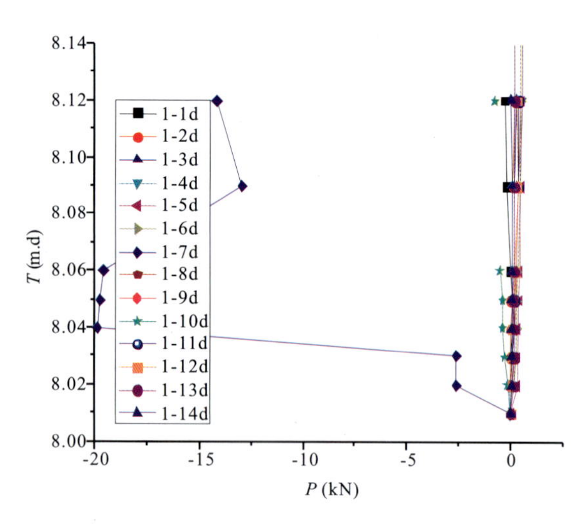

图 21 - 30　1 - 4 桩轴力变化图

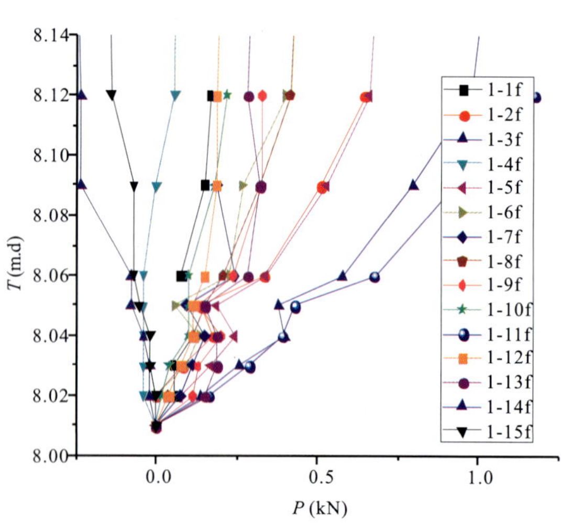

图 21 - 31　1 - 6 桩轴力变化图

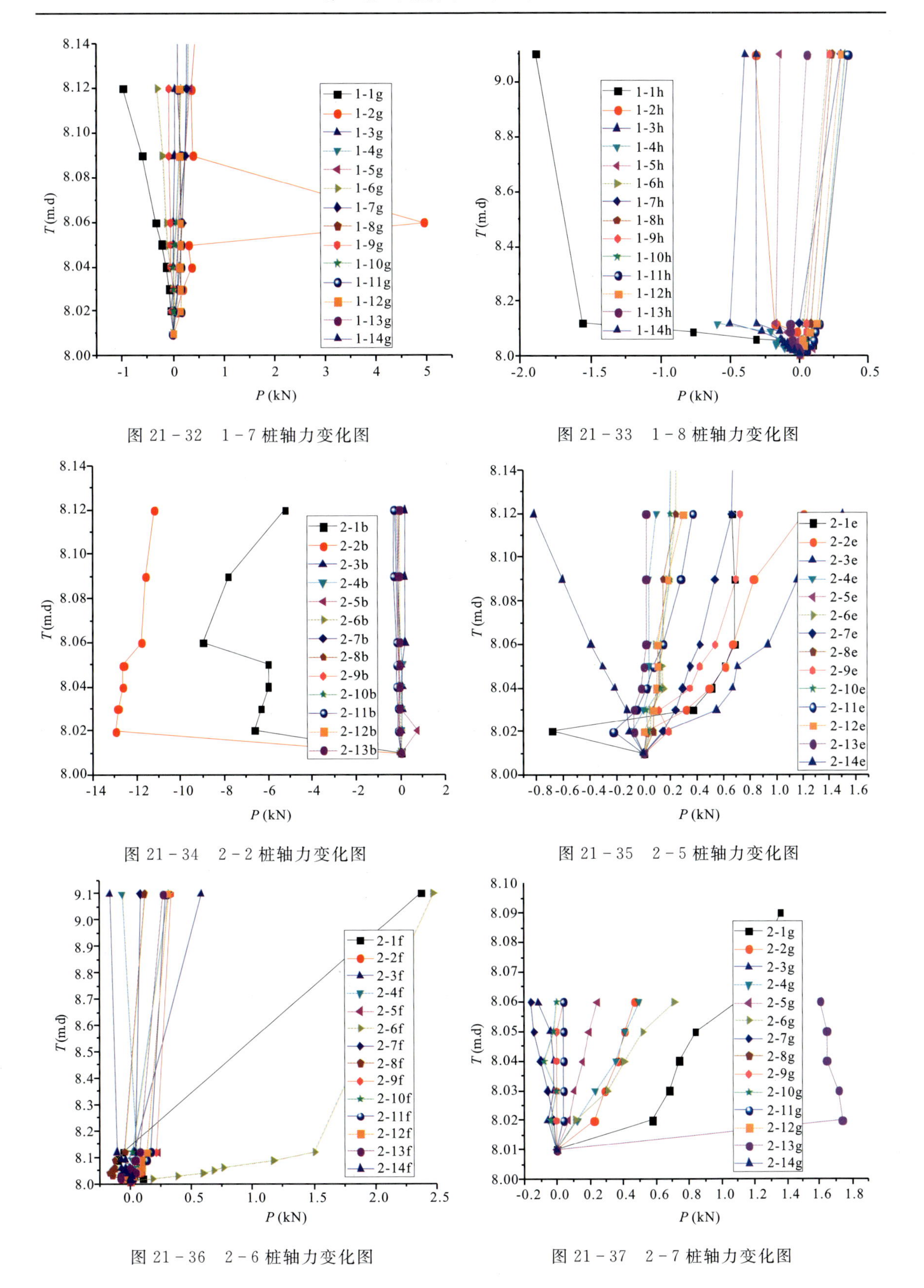

图 21－32　1－7 桩轴力变化图

图 21－33　1－8 桩轴力变化图

图 21－34　2－2 桩轴力变化图

图 21－35　2－5 桩轴力变化图

图 21－36　2－6 桩轴力变化图

图 21－37　2－7 桩轴力变化图

从图中可以更清楚地看出：①位于顶梁附近钢筋计所测得的数据变化最明显和最复杂（最可能的原因是桩与顶梁的连接采用刚性结构，使受力复杂化）；②滑面附近的测点轴力变化相对较为明显和复杂；③滑面以上点的轴力变化幅度比滑面以下的大；④微型桩轴力随着时间变化的总体趋势是增大的（不管是拉力还是压力），时间越长受力增大越明显，说明了微型桩的受力是随着滑坡变形的增大而逐步增加；⑤个别桩的受力在数值上存在由正转负（由压变拉）和由负转正（由拉变压）的现象，说明了微型桩的受力在桩顶结构的作用下，受力状态发生了明显的变化，具有一定的受力调整功能。

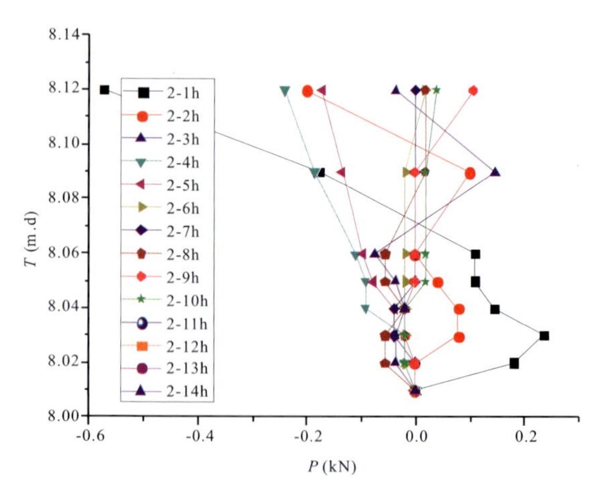

图 21－38　2－8 桩轴力变化图

21.3　本章小结

本章采用室内模拟试验和现场试验手段，研究微型桩在滑坡治理工程中的实际工作状态和受力特点。首先通过室内模型实验，研究了独立微型桩支护体系和三桩刚架、四桩刚架微型桩支护体系的受力特点和变形特征；再结合工程实例，在工程现场进行了大型现场试验。对取得的第一手观测数据进行数据处理，得出了微型桩的轴力分布和轴力随时间的变化特征曲线，并对数据和图表曲线进行了理论分析。通过本章的试验研究和分析，得出的主要结论有：

（1）多桩刚架微型桩支护体系抵抗变形的能力随着桩数的增加明显加强。

（2）从独立微型桩支护体系到四桩刚架支护结构，其从弹性变形向塑性变形过渡的临界变形值从 11.81mm 增加到 15.07mm，略有增加，微型桩支护体系破坏时，刚架结构所经历的塑性变形远小于独立微型桩，且桩数越多变形越小，其抵抗变形的能力越来越强。

（3）微型桩基桩承受水平荷载的支挡能力从单桩时的 7.03kN 增加到四桩刚架时的 10.22kN，可以预见随着微型桩悬臂段的加大，其水平支挡的能力会越来越小。

（4）在实际工程中，滑面位置不管是微型桩的轴力还是轴力随时间的变化，都呈现明显的异常和变化复杂的特点。

（5）随着微型桩深入滑面以下深度的增加，其轴力和轴力的变化值均越来越小，到一定程度时微型桩将几乎不受力。

（6）滑面以上点的轴力变化幅度比滑面以下的大，且微型桩的受力是随着滑体的变形增大逐步发挥的，具有明显的被动受力特点。

（7）微型桩上的弯矩在滑面上下存在明显的方向突变，实际工程设计中要充分考虑，加强在滑面附近的配筋，提高微型桩在此部位的抗弯和抗剪性能。

22　微型桩支护体系加固机理研究

总结我们的实践和前两章的室内模型试验、现场工程试验、数值模拟计算结果和前人的研究，微型桩独立支护体系加固滑坡的机理主要有滑体（带）注浆改良作用和桩体本身的加固作用。桩体本身的加固作用又可分为被动锚固和支挡作用两个方面。

22.1　滑体（带）注浆改良作用

根据支护措施的受力特点，可以将支护结构分为两种：一种是被动受力结构，它以提供足够的抗力为手段阻止围岩变形；另一种是主动支护结构，它以加固围岩和改善围岩的受力状态为手段，充分发挥围岩的自承能力来防止破坏和减小变形。注浆改良作用即是一种主动支护方式，在边坡工程中的应用越来越广泛，主要是通过压力注浆或定向注浆工艺，对岩土体进行胶结、充填与加固，从而提高岩土体自身的抗剪强度、稳定性和抗渗性。微型桩在钢筋笼下入后的灌浆过程既是增强桩与土体的黏结力，更大的作用就是一种主动的围岩加固和改良作用。

不管是土质滑坡还是岩质滑坡，滑体都十分松散，其中存在大量的裂隙、空（孔）隙和结构面，通过压力注浆，能够使可固化的浆液注入滑体，改善原岩土体的物理力学性质，提高滑体和滑面的抗剪强度指标，提高岩土体的完整性，增强其抗渗性，从而起到稳定和加固滑坡的作用。

工程施工中通常使用的注浆材料以水泥、水玻璃等无机材料居多，尤其在滑坡治理工程中几乎是清一色的水泥浆材。其注浆作用机理一般可分为渗透注浆、压密注浆和劈裂注浆，如表22-1所示。

表22-1　注浆作用机理分类（任臻等，1999）

分类	渗透注浆	压密注浆	劈裂注浆
压力	低压	中—低	中—高
浆液流动方式	渗流为主	射流、渗流	射流为主
浆体占位机理	充填、渗透	渗透、置换、劈裂	劈裂、置换
加固体形态	充填胶结孔隙的块体	浆泡、浆支、浆团	浆支、浆团、浆脉
改良机理	充填胶结为主，挤密为辅	挤密为主，胶结为辅	胶结为主，挤密为辅
加固对象	砾、砂性土和松散体	松软体	各种岩土体

Taylor认为滑动面上的抵抗力包括摩擦力和黏结力两部分，在边坡发生滑动时，滑动面

上摩擦力首先得到充分发挥，然后才由黏结力补充。但在实际边坡发生滑动时，并不是黏结力和摩擦力中绝对一方充分发挥后，才由另一方发挥作用。实际上，滑动面上摩擦力与黏结力可能同时发挥作用，只是它们发挥程度的不同而已。注浆后岩土介质的物理性能和化学性能会发生相应的改变，其中影响边坡稳定性的强度参数黏结力 c 和内摩擦角 φ 有不同程度的提高（史秀志等，2009）。

李宁等（2002）探讨了注浆对岩土体力学特性的影响，表明注浆后岩土体的变形模量等都有较大的提高。认为化灌或各种灌浆、注浆、旋喷注浆等均可改变岩土介质的变形性质，在数值分析时应对灌浆后岩土介质的刚（柔）度矩阵、变形模量、泊松比等给予适当的考虑，并采用岩土体灌浆前、后声波波速的变化对岩土介质的变形模量进行了修正，根据灌浆的主要工作机理与现场测试，提出的修正公式为：

$$E_g=\left(\frac{v^g}{v^0}\right)^2\frac{\rho_g}{\rho_0}E_0 \tag{22-1}$$

$$\mu_g=K_u\mu_0 \tag{22-2}$$

$$K_\mu=\left\{\frac{1-2\left(\frac{v_s^g}{v_p^g}\right)^2}{2\left[1-\left(\frac{v_s^g}{v_p^g}\right)^2\right]}\right\}\Bigg/\left\{\frac{1-2\left(\frac{v_s^0}{v_p^0}\right)^2}{2\left[1-\left(\frac{v_s^0}{v_p^0}\right)^2\right]}\right\} \tag{22-3}$$

式中：ρ_0 和 ρ_g 分别为灌浆前、后的岩土密度；v^0 和 v^g 分别为灌浆前、后的波速；下标 p 为纵波，s 为横波。

张友葩等（2004）通过室内试验和数值模拟，对注浆前后坡体的破坏状态、位移变化情况和整体稳定性进行分析发现，注浆后岩土介质的黏聚力和内摩擦角都得到了提高，其中黏聚力的提高幅度较大。许万忠等（2006）通过试验分析得出，注浆后岩土材料的剪切强度和黏聚力有较大提高，而内摩擦角提高的幅度较小。可见，注浆效应使黏聚力 c 的提高幅度大于内摩擦角 φ 的提高幅度。黏聚力 c 和内摩擦角 φ 对于不同边坡稳定性的影响程度也不相同，若 c 的影响程度大于 φ 的影响程度，则说明注浆对边坡的加固效果较明显；反之，则说明注浆对边坡的加固效果不太明显，需要考虑其他支护方式。因此，对黏聚力 c 和内摩擦角 φ 对边坡稳定性的影响程度的探讨很有必要（史秀志等，2009）。

在岩土工程计算中，一般假设岩土体的破坏满足 Mohr－Coulomb 准则，其破坏准则如式（22－4）（钱家欢等，2000）：

$$\frac{\sigma_1-\sigma_3}{2}=\frac{\sigma_1+\sigma_3}{2}\sin\varphi+c\cos\varphi \tag{22-4}$$

则

$$\sigma_1-\sigma_3=(\sigma_1+\sigma_3)\sin\varphi+2c\cos\varphi \tag{22-5}$$

再整理可得：

$$\sigma_1=\frac{1+\sin\varphi}{1-\sin\varphi}\sigma_3+2c\sqrt{\frac{1+\sin\varphi}{1-\sin\varphi}} \tag{22-6}$$

在此，令 $k_\varphi=\frac{1+\sin\varphi}{1-\sin\varphi}$（即土压力系数），则式（22－6）可改写成

$$\sigma_1=k_\varphi\sigma_3+2c\sqrt{k_\varphi} \tag{22-7}$$

用函数形式可将 Mohr－Coulomb 准则表示为：

$$f(c,\varphi)=\sigma_1-k_\varphi\sigma_3-2c\sqrt{k_\varphi} \tag{22-8}$$

注浆后岩土介质的物理性能和化学性能会发生相应的改变，在边坡和滑坡计算中最能反映岩土工程稳定状况的两个参数，即黏聚力 c 和内摩擦角 φ 都会有不同程度的提高。假设其提高值分别为 Δc 和 $\Delta\varphi$，则可由泰勒级数求得注浆后的岩土介质的 c 值和 φ 值：

$$\begin{aligned}f(c_0+\Delta c,\varphi_0+\Delta\varphi)=&f(c_0,\varphi_0)+\left(\Delta c\frac{\partial}{\partial c}+\Delta\varphi\frac{\partial}{\partial\varphi}\right)f(c_0,\varphi_0)+\\&\frac{1}{2!}\left(\Delta c\frac{\partial}{\partial c}+\Delta\varphi\frac{\partial}{\partial\varphi}\right)^2 f(c_0,\varphi_0)+\\&\frac{1}{3!}\left(\Delta c\frac{\partial}{\partial c}+\Delta\varphi\frac{\partial}{\partial\varphi}\right)^3 f(c_0,\varphi_0)+\cdots+\\&\frac{1}{n!}\left(\Delta c\frac{\partial}{\partial c}+\Delta\varphi\frac{\partial}{\partial\varphi}\right)^n f(c_0,\varphi_0)+\Delta\end{aligned} \tag{22-9}$$

式中：c_0、φ_0 分别表示岩土体注浆以前的初始值，Δc、$\Delta\varphi$ 分别表示注浆后内聚力和内摩擦角的增量。

由以往的经验我们可知，泰勒级数保留 3 项即可满足计算的精度要求，将式(22－8)代入式(22－9)，并略去三阶及其以上的项及其余项，可得到注浆以后的岩土体的 Mohr－Coulomb 破坏函数：

$$\begin{aligned}f(c,\varphi)=&\sigma_1-\frac{1+\sin\varphi_0}{1-\sin\varphi_0}\sigma_3-\sqrt{\frac{1+\sin\varphi_0}{1-\sin\varphi_0}}-\\&2\Delta c\sqrt{\frac{1+\sin\varphi_0}{1-\sin\varphi_0}}-\Delta\varphi\frac{2c_0\cos\varphi_0}{(1+\sin\varphi_0)^2}-\Delta\varphi\sigma_3\frac{2\cos\varphi_0}{(1-\sin\varphi_0)^2}\\&-2\Delta\varphi\left[\Delta c\frac{\cos\varphi_0}{(1+\sin\varphi_0)^2}+\right.\\&c_0\frac{2\cos^2\varphi_0(1+\sin\varphi_0)-\sin\varphi_0(1+\sin\varphi_0)^2}{(1+\sin\varphi_0)^4}+\\&\left.\sigma_3\frac{2\cos^2\varphi_0(1-\sin\varphi_0)-\sin\varphi_0(1-\sin\varphi_0)^2}{(1-\sin\varphi_0)^4}\right]\end{aligned} \tag{22-10}$$

根据前人的研究成果，土体中的内聚力和内摩擦角的增加，与注浆量有直接的关系，通常在研究中引入注入率 η，将其表示为：

$$\eta=\frac{V_g}{V_s} \tag{22-11}$$

式中：V_g、V_s 分别表示注浆体的体积和原土体的体积。

注浆后，我们忽略浆液的水化和水解作用的情况下，采用等效方法可将岩土体的内聚力和内摩擦角分别表示为(王珊珊等，2008)：

$$\begin{cases}c_{ag}=\dfrac{\eta}{1+\eta}c_g+\dfrac{\eta}{1+\eta}c_s\\\varphi_{ag}=\dfrac{\eta}{1+\eta}\varphi_g+\dfrac{\eta}{1+\eta}\varphi_s\end{cases} \tag{22-12}$$

式中：c_g、φ_g 表示注浆体浆体的内聚力和内摩擦角；c_s、φ_s 表示岩土体的内聚力和内摩擦角，即 $c_s=c_0$、$\varphi_s=\varphi_0$。

根据式(22－12)，则注浆后的岩土体的内摩擦力和内聚力的增量可表示为式(22－13)：

$$\begin{cases}\Delta c = c_{ag} - c_0 = \dfrac{\eta}{1+\eta}(c_g - c_s) \\ \Delta\varphi = \varphi_{ag} - \varphi_0 = \dfrac{\eta}{1+\eta}(\varphi_g - \varphi_s)\end{cases} \tag{22-13}$$

式(22－13)中的注入率 η 和内聚力增量 Δc、内摩擦角增量 $\Delta\varphi$ 可以根据实验室、现场试验求得。由式(22－10)和式(22－13)就可以分别求出注浆前后岩土体的实际屈服(临界)函数式，并由此计算出土体的屈服包络面，图 22－1 定性说明了岩土体注浆加固前后屈服包络面的变化。

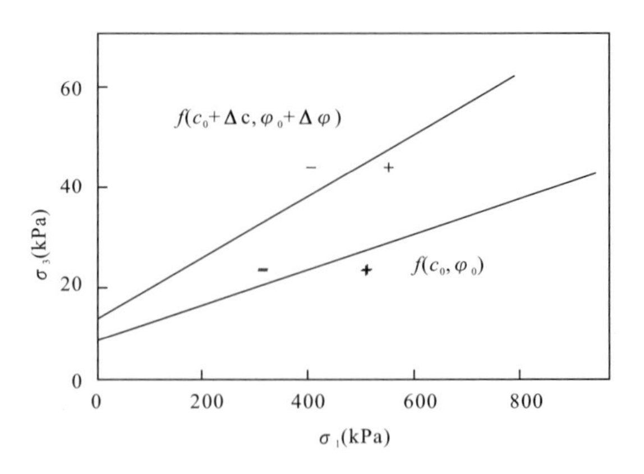

图 22－1　注浆前后岩土体 Mohr－Coulomb 破裂准则

关于注浆复合体抗剪强度增长规律的研究主要集中在数值模拟上。张友葩(2004)在 205 国道的某土质边坡的现场试验结果(表 22－2)表明，边坡土体在注浆的作用下实现了整体的改性，注浆后边坡土体被压密、充实，孔隙比和压缩比明显降低，压缩模量、内聚力大大提高，内摩擦角也有一定的提高，但提高幅度十分有限。

表 22－2　某土质边坡注浆前后土体的物理及力学性能

土样状态	含水率(%)	湿密度(t/m^3)	干密度(t/m^3)	空隙比	压缩系数	压缩模量(MPa)	内聚力(kPa)	内摩擦角(°)
注浆前	11.30	1.79	1.64	0.69	0.44	5.04	16.40	22.50
注浆后	13.85	1.91	1.72	0.63	0.29	8.15	22.13	23.65

图 22－2～图 22－5 是王珊珊等(2008)对土体中掺入不同比例水泥构成水泥土，利用三轴 UU 试验，模拟研究水泥土在工程中的应力状态，测得水泥土在不同水泥掺入比和龄期下的黏聚力、内摩擦角、抗剪强度的研究成果。

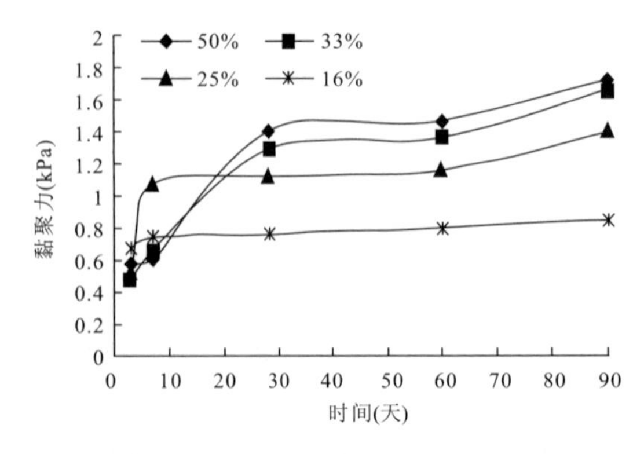

图 22－2　水泥掺入比、时间和黏聚力关系

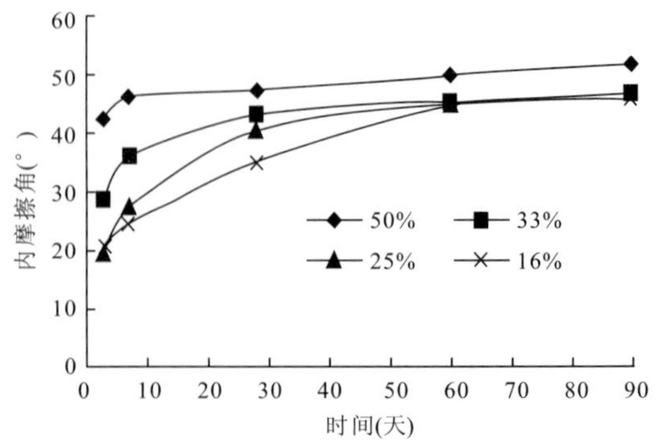

图 22－3　水泥掺入比、时间和内摩擦角关系

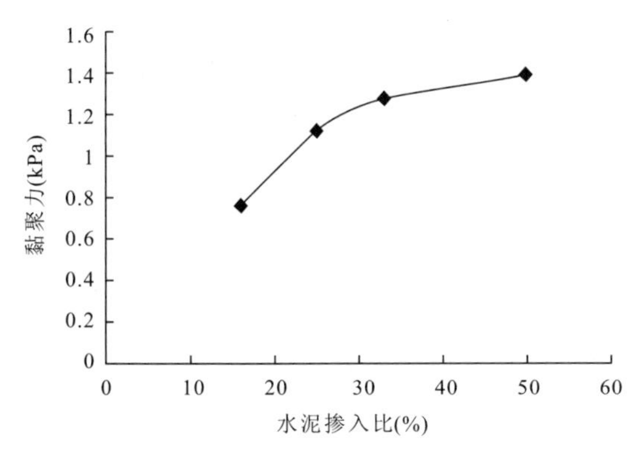

图 22-4　28 天龄期水泥掺入比和黏聚力关系

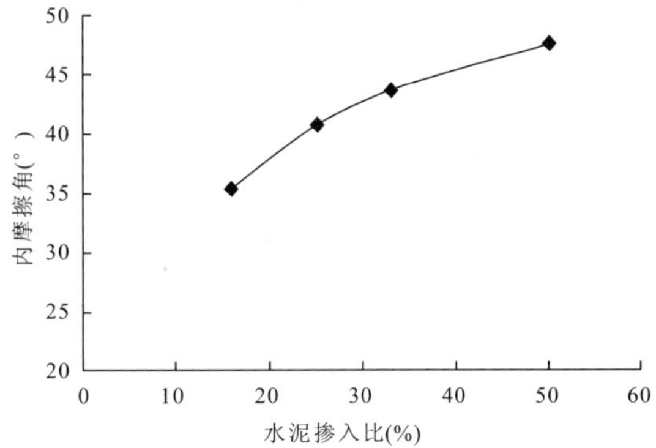

图 22-5　28 天龄期水泥掺入比和内摩擦角关系

水泥土与注浆形成的岩土复合体的共同特点是水泥产生水化作用而增强土体的抗剪强度，同时填充孔隙和空隙，所以我们可以近似认为水泥的掺入比与浆液的注入率相同。从图 22-2 和图 22-4 中可以看出，水泥土的黏聚力随水泥掺入比和龄期的增加而增大，而当掺入比达到 33%后，水泥土抗剪强度增长趋于缓慢(这可能是由于水泥土中的天然含水量达不到所掺入水泥水化反应的需水量而不能充分水化的结果)。由图 22-3 和图 22-5 可知，内摩擦角在龄期 28 天前增长较大，同时随水泥掺入比增加而增加。90 天时，水泥土的内摩擦角较接近，不同水泥掺入比对内摩擦角的影响不大。可以认为不同的水泥掺入比最终影响的岩土体内摩擦角基本相同，即最终内摩擦角大小与掺入比(注入率)大小无关，而是由与水泥水化反应时土体含水量的减小造成的。

在微型桩的施工中，水泥浆的注入率一般情况下能达到 10%～20%，根据以上的分析，注浆后的岩土复合体的 c、φ 值均应有较大幅度的提高。但是在实际注浆过程中，水泥浆液的含水量远大于水泥水化的需水量，在水化固结的过程中要析出较大量的水，这样会使坡体含水量增加，使其对 φ 值的影响并不明显。史秀志等的研究也证明了这一点。

基于以上的讨论，笔者认为在微型桩支护体系中，注浆显著改善了滑坡体的抗剪切性能，提高了岩土体的内聚力 c 值；而由于其他因素的影响，内摩擦角 φ 值增长并不明显。在设计与计算中主要考虑注浆对内聚力的影响，忽略其对内摩擦角的影响。但是，采用常规的压力渗透注浆很难将浆液注入滑带中，注浆对滑带土的改善作用十分有限，研究基本都建立在定性的基础上。笔者只考虑注浆对滑体的固结与抗渗作用，计算时将其作为安全储备，而不考虑其对滑坡稳定性的直接贡献。

22.2　微型桩的被动锚固作用

微型桩与抗滑桩最大的区别在于抗滑桩属于刚性桩范畴，而微型桩属于弹性桩范畴。在下滑力的作用下，柔性桩会产生较大的变形。通过前面的实验和理论分析论述，微型桩加固滑坡的呈现类似于锚杆的被动受力特点。由于微型桩桩径较小，而且配筋较多，其加固滑坡的受力特征就类似于被动锚杆的作用。近几十年来，人们用试验、理论和数值计算来分析被动锚杆对岩土体的加固作用机理。这些研究主要分为两种方法：①单根被动锚杆(相当于微型桩的单桩)对单个不连续面的加固作用研究;②把被加固岩土体视为复合材料,并分析研究其力学性能。

第二种方法认为加固的岩土体是一种复合材料。按照均值化理论,该介质可等效为各向异性弹塑性土。在这种方法中假定加固体具有单轴型,即仅考虑加固锚杆(微型桩)的张拉作用,而忽略了剪切力和弯矩影响。故该方法不适于分析微型桩加固体系,本书采用第一种方法讨论微型桩的被动抗滑作用机理。

为了探讨单根微型桩的加固作用,首先建立如图 22-6 所示的模型(曾宪明等,2003;吴璋等,2012)。模型为由一条平面结构面切割形成的两个块体和一根穿过该结构面的微型桩所组成的简单结构,上部块体表示不稳定岩土体(滑体),下部块体代表稳定岩土体(滑床)。

当上部不稳定块体沿结构面产生滑动时,上、下两个块产生相对位移 μ,微型桩即开始受力。相对位移 μ 的分量为[图 22-6(a)]:

$$\begin{cases}\mu_n=\mu\sin\delta \\ \mu_t=\mu\cos\delta\end{cases} \tag{22-14}$$

式中:δ 为位移矢量 μ 与结构面的夹角。

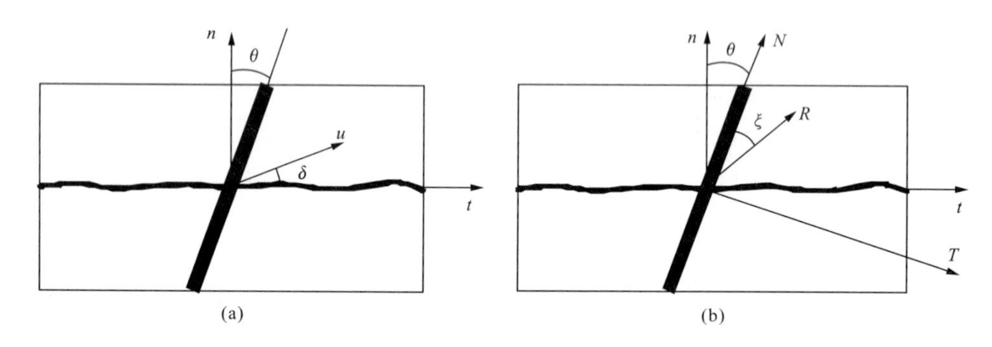

图 22-6　微型桩加固结构面的计算模型

在微型桩与结构面交界处,由位移引起的微型桩桩体内的反力为 R[图 22-6(b)],反力 R 与桩体之间的夹角为 ξ,反力 R 可分解为法向力 R_N 和剪切力 R_T 两个分量:

$$\begin{cases}R_N=R\cos\xi \\ R_T=R\sin\xi\end{cases} \tag{22-15}$$

因此,微型桩加固滑坡时承受的作用力分为两个:

(1)桩体受拉产生的轴向荷载 R_N。

(2)通常被称为"销钉效应"的剪切力 R_T。

当 δ 大于结构面的剪胀角时,结构面开裂,微型桩对结构面的抗力为:

$$T_n=R\sin(\theta+\xi) \tag{22-16}$$

当 δ 等于结构面的剪胀角时,沿结构面产生剪切位移,微型桩对结构面的抗力为:

$$T_n=R\sin(\theta+\xi)+R\cos(\theta+\xi)\tan\varphi \tag{22-17}$$

由于两个块体发生相对移动时与桩体的作用是相互,致使以上公式中的参数 R 和 ξ 无法直接确定。

微型桩的桩径与锚杆(索)相仿,而配筋相比较多,通过上一章的现场试验可知,其加固结构面时的受力具有被动增加的特性,破坏机理类似锚杆,故其主要有两种形式的破坏:

(1)在坚硬块体中(块体无侧限抗压强度大于100MPa),在与结构面相交处因剪切和受拉而破坏[图22-7(a)]。

(2)在较软的块体中(块体无侧限抗压小于100MPa),微型桩与结构面相交处产生两个塑性铰,两个塑性铰中间的微型桩倾角增大,桩体主要是由于拉应力的作用而破坏[图22-7(b)]。

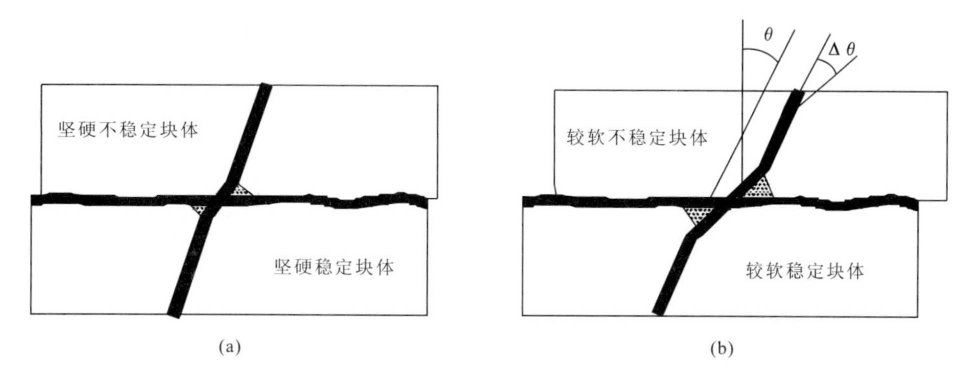

图22-7　结构面上微型桩的破坏形式

图22-8的模型试验研究(王树平,2010)表明,土层滑动中的微型桩支挡结构破坏,严格遵守了图22-7(b)所示的模式。

(a)三根桩时的微型桩破坏情况

(b)两根桩时的微型桩破坏情况

图22-8　土体模型试验中微型桩破坏时的倾角变化

图 22－9 给出了微型桩破坏时倾角变化量 $\Delta\theta$ 与岩土体无侧限抗压强度的关系(曾宪明等,2003),并满足下列条件:

$$\theta+\Delta\theta\leqslant 70^{\circ} \tag{22-18}$$

因此,根据前面论述的微型桩被动受力的特点,微型桩破坏时达到极平衡状态,此时微型桩与结构面法线的夹角要用临界破坏角 θ_f 替代:

$$\theta_f=\theta+\Delta\theta \tag{22-19}$$

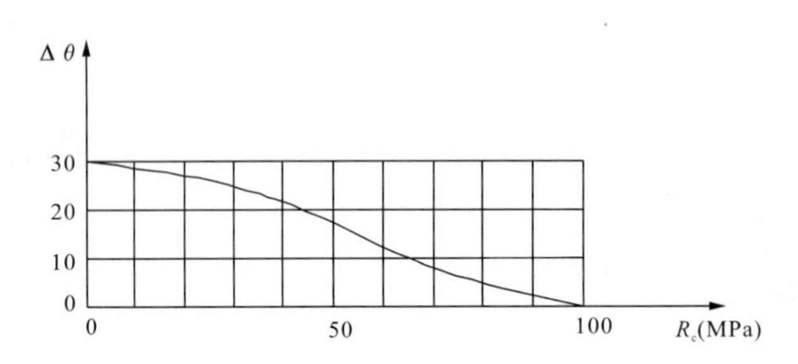

22－9　微型桩破坏时倾角的变化与岩(土)体的强度关系

这样,微型桩破坏时的倾角已经给出,利用最大塑性功原理可以来确定 R 和 ξ。假定钢材的屈服极限判据由式(22－20)表示:

$$\left(\frac{R_N}{N_0}\right)^2+\left(\frac{R_r}{\mu N_0}\right)+\frac{M}{M_0}=1 \tag{22-20}$$

式中:N_0 为桩体的抗拉屈服极限轴力;μN_0 为桩体的抗剪屈服极限剪力;M 为弯矩;M_0 为极限弯矩。

由于对称的关系,微型桩与结构面交界处的弯矩等于零。那么该段桩体内的极限荷载 R_L 便处于(N,T)平面内的一个椭圆上。

对于任一位移 μ,最大塑性功原理叙述为:对于任一适宜外载 R,材料极限荷载 R_L 必须满足下列条件(图 22－10):

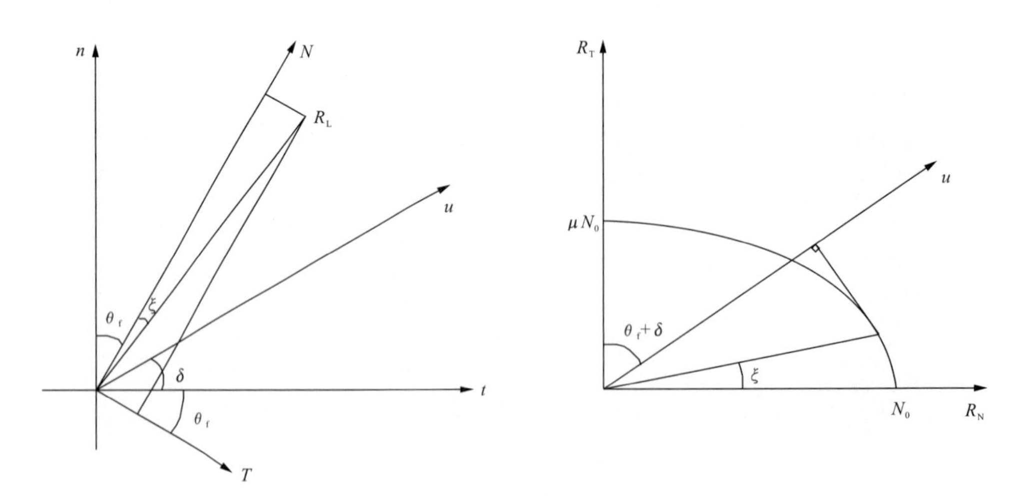

图 22－10　微型桩临界荷载 R_L 的确定

$$(R_L - R) \cdot \mu > 0 \tag{22-21}$$

将式(22－15)代入式(22－20),同时引入式(22－21),整理可得：

$$\begin{cases} \dfrac{R}{N_0} = \sqrt{\dfrac{\mu^2(1+\tan^2\xi)}{\mu^2+\tan^2\xi}} \\ \tan\xi = \mu^2\cot(\theta_f+\delta) \end{cases} \tag{22-22}$$

将式(22－22)代入式(22－17)中(即沿滑面滑动,不发生剪胀的情况),同时用临界角 θ_f 替代微型桩与结构面法线的夹角 θ,可求得单根微型桩提供的抗滑能力为：

$$T_n = (a + b\tan\varphi)N_0 \tag{22-23}$$

$$\begin{cases} a = \sqrt{\dfrac{\mu^2(1+\tan^2\xi)}{\mu^2+\tan^2\xi}}\sin(\theta_f+\xi) \\ b = \sqrt{\dfrac{\mu^2(1+\tan^2\xi)}{\mu^2+\tan^2\xi}}\cos(\theta_f+\xi) \\ \tan\xi = \mu^2\cot(\theta_f+\delta) \end{cases} \tag{22-24}$$

式中：N_0 为桩体的抗拉屈服极限轴力,取杆体材料的抗拉极限(kN)。

由以上公式的推导和的分析可以看出,评估微型桩抗剪与锚固力的参数有：①杆体截面积;②加筋材料的屈服极限;③微型桩的倾斜角度;④结构面的内摩擦角;⑤结构面的剪胀角;⑥岩土体的无侧限抗压强度。而式(22－23)也综合反映了所有因素的影响,计算出的结果也是抗剪力与锚固力的有机结合。表 22－3 给出了当 $\delta=0$、$\mu=0.5$ 时,岩土体在不同无侧限抗压强度 R 下,微型桩与滑面法线方向夹角 θ 所对应的参数 a、b 的值。

表 22－3　$\delta=0$、$\mu=0.5$ 时参数 a、b 的值

岩(土)体参数	R(MPa)	25	50	75	100
$\theta=0°$	a	0.62	0.56	0.51	0.5
	b	0.50	0.38	0.17	0
$\theta=15°$	a	0.77	0.68	0.60	0.62
	b	0.49	0.50	0.44	0.39
$\theta=30°$	a	0.88	0.83	0.73	0.66
	b	0.39	0.42	0.50	0.49
$\theta=45°$	a	0.96	0.96	0.85	0.79
	b	0.26	0.26	0.43	0.47
$\theta=60°$	a	0.96	0.96	0.94	0.90
	b	0.26	0.26	0.28	0.36

以上的讨论中给出了考虑微型桩与结构面相互作用情况下单根微型桩所能提供的最大抗滑力的计算公式,那么整个微型桩体系所能提供的抗滑力 $\sum T_n$ 可由式(22－25)计算：

$$\sum T_n = nT_n = n(a + b\tan\varphi)N_0 \tag{22-25}$$

式中：n 为每延米范围内的微型桩数量。

再将该总抗滑力同边坡每延米设计推力进行比较，即可得到所需微型桩的总数量，或者用其结果判断抗滑稳定性。

22.3　微型桩的支挡作用

按照桩与土的相对刚度，可将桩分为刚性桩和弹性桩(史佩栋，2008)。

当桩的入土深度 $h\leqslant 2.5/\alpha$(h、α 为桩的变形系数)时，则桩的相对刚度较大，可按刚性桩计算。长径比较小或周围土层较松软，即桩的刚度远大于土层刚度时，受横向力作用桩身挠曲变形不明显，如同刚体一样围绕桩轴某一点转动[图 22-11(a)]。如果不断增大横向荷载，则可能由于桩侧土的强度不够而失稳，使桩丧失承载能力或破坏。承受水平荷载的墩、沉井基础和大直径的抗滑桩均可看作刚性桩。

当桩的入土深度 $h\geqslant 2.5/\alpha$ 时，桩的相对刚度较小，必须考虑桩的实际刚度，按弹性桩计算。长径比加大或周围土层较坚实，即桩的相对刚度较小时，由于桩侧土有足够大的抗力，在桩顶水平力作用下桩身发生挠曲变形，其侧向位移随着入土深度增大而逐渐减小，以至达到一定深度后几乎不受荷载影响，如同一端嵌固的地基梁，桩的变形呈图 22-11(b)所示的波状曲线。如果不断增大横向荷载，可使桩身在较大弯矩处发生断裂或使桩发生较大的位移，并超过了桩或结构物的容许变形值。因此，基桩的横向设计承载力由桩身材料的抗弯强度或侧向变形条件决定。微型桩属于典型的弹性桩。

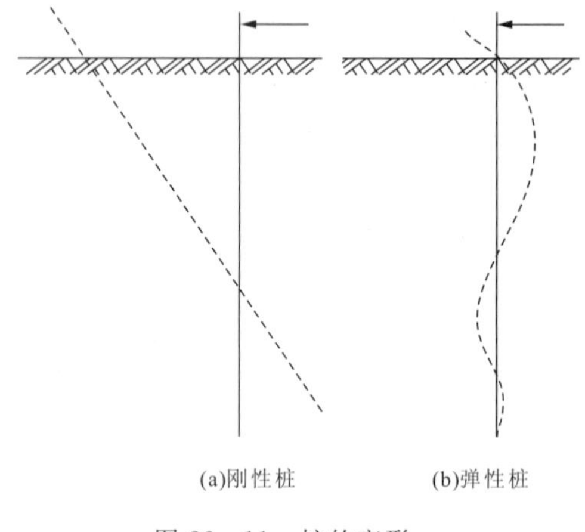

图 22-11　桩的变形

国内外计算弹性长桩的方法很多，通常采用弹性地基梁法求解桩的水平抗力(岩土注浆理论与工程实例协作组，2001)。不管是线弹性地基反力法还是非线弹性地基反力法均假设竖直桩全部埋入土中，地表面桩顶处作用垂直于桩轴线的水平力和外力矩，同时线弹性地基反力法还规定地面的允许水平位移为 0.6～1.0cm，这些特点都不符合微型桩治理滑坡时的受力状态(微型桩实际的受力情况在 21.1 节中已经论述)。

滑坡治理中的微型桩，滑面以上部分由于滑体具有下滑趋势，桩周土不能够提供地基反力，且滑坡推力一般假设为沿桩身矩形分布；滑床以下的桩体才具有线弹性地基反力法求解的条件。如果忽略桩周土的影响，采用结构力学中虚功原理，求解线弹性结构体的位移与力的关系：

$$\Delta_{KP}=\sum\int\frac{\overline{M}M_{P}\mathrm{d}s}{EI}+\sum\int\frac{\overline{F_{N}}F_{NP}\mathrm{d}s}{EA}+\sum\int\frac{k\overline{F_{S}}F_{SP}\mathrm{d}s}{GA}\tag{22-26}$$

式中：Δ_{KP}为线弹性结构体 K 点处沿力 P 的作用方向的位移；$\overline{M}$、$\overline{F_N}$、$\overline{F_S}$、M_P、F_{NP}、F_{SP}分别为在假定单位力和实际作用力情况下的弯矩、轴力和剪力。k 为剪应力沿截面分布不均匀而引用的改正系数，其值与截面形状有关，对于矩形截面 $k=\frac{6}{5}$；圆形截面 $k=\frac{10}{9}$；薄壁圆环截面 $k=2$；工字形截面 $k\approx\frac{A}{A'}$，A 为工字型钢的截面积，A'为腹板截面面积。

然而式(22-26)中的 Δ_{KP}的极限值是多少，E、G 等的取值都是未知数。因此，结合前人的研究成果，微型桩治理滑坡时所能承受的水平力，最好是采用试验方法实测。通过实测数值，可以确定出力与 Δ_{KP}的关系曲线，进而确定其极限值，也可反算其他相关的参数。而根据本书21.2节的研究结果，微型桩单桩在滑体中仅有1m支挡段长时，单桩的水平承载力最大仅约11kN，与上节介绍的被动抗滑力相比，可忽略不计。

22.4　本章小结

本章利用前人的研究成果，通过理论分析与数学推导，详细论述了微型桩治理滑坡的注浆加固作用；将锚杆的被动锚固理论引入微型桩的抗滑机理，推导了具体的抗滑力计算公式；结合试验论述了微型桩的水平支挡作用。

(1)注浆加固只能改善裂隙发育滑体的岩(土)体力学性质，防止地表水的下渗等不利作用，而不能从本质上改善或提高滑面的强度；在目前的研究水平下，也无法定量考虑其抗滑作用，只能将其作为安全储备，在计算时不予考虑。

(2)微型桩的水平支挡能力十分有限，在微型桩的设计与计算中可以忽略不计其水平承载力，仅仅考虑其在多桩情况下抵抗变形的能力。

(3)被动锚固理论可以合理地解释微型桩的抗滑机理，计算理论完整、明确，综合考虑了滑面力学性质、桩体材料强度和微型桩倾角等综合因素，结果可信。

23 微型桩支护体系加固滑坡的设计

23.1 微型桩支护体系加固滑坡的设计计算流程

根据前面对微型桩支护特征、加固机理等的研究，总结微型桩支护体系加固滑坡的设计流程如图 23-1 所示。

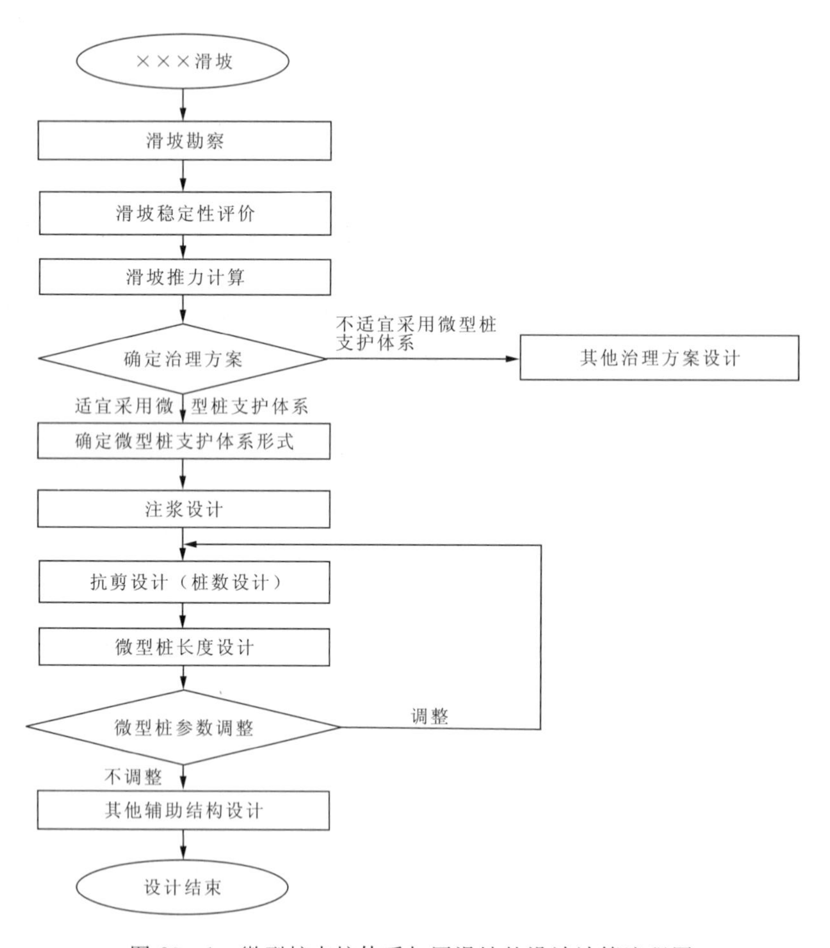

图 23-1 微型桩支护体系加固滑坡的设计计算流程图

23.2　滑坡的勘察与稳定性评价

23.2.1　滑坡工程勘察

滑坡的失稳，通常是因为边坡中含有软弱结构面降低了岩土体的强度，在一定自然和人工条件下，如地下水位变动、地震、开挖施工等的影响下，沿软弱结构面产生岩土体的滑移、拉裂等破坏所造成的。在进行滑坡的治理设计之前，我们必须首先查清楚滑坡的基本情况，滑坡工程勘察的主要目的有以下几点：

(1)查明滑坡的类型，明确后期工作的重点。

(2)查明滑坡的地貌形态，当存在其他如危岩和崩塌、泥石流等不良地质作用时，应做出相应的专项勘察。

(3)查明组成滑体和滑床的岩土体类型、成因、工程特性，覆盖层厚度，基岩面的形态和坡度等相关内容。

(4)岩体滑坡还应查明相应的岩体主要结构面的类型、产状、延展情况、闭合程度、充填状况、充水状况、力学属性和组合关系，主要结构面与临空面关系，是否存在外倾结构面等详细内容。

(5)查明地下水的类型、水位、水压、水量、补给、排泄和动态变化，岩土体的透水性和地下水的出露情况。

(6)查明滑坡所在地区的气象条件(特别是雨期和暴雨强度)，汇水面积、坡面植被发育状况，地表水对坡面、坡脚的冲刷情况。

(7)通过现场和室内试验，查明岩土的物理力学性质和软弱结构面的抗剪强度指标，为进一步的滑坡稳定性分析做准备。

(8)评价滑坡的稳定性，并提出对潜在不稳定滑坡的治理措施和监测方案建议。

滑坡勘察根据规模大小的不同，大型滑坡勘察分为 3 个阶段：初步勘察、详细勘察和施工阶段勘察，各阶段应符合下列要求：

(1)初步勘察。搜集地质资料，应进行工程地质测绘和少量的勘探、室内试验，初步评价滑坡的稳定性。

(2)详细勘察。应对可能失稳的滑坡及相邻地段进行工程地质测绘、勘探、试验、观测和分析计算，做出稳定性评价，对人工边坡提出最优开挖坡角；对可能失稳的滑坡提出防治措施建议。

(3)施工勘察。应配合施工开挖进行工程地质编录、补充前阶段的勘察资料，必要时，进行施工安全预报，提出修改设计的建议。

对于中小型滑坡，可根据实际情况在野外踏勘的基础上将初步勘察和详细勘察合并执行，但施工勘察作为信息化施工的要求，必须给予足够的重视。

滑坡勘察的其他要求还有如下几点：

(1)滑坡地区勘察应进行工程地质测绘与调查。范围应包括滑坡区域及其邻近稳定地段，比例尺可根据滑坡规模选用(1∶200)～(1∶2000)；当用于整治设计时，其比例尺宜采用(1∶

200)～(1∶500)。

(2)滑坡勘察勘探时,勘探线、勘探孔的布置除沿主滑方向布置勘探线外,在其两侧及滑体外尚应布置一定数量的勘探线;勘探孔的间距不宜大于40m;在滑床转折处,应设控制性勘探孔;勘探孔的深度应穿过最下一层滑面,进入稳定地层,控制性勘探孔应深入稳定地层一定深度。

(3)滑坡勘察宜采用室内、野外滑面重合剪,滑带土宜做重塑土或原状土的多次剪试验,并求出多次剪和残余剪的抗剪强度;试验宜采用与滑动受力条件相似的方法(快剪、饱和快剪或固结快剪、饱和固结快剪);可采用反分析方法检验滑动面的抗剪强度指标,并应符合以下要求:① 采用滑动后实测的主滑断面进行计算。② 对正在滑动的滑坡,其稳定系数 F_s 可取0.95～1.00;对处于暂时稳定的滑坡,稳定系数 F_s 可取1.00～1.05。③ 宜根据抗剪强度的试验结果及经验数据,给定黏聚力 c 或内摩擦角 φ 值,反求另一值。

详细勘察要求见第一篇第4章的论述。

23.2.2 滑坡稳定性评价

在稳定性评价中,首先要解决滑坡是否稳定的问题,然后再通过计算确定滑坡剩余下滑力大小的问题,这样才能为滑坡防治工程的设计提供必要的参数和依据。

滑坡的稳定性验算应符合下列基本要求:

(1)正确选择有代表性的分析断面,正确划分牵引段、主滑段和抗滑段。

(2)正确选用强度指标,宜根据测试成果、反分析和当地经验综合确定。

(3)有地下水时,应计入浮托力和水压力。

(4)根据滑面(滑带)条件,按平面、圆弧或折线,选用正确的计算模型。

(5)当有局部滑动可能时,除验算整体稳定外,尚应验算局部稳定。

(6)当有地震、冲刷、人类活动等影响因素时,应计算这些因素对稳定的影响。

滑坡剩余下滑力的计算可评价判定滑坡的稳定性和为设计抗滑工程提供定量的指标数据,因此计算精度要求比滑坡稳定性评价分析高。滑坡推力设计值计算要符合下列规定:

(1)当滑体具有多层滑面时,应分别计算各滑动面的滑坡推力,取最大的推力作为设计控制值,并使每层滑坡都满足稳定性要求。

(2)选择平行滑动方向的断面不宜少于3条,其中一条应是主滑面。

(3)滑坡推力计算按照传递系数法。

滑坡稳定性分析和剩余下滑力计算的具体方法、步骤和要求等可参考相应的规程规范和第一篇第5章的相关内容。

23.3 滑坡治理方案确定

23.3.1 滑坡防治的基本原则

滑坡防治应当贯彻“早期发现,以防为主,防治结合”的原则。对滑坡的整治,要针对引起滑坡的主导因素进行，原则上要求“一次根治，不留后患”；对性质复杂、规模巨大、短期内不易查清或工程建设进度不允许完全查清后再行整治的滑坡，应在保证建设工程安全的前提下，作出全面整治规划，采用分期治理的方法，使后期整治工程能获得必需的资料，又能争取到一定的建设时间，保证整个建设工程的安全和效益；对建设工程随时可能产生危害的滑坡，应优先采用立即生效的工程措施，然后再进行其他工程建设；对于大型复杂滑坡，在开展治理工程措施时如果不能保证施工安全，应当在设计中专门考虑施工安全措施；一般情况下，滑坡的整治应当避免雨季施工；施工方法和程序应以避免产生新的滑动为原则。

23.3.2 滑坡防治中的常规措施

对于滑坡防治工程所采用的措施，根据措施实施的时间和作用原理，可分为预防措施和治理措施。其中预防措施包括：

(1)在斜坡地段进行建设工程前，首先做好工程勘察工作，查明有无滑坡存在、滑坡的发育特征和发育阶段。

(2)在斜坡地段进行挖方或填方施工时，事先查明坡体岩土体的工程地质条件、地表水和地下水的发育与排泄情况，做好边坡和排水工程设计，避免造成工程滑坡。

(3)施工前要做好施工组织设计，制定合理的挖填方顺序，合理安排料场和弃土的堆放场地，做好施工用水的排泄管理工作。

(4)做好施工期间的施工管理和边坡的变形监测工作。

(5)对于已查明为大型滑坡、滑坡群或近期正在活动的滑坡，一般情况下以避让为主。当必须进行建设时，应制定详细的防治对策，经技术、经济论证对比后，慎重取舍。

治理措施有以下几种：

(1)对无向上及两侧扩展可能的小型滑坡，可考虑将整个滑坡体挖除或采用某些导滑工程，改变滑坡的滑动方向，使其不危害建设工程。

(2)对于地表水可在滑坡体周围做截水沟，使地表水不能进入滑坡体范围以内；在滑坡范围内修筑各种排水沟，使地表水排出滑坡体范围以外，但应注意沟渠的防渗，防止沟渠渗漏和溢流；整平地表，填塞裂缝和夯实松动地面，修筑隔渗层，减少地表水下渗并使其尽快汇入排水沟以排出滑坡体外。

(3)对于地下水危害，首先要加强滑坡范围以外的截水沟，切断其补给来源；再针对出露的泉水和湿地，做排水沟或渗沟，将水引出坡体外；在滑坡体前缘做渗沟或小盲沟疏干，兼起支撑作用；同时注意坡面种植阔叶高大乔木，加大蒸腾量，保证坡面河坡体内部干燥，兼起植物加固防护作用；对于地下水补给丰富的地段，根据地下水的埋藏深度、部位和土的密实程度，布设走向垂直于地下水流向的排水构筑物，一般浅层地下水可以使用截水渗沟、盲沟，深层地下水使用排水隧洞和仰斜排水孔；若滑动带上的水是由下向上承压补给时，多采用盲硐或平硐将补给水源引走和将补给水源向下部导水层漏走的垂直排水措施等，使地下水位降低到滑面以下；深层地下水宜采用仰斜排水孔和集水井等措施解决。

(4)减重反压。① 上部减重：对于推覆式滑坡，在上部主滑地段减重，常能起到根治滑坡的效果；对其他性质的滑坡，在主滑地段减重也能起到减小下滑力作用。减重一般适用于滑床为上陡下缓、滑坡后壁及两侧有稳定的岩土体，不致因减重而引起滑坡向上和向两侧扩展造成后患的情况。② 下部反压：在滑坡的抗滑段和前缘滑体外堆填土石加重，能增大抗滑力而稳定滑坡。但必须注意只能在抗滑段加重反压,不能填在主滑地段;同时在填方时,必须做好地下排水工程,不能因为填土堵塞原有地下水出口,造成后患。③ 减重反压相结合:对于某些滑坡可根据设计计算确定需减少的下滑力大小,同时在其上部进行部分减重和在其下部反压。

(5)抗滑工程。① 抗滑挡土墙:一般常采用重力式挡土墙,设置于滑体的前缘;如滑坡为多级滑动,总推力太大,在坡脚一级支挡工程量太大时,可采用削方减载和分级支挡措施。但应注意每一级挡土墙的基础必须位于稳定岩土体中。② 抗滑桩:适用于深层滑坡和各类非塑流性滑坡,对缺乏石料的地区和处理正在滑动的滑坡,更为适宜。与重力式挡土墙相比,节省材料,重量较轻,属于轻型支挡结构。③ 锚杆(索)挡墙:这是随着锚固理论的发展而发展起来的新型支挡结构,一般由锚杆(索)、肋柱和挡板 3 部分组成。滑坡推力作用在挡板上,由挡板传递给肋柱,再由肋柱传递至锚杆(索),最后由锚杆(索)传递到滑动面以下的稳定地层中,靠锚杆(索)的锚固力来维持整个结构抗倾覆稳定性。④ 锚固技术:近年来锚固技术的发展,已经逐渐形成了锚杆(索)抗滑桩、锚杆(索)框架梁与锚杆(索)挡墙相结合的滑坡治理技术。锚杆(索)抗滑桩可以大大降低抗滑桩的长度和截面尺寸,增强工程措施的可靠性,大大降低工程造价;锚杆(索)框架梁属于一种轻型结构,广泛应用与多级滑坡中高边坡的防护治理,既增加了边坡的安全性,又几乎没有增加滑体的重量。但在使用锚杆(索)等锚固措施时,应注意土层和软岩层的蠕变效应造成的锚杆(索)失效和杆件的防腐耐久性问题(详细内容可见第二篇相关章节)。

23.3.3 滑坡防治中的微型桩措施

前面分析了一般的滑坡治理措施,第 5 章也重点介绍了微型桩支护体系加固滑坡的机理,结合本书的研究,微型桩支护体系适用于以下几种情况:

(1)规模较小滑坡。由于微型桩锚固力有限,大型滑坡受力条件复杂,推力巨大,适宜于减重反压、抗滑桩和避让等措施。

(2)残坡积体滑坡。残坡积体滑坡往往具有较为完整的基岩滑床,能够提供足够的锚固力;同时滑体松散,空隙、孔隙发育,注浆措施会明显增强滑体的完整性,改善滑面的力学性质。此种情况下可采用独立微型桩支护体系和空间刚架微型桩支护体系,根据变形的不同要求、坡面的地形和植被发育情况分别选用。

(3)岩石顺层滑坡。采用微型桩支护体系,通过注浆充填滑床的节理和裂隙,增强滑体的完整性,能充分发挥微型桩的“销钉”作用,调动围岩体的积极作用,采用较小的成本治理滑坡。组合微型抗滑桩支护体系、独立微型桩支护体系和平面刚架微型桩支护体系适用于此种情况。

(4)多级滑坡。坡面呈现多个台阶的滑坡,在不同的台阶布设微型桩支护体系,可在不同部位分级削减滑坡的下滑力,并使滑坡分块稳定,从而达到总体稳定的效果。空间平面刚架微型桩支护体系适用于此种情况。

(5)治理滑坡的辅助手段。在有些正在滑动的大型滑坡的治理过程中,由于滑坡一直处于蠕滑状态,或者是工程措施布设的上方存在不稳定体,使抗滑桩等工程无法实施或实施的安全性得不到保障,可以先采用微型桩结合压力注浆作为临时加固措施服务于工程。

(6)人工填土滑坡。在此种滑坡中可以在滑动部位布设独立微型桩支护体系或空间刚架微型桩支护体系,相当于主动在填方体中加筋,并采用注浆措施填充、压密填方体,从而改善土体力学性质,增强填土的稳定性。

23.4　微型桩设计

在经过上面的步骤选定滑坡的防治措施采用微型桩支护体系，并确定支护形式后，就要开始微型桩的桩长、桩间距和桩数等具体参数的设计。根据本篇中关于微型桩支护体系作用机理的研究，微型桩的抗滑作用只考虑其被动锚固作用。注浆加固作用作为滑体的防水措施和安全储备，在计算式不做定量考虑；水平支挡作用力十分有限，本书忽略其作用。

23.4.1　注浆加固设计

微型桩支护体系中的注浆目的是恢复岩土体结构的整体性，改善其力学性质，提高边坡岩土的整体性，起到防渗阻水的作用。

1. 注浆后岩土体的组成

注浆效果往往受到岩土体条件和施工方法的极大影响。对于裂隙、孔隙较大的岩(土)体，注浆后基本上能形成整体的固结体。但对于孔隙较小的岩土体，如粉土、粉质黏土等，孔隙很小，但孔隙率却很大，浆液很难渗入其中，即使是化学浆液(真溶液)，渗透也很困难，而且也不经济，因此在较小孔隙岩(土)体中注浆，一般采用较高的压力，利用脉状注浆硬化物的均匀分布、浆液与岩土体的固结物以及挤密的岩土体来改善待加固岩土体的工程力学性质，但改良的效果很难评价。改良后的岩土体的组成如表 23-1 所示。

表 23-1　注浆后岩土体的组成

<table>
<tr><td rowspan="5">注浆后岩土的组成</td><td rowspan="3">处理土</td><td>完整的固结体</td><td>浆液完全填充了岩土颗粒之间的孔(空)隙，形成了良好的固结体</td></tr>
<tr><td>部分固结体</td><td>浆液充填了岩土颗粒之间的部分孔隙并凝结，但由于浆液性质的改变、地下水的稀释等的影响，没有形成良好的固结体</td></tr>
<tr><td>挤密岩土体</td><td>由于浆液挤压力的作用，使注浆孔和脉状浆液周围的部分土体压缩和挤密，改善了岩土体的物理力学性质</td></tr>
<tr><td colspan="2">浆液固结体</td><td>岩土体脉状开裂的裂隙中渗入浆液的固结体及充填于孔(空)隙中的硬化物</td></tr>
<tr><td colspan="2">原岩土体</td><td>未受到注浆影响的岩土体</td></tr>
</table>

注浆后脉状固结体构成了岩(土)体的骨架，它与岩土和浆液的固结体，受浆液挤压力的影响而被挤密的岩(土)体和原岩(土)体构成了复合体，其整体性、渗透性、黏聚力和内摩擦角等衡量岩土体变形稳定能力的特性指标均得到了提高，一般采用现场或室内试验的方法获得改善后的指标。

2. 注浆设计原则

注浆方案是否成立或成功实施，主要取决于 6 个方面的原则。

(1)功能性原则。针对工程目的和要求,注浆方案的可用性、可靠性等功能要求。

(2)适应性原则。注浆工程适应工程性质、条件、外部环境及其变化的程度。

(3)可实施原则。注浆方案中的工程规模、有关参数和技术指标,在目前的技术水平下是可行的。

(4)经济性原则。通过技术经济比较和投入产出分析,在满足功能性要求的前提下,工程费用要较低,建设单位能够承受,并且在确定注浆方案后,尚应考虑采用先进技术,优化注浆方案,合理使用材料。

(5)环境原则。避免或最大限度减少环境污染,包括避免或减少材料的毒性、粉尘、有害气体,及析出物、固化物,降低施工过程中的噪音。

(6)安全性原则。要求注浆方案能够保障结构和相邻建筑物安全,保障施工人员的安全。

在上述原则中,重点是功能性原则和适应性原则。要满足这两个原则,要求分析工程的重要性、注浆的目的、地质条件、结构的性质与类型、荷载及变形特征、时效性、进度等,以使注浆方案能因地制宜,满足上述各方面的要求和条件,充分发挥其功能。本书注浆的目的主要是提高滑坡的抗滑稳定性、降低变形量、加强和恢复岩土体的整体性,提高渗透稳定性、降低孔隙水压力或扬压力,调整和改善岩土体的力学性能。

3. 注浆标准

所谓的注浆标准,是指建设工程要求地层或结构经注浆处理后应达到的质量标准,直接关系到工程的功能实现、安全性以及工程造价、进度和建设规模等。由于工程性质、注浆的目的和所处理对象的条件各不相同,同时截至目前为止注浆效果的检验仍然是工程界的一大难题,故设计采用的注浆标准常常采用防渗标准、强度及变形标准和施工控制标准。根据微型桩治理滑坡的要求,笔者建议采用强度及变形标准和施工控制标准进行施工控制。

(1)强度及变形标准。强度及变形标准是指地层或结构经注浆加固处理后应达到的强度和变形要求,提高地层或结构的承载能力、物理力学性能而为建设工程服务。对抗压强度、抗拉强度、抗剪强度、黏结强度及变形模量、压缩系数、蠕变特性等各方面指标的改善要根据工程性质、注浆目的和所处理的对象条件来确定,并确定所需要的强度、变形标准及适宜的检测手段。

岩石地基的注浆处理,常采用固结注浆、接触注浆和回填注浆。这些处理方法均能显著提高岩体的弹性模量、密实均一程度、抗滑稳定性,减少岩体变形和不均匀沉降,提高其整体性,加强构筑物和岩基的连接性能,改善力学条件。强度及变形标准可采用岩体波速测试值、钻孔或探硐变形模量测试值、岩芯或试件强度值表示,并用经验判断和工程类比评价。

地基土(类似于土体滑坡和滑面)的注浆加固处理,能显著提高地基土抗剪强度、密实程度、整体性及承载力,减少变形、位移和不均匀沉降。强度及变形标准可采用地层钻孔或静载试验压缩模量测试值、承载力试验值、试件抗剪强度值等表述。但有时限于条件,也常采用钻孔注水或抽水试验成果值或渗透系数表示。

锚固工程中的注浆加固处理,强度及变形标准常采用锚固剂材料及界面的抗剪强度指标或抗拔力指标,设计时常常将浆体试块的强度作为控制指标。

桩基工程中辅助进行的注浆加固处理,能显著提高桩周摩擦力和桩端抗压强度,强度及变形标准常采用承载力标准。

微型桩治理滑坡施工中注浆目的有两个方面：首先是要尽量充填岩土体的孔隙，改善岩土的力学性质，提高滑体的完整性；其次是要使浆液完全充填钻孔和加筋体之间的空间，起到锚固的作用。根据上面的两个目的，要求注浆体具有较高的自身强度和较高的黏结强度，故不管在那种地层中，一般均采用流动性较好、性质稳定、经济的水泥浆液或水泥砂浆。固结岩土体采用纯水泥浆，水灰比一般为(0.5∶1)～(1∶1)；充填钻孔空间的浆液采用水泥砂浆，水灰比为一般为 0.5∶1，砂灰比为(0.2∶1)～(0.5∶1)。而微型桩治理滑坡的设计中，从前面的抗滑作用机理可以看出，其注浆施工具有岩石地基注浆加固、地基土注浆加固、锚固工程注浆加固和桩基辅助注浆加固的综合特点。为保持所要求的强度及变形标准，在考虑该标准的同时，还应考虑一定的耐久性要求，避免诸如物理、化学溶滤破坏等情况的发生。可采用岩体波速测试值、钻孔或探硐变形模量测试值、岩芯或试件强度值控制，同时也可采用拉拔试验确定其锚固承载力，并结合经验判断和工程类比评价。

(2)施工控制标准。工程应用中，防渗标准、强度及变形标准往往是难以确定的。同时，注浆质量指标的检测是在施工后才能进行，有时受各种条件的局限甚至不能进行检测。为保障工程质量，注浆工程经常采用施工控制标准。本书的微型桩中的注浆应根据具体情况，采用施工控制标准。注浆的施工控制标准可具体分为注浆量控制标准和注浆压力控制标准。

注浆量控制标准：注浆量控制标准常用于各种岩土体的渗透注浆。由岩土体的孔隙率 β，设计的注浆体积 V(m^3)，考虑一定的浆液损耗系数 m 和浆液充填率 α，则注浆量 Q(m^3)控制指标按式(23-1)计算。

$$Q=V\alpha\beta m \tag{23-1}$$

其中：

$$V=\pi R^2 L \tag{23-2}$$

式中：R 为浆液扩散半径(m)；L 为钻孔注浆段长度(m)。

微型桩治理滑坡的施工中，注浆通过施工的桩孔来进行，一般不设计专门的注浆钻孔。一旦根据滑坡推力、微型桩的抗力和岩土体的性质，确定了微型桩的桩数 n，注浆的总量可用式(23-3)计算。

$$Q = \pi\alpha\beta m R^2 \sum_{i=1}^{n} L_i \tag{23-3}$$

式中符号的意义同上。

注浆压力控制标准：根据具体工程的需要，参考注浆试验和类似的注浆经验，可设计出一定的注浆压力作为控制标准。在微型桩治理滑坡工程中，参考《既有建筑地基基础加固技术规范》(JGJ 123—2000)的相关规定：浆液材料建议采用水泥浆，注浆压力可取 0.1～0.3MPa，可逐渐加大压力至 0.6～1.0MPa；浆液在 15min 内注入量均小于 0.1L/min 则可停止注浆。

注浆压力与注浆量综合控制标准：本书的设计采用强度及变形标准和施工控制标准，在该标准下实行浆液强度、注浆压力和注浆量 3 个指标控制。

23.4.2　微型桩设计

(1)微型桩的桩体加筋材料。目前普遍采用的桩体加筋材料主要有两种：一种是热轧螺纹钢，其规格型号和机械性能见表 23-2，常用型号为 HRB335，直径≥25mm；另一种是各种型号的无缝钢管或直缝焊接钢管，其规格型号和机械性能见表 23-3，常用热压无缝钢管，外径≥108mm，壁厚≥4mm。

表 23-2 热轧螺纹钢型号、规格及机械性能

牌号	公称直径(mm)	屈服强度 δ_s(MPa)	抗拉强度 δ_b(MPa)	延伸度 δ_s(%)	弯曲试验弯心直径
HRB335	6～25	≥335	≥490	≥16	$3d$
	28～25				$4d$
HRB400	6～25	≥400	≥470	≥14	$4d$
	28～50				$5d$
HRB500	6～25	≥500	≥630	≥12	$6d$
	28～50				$7d$

表 23-3 常用钢管型号、规格及机械性能一览表

钢管类型	序号	规格		壁厚(mm)	每米理论质量(kg)	强度
		通径(mm)	外径(mm)			
热压无缝钢管	1	DN40	43	3.00	2.89	一般采用的材质为Q345B：其屈服强度 δ_s≥345MPa；抗拉强度 δ_b≥470MPa；伸长率 δ_s≥21%
	2	DN50	57	3.00	4.00	
	3		60	3.00	4.22	
	4	DN65	73	3.50	6.00	
	5		76	3.50	6.26	
	6	DN80	89	3.50	7.38	
	7	DN100	108	4.00	10.26	
	8	DN125	133	4.00	12.73	
	9	DN150	159	4.50	17.15	
	10	DN200	219	6.00	31.52	
	11	DN250	273	7.00	45.92	
	12	DN300	325	8.00	62.54	
直缝焊接钢管	1	DN15	21.3	2.75	1.26	
	2	DN20	26.8	2.75	1.63	
	3	DN25	33.5	3.25	2.42	
	4	DN32	42.3	3.25	3.13	
	5	DN40	48	3.50	3.84	
	6	DN50	60	3.50	4.88	
	7	DN65	75.5	3.75	6.64	
	8	DN80	88.5	4.00	8.34	
	9	DN100	114	4.00	10.85	
	10	DN125	140	4.50	15.04	
	11	DN150	165	4.50	17.81	

(2)微型桩的锚固设计。在传统的锚杆(索)锚固工程设计中,是针对地层条件和锚固形式,确定其承载能力和锚固段长度。通常的锚固方法主要有3种:① 用机械装置(例如涨壳式内锚头)将其固定在坚硬稳定的地层中;② 用注浆体(例如砂浆、素水泥浆或树脂类注浆体)将锚固段杆体与孔壁黏结在一起;③ 用扩大锚头的钻孔(例如高压注浆体、扩孔等手段)把锚固段固定在稳定地层中。

工程中最常用的是第二和第三两种情况,而应用最广泛、简单易行的是第二种情况。

根据第二篇的相关研究和介绍,锚杆(索)破坏时,常表现为以下几种形式:① 沿着杆体与注浆体界面破坏。通常是由于杆体强度较大,但浆液由于水灰比较大,凝固后强度低,不能提供杆体足够的握裹力。② 沿着注浆体与地层界面破坏。地层强度较小或浆液强度过低,地层与浆液之间的黏结力不足。③ 岩土体锥状破坏。埋入稳定地层的深度不够,使地层呈锥体破坏。④ 杆体断裂。杆体材料强度不足,出现杆体断裂破坏。

一般情况下,在土层中,由于土体力学参数较低,常出现②、③的破坏形式;在岩层中常呈现①、④的破坏形式。

根据研究,锚固力最先发挥的部位是在滑动面部位,最大值在拉力较小时出现在锚固段近端,随着拉力的增大逐渐向锚固段远端偏移(最大偏移到了距锚固段近端1/3的锚固长度处);锚杆(索)轴力在距锚固段远端1/3的锚固长度处开始急剧减小,并在锚固段远端趋近于0。故锚杆(索)的锚固力主要由其锚固段的前2/3长度承担,而后1/3长度的锚固段承受的拉力很小。同样可认为,微型桩的锚固力也由其锚固段的前2/3承受,而一般的机械锚固装置、扩大锚头均位于孔底部位,所以其并不能有效提高微型桩的锚固力。同时由于扩大头施工工艺的复杂性,故微型桩的锚固段主要采用第二种方法。

由于微型桩呈现被动锚固的特点,我们不仅要考虑滑面以下稳定地层能够提供的锚固力,还应考虑滑体中微型桩杆体所能提供的锚固力,以免滑体从桩周脱出。通常而言,滑体给杆体提供的锚固力远小于滑床所提供的锚固力,这就需要在桩顶(地面)设计可靠的结构体来给其提供足够的反力。桩顶的结构体包括了独立的锚墩、框架梁、冠梁等。

锚固地层的性质不同,各因素中起作用的侧重点也有所不同。在通常的设计应用中,钻孔直径≥130mm,锚固段的长度在岩体中≥6m、在土体中≥10m,此时锚固力的控制因素在岩体中是杆材的性质和截面积,在土层和松散堆积体中是注浆体与地层的黏结力。

岩体滑坡中,采用式(22-23)计算微型桩的锚固力 T_n 值;在土体和残坡积体滑坡中,首先采用式(22-23)计算微型桩的锚固力 T_n 值,再根据式(12-5)确定地层所能提供的锚固力 T_u 值。

微型桩所能提供的锚固力(设计锚固力) T_d,在岩层中取值为:

$$T_d = T_n \tag{23-4}$$

在土体和残坡积体中取值为:

$$T_d = \min(T_n, T_u) \tag{23-5}$$

而在单米宽度上的微型桩数量 n 由下式确定:

$$n = \frac{P}{T_d} \tag{23-6}$$

式中:P 为考虑相应安全系数以后的滑坡剩余下滑力(kN)。

(3)微型桩辅助结构设计。微型桩辅助结构设计是指微型桩桩顶(坡面)受力结构体的设计。根据不同的组合形式可采用独立锚墩(针对独立微型桩支护体系)、框架梁(针对空间微型桩支护体系)、冠梁(针对空间平面微型桩支护体系)、抵梁(针对平面微型桩支护体系)和大型桩帽(针对组合微型抗滑桩支护体系)。

为了保障微型桩与桩顶结构体的可靠连接,可参考锚杆的外锚头形式,根据实际情况采用螺栓配合钢垫板或者采用钢筋弯钩与结构体钢筋挂接的形式。同时要验算挂接结构的强度要大于微型桩桩体的强度。

23.5 本章小结

结合滑坡的勘察、推力计算等基础工作,将第22章的微型桩抗滑理论进一步细化,给出了微型桩支护体系的设计流程和计算方法。主要有以下结论:

(1)根据微型桩的抗滑机理,详细说明了微型桩治理滑坡的设计步骤、方法和注意事项。

(2)注浆作为一种安全储备,要单独做出方案,并采用浆液强度、注浆量和注浆压力3个参数作为控制标准。

(3)提出了微型桩设计锚固力 T_d 的确定公式,在岩层中 $T_d=T_n$;在土层中 $T_d=\min(T_n,T_u)$。

(4)提出了滑坡治理中微型桩桩数的计算公式,$n=\frac{P}{T_d}$。

(5)微型桩必须设置外锚头(如锚墩、联系梁、框架梁、冠梁等),以确保微型桩对滑体的锚固强度。

24　微型桩的施工

微型桩支护技术由于发展时间短，人们对其支护机理正在不断地深入研究和认识，所以其施工方法也在不断地发展和改进。即使在相同的地层条件下，由于施工方法、施工机械、使用材料和施工技术的不同，微型桩的各项指标也会产生较大的差异，因此，施工时为了满足设计的各项条件，要根据试验资料、成果以及工程经验，确定最适宜的施工方法、步骤。图 24－1 是笔者建议的一般微型桩施工流程。

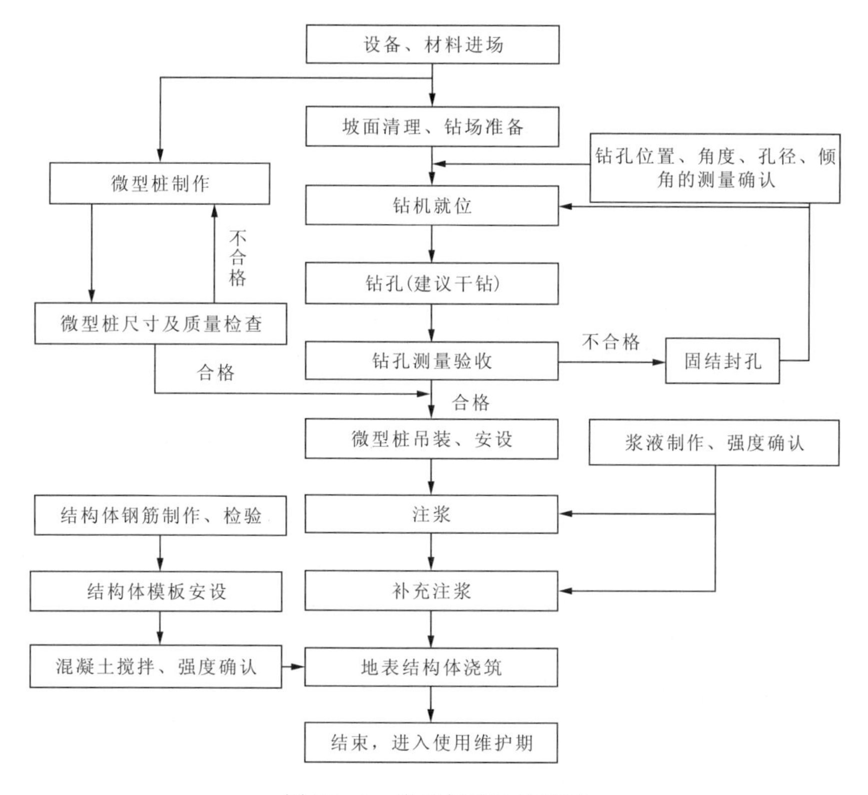

图 24－1　微型桩施工流程图

微型桩施工与锚杆(索)相类似，具有高隐蔽性和较强的专业性，施工人员的素质和经验往往直接影响到施工的质量，所以在进行微型桩施工时，应由具有一定施工经验的专业化施工队伍承担。施工时如果产生受地形、地貌和地质等条件的限制不能按照原设计进行施工，施工人员应及时向设计人员报告，并会同相关人员妥善处理。

24.1 施工组织设计

微型桩施工之前，首先要根据设计书的要求和调查试验资料，制定切实可行的施工组织设计。其内容一般应包括工程概况（工程名称、地点、工期、工程量、工程地质水文地质条件等）、工程的目的、工程设计方案、项目经理部人员配置（含主要施工经历表）、主要施工机械设备及材料表、施工工艺（钻孔方法、微型桩安装措施等）、劳动力组织、工程进度计划表（网络图或横道图）、施工场地布置图、施工安全、质量及工期保证措施、工程竣工验收时应交付的技术资料和施工工艺流程图等内容，如果需要还应编制相应的专项施工组织设计和安全保障措施。

24.2 钻孔施工

钻孔施工是微型桩施工中的关键工序，是直接影响工程费用、工期和质量的关键性因素。钻孔施工时，应根据设计要求的钻孔参数和地层类型，确定适用的钻孔设备及钻孔施工工艺，力求达到提高工作效率、降低工程费用和确保工程质量的目的。

24.2.1 一般要求

（1）对微型桩施工的滑体和滑床地层的质量和厚度进行确认，如原设计部位地层破碎没有合适的岩土体作为锚固地层时，应改变微型桩位置、增加微型桩长度或增大钻孔直径，并结合注浆设计对滑坡体及滑床进行注浆改造，改善岩土体的物理力学性质。

（2）根据钻孔孔径、深度要求和地层条件，选择适宜的钻孔设备、机具和钻孔工艺方法，严格控制水钻，优先选用干法钻进或空气钻进。

（3）钻孔孔位、孔径和孔深必须满足设计图纸的要求，误差应控制在规定或设计要求的范围内。由于地形条件限制无法按设计图纸施工时，应及时通知并会同设计人员确定处置措施。

（4）应保证在钻进、微型桩安装和注浆过程中钻孔的稳定性，钻孔完成后应及时进行微型桩的安装和注浆，如果碰到塌孔而使微型桩安装不到位时，要及时清孔并重新安装。

（5）为确保注浆体与孔壁的黏结强度，钻孔孔壁上附着的粉尘、泥屑应使用高压空气进行彻底清洗（严禁采用清水洗孔）。

（6）钻孔钻进过程中有地下水从孔口溢出时，应采用固结注浆或其他有效的封堵措施，以免造成钻孔中的注浆体流失或强度降低。

（7）钻孔施工过程中应随时注意收集与记录钻进速度、返渣的成分与数量、地下水等资料，发现异常现象应及时分析原因并向设计人员汇报。

24.2.2 钻孔精度

钻孔精度不仅制约着施工的质量、工程的外观，有时候甚至成为了加固工程成败的关键性因素。根据工程实践和微型桩治理滑坡的作用机理，微型桩施工的精度本书作以下规定：

(1)钻孔孔径不小于设计要求。钻孔直径在设计中是经过计算或采用工程类比法确定的，是为了满足施工和微型桩支护体系的加固性能需要，直径过小会造成锚固力不足，过大会造成施工困难和注浆材料的浪费，因此应该严格按照设计要求控制钻孔孔径。在发生严重缩径的地层中施工钻孔时，要采取有效的措施进行预防。

(2)钻孔的实际深度应不小于设计深度。微型桩钻孔一般是垂直或向下倾斜的，不管采用何种清孔方法，都会在孔底积聚一定量的废渣，这些碎屑将占据孔内的一定深度，因此钻孔深度一般要在设计深度的基础上增加0.5～1.0m。

(3)钻孔在任何一个方向上的入口误差不得超出±2.5°。钻孔时，由于钻机的震动会使钻机发生移动而造成过大的钻孔误差，因此一定要因地制宜做好钻机的固定工作。对于一般的工程，钻孔开孔的孔斜偏差±2.5°是适宜的，但对于桩体布置密度较高的微型组合抗滑桩支护体系，可能会由于这样的偏差而造成各桩之间的相互干扰，这时要严格控制孔位的施放精度和孔斜偏差，建议在设计时将外围的钻孔向外倾斜。

(4)钻孔在钻进方向上的孔斜偏差不宜大于钻孔长度的1/30。对于微型桩治理滑坡而言，孔斜偏差并不是一个重要的控制因素，一般情况下可放宽其要求，当有特殊要求时，要根据实际情况确定。

(5)钻孔孔位误差在横向和纵向上均不宜大于100mm。除非设计位置受到地形条件的限制，一般情况下微型桩的孔口位置均应严格按照设计要求执行。特别是对于有地面连接结构体的微型桩而言，桩体要保证位于结构体的交叉点或其他指定点位，必须确保开孔的精度。

24.2.3　钻孔机械与机具

微型桩的钻孔直径一般在ϕ110～150mm，深度一般10～20m，在岩层中优先选用可使用潜孔冲击钻进工艺的钻机，在堆积层和土层中优先选用适用于螺旋钻进等干法成孔工艺的钻机。目前，由于微型桩在滑坡防治理中的应用正处于起步阶段，所采用的钻机多为施工锚杆(索)的专用钻机，也有采用普通地质钻机和小直径长螺旋钻机的情况。总之，根据不同的微型桩设计孔径、深度和地层条件，使用的钻孔机具尚处于配套探索之中。近几年来，笔者参加的工程实例中主要采用了MGJ-50型锚固钻机、QZJ便携式潜孔钻机、CFG系列长螺旋钻机、意大利土力公司的SM-21型锚杆钻机以及中煤科工集团西安研究院研制的ZDY系列全液压坑道钻机和GDY系列工程钻机等。

根据选用的钻孔设备的不同，钻具的配备也各不相同。在土层、残坡积体中，由于岩性较软，一般采用三翼合金钻头、全面复合片钻头等，配合螺旋钻杆或普通地质钻杆，不用循环冷却介质或采用压风作为循环冷却介质钻进；在岩层中，主要采用风动潜孔锤钻进。

在选择钻孔机具时，可能会受到地层类别、钻孔几何尺寸、精度、工程规模、工期等多种因素的影响，只要能够达到钻孔设计要求的尺寸、精度和成孔工艺，保障工期和施工质量、安全，采用任何钻机都是允许的。下面对经常用到的GDY-2000/4000L型多功能履带式工程钻机做简要介绍。

GDY-2000/4000L型多功能履带式工程钻机(图24-2)由中煤科工集团西安研究院研制生产，主要适用于硬质合金回转钻进、复合片回转钻进、潜孔锤冲击回转钻进，也可适用于螺旋钻杆干法成孔钻进等多种钻进工艺，可广泛应用于地震勘探炮孔、露天采石炮孔、小直径桩基施工、隧道管棚、锚杆(索)、旋喷等工程施工领域。其主要技术参数见表24-1。

图 24-2　GDY-2000/4000L 型多功能履带式工程钻机

表 24-1　GDY-2000/4000L 型多功能履带式工程钻机主要技术参数

适用钻孔深度(m)	0～30
终孔直径(mm)	95～150
额定转矩(N·m)	2000/4000
额定转速(r/min)	0～162/0～81
主轴倾角(°)	−90°～30°
方位角(°)	−90°～90°
最大给进力(kN)	82
给进速度(m/s)	0～0.46
最大起拔力(kN)	42
起拔速度(m/s)	0～0.9
给进/起拔行程(mm)	3300
油箱有效容积(L)	375
额定功率(kW)	93
钻机质量(kg)	9500
行走方式	履带自行
最大行走速度(km/h)	0～3
主机外形尺寸(长×宽×高)(mm^3)	6744×2090×2890

其主要技术特点如下：

(1)多方位变幅机构，钻机在一个位置可实现多排、多角度钻孔的施工，适应能力强。

(2)具有履带自行走功能和机架回转装置，设备移动方便、快捷。

(3)孔口设有夹持器、卸扣装置，缩短上下钻时间，降低工人劳动强度。

(4)提供两种动力头，可根据转矩、转速需要选配，给进行程达到3m，可有效提高钻进效率。

(5)液压系统设计采用泵控负载敏感技术，节能、降噪，转速稳定、操控方便，功率利用率高，启动性能好。

(6)动力头采用液压变速方式，可实现无级调速，工艺适应性强。

(7)提供液控和电控两种控制方式，用户可根据需要灵活选择。

24.3 微型桩的制作安装

24.3.1 微型桩桩体制作

微型桩的制作应由熟练工人在有经验工程师的指导下进行，因为不同用途、不同材料和结构类型的微型桩在制作与施工方面都有其特殊的要求，每个细小环节的失误都可能影响到微型桩的施工质量。微型桩的制作流程见图24-3，主要注意以下几点：

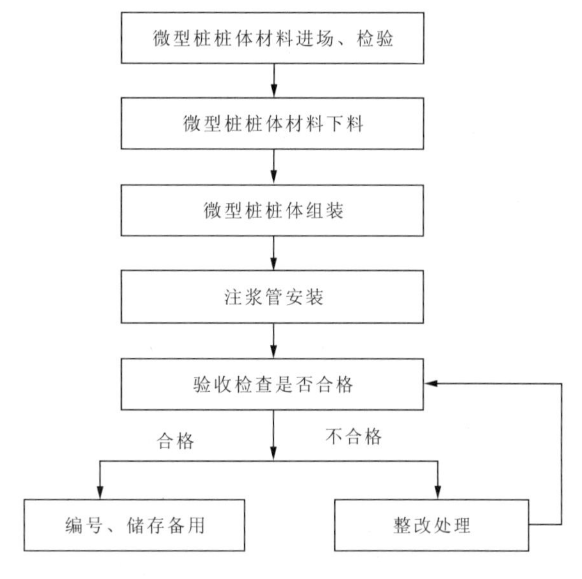

图24-3　微型桩制作流程图

(1)按照设计桩长详细拟定下料规划清单。材料应符合设计和相关规范的要求，桩的长度包括了入土(岩)的长度、嵌入地面结构物的长度和外露长度，下料时要综合规划，尽量减少损耗，节约材料。

(2)按照设计要求进行防腐除锈、扶正和连接等特殊结构的处理。钢筋一般采用搭接焊或螺纹连接，钢管连接时采用楔口对焊或内(外)套管扶正满焊连接；制作成桩时间隔约2.0m布置一个扶正环或扶正垫块，使桩能够居于钻孔中间；在桩头部位采用“羊角”结构筋与地面结构中的主筋可靠连接。

(3)按照设计要求制作桩体。微型桩制作应在专用的加工车间或在有覆盖的工棚内进行，并根据采用的桩型制作专用加工台；操作人员要具有相应的执业资格证和上岗证，严禁无证操作。

(4)注浆管的安装。采用钢管作为桩体时，可在桩体底部1m范围内的钢管上按照梅花形钻直径ϕ10mm的孔作为出浆孔，孔间距15cm，注浆时向钢管内插入注浆管(要求注浆管插到孔底)灌注浆液；采用螺纹钢筋制作桩体时，桩体制作完成后在支撑环内部绑扎1吋的聚乙烯塑料管作为注浆管，出浆口局孔底保持20cm的距离，以防安装时堵塞。

(5)经检查合格后编号待用。由于微型桩的桩长可能各不相同，在制作完成后应经过有关技术人员检查，与钻孔号对应编号后储存待用；对于检查不合格的产品不能投入储存和使用。

(6)微型桩应遵循随用随制作的原则,避免长期存放。应存放在平整、干燥、清洁的专用场地,不得露天储存,避免机械损坏或使焊渣、油渍溅落在桩体上;对于存放时间较长(尤其是湿度较大条件下)的微型桩体,在使用前要严格检查,进行有效除锈。

24.3.2 微型桩加筋体的安装

由于微型桩钻孔一般垂直或大角度向下,且桩体长度一般大于15m,故微型桩的安装不能像锚杆(索)一样采用人工推入,一般情况下需采用吊装。微型桩的安装要注意以下几点:

(1)安装微型桩体前要对钻孔进行孔深与孔径检查,确保无塌孔、掉块和缩径等的影响,如有应采取相应措施进行清理或处理。

(2)安装前应对微型桩桩体进行形式检查,确保桩体编号正确、主材与设计相符,长度与钻孔深度相匹配,对损坏的扶正环、注浆管等进行更换或修复,做好桩体的清洁与除锈。

(3)吊装时应合理选择其吊点,防治桩体扭曲变形和损坏,以至影响微型桩的正常使用功能;同时应提前做好定位固定装置,确保桩体安装位置符合设计要求。

(4)微型桩进入钻孔时要有专人在孔口做扶正保护工作,避免桩体扭转、磕碰孔壁造成塌孔和桩体损坏,下至预定深度后要检查注浆管,确保通畅。

(5)下至预定深度后,要在孔口将桩头可靠固定,避免在注浆前后造成桩体掉入孔中而不能与地表构筑物可靠连接。

(6)当微型桩下入困难时,应将桩体提出,重新检查钻孔和桩体,确定原因,必要时应对钻孔重新扫孔或清洗后再重新安装。

24.3.3 注浆

注浆是把液态的水泥浆液采用一定的压力注入钻孔及其周围地层的施工过程,施工中场采用压力注浆泵。微型桩的注浆既有改善岩土体物理力学性质、增加滑坡体稳定性的作用,又有为微型桩桩体提供保护层、使桩体与岩土体紧密连接的双重作用。注浆固结地层的范围和效果取决于注浆目标地层的裂(孔)隙大小、连通性以及钻孔的布置范围、间距、浆液的配比、注浆压力等方面,尤以地层裂(孔)隙发育情况和注浆压力为控制的关键因素。注浆是微型桩施工的关键工序,其效果好坏直接影响到微型桩的对滑坡的治理效果和作用的持久性。注浆施工的操作要严格按照第6章的相关规定执行。

如果是螺纹钢筋制作桩体的微型桩,注浆管一般采用聚乙烯塑料管,应作为桩体的一部分随桩体送入孔底,注浆时孔口要有一定的封闭措施,使其保持一定的注浆压力,达到控制结束标准时边注边拔出注浆管;采用钢管制作微型桩桩体或钢管作为其一部分构成时,可在钢管底部约1m范围内留设孔洞,注浆时可从钢管顶部插入注浆管至一定深度,并将注浆管与钢管之间的空隙密封,直至达到控制结束标准为止。

当孔中存有积水时,最可靠的方法是注入的浆液将钻孔中的水全部置换排出,待溢出浆液的稠度与注入浆液的稠度一样后才可停止,并拔出注浆管。

冬季施工时,应采取有效保暖措施严格防止浆液受冻,并应注意以下几点:① 注浆时浆液的温度应保持在5℃以上;② 拌和用水和辅助材料不应含雪、冰和霜;③ 桩体和浆液搅拌机、注浆泵、管路等设备与浆液接触的表面也应无雪、无冰、无霜;④ 浆液的搅拌、输送应采用有效的保温措施，使其不会处于导致冷却的温度环境中。

在含有大量裂隙的破碎岩体中，预注浆应该是我们治理滑坡和微型桩注浆前的必不可少的一道工序。用于改善滑坡体地层物理力学性质的预注浆可作为微型桩防止滑坡的一部分，在设计时就要明确预注浆的工程量和材料配比等参数。通常情况下预注浆由于考虑到浆液要具有较好的渗透性和流动性，故水灰比较大；而微型桩钻孔部分考虑到要求具有较大的锚固强度，必须采用较小水灰比的浆液，同时可考虑加入适量的中粗砂。

水灰比对浆液的凝结质量起着决定性的作用，过大的水灰比会使拌和材料泌水加大，结石率降低，并降低浆液结石体强度，同时产生较大的收缩。硬化后水泥浆的强度与水灰比的关系见图 24－4(梁炯鋆，1999)。

实验及工程经验表明，锚固用水泥浆液的最适宜的水灰比为(0.45：1)～(0.5：1)，砂灰比根据注浆设备的不同，可采用(0.2：1)～(0.5：1)，但在吸水性较强的地层中水灰比可适当加大；预注浆固结地层、充填裂(孔)隙用的水泥浆水灰比可选用(0.7：1)～(1.0：1)。要获得质量可靠的水泥浆液，还必须遵循以下几个原则：① 配置浆液时，各种材料的比例应严格按设计要求掺入并以重量计量；② 水泥浆搅拌必须使用机械进行强制搅拌，时间取决于搅拌机的类型，但最低不应少于 2min；③ 浆液要随制随用，超过初凝时间的浆液要废弃。

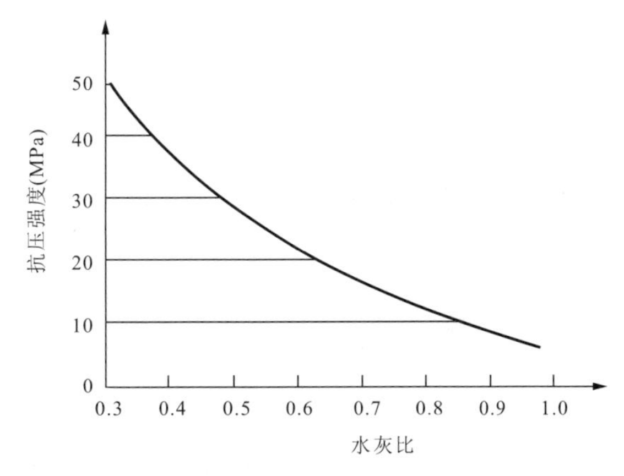

图 24－4　水灰比对浆体强度的影响

目前，适用于微型桩注浆的设备主要有挤压式、柱塞式砂浆泵或者直接采用活塞式泥浆泵，压力一般能达到 2～3MPa 即可，可根据具体情况选用。几种常用注浆设备的技术性能参数可参见表 16－2～表 16－4。

24.4　地表构筑物的施工

地表构筑物的施工根据设计和相关规范要求，严格控制施工过程。需要注意的是，微型桩与地表构筑物连接时必须可靠，并能承受一定的连接拉力和垂直于轴线的剪力，可不必考虑弯矩的影响。施工应符合钢筋混凝土施工的相关规范及设计要求。

24.5　本章小结

本章以施工为主线，首先介绍了微型桩施工的流程，然后从施工组织设计、微型桩成孔、微型桩制作与安装、注浆和地表构筑物施工等几个方面，对微型桩治理滑坡的施工全过程以及注意事项做了详细的说明，提出了施工标准，同时也对相关的微型桩制作材料、钻孔和注浆设备做了简单的介绍。

25 微型桩工程质量控制与验收

根据受力方式与应用部位，微型桩的应用类型主要有两种：一种是应用于新建或既有建筑物的地基处理与加固，主要承受竖向力作用；另一种是应用于建筑物边坡、滑坡的加固治理，主要承受水平力的作用。对于前一种应用，在《建筑地基处理技术规范》(JGJ 79—2012)中已经有相应的规定，但也只介绍了施工中应注意的普遍问题，对于设计计算尚未提及；后一种应用还没有规范、规程提及，本书即针对此种情况作以下论述。

25.1 一般要求

正如前面对于微型桩加固滑坡机理中所论述的，加固是注浆和桩体两种作用形式的综合反映，所以质量控制和验收也应以注浆施工和桩体施工两个方面分别进行控制和验收。

25.2 注浆的质量控制与验收

在水泥为主剂的注浆施工中，质量控制和检验应符合下列规定：

(1)配置浆液时，各种材料的比例应严格按设计要求掺入并以重量计量。

(2)水泥浆搅拌必须使用机械进行强制搅拌，时间取决于搅拌机的类型，但最低不应少于2min。

(3)浆液要随制随用，超过初凝时间的浆液要废弃。

(4)在正式施工前宜进行注浆试验，确定水泥浆液的配比、注入速率、注浆压力、注入量和结束标准等参数；待浆液终凝以后，可采用开挖的方式对注浆效果进行验证。

(5)注浆检验时间应在注浆结束28天后进行，可选用标准贯入、轻型动力触探或静力触探对加固地层均匀性进行检测。

(6)宜在加固土的全部深度范围内每隔1m取样进行室内试验，测定其压缩性、抗剪强度、密度、孔隙率等抗剪强度指标，为滑坡治理后的稳定性评价提供参数。

(7)结合注浆检验点钻孔，宜布置适量的波速测试点，根据动弹性模量、动剪切模量和动泊松比等参数判定注浆效果。

(8)注浆检验点应结合滑坡的计算剖面和波速测试要求布置，数量可为注浆孔数的2%～5%；应对检验达不到验收标准的区域查明原因并实施重复注浆。

25.3 桩体施工质量控制与验收

微型桩桩体施工与注浆施工和其他的大直径混凝土灌注桩略有不同，应以施工前的检验和过程控制为主，施工后检测为辅。其要求主要有以下几个方面：

(1)施工前应严格对桩位、钢筋规格、焊条规格、品种、焊口规格、焊缝长度、焊缝外观和质量、主筋和箍筋的制作偏差进行检查，钢筋笼制作偏差应符合《建筑桩基本技术规范》(JGJ 94—2008)的要求(表 25-1)。

表 25-1　钢筋笼制作允许偏差

项目	允许偏差(mm)
主筋间距	±10
箍筋间距	±20
钢筋笼直径	±10
钢筋笼长度	±100

(2)钢筋笼下入前，对已成钻孔的中心位置、孔深、孔径、垂直度、孔壁岩粉粘附量等进行检验，不符合设计要求的应进行重新处理。

(3)钢筋笼加工宜一次成型，吊装插入，尽量减少接桩次数(不建议接桩)；桩体采用钢管时，接茬部位应专门做接头试验，其强度不应小于管体强度。

(4)安装钢筋笼时，注浆管应同时下入，注浆管出浆口距孔底不宜大于 0.5m，采用孔底返浆式注浆；浆液初凝后应及时进行补浆以保证钻孔充满浆液。

(5)微型桩垂直度允许偏差为 1%，桩位允许偏差为 50mm，桩径允许偏差为 4%。

(6)对于桩身质量宜采用锚杆质量检测仪进行低应变辅助检测，检测数量宜为 2%～5%。

(7)桩体注浆宜采用 P. O42.5 普通硅酸盐水泥，水灰比宜采用 0.45～0.5，加砂量应根据注浆设备和输送管路的能力调整，注浆压力宜采用 0.6～1.0MPa。

25.4 验收资料

在微型桩施工完成和地表结构体施工前，应对其进行阶段性验收。验收应提供以下的资料：

(1)滑坡勘察报告、微型桩施工图、图纸会审纪要、设计变更单及材料代用通知单等。

(2)经审定的施工组织设计、施工方案及执行中的变更单等。

(3)桩位测量放线图及复核签证单。

(4)原材料的出厂合格证及复检证书。

(5)注浆量、注浆压力、注浆持续时间等施工记录及孔深、孔径、桩体制作等分步验收文件。

(6)地表结构体钢筋、混凝土的施工与检查记录。

(7)桩头与地表结构体的连接、边桩离结构体边缘的距离、结构体钢筋保护层厚度等施工记录。

地表结构体除应满足本节的规定外,尚应符合现行国家标准《混凝土结构工程施工质量验收规范》(GB 50204—2011)的相关规定。

25.5 本章小结

参考相关的规程和施工经验,对微型桩施工过程中的注浆和桩体施工提出了注意事项和施工后的质量检测、验收要求及验收应提交的资料。

第四篇

滑坡防治工程实例

26 南昆铁路八渡火车站滑坡治理工程

26.1 滑坡概况

八渡滑坡位于南(宁)昆(明)铁路百色至威舍段的八渡车站。属中低山峡谷陡坡区,南盘江自西向东流经山脚。车站位于左岸河谷斜坡上,站坪长度 lkm,宽约 50m。线路先后穿过 9 个山梁。滑坡是由 2#、3#、4# 山梁组成的一个深层切层、分级滑动的巨型古滑坡,穿过线路长约 400m。滑坡地貌特征及周界清晰,平面上呈一簸箕形;前缘呈宽约 540m 的弧形舌状,伸入八渡南盘江最长约 80m;后缘为弧圈椅状,宽约 360m。前后缘高程差约 190m,两侧边界分别为 1# 与 2# 山梁和 4# 与 5# 山梁间的自然沟(图 26-1)。

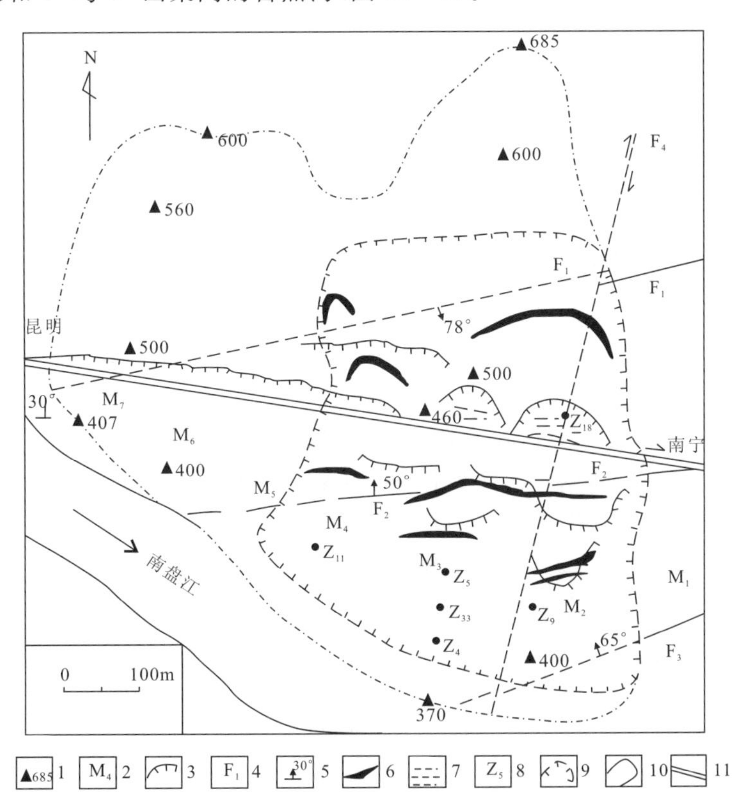

图 26-1 南昆铁路八渡火车站滑坡地质特征图

1. 高程点(m);2. 山梁编号;3. 开挖或堆土形成的陡坡;4. 断层编号;5. 地层产状;6. 张拉裂缝;7. 鼓胀裂缝;8. 深孔位移监测点编号;9. 复活滑坡边界;10. 古崩滑体边界;11. 南昆铁路

八渡滑坡分主、次两级，线路从次级滑坡下部、主滑坡上部以挖方通过。主滑坡形成后，后缘滑坡壁临空，牵引其后山体产生次级滑坡，覆压于主滑坡中上部。主滑坡长约310～340m，宽400～540m，厚20～40m，体积约$290\times10^4m^3$；次级滑坡长约200m，宽约380m，厚10～20m，体积约$130\times10^4m^3$。

八渡滑坡位于南盘江背斜北翼，属构造强烈上升区，南盘江深切，重力地质现象发育，是复式褶皱区。滑坡范围内，构造应力又相对强烈，发育有F_1、F_2、F_3三条走向逆断层和一条与线路大角度相交的压扭性断层F_4。断裂系统既破坏了3个山梁岩体的完整，又制约了滑坡的形态，构成滑坡发生的主要诱发因素。

主滑体以碎块石和角砾状的滑动岩块为主，具不连续的成层性。次级滑坡体以砂黏土为主，夹碎块石，不具成层性。滑动带为软塑状砂和土，含次棱角状、经研磨过的角砾块石，厚0.3～3m。滑动带底部还有部分经过滑动后次棱角状的碎石、块石状的砂岩、泥岩质的滑动岩块，厚1～3m。

滑坡舌部的滑体覆盖于南盘江阶地的漂、卵石层之上，漂、卵石层厚达25m以上。

滑坡区岩层为中三叠统边阳组(T_2b)地层。由石英细砂岩和泥、页岩组成，风化轻微，岩石新鲜完整。

滑坡区内地下水主要受降水和表水补给，以空隙水为主，基岩裂隙水总体上不发育。地下水流向自北向南排泄于南盘江，富水性亦自北向南增大。滑体前缘有泉或泉群分布。

八渡滑坡的形成，系各种地质、自然和人为因素共同作用而产生(孙德永，2005；刘传正，2007)：

(1)2#、3#、4#山梁位于测区内构造应力最强烈的地带。岩体受切割，具备了切层滑动的条件，控制了滑坡的东、西两侧边界。

(2)滑坡范围内砂岩褶曲相对舒缓，而泥、页岩则强烈、紧密。在压应力和旋转作用下使岩体内部应力大量积聚，地层浅部应力释放，造成岩体松弛而破碎，引起地表水下渗，风化加剧，恶化了山体稳定条件。

(3)测区属构造强烈上升区，南盘江急剧下切，斜坡面冲沟发育，形成不利于稳定的坡陡沟深的地形。堆积层、破碎基岩和构造破碎带中汇聚的地下水，以较陡水力坡度向南盘江排泄时，既降低了岩(土)体强度，又增加了岩(土)体重量。

(4)铁路路基及站场开挖活动是引发铁路以上古崩滑体Ⅱ坡段坍塌、开裂和滑移的直接原因。

(5)铁路站场及外侧弃土堆载与施工活动是引发古崩滑体Ⅳ～Ⅴ坡段全面开裂变形、滑移的原因。大量弃土、弃渣乱堆于滑坡体上，增加滑体荷载，滑坡中下部大量施工用房的建设和使用，大量施工、生活用水渗入主滑体，也导致了古滑坡的复活。

(6)铁路工程开挖、弃土和施工活动基本破坏了山坡自然形态和原有的天然排水系统，致使雨水大量渗入拉开的长大裂缝，软化滑动带和软弱土层，增大土体的重量，产生地下动、静水压力，对Ⅱ、Ⅳ～Ⅴ坡段滑坡的复活起了重要作用。

(7)1997年7月连降暴雨，降雨量是历年7月平均降雨量的2.1倍，使南盘江水位持续上涨，最高水位378m持续20余天。淹没滑坡前缘水深5～11m，洪水浮托和冲刷滑坡前缘，对其稳定性也产生了一定的影响。

26.2 治理工程措施

滑坡的治理，一是以支挡结构抵制滑体的滑动，二是以改变滑体土的物理力学性质来制止滑体的滑动。八渡滑坡的整治原则经反复论证，最终确定“排挡结合，以排为主”加强环境治理的综合整治方案。1997 年 8 月下旬，铁道部决定对八渡滑坡进行整治，提出了“可靠、经济、及时”“一次根治、分期实施”的整治原则，并要求在 1997 年 11 月 30 日前完成线路路基、站坪及线路右侧次级滑坡的整治工程，1998 年雨季前完成线路左侧主体滑坡的整治工程，即力争 1998 年 4 月底、确保 5 月底完成整治工程。

综合整治工程于 1997 年 9 月开工，本工程分别采用了预应力锚索、抗滑桩、预应力锚索抗滑桩、地表排水、地下排水、临时井点降水和削方减载等综合处理措施。

26.2.1 预应力锚索

20 世纪 90 年代末期，锚杆、锚索等锚固工程措施尚处于大规模推广应用的初期，施工设备及工艺均处于探索和完善阶段，还属于一种主要应用于边(滑)坡加固、基坑开挖支护的新型土工结构物。本工程在线路右侧次级滑坡体上，采用预应力锚索方案。用以加固位于次级滑坡前缘的 2[#]、3[#] 山梁路堑边坡。主要考虑预应力锚索施工期短、发挥作用快的特点。尤其是在滑体处于蠕动阶段时，锚索往往能达到一发治千斤的效果。在滑体处于动与不动的临界状态时，一根锚索，就有可能制止整个滑体的滑动。

本工程在右侧 2[#] 山梁设预应力锚索 5 排 80 孔(6 束)，在 3[#] 山梁设预应力锚索 3 排 52 孔(6 束)，总计 132 孔，锚索总长 6400 余米。设计要求：锚索采用 6 束 ϕ15.24mm 的高强度、低松弛钢绞线制作，钻孔直径 110mm。

26.2.2 抗滑桩

抗滑桩的作用是挡住滑坡体，防止下滑造成危害。抗滑桩主要针对右侧次级滑坡设置，本工程在 1997 年雨季前共设抗滑桩 107 根，其中 76 根嵌入古滑坡面以下稳定基岩中(2[#] 山梁 37 根，3[#] 山梁 16 根，4[#] 山梁 23 根)，另 31 根(2[#] 山梁 19 根，3[#] 山梁 12 根)因当时只考虑作为边坡预加固桩，故未置入古滑面以下。

(1)2[#] 山梁：布设抗滑桩 3 排。第一排设桩 15 根，桩间距 7m，截面 1.5m×2.0m，桩长 14m，桩间设重力式路堑挡墙；第二排设桩 20 根，桩间距 6m，截面 2.0m×3.5m，桩最长 30m；第三排设桩 12 根，桩最长 28m。第一排抗滑桩在开挖桩前土体过程中，部分桩出现位移，上方边坡亦出现变形，故在变形较为严重部位的桩、墙后平台上，又增设 9 根抗滑桩，截面 1.5m×2.0m 及 2.0m×3.5m 两种，其中靠南宁端的 5 根，嵌入较完整基岩中。

(2)3[#] 山梁：线路右侧路堑坡脚设抗滑桩 12 根进行坡脚预加固，间距 6m，截面 1.5m×2.0m，桩长 16m，桩间设重力式挡墙。在线路右侧 80m 处，增设桩 16 根，间距 6m，截面 2.0m×3.0m，最大桩长 24m，均嵌入滑床以下基岩中。

(3)4[#] 山梁：坍塌区设抗滑桩 14 根，间距 6m，截面 2.0m×2.5m 及 2.0m×3.5m，最大桩

长 25m。在Ⅱ线右 60m 设桩 9 根，间距 6m，截面 2.0m×2.5m 及 2.0m×3.5m，桩长 29m，全部嵌入滑床以下。

26.2.3　预应力锚索抗滑桩

预应力锚索抗滑桩是抗滑桩与预应力锚索的有机结合，能有效地减小桩截面及锚固段的长度，特别是能在危急时，采取临时预张拉、预应力锚索措施，对治理滑体厚、地下水丰富的滑坡是十分重要的。按设计要求，本工程所使用锚索的张、拉力分别为 2000kN 和 1000kN。其中 2000kN 级的锚索由 12 根 ϕ15.24mm 的高强度、低松弛钢绞线制成，1000kN 级的锚索由 6 根 ϕ15.24mm 的高强度、低松弛钢绞线制成。锚索的最大长度为 75m，最小长度 55m，平均长度为 67m。

预应力锚索抗滑桩均采用先索后桩法施工。其流程为：施工桩井锁口或 U 型锁口，在护壁上定锚索孔、钻孔、安索、注浆、预留张拉段锚索→待邻桩桩身强度达到要求后开挖桩井→安装钢筋笼及顶端锚索孔钢管（钢管与已安装的锚索应在同一轴线上）→灌注桩身混凝土→进行锚索张拉等剩余工序。

预应力锚索桩针对主滑坡设置。在线路左侧 100m 处（第一排）设置了 54 根桩，在线路左侧 170～220m 处（第二排）设置了 53 根桩（在南宁端，另设置了 6 根抗滑桩），两排桩共计 113 根。桩截面（2～2.5）m×（2.5～4）m，最深桩长 55m，总深度为 4600 余米，挖方 4.6 万余立方米，锁口及护壁混凝土为 $1.4\times10^4 m^3$，桩混凝土为 $3.3\times10^4 m^3$，工作平台挖土方约 $7\times10^4 m^3$。6 束锚索 186 根，索长 45～70m，总计长度 11 226m，12 束锚索 45 根，索长 65～75m，总计长度 2990m。

26.2.4　地表整治及地表排水工程

雨水大量下渗是诱发古滑坡复活的主要因素，人为排水活动也是诱发古滑坡复活的因素之一。治理滑坡的首要任务之一是排泄地下水及避免地表水转化为地下水，防止大量雨水下渗进入滑坡体内，以及疏干滑坡体中的水，减少滑坡下滑力。

地表整治及地表排水工程的重点是对滑坡范围内的地表水进行有效的拦排防渗，断绝地表水对滑体内部及滑动带的水体补给。同时根据水文流量计算，确定排水沟的数量和沟的截面积，并用混凝土灌筑。本工程地表整治及地表排水工程包括修筑截、排水沟 8 条，铺砌自然沟 3 条，增设涵洞 1 座以及绿化、平整或封闭坡面，硬化站坪，股道间、站坪增设排水沟等措施。

(1)在滑坡上缘外及滑坡范围内，设置与线路方向大致平行的截、排水沟右侧 5 条，总长约 2000m，左侧 3 条，总长约 1500m，将滑坡上缘以及滑坡范围内地表水拦截后引排至自然沟槽再排入南盘江。第一道截水沟设在距滑坡上缘（即高便道旁陡坎）30～40m 处，沟截面按地表径流流量设计，最大截面为 0.8m（底）×1.0m（深）的半梯形沟。其他截、排水沟大部分为梯形截面，少部分为半梯形或矩形截面，截面尺寸为 0.4m（底）×0.6m（深）及 0.6m（底）×0.6m（深）两种。截排水沟均采用 C15 混凝土浇注。

(2)DK372＋905.6 增设 1～1.5m 钢筋混凝土盖板箱涵，全长 61.36m，其中 26.15m 通过股道，其余 35.21m 通过站内场地。

(3)为迅速将地表水排出滑坡区，减少地表水的下渗，在 DK372＋905.6 新 1# 涵、DK373

＋022.14 处的 1# 涵、DK373＋140.41 处的 2# 涵的上下游及 4# 与 5# 山梁和 5# 与 6# 山梁间自然沟(局部)长约 1600m 的梯形沟槽采用 30cm 厚 C15 混凝土铺底(在地质较松软段用钢筋混凝土铺底，伸缩缝用橡胶止水带)，边坡均采用 35cm 厚 50 号浆砌片石进行加固。

(4)自然沟及排水沟之间约 $8\times10^4 m^2$ 人为破坏地区，进行平整，清除弃渣，夯实、填压裂缝，铺草皮防护，以保证坡面不积水。整治范围自 1# ～5# 山梁之间。对站坪约 $3\times10^4 m^2$ 全部硬化，货场站台前及 2、3 股道间设纵向排水沟 3 条约 700m。在滑坡范围及上游与周边地区，加强绿化工程，选种适合本地生长的根系发达的草木，对固结土壤，减少下渗，防止坡面冲蚀起很好作用。有力地配合地表、地下排水工程达到拦排、防渗的更好效果。

施工中在右侧排水系统初步形成时，1997 年 10 月上中旬 12 天中，下雨最大日降雨量 56mm，总降雨量 280.3mm，由于排水系统发挥了明显效果没有引起滑坡活动。

26.2.5　地下排水工程(泄水洞)

由于大气降水渗入，滑体内地下水量增加，而且补给源是长期的。为了改变滑体土的物理力学性质，大量降低雨水在滑体内停留时间，采取了地下排水工程措施。地下排水工程原设计为盲硐排水，后改为泄水洞排水工程。泄水洞全长 843.93m。平行于线路方向、挡截滑床上地下水的称主泄水洞，垂直于线路方向引排地下水的称支泄水洞。

主洞净空高 2.3m、宽 2m，支洞净空高 2.55m、宽 2m(右侧支洞在洞口 54m 段高 2.75m、宽 3m)。采用格栅钢架间距 0.5m，边墙插背板，局部打锚杆支护，风镐及钻爆开挖成洞。模柱混凝土衬砌，其中，拱部、洞底、洞口、穿桩地段、主洞与支洞交叉部位全衬砌，其余边墙按 1m 交错布置为花边墙衬砌，间距 1m。拱部预留或钻梅花型泄水孔，洞内见股状涌水点则增设排水管。从地表按 21m 或 25m 间距，竖向施工 ϕ127mm 钻孔穿至洞顶，下入 ϕ80mm 渗水软管形成集水井，把滑体水引入泄水洞。为改善洞内通风条件，视需要下 ϕ108mm 花管兼作通风井，个别亦临时作为投料井。

泄水洞浅埋，大部分在滑体内通过，主泄水洞基础全部嵌入基岩至少 30～50cm。泄水洞底部，施工中严格控制开挖，有超挖的，用同级混凝土回填密实，避免地下水下渗形成潜流。

26.2.6　临时井点降水工程

右侧锚索孔在施钻过程中，有的钻孔大量出水，成孔后水位接近孔口。在 1997 年 10 月上、中旬连续降雨的时间里，次级滑坡的抗滑桩变形加大。施工中因地制宜地利用工程钻机竖向施工 ϕ127mm 钻孔，深入基岩 10m 左右(考虑沉淀、集水及深井泵置于滑床下所需)，孔间距 50～60m(必要时加密)，下 ϕ108mm 孔状过滤器，形成干扰群井抽水，共钻 6 孔 181.27m。

26.2.7　清方减载工程

清方减载工程也是治理滑坡的方法之一，属于力学平衡的范畴。1997 年 9 月 17 日至 20 日，4 天连续降雨，降雨量 23.5mm。9 月 21 日，2# 山梁距第二排抗滑桩 6～7m 处地面开裂，裂缝成弧形贯通，宽 1～2cm，长 40～50m。到 25 日，裂缝发展迅速，宽达 10cm，且出现了 20～30cm 错台，边坡发生显著变形。其原因是：断层 F_4 与 2# 山梁主轴相交，交角很小，山梁土质较疏松，上部汇水面积较大，大量雨水流向 2# 山梁，挖方施工破坏了次级滑坡的平衡。据此，决定对 2# 山梁进行清方减载 $1.71\times10^4 m^3$。在清方减载过程中及其后，注意了对第二排桩稳定性的观测。到 10 月 20 日清方减载工程基本完成，根据 10 月 1 日至 20 日降雨量达 208.3mm 的情况，如不及时清方减载，2 万多立方米的土体滑下，掩埋线路 2～3 股必定无疑。

在治理过程中，边坡位移量出现了昆明侧小、南宁侧大的现象，除了锚索造孔影响不同、南宁侧稳定性较差外，清方减载自昆明侧开始实施，应是主要原因。

26.3 位移监测

滑坡的位移监测是为了全面了解和掌握滑坡体滑动、蠕动的动态，正确评定滑坡的稳定性，以确保线路在施工乃至将来的安全正常运营。因此，对滑坡位移的动态监测是滑坡整治工程中一项十分重要和必不可少的内容。八渡滑坡的位移监测包括了钻孔监测、地面监测、抗滑桩监测和降雨观测等项，为判定滑坡变形情况和整治效果提供了可信度很高的定量数据。

26.3.1 钻孔监测

钻孔监测是位移监测中的首要监测项目。采用了钻孔测斜仪对主体滑坡的动态情况进行监测，深孔测斜在滑坡变形监测中是最行之有效的方法，可以提供系统的连续监测数据。它不仅能准确地测到滑坡滑动面的位置，而且可以量测到土体在一定时间内侧向位移量，并可确定滑坡的滑动方向。对准确掌握滑坡的动态情况、指导和确保安全施工起到积极的作用。在八渡车站滑坡治理过程中，共布设 13 个监测孔。依据监测资料成果，对滑坡体情况进行分析，主滑坡体的变形特征可分为 5 个阶段：

(1)主滑坡体蠕动变形期。这一阶段主要指 1996 年 11 月至 1997 年 5 月，这一时期线路工程施工对次级滑坡体的影响比较大，对主滑坡体的影响相对而言比较小，加之此段时间当地降雨量较小。因而滑体的变形不甚明显，仅在 3 月下旬表现有缓慢变形的迹象，坡体整体位移量不足 5.0mm。

(2)主滑坡体蠕动加剧期。这一阶段主要指 1997 年 6 月至 1997 年 8 月上旬，5 月以后当地进入雨季，其中 5～7 月为主要的降雨月份，平均月降雨量均超过或接近 300.0mm，大量雨水的集中下渗，加之工程开挖破坏了地表水的径流条件，致使大量地表水和工程用水、生活用水下渗，造成软弱带进一步软化，滑带土抗剪强度迅速降低，以及地下水骤然大增所带来的种种不利影响，主滑坡体滑面加剧蠕动变形。此次变形时间短(大约 40 天)，位移大(日均位移约 2.0mm)，仅 7 月份 1 个月，主滑坡体前部(包括 2#、3#、4# 山梁)位移 30.0～50.0mm，造成 Z5-08-41-1、Z5-08-4-5、Z6-08-9 三孔被剪断。

(3)主滑体的减速变形期。这一阶段主要指 1997 年 8 月中旬至 1997 年 11 月中旬，随着集中降雨季节的过去，南盘江水位的回落，地下水形成的静、动水压力的降低以及地表水的有效排放，地表裂缝的及时回填夯实，均有效地扼制了坡体变形的进一步发展，变形迅速减缓了下来。从剩余两个监测孔(Z6-08-8、Z6-08-11)的位移曲线可以看出，曲线变化较为平缓。

(4)主滑体前部再次蠕动加剧期。这一阶段主要指 1997 年 11 月下旬至 1998 年 4 月上旬，此次变形与第二排锚索抗滑桩施工全面展开有极大的关系。由于在抗滑桩开挖过程中不是采用常规跳槽开挖、成桩的原则，为了抢时间、赶工期，力争在雨季到来之前全部完成两排

113根桩的灌注和锚索拉张工程，而采取了梯形开挖的方法，在一定程度上破坏了坡体的极限平衡，随着开挖深度和范围的逐步增加，滑体的变形也日益加剧，到1998年3月下旬不但造成左侧部分监测孔的严重变形，其中Z6-08-9、Z6-08-11、Z6-08-23三个监测孔再次被剪断，而且在已经开挖的桩顶护壁上出现严重的挤压裂缝。

(5)主滑体的再次减速变形期。1998年4月中旬至6月底，随着抗滑桩的相继灌注完成，坡体的变形也逐步减缓。

次级滑坡体自1997年9月设孔开始监测，在建成初期的3个月由于边坡排水工程和锚杆加固工程的施工，坡体变形比较突出，4个监测孔在20.0m以上的土体均反映有变形现象，而且地表宏观迹象也相当明显，浆砌片石护坡严重开裂、外鼓。2#山梁还出现前移和抗滑桩桩身外倾、桩顶剪断等现象。12月下旬工程完工后坡体的变形相继减缓，至1998年6月再没有进一步发展。

上述资料分析也说明，钻孔监测资料是判断滑坡稳定的重要数据。

26.3.2 地表监测

在该滑坡发生变形和治理过程中，建立、调整和完善了以线路中线为重点的地表和抗滑桩变形观测网，增加观测地表裂缝的单点自动位移计。分别在抗滑桩顶、平台及滑坡前后缘总计设了80个地面观测点。每个观测点平时每10天观测1次，雨季每5天观测1次。在大雨后，对于主画面上的重点观测点每天观测1次，并加强地下水位观测。对测得的数据及时汇总加强分析，发现重大异常情况，及时采取措施。

26.3.3 降雨量观测

1997年9月下旬在八渡车站建立了雨量观测站，采用降雨自动测量仪，准确及时地记录当地降雨量，为滑坡的位移量与降雨量的关系，各项综合治理措施与降雨量的关系提供可靠数据。

26.4 治理效果分析

八渡车站滑坡是一巨型深部切层古滑坡，是在动态(复活)条件下实施整治，并取得成功。从其规模、地质结构与水文地质条件复杂程度以及综合整治难度，是至今我国铁路滑坡病害治理工程中所罕见的。

八渡车站滑坡整治工程，自1997年9月开始，至1998年7月全部完工。为检验工程治理效果及工程治理后滑坡的动态发展情况，铁道部科学研究院西北分院承担了对八渡滑坡的动态监测工作，通过施工后多年的连续监测，结果表明滑坡已基本趋于稳定，位移基本停止，各监测孔全年监测无变形。而且经过多年运营考验，也表明八渡车站滑坡整治工程是成功的。锚固工程措施在该巨型滑坡整治工程中的成功应用，表明了预应力锚索应用于滑坡治理工程是可行和安全的。

27 铜黄高速公路西河水库滑坡治理工程

27.1 滑坡概况

铜黄一级公路是西安通往陕北老区的第一条高等级公路。在公路经过的地段——宜君县西侧5km的西河水库的西岸发生了严重的山体滑坡，既影响了公路的正常施工建设和安全运营，又威胁着西河水库的安全和宜君县的供水安全。该滑坡体东西长120m，南北宽760m，滑体的平均厚度15～35m。滑坡分为南、北两段：南段为主滑体，里程为K142＋530～K143＋200；北段为一小滑体，里程为K143＋310～K143＋379。

该滑坡原为古滑坡，由于公路路堑的开挖和1999年的连续降雨，造成古滑坡的复活。南段距坡口线50～120m处发育一条长770m、宽达1～2m的张性裂隙，是新滑坡体的后缘边界，在公路路基上有局部的前缘剪出，位移量约10～20cm。新滑坡体形态大致呈簸箕形，中段较平直，两侧逐渐收缩，坡体表面有局部的滑塌和坡面破碎现象。

滑坡体地层主要以已经扰动的砂、泥岩互层为主，厚度15～35m；地表覆盖薄层第四系坡积亚黏土，厚度1～2m；滑面以下为中等—弱风化的砂、泥岩互层。施工钻探表明，滑面处已经产生明显错动，空洞较大，最宽的裂隙可达2m以上，裂隙内充填强风化泥岩和黄泥，含水量较大。根据出水情况分析，坡体前缘出水与大气降水联系紧密。

27.2 治理工程措施

根据勘察和现场实际情况，治理工程措施分为南、北两段布置。南段K142＋530～K143＋200采用预应力锚索框架梁、抗滑桩、挡墙及仰斜排水孔、地表截排水沟的综合治理措施；北段K143＋310～K143＋379采用预应力锚索框架梁、挡墙和地表截排水的工程措施。

27.2.1 K142＋530～K142＋860段

在滑坡体K142＋530～K142＋860设置30片Ⅱ型预应力锚索框架梁，每片框架梁设置9根锚索，总计锚索270根；锚索中心距3m，成孔孔径ϕ130mm，钻孔俯角30°，锚固段长度均为10m；每根锚索由9束ϕ15.24mm高强度、低松弛预应力钢绞线组成。设计锚固力为720kN。

27.2.2 K142＋860～K142＋936段

在滑坡体K142＋860～K142＋936之间设置13片Ⅰ型预应力锚索框架梁，每片框架梁设置3根锚索,总计锚索39根;框架梁单元宽度为3m,锚索中心距6m,成孔孔径ϕ130mm,钻孔俯角30°,锚固段长度均为10m;每根锚索由9束ϕ15.24mm高强度、低松弛预应力钢绞线组成。设计锚固力为720kN。

27.2.3　K142+942～K143+059段

在滑坡体K142+942～K143+059之间设置8片Ⅱ型预应力锚索框架梁,每片框架梁设置9根锚索,总计锚索72根;框架梁单元宽度为3m,锚索中心距6m,成孔孔径ϕ130mm,钻孔俯角30°,锚固段长度均为10m;每根锚索由9束ϕ15.24mm高强度、低松弛预应力钢绞线组成。设计锚固力为720kN。

在滑坡体K142+942～K143+038范围内每30m设置两根抗滑桩,抗滑桩中心距6m,布置在滑坡前缘路堑边坡一级平台上,桩截面为2.0m×3.0m;桩长20m,要求抗滑桩深入滑面以下稳定岩层10m,总共布设抗滑桩8根。

27.2.4　K143+310～K143+379段

在滑坡体K143+310～K143+379之间设置23片Ⅰ型预应力锚索框架梁,每片框架梁设置3根锚索,总计锚索69根;框架梁单元宽度为3m,锚索中心距3m,成孔孔径ϕ130mm,钻孔俯角30°,锚固段长度均为10m;每根锚索由7束ϕ15.24mm高强度、低松弛预应力钢绞线组成。设计锚固力为560kN。

27.2.5　滑坡变形监测

在滑坡体范围内设置观测点,并在滑坡体范围外稳定地段设置3处基准点。滑坡变形按照国家以德国水准测量(高程、平面坐标)精度和技术要求进行,施工前观测一次;施工过程中每周观测一次,必要时可适当加密;施工结束后第一年每季度观测一次,其后每半年一次,共计观测3年。

27.3　治理效果分析

当施工完成K142+733～K143+200段的237根预应力锚索后,连续下了几场暴雨,观测表明滑坡未发现变形,说明边坡在当时的情况下已经趋于稳定。

2000年9月底完成全部工程治理措施的施工,共完成孔深25～40m的预应力锚索450根,累计锚索长度为18 119.4m,完成8根抗滑桩和设计的仰斜排水孔、地表截排水沟。经过10余年的考验,滑坡未再发生变形,确保了高速公路的正常运营和西河水库的安全。这也表明,利用预应力锚索对大型滑坡进行治理加固是可行的。

28 西汉高速公路秦岭Ⅲ号特长隧道下行线进口加固工程

28.1 工程概况

西汉高速公路秦岭Ⅲ号特长隧道地处秦岭腹地，地势北高南低，隧道轴线地表最高点高程为2090m，最低点进口西付加河高程为1530m，高差约560m，隧道净宽9.75m，净高7.20m。隧道下行线进口处，有160余米的Ⅰ类围岩，其余为Ⅱ类、Ⅲ类、Ⅳ类围岩。隧道的围岩岩性以闪长岩和变质石英砂岩为主，Ⅰ类、Ⅱ类围岩具有结构松散、湿度大、宜坍塌、掉块等特点，并具有滑动趋势。这给隧道开口施工带来很大的难度，如果控制不好，有可能会产生较大规模的滑动和塌方，是隧道能否如期开工的关键。

隧道穿越地层岩性为中泥盆统池沟组(D_2c)及中上泥盆统青石垭组($D_{2-3}q$)的碎屑岩，下行线进口处局部为第四系松散堆积物。池沟组(D_2c)主要岩性以砂岩、粉砂岩等碎屑岩为主，夹少量板岩、千枚岩、黏土岩等；青石垭组($D_{2-3}q$)为池沟组与桐峪寺组两套碎屑岩之间的一套以板岩、千枚岩为主，夹砂岩、粉砂岩和灰岩。岩层呈近正北方向倾斜的单斜沟构造，产状350°～10°∠40°～80°。区内断裂构造比较发育，主要为北西—北东向次级断裂。

地下水主要为大气降水，垂直入渗形成，其赋水空间主要为基岩裂隙或溶隙，局部为松散堆积物空隙，故地下水动态随气候变化较大，雨季区域水位上升，泉的流量变大，枯水季节水位下降，泉流量相应减少，甚至干涸。

28.2 治理工程措施

28.2.1 治理工程设计

该隧道在施工初期，需注意和解决两个方面的问题：一是隧道开口段松散塌方、难以形成有效工作场地和隧道无法开口成形；二是施工隧道进口场地时需清理原坡面，有形成人工滑坡的危险性。为了解决这两个问题，设计采用了钢管注浆的方案，对西汉高速公路秦岭Ⅲ号特长隧道XK76＋660～499.5段洞顶、地表进行注浆加固。其技术参数为：

(1)注浆钻孔孔径为ϕ90mm。

(2)注浆孔按照3m×1.5m呈梅花形状布置。

(3)注浆管采用ϕ50mm×6mm无缝钢管。

(4)注浆花管每隔15cm交错布置出浆孔,孔径ϕ10mm。

(5)注浆主体采用纯水泥浆液,水灰比为(0.6～1)∶1,在漏失量较大时可加入适量的水玻璃,水泥浆与水玻璃的体积比根据漏强度调整,控制在(1∶1)～(1∶0.6)。

(6)注浆压力≥2.0MPa。

(7)注浆孔倾斜度≤1%,孔位偏差≤300mm。

28.2.2 工程施工

2002年11月23日至12月6日,对加固段进行试验钻孔,历时20多天,完成试验孔4个,累计进尺146.2m,平均孔深36.55m,采用ϕ50mm×6mm的薄壁无缝钢管制作成注浆花管下入,并进行了预注浆。从试验孔的施工来看,该段地层为山前残坡积体,多以土夹石和风化碎石为主,钻进过程中卡钻、掉块现象严重。根据此种情况,陕西省公路勘察设计院、工程指挥部坚定了注浆治理的思路并完善了设计方案。

该工程于2002年12月10日正式开始施工,至2003年10月中旬工程结束,期间共完成注浆钻孔627个,累计进尺11 370.7m,下入注浆管11 182.6m,注入水泥4502.5t,约3973m³。注浆钻孔布置如图28-1。

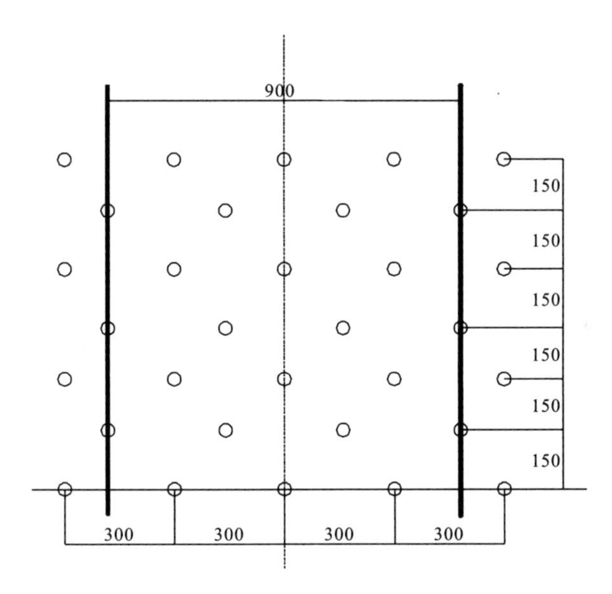

图28-1　地表注浆钻孔布置示意图

28.3 治理效果分析

施工初期钻孔和注浆工作很不顺利,主要表现为:

(1)卡钻、埋钻事故频频发生,处理事故时间多。

(2)成孔后,下入无缝钢管难度大(主要表现为下不到位)。

(3)地层岩性和裂隙发育程度极不均匀,致使注浆量差异大。

(4)需根据地层和浆液注入量变化情况,频繁调整浆液配合比。

(5)地表、坡面冒浆情况严重。

(6)底层破碎且裂隙发育,风动冲击回转钻进返风效果差,成孔困难。

根据上述状况,施工方及时调整施工方案,与设计方和监理方密切配合,同时强化钻机成孔和浆液配制、注浆操作责任,修改注浆花管的制作工艺等方面的工作。通过在地表和隧道内钻孔与注浆,隧道进口段地层得到有效加固,在后期的开挖过程中未出现明显滑坡和洞形变形,达到了设计要求和预期效果。

通过本次注浆加固施工作业,可得出以下结论:

(1)使用钻孔注浆方法对堆积物土夹石地段进行地面注浆施工方案是可行的。

(2)水泥砂浆加速凝剂,可以加速水泥砂浆凝固速度,特别是对裂隙地层,固结效果好且能够控制注浆量。

(3)在黏土地层中,浆液渗透性差,因此要根据现场注浆设备和地层结构情况,适时加大注浆压力和调整浆液配比。

29　徽杭高速公路 YK60＋220～＋470 高边坡治理工程

29.1　高边坡概况

徽杭高速公路 YK60＋220～＋470 路段右侧高边坡位于路基设计中的舒川(K58＋500)至杞梓里(K60＋700)段，边坡最大高度 64m，坡面平均坡度约 45°。治理区属江南低山丘陵区，是长江和钱塘江的分水岭地带，总体地势表现为北西高、南东低的特点；治理区地形切割强烈，山势陡峭，沟壑纵横，降雨充沛，水系发育。边坡地层主要为千枚岩和凝灰质粉砂岩，岩体抗风化能力弱，多属强风化或全风化层；另受区域构造活动及次生断层影响，岩体完整性较差，风化强烈，节理裂隙发育，多呈碎裂结构。边坡坡体内存在次生小断层和倾向临空的构造面，具有局部失稳和整体变形的可能，严重威胁着高速公路的通行安全，必须对其进行加固治理。

29.2　治理工程措施

边坡按照路基设计标高开挖后形成七级边坡，每级坡高 10m，坡顶留 2m 宽碎落平台，坡率为(1∶0.7)～(1∶1)。整个坡面的加固治理措施分为两种：四、五级边坡采用锚索框架梁进行加固，其他段落均采用锚杆框架梁进行加固。本边坡治理工程主要工程量见表 29－1。

表 29－1　徽杭高速公路边坡治理工程施工主要工程量

工程措施		单位	数量
支护工程	锚索支护	m	3798
	锚杆支护	m	6246
框架梁工程	槽挖	m^3	340.5
	钢筋制安	t	150.899
	C25 混凝土框架	m^3	1021.53
水沟工程	水沟挖石方	m^3	457
	M7.5 砂浆浆砌	m^3	319
平台、踏步 M7.5 浆砌片石砌筑		m^3	676

本治理工程共设计预应力锚索框架梁 27 片，设置锚索 162 束，最长为 25m，最短 18m，成孔孔径 ϕ130mm，设计拉力 700kN，每孔锚索由 6 根 ϕ15.24mm 高强度、低松弛预应力钢绞线组成，锚索俯角 25°，锚固段均为 10m。作为孔口承压垫座的框架梁，是将锚索的集中荷载均匀扩散到被锚固体的承压结构。浇筑混凝土前，在绑好的钢筋笼上，依据已施工的锚索孔位，将 ϕ90mm 的 PVC 管套入已施工好并出露的锚索上，再和钢筋笼一同绑扎。框架梁采用 C25 混凝土浇筑，浇筑时预埋 QM 锚垫板，节点处务必振捣密实。在振捣过程中，要特别注意保护 PVC 管及支撑部件。框架梁、肋嵌入坡体 20cm。两根竖肋及所连的 3 根横梁组成一片框架，每片框架整体浇筑，一次完成，两片框架之间设置 2cm 的伸缩缝，内填浸沥青木板。待框架梁混凝土达到设计强度后进行张拉锁定锚索。

锚杆是一种埋入岩土体深处稳定地层的被动受力杆件，它的一端与工程构筑物相连，另一端锚固在岩土体内，通过其被动受力、加筋和注浆改善等作用形式，以承受由岩土压力、水压力或风载荷等所产生的拉力，用以维护结构体的稳定。共设计锚杆框架梁 111.5 片，设置锚杆 669 根，均为全长锚固式水泥砂浆锚杆，杆体用 ϕ28 钢筋制作，成孔孔径 ϕ110mm。设计锚杆最长 10m，最短 6m。框架梁施工时先清理坡面，将坡面松土和活石除去。浇筑混凝土前，要将已施工的锚杆锚头焊在绑好的钢筋笼上。框架梁采用 C25 混凝土浇筑，浇筑时务必振捣密实。两根竖肋及所连的 3 根横梁组成一片框架，每片框架整体浇筑，一次完成，两片框架之间设置 2cm 的伸缩缝，内填浸沥青木板。框架放线时，按竖肋对应公路里程放线，并使竖肋垂直于水平线，横梁与竖肋垂直。

29.3 治理效果分析

该治理工程从 2003 年 8 月开工，历时 6 个月，直至 2004 年 2 月完工。施工中克服了岩层破碎成孔困难、边坡高度大导致的运料、注浆难等重重困难，经完工后多年的运行考验和监测表明，该高边坡稳定，未发现明显变形和失稳事故。

30 黄陵二号煤矿高位水池滑坡治理工程

陕西煤业化工集团黄陵二号煤矿高位水池下边坡由于人类工程活动和降雨的影响，在2008年11月20日和2009年1月25日高位水池出水管及溢流管分别发生了断管现象，高位水池的水流入坡面又加剧了坡面的滑动变形。根据地面裂缝监测资料，该地段地面裂缝水平位移最大达278mm，裂缝两侧高差最大达274mm，边坡存在发生大面积滑坡的危险，需要紧急治理。

30.1 滑坡概况

滑坡地处陕北南部中低山，主要地貌类型为山侧土体斜坡，地形变化较大。滑坡体位于高位水池山峁的斜坡地带上，坡体走向近南北，倾向东，平均坡度20°～40°，坡长约200m，斜坡上部较陡，中下部较平缓。标高位于1488～1610m之间，地形高差达122m，地表部分为林地，植被茂盛，滑坡总体形态见图30-1。

图30-1 滑坡全景

斜坡前缘开阔，由于修路及以前开垦农田，坡面上形成多级小平台及陡坎，斜坡外侧发育有冲沟，切割较深，后缘陡峭，地势上圈椅状地形约略可见，后缘基岩出露的滑坡后壁清晰可见。除高位水池上部山体修筑有截水沟外，整个滑坡范围的坡体上无排水设施，排水不畅。

滑坡由于后壁基岩发育的影响，整体呈簸箕形，中前缘以坡脚为界，后部边界为圈椅状基岩陡坡高度1～30m，坡角为30°～40°。两侧坡体多见张拉裂缝及滑动陡坎，坎高一般1～2.5m；滑坡中部为较平缓斜坡，平均坡度为20°～28°；前缘为人工取土后修筑的不规则台阶。

滑坡纵向长约140m，主滑方向227°，纵向地面坡度20°～28°，后缘高程1533m，前缘高程1488m，相对高差45m，滑坡平面面积$1.7\times10^4m^2$，滑坡体总体积约为$25\times10^4m^3$。

据钻孔和探槽数据统计，滑体土厚度1.5～20.9m，平均厚度约11m，空间上为中间厚，前后缘及两侧较薄。滑坡体积约$25\times10^4m^3$，为复活中型黄土老滑坡。勘察表明滑坡后部局部滑面切穿坡体土，前缘滑面位于坡积土与基岩接触带部位。纵向滑面变化较大，滑面上陡下缓，后缘滑面坡度达70°。滑动面呈现上陡下缓的坐椅状；坡度由3°～70°不等。根据整体形态特征，滑坡剪出口出露位置大致在边坡前缘坡脚部位，高程为1487～1490m。滑坡后缘堆积物与后缘陡坡之间地形有明显转折，由陡坡变为缓坡。其特点如下。

(1)滑体：根据钻探、坑探资料，中后缘滑坡滑体物质成分为全新统黄土状土，褐黄—淡黄色，可塑—硬塑，含少量碎石，碎石成分为砂岩，局部坡体碎石含量较高，边坡坡脚附近土体内含大块石。

(2)滑带：中后缘滑带土为一层厚度0.5～1.5m厚黄土状土，位于基岩上部，土体含水量较高，黄褐—灰黄色，个别孔棕黑色，多饱和，软塑，钻进过程中有一定的缩径现象，部分土体含少量腐殖质，含少量碎石，略有磨圆；前缘滑带不明显，基岩接触带位置土体与滑体土在含水量、可塑性等有一定差异。

(3)滑床：滑坡后部除部分滑带切割黄土状土地层外，其余均为下覆基岩，滑坡沿基岩顶面滑动，下伏基岩即为滑床，滑床即为黄土状土和侏罗系砂岩、砂质泥岩。基岩全—强风化层较厚，一般可达4～10m。

滑坡区地处鄂尔多斯地台，地层平缓，构造形迹少而简单，无大的褶皱与断裂，总体为一轴面走向北北东，倾向北西，倾角1°～4°的单斜构造。构造节理及风化裂隙较发育，属相对稳定的地壳单元。

自第四纪以来，本区一直处于稳定上升状态，其上升幅度远大于沉降幅度，青壮年期的冲沟非常发育，地貌破坏强烈，水土流失严重。据记载，明朝至今，本区共发生地震8次，无4级以上的地震发生，区域稳定性较好。

根据2001年8月1日实施的《中国地震动参数区划图》(GB 18306—2001)，黄陵区域地震动峰值加速度为0.05g，地震动反应谱特征周期为0.45s，相应地震基本烈度为Ⅵ度。

勘察区地下水按赋存条件可分为第四系松散层裂隙孔隙水和基岩裂隙水。

第四系松散层裂隙孔隙水含水层岩性为山间冲积平原的砂卵石土，其孔隙水的分布与降水和河流有关。在滑坡地段的山坡地区，冲沟密集，且切割较深，黄土状土层储水条件差，现场勘察钻孔均未揭露到地下水。

由于坡积土透水性差但垂直节理发育，大气降水主要以地表径流形式向沟谷汇集，部分直接垂直入渗至基岩顶面，使基岩顶面上土层遇水软化，形成软弱夹层，为地质灾害的发生提供了有利条件。

基岩裂隙水存在于泥岩和砂岩裂隙及顶部风化壳中，主要接受大气降水入渗上覆和第四系松散层孔隙潜水补给。

坡积土与基岩的接触面是区内斜坡最具意义的隔水边界，因其多处于坡地，一方面地下水使上覆土体中形成湿润带，另一方面又使下伏砂质泥岩软化，抗剪强度明显降低，土体在重力作用下很容易沿此面形成滑坡。

勘察区不良地质作用(现象)较为明显,坡体冲沟溯源侵蚀以及陡坎垮塌现象严重,整个坡体后缘发现有近连续的张拉裂缝,坡体上亦存在有长短不一的横向裂缝。区内人类工程活动强烈,对地质环境造成诸多不良影响。主要表现为:

(1)区内居民建房、修路等人为取土活动,在居民区外侧坡体边缘形成多处人工土陡坡。其特点是范围小、规模小,边坡高度一般介于3～8m范围,临空面附近过大的卸荷力及雨水下渗等因素作用,在雨季常发生小型崩塌、滑塌现象,土体在人为搬运与自然冲刷下流失严重。

(2)坡体上修路破坏了坡体的植被发育,易造成坡体土体在雨季的水土流失现象,溯源侵蚀加剧,沟谷范围扩大,对边坡稳定有一定的消极影响。

(3)在斜坡前缘坡体取土造成边坡的卸载,减小了边坡土体的抗滑力,危害了坡体的稳定平衡状态,使坡体土疏松并发育裂缝,造成雨水易于下渗而形成软弱面。

30.2 滑坡岩土体物理力学性质

根据勘察和土工试验结果,滑带土的统计结果表明:滑带土天然含水量在10.4%～20.5%之间,标准值16.8%;重度为19.3～20.8kN/m^3,平均值20.1kN/m^3;天然孔隙比0.41～0.65,平均值0.55;液性指数0.14～0.56,平均值0.43。固结快剪c=42.3kPa,φ=21.4°;饱和固结快剪试验结果平均值为c=22.7kPa,φ=11.4°,残余剪切试验结果为c=8.7kPa,φ=10.4°。鉴于滑坡现阶段处于蠕动变形阶段,即滑坡活动前期,已发现具有明显的变形迹象,故对主滑剖面分别选取稳定系数为0.95、1.00、1.05、1.10和1.15进行反算,依据统计结果及本地区同类滑坡经验参数综合考虑,最终提出的抗剪强度参数建议值见表30-1。

表30-1　滑带土参数取值参照表

天然状态			饱和状态		
c(kPa)	φ(°)	γ(kN/m^3)	c(kPa)	φ(°)	γ(kN/m^3)
20.0	16.5	19.5	18.0	15.0	19.8

30.3 滑坡推力计算

本次勘察稳定性分析中,后部滑带位于土岩分界面及黄土状土体内部,中部滑带位于基岩面与土体交界面上,前缘滑带剪出口按经验及理论计算拟合确定。滑坡稳定性分析计算选用传递系数法。滑坡稳定性分析计算选用3个剖面,其中Ⅰ—Ⅰ′为主滑断面,滑体后缘高程为1533m,前缘破坏剪出口高程1488m;滑动断面Ⅱ—Ⅱ′后缘高程为1525m,前缘破坏剪出口高程1490m;滑动断面Ⅲ—Ⅲ′后缘高程为1535m,前缘破坏剪出口高程1488m,具体计算简图见图30-2。

本滑坡现阶段处于整体暂时稳定与变形滑动之间的极限平衡状态，在稳定性计算时，考虑两种工况进行计算，分别为天然工况（仅考虑自重）和自重加暴雨工况下的稳定性计算。根据《滑坡防治工程勘察规范》，本滑坡地质灾害危害程度等级属三级，滑坡稳定安全系数在两种工况下均取 1.20。工况、荷载组合与安全系数相互关系见表 30-2。

表 30-2　滑坡稳定计算工况及安全系数

工况	荷载组合	安全系数
1	自重	1.20
2	自重 ＋ 暴雨工况（或＋管道、水池漏水）	1.20

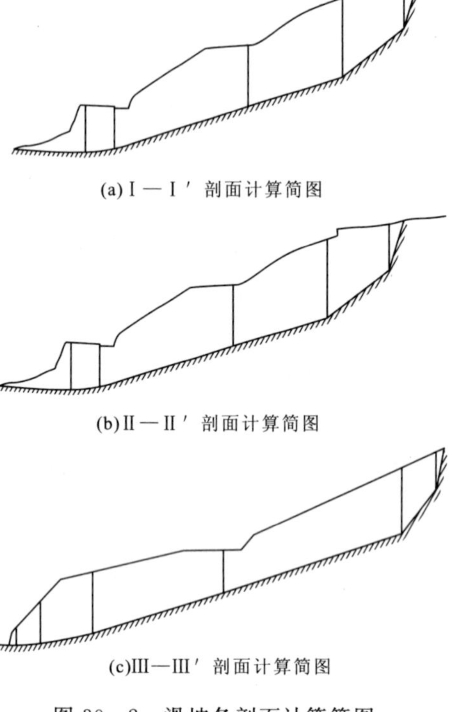

图 30-2　滑坡各剖面计算简图

本次计算工况、参数与荷载组合具体情况如下：

（1）根据钻探资料，滑体中未发现稳定地下水位，仅滑带附近土体呈可—软塑状，在计算中不考虑地下水位影响，滑带土体抗剪强度参数选择饱和状态值。即滑坡体取饱和重度为 19.8kN/m^3；滑带土体抗剪强度参数取饱和值，c＝18.1kPa，φ＝15.0°。

（2）黄陵地区位于 6 度区，不考虑地震荷载。

选取 3 个典型剖面，考虑其最不利的情况，采用传递系数法计算的饱和状态条件下（工况 2）的滑体剩余下滑力推力，计算结果见表 30-3。

表 30-3　滑体剩余下滑力表

计算滑面	安全系数	剩余下滑力(kN/m)	下滑力角度(°)
Ⅰ—Ⅰ′剖面	1.20	1349.55	−2.78
Ⅱ—Ⅱ′剖面	1.20	1201.80	−9.93
Ⅲ—Ⅲ′剖面	1.20	518.20	−4.28

30.4　滑坡治理方案与效果评价

该滑坡治理微型桩设计采用 3 根 ϕ25mm 螺纹钢筋，采用式(22-23)、式(22-24)、式(22-25)和表 22-3 的推荐参数，可计算出单根微型桩可提供的锚固力 T_n＝372kN；采用式(12-5)

和式(12－7)的推荐参数，可计算出地层能够提供的锚固力 T_u＝203kN。

故取设计锚固力 T_d＝min(372,203)＝203kN。

设计时如果采用桩横向间距 1m，Ⅰ—Ⅰ′剖面微型桩数为 7 根，Ⅱ—Ⅱ′剖面微型桩数为 6 根，Ⅲ—Ⅲ′剖面微型桩数为 3 根。实际布设微型桩时，由于地形、植被等的限制和施工的考虑，桩横向间距采用 4.0～4.5m，Ⅰ—Ⅰ′剖面应该布置的桩数为：

$$n=4\times1349.55/203=26.6\approx27(\text{根})$$

实际布置 26 排(即 4m 宽滑坡 26 根桩)；Ⅱ—Ⅱ′剖面应该布置的桩数为：

$$n=4\times1201.8/203=23.7\approx24(\text{根})$$

实际布置 16 排(即 4m 宽滑坡 16 根桩)；Ⅲ—Ⅲ′剖面应该布置的桩数为：

$$n=4\times518.2/203=10.2\approx11(\text{根})$$

实际布置时由于没有计算知道，按照地形，在偏于安全的思路下布设了 21 排(即 4m 宽滑坡 21 根桩)。

这样，Ⅰ—Ⅰ′剖面至Ⅱ—Ⅱ′剖面位置的锚固力明显不足，但由于坡面已不具备增加布置微型桩的位置，故在滑坡前缘挡土墙又布置了两排 6ϕ15.24mm 锚索。

采用以上的方式于 2009 年 6～8 月成功处置了该滑坡，目前高位水池已安全运行 5 年，滑坡稳定，坡面无变形。

31 宝雨山煤业有限公司矸石山滑坡治理工程

河南焦煤集团宝雨山煤矿矸石山山体滑坡位于缆车轨道西侧煤场以南一斜坡坡体上，南为矸石场，东为缆车轨道及施工建设中的仓库，北为操作车间、缆车房、锅炉房、风机房、变电所、筛分楼等。坡体上出现多条裂缝，有发生滑动的迹象。为了保证宝雨山煤业公司的正常安全生产，2012 年 2 月对矸石山山体滑坡进行了勘察，设计采用空间平面刚架微型桩支护体系进行治理，6 月份完成了治理工程施工。

31.1 滑坡概况

宝雨山煤矿位于箕山西端，地势南北高，中部低，属低山地貌。主要山脉走向呈近东西向。地面海拔标高一般＋450～＋764m，最高点小黑龙山＋785.10m，最低点纸坊泉＋370.38m，相对高差 414.72m(图 31－1)。

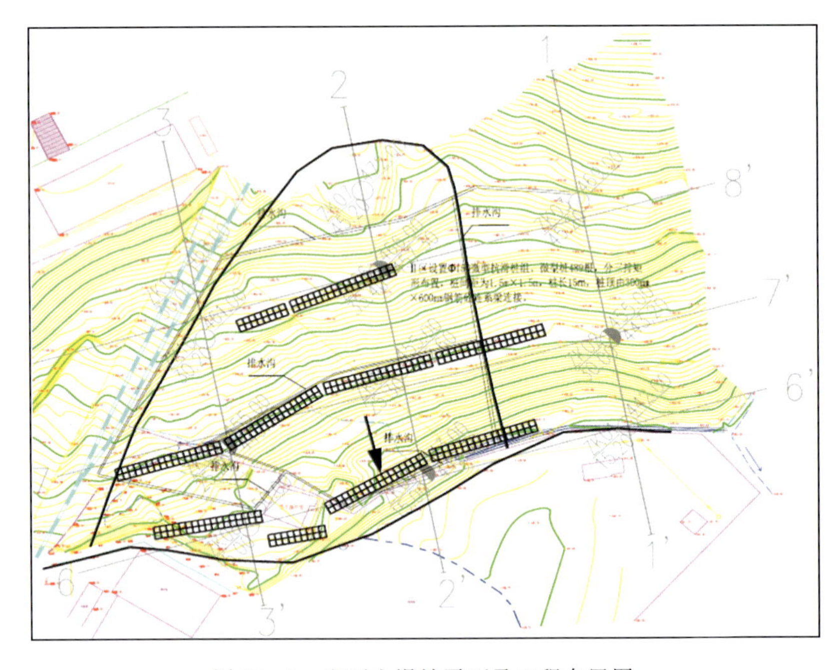

图 31－1 宝雨山滑坡平面及工程布置图

根据钻孔揭露，滑坡区地层主要为第四系中更新统（Qp^2）残坡积碎石土。现由老至新分述如下：

(1)二叠系(P):为灰白色砂岩,在个别钻孔有揭露,据区域地质资料,本层基岩厚度为48.84～122.59m,平均77.85m。

(2)第四系:主要由残坡积的砾石及砂质黏土组成角砾土,褐黄色、褐红色,分布该滑坡体及其周围坡体。钻孔揭露厚度10～45m。

根据《国家地震参数区划图》(GB 18306—2001),伊川县及附近地区的地震动峰值加速度为0.05g,对应的地震基本烈度为Ⅵ度。据历史记录记载,本区1827年3月23日发生一次有感地震。近期虽有地震发生,但震级较小,一般为1.1～2.6级。地震对本区影响不大,属地壳稳定区。

该区地下水为第四系松散层孔隙水,补给方式为大气降水及煤矿矸石山废水的垂直入渗。滑坡勘察大部分钻孔揭露到地下水的存在。由于本滑坡体顶部土体比较疏松,坡体凸凹不平,坡度较缓,除少部分大气降水以地表径流形式短时间内流向沟谷汇集之外,大部分直接渗入下部地层,为地质灾害的发生提供了条件。地下水除以径流排泄、人工开采为主外,在沟谷以泉的形式排泄于河沟内,在坡体南侧可见到下降泉。

该区不良地质作用(现象)较为明显,煤场与矸石场前缘之间的自然山坡坡体上的裂缝与煤场南北向陡坎近于平行。煤矿在生产过程中,切坡开挖坡脚现象十分普遍,煤场场地平整、操作车间、缆车房、锅炉房、变电所、筛分楼等场地平整都存在切坡开挖坡脚,破坏了自然边坡的稳定性,同时也破坏自然边坡的排水系统,而人工排水系统尚未完善,降雨及工矿生产废水到处漫流。坡体水流冲沟发育,易造成水渗入土体而形成软弱面。

31.2 滑坡岩土体物理力学性质

滑体中滑带附近存在稳定地下水位,土体呈可—软塑状,计算中考虑地下水位的影响。依据勘察资料和反算结果,滑带土取天然重度为19.0kN/m^3,水位下取饱和重度为20.0kN/m^3,抗剪强度参数取饱和值,c=0kPa,φ=15.3°(综合内摩擦角);滑体土取天然重度为19.5kN/m^3,水位下滑体取饱和重度为20.3kN/m^3,抗剪强度参数取饱和值,c=0kPa,φ=23.5°(综合内摩擦角),具体参数见表31-1。

表31-1　滑带土参数取值参照表

滑体土			滑带土		
c(kPa)	φ(°)	γ(kN/m^3)	c(kPa)	φ(°)	γ(kN/m^3)
0.0	23.5	19.5(20.3)	0.0	15.3	19.0(20.0)

注:()内的数据为饱和重度。

31.3 滑坡推力计算

坡体除前缘北侧可见部分贯通的、平行坡体的张拉裂缝外,其余地段未见更大的变形特征。本滑坡属小型土质老滑坡，其前缘局部地段有复活迹象。滑坡长约 100m，宽约 80m，厚 3～10m，主滑方向 175°，纵向地面坡度 15°～25°，后缘高程 472m，前缘高程 441m，相对高差 31m，滑坡面积约 6.6m×103m，体积约 $5\times10^4\text{m}^3$，滑体主要由全新统坡积碎石土组成，中上部滑床多位于全新统坡积碎石土与中更新统残坡积碎石土的交界面上，前缘滑床在全新统坡积碎石土内，滑坡滑面较平缓(图 31－2)。

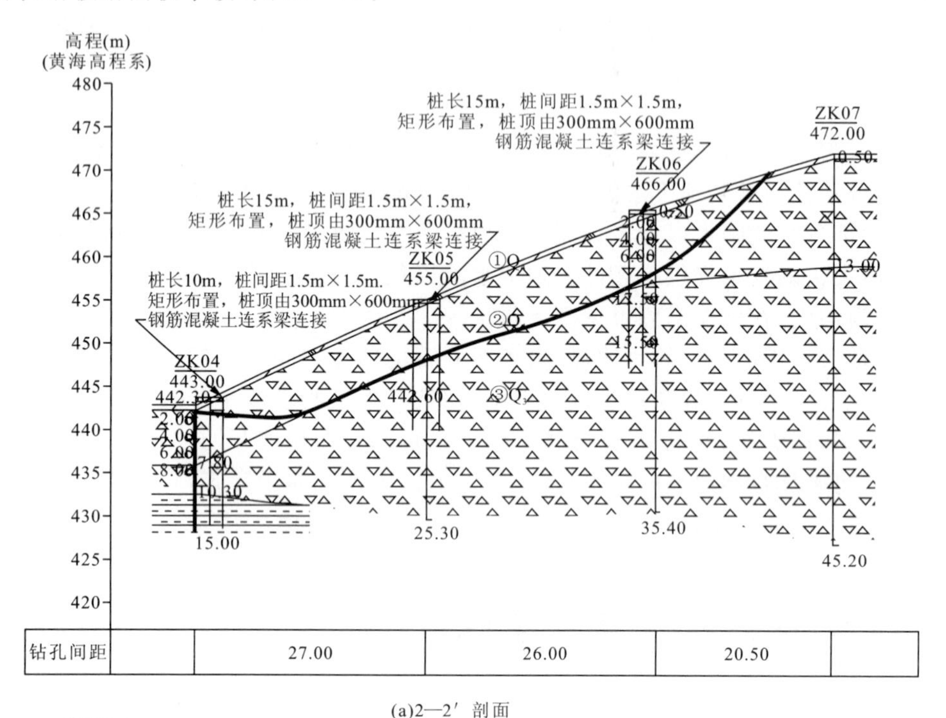

(a)2—2′ 剖面

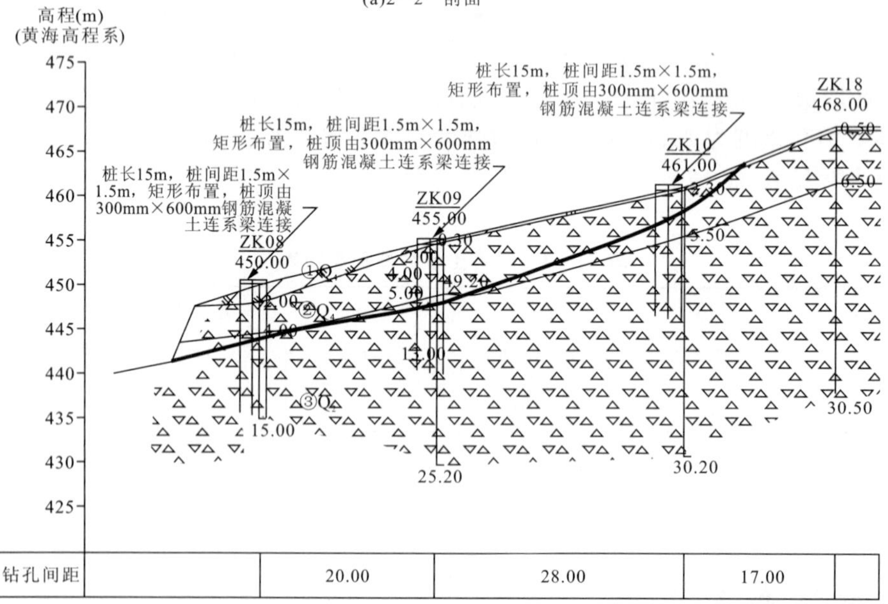

(b)3—3′ 剖面

图 31－2　宝雨山滑坡剖面图

本滑坡现阶段处于整体暂时稳定与滑动之间的极限平衡状态，在稳定性计算时，考虑两种工况进行计算，分别为现状基本稳定工况和滑面充水贯通时的暴雨工况下。根据《建筑边坡工程技术规范》(GB 50330—2002)，本滑坡地质灾害危害程度等级属三级，依据相关技术规范，滑坡稳定安全系数正常工况取1.2，暴雨工况取1.15。

本地区位于Ⅵ度区，不考虑地震荷载。

根据传递系数法对不利工况下滑面剩余推力进行计算。不同安全系数的剩余推力计算值详见表31-2。

表31-2　推力计算结果表

计算断面	工况	滑坡推力安全系数	剩余推力(kN/m)	推力角度(°)
2—2′剖面	1	1.20	722.53	−1.12
	2	1.15	846.73	
3—3′剖面	1	1.20	474.84	12.05
	2	1.15	495.99	
3—3′剖面(前缘)	1	1.20	185.96	12.05
	2	1.15	230.58	

31.4　滑坡治理方案与效果分析

该滑坡在地貌形态上明显地分为三级，且植被发育。为了尽量少破坏天然植被、减少不必要的工程量，考虑在每级平台上布设抗滑设施，最底下一级正好位于储煤场上边坡的滑面剪出口位置。故采用微型桩分级支挡滑坡，结合排水措施使其稳定。

微型桩主筋采用1根直径ϕ108mm、壁厚4.2mm的无缝钢管，采用式(22-23)、式(22-24)、式(22-25)和表22-3的推荐参数，可计算出单根微型桩可提供的锚固力 $T_n=357$kN；由于锚固段位于角砾土中，在保障注浆效果的基础上，采用式(11-5)和式(11-7)的推荐参数，土层能够提供的锚固力采用 $T_u=148.67$kN。地层参数、材料强度等的取值及计算结果见表31-3。

表31-3　微型桩设计及计算参数取值

<table>
<tr><td>θ(°)</td><td colspan="3">地层参数</td><td colspan="3">钢管</td></tr>
<tr><td rowspan="2">0</td><td>R_c(MPa)</td><td>c(kPa)</td><td>φ(°)</td><td rowspan="2">直径(mm)</td><td rowspan="2">壁厚(mm)</td><td rowspan="2">屈服强度
δ_s(MPa)</td></tr>
<tr><td>25</td><td rowspan="2">0</td><td rowspan="2">15.3</td></tr>
<tr><td>a</td><td>b</td><td>108</td><td>4.2</td><td>345</td></tr>
<tr><td>0.62</td><td>0.50</td><td colspan="2">$N_0=s*\delta_s$(kN)</td><td>472.65</td><td>$T_n-(a+b\tan\varphi)N_0$(kN)</td><td>357.7</td></tr>
</table>

故：取设计锚固力 $T_d=\min(357,148.67)=148.67$(kN)。

在此验算 2—2′断面(剩余推力最大)部位设微型抗滑桩数,每根桩承担 1.5m 宽度范围,考虑暴雨工况:

$$n=1.5\times 846.73/148.67=8.54\approx 9(\text{根})。$$

根据地形特征,每一级平台布设 3 排微型桩,实际布置共 9 排,采用空间平面刚架微型桩支护体系。具体治理措施如图 31-1 和图 31-2 所示。

采用以上的方式于 2012 年成功处置了该滑坡,目前已安全运行了两年,经历了 3 个雨季,滑坡稳定无变形。

32 青海S101线K367＋020～＋195段滑坡治理工程

32.1 滑坡概况

K367＋020～＋195段滑坡地处青海省果洛州玛沁县军功镇境内，沿路线里程位于军功镇前方约11km，该段路线沿一黄河支流展线，路线走向300°～280°，路线通过滑坡的中后部。路线在扩建时路基填方，使得滑坡局部产生滑动，路基开裂，下错、外移，路基外侧以下坡面出现鼓胀和隆起（图32－1）。

滑坡区出露的地层主要有三叠系（T）、白垩系（K）和古近系（E），沿河谷及高原平台有少量第四系（Q）冲洪积、坡积、残积物分布。本地区地层岩性由老至新分述如下：

图32－1 滑坡全景

（1）下、中三叠统隆务河群（$T_{1-2}L$）：分布于黄河河谷断陷盆地南、北两侧高山区，以灰色变质岩、粉砂岩、绢云母粉砂质板岩为主，夹千枚岩，局部夹变质凝灰岩、凝灰质熔岩、流纹岩、灰岩。发育两组节理，对岩体构成强烈置换，形成软弱相间的各向异性层状岩体。

（2）下白垩统河口群（K_1H）：分布于黄河河谷断陷盆地南北缘高山区与丘陵区过渡部位。呈角度不整合超覆于隆务河组之上。以紫红色砂岩、泥质粉砂岩为主，夹砂砾岩、粉砂质泥岩。

（3）古近系渐新统贵德群（E_3G）：分布于黄河断陷盆地黄河河谷、丘陵区。为紫红色、暗红色泥岩、泥质粉砂岩，夹中厚层砂岩，局部夹砂砾岩。岩石固结程度相对较低，成岩性较差。地形上呈低山—丘陵地貌，上覆残坡积层较广泛。

（4）第四系（Q）：公路沿线第四系堆积物主要分布在河床、两岸平缓阶地及凹形山坡等地。根据出露部位及堆积特征可划分为更新统（Qp^3）、全新统（Qh）。

下更新统冲洪积层（Qp^{3al+pl}）：主要分布于黄河两岸阶地上，距河面高度一般为10～60m，堆积厚度5～40m，下部为圆砾土、卵石土、碎石土层，上部为砂质土、泥砂层，具二元结构。

全新统冲洪积堆积层($Qh^{al+pl+del}$):主要分布于黄河及其主要支流两岸Ⅰ级阶地上,距河面高度一般为3～20m,堆积厚度1～10m,下部为圆砾土、卵石土、碎石土、砂土层,上部为砂质土,砂质黏土层,具二元结构。

全新统残坡积层(Qh^{el+dl}):坡积物在公路沿线的大多数沟谷山坡均较发育,分布于各级时令冲沟、宽缓山坡、圆缓山脊。厚度变化较大,最薄处仅数厘米至数十厘米,最厚处可达数十米。坡积物成分受岩性及地形地貌控制,具一定的近源性,组成较简单,由不同成分的碎石、岩块、砂土、砂质黏性土、黏土、腐殖土等组成。

该滑坡主要组成地层为第三系泥岩,产状为357°∠9°,节理主要有4组,其中产状为1°∠29°的一组对滑坡的变形有影响。滑坡所在区为河谷阶地区,在滑坡的后缘及剪出口都有较厚的卵砾石土,滑坡后缘的厚度达10余米。滑坡前缘剪出口位置表层沉积的卵砾石土厚度为0.8～2.5m。

该区属昆仑-秦岭纬向构造带之西昆仑印支皱褶带西段。总体构造线呈东西向展布,由于受到周边相邻大地构造单元的挤推和后期构造运动的影响,局部呈北西-南东向展布。

按《建筑抗震设计规范》(GB 50011—2001)规定:该区抗震设防烈度为Ⅷ度,设计基本地震加速度值为0.20g。

该滑坡为强风化泥岩滑坡,东侧界位置所处线路里程桩号为K367+020,西侧界所处线路里程桩号为K367+195,滑坡后缘距离公路中线约94m,前缘位于公路下方,距离公路中线约96m,滑坡长约190m,沿线路宽约175m,滑体厚度约13.5m,滑体体积约为$44.8\times10^4m^3$,目前变形为路线在扩建时采用路基填方施工,老滑坡因中部加载而失去平衡引起的局部复活,滑坡剪出口在沟谷岸坡的Ⅰ级阶地后部。滑坡形态见图32-1和图32-2。

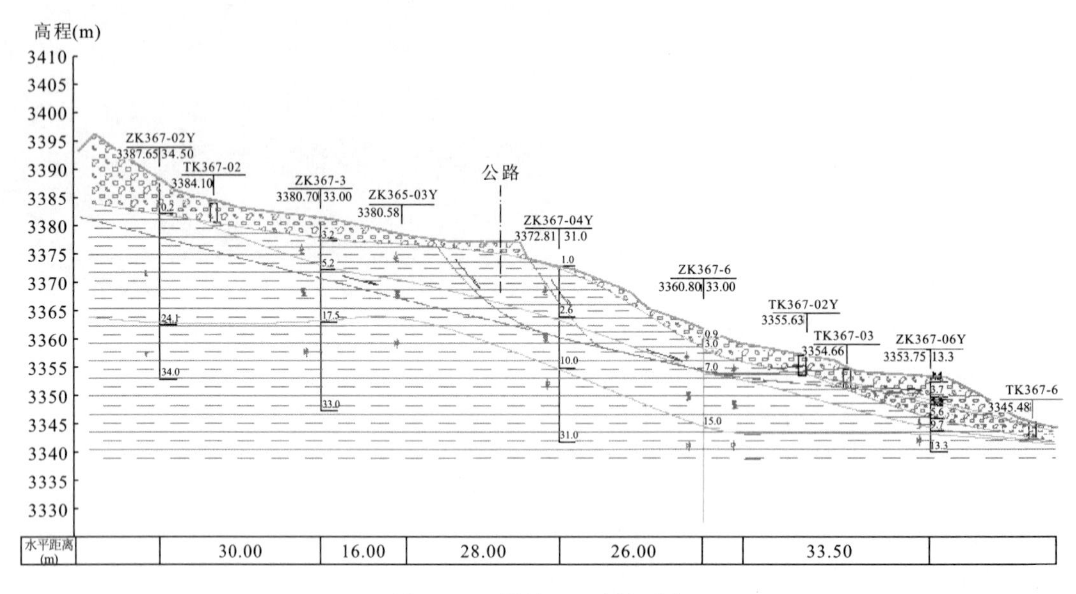

图32-2　滑坡3—3′断面图

滑坡为强风化泥岩滑坡,滑坡上部1.6～5.7m卵砾石土,灰色,松散—中密,卵石为青灰色砂岩,充填土质为砂土;7.8～11.9m为全—强风化泥岩,棕红色,泥质结构,层状构造,全风化呈类土状，强风化成块土状，软塑—半干硬，物质成分以黏粒为主，局部夹砂粒；下部滑床为强—中风化较完整泥岩，滑坡剪出口在沟谷岸坡的Ⅰ级阶地一线，局部变形体剪出位置在Ⅰ级阶地后部。

依据地下水在介质中的赋存状态，结合调查区域地质条件，区域地下水主要分为松散层孔隙潜水、风化泥岩裂隙水。主要为大气降水补给，雨水或融雪水从坡面地表下渗，在节理裂隙和层间裂隙聚集流动，在相对隔水段富集，自裂隙渗流排泄。

32.2 滑坡岩土体物理力学性质

滑坡体容重等根据室内试验结果取其平均值，滑动面（带）内聚力和内摩擦角通过固结快剪、残余剪切试验、饱和土重塑剪切试验的强度值结合反算和通过工程类比法依据经验综合确定，滑带土物理力学参数见表 32-1。

表 32-1 滑坡稳定性评价参数取值表

天然状态			饱和状态		
c(kPa)	φ(°)	γ(kN/m^3)	c(kPa)	φ(°)	γ(kN/m^3)
15.4	12.3	20.1	11.8	10.9	20.8

32.3 滑坡推力计算

滑坡推力计算采用传递系数法。在稳定性计算时，考虑到一般、暴雨及地震 3 种工况进行计算，分别为现状基本稳定、暴雨工况下滑面充水贯通以及发生地震时的稳定性计算。滑坡稳定安全系数在前两种工况下取 1.15，在地震工况下取 1.05。各工况下对应不同安全系数下的剩余推力值 F，见表 32-2。

32.4 滑坡治理方案与效果分析

由于在改建修筑路基的过程中，在滑坡后部取土，相当于截头减载，使原本位于滑坡中部的公路由于地形的改变几乎已处于滑坡的顶部。但由于滑面的抗滑力很小，在目前的状况下依然不能稳定，必须采取必要的治理措施。考虑到滑坡剪出口位于河谷地带，地形落差较大，且需考虑三江源草场的保护，不宜采取需大面积破坏草原的措施，故考虑仅在路基和其保护带范围内采用空间刚架微型桩支护体系，结合排水措施使路基稳定即可。

表 32-2 剩余下滑力计算结果表

计算剖面	位置	工况	安全系数	剩余下滑力 (kN/m³)	下滑力角度 (°)
1—1′剖面	次级	一般条件	1.15	384.596	3.593
		暴雨条件	1.15	454.85	3.593
		地震＋暴雨	1.05	626.701	3.593
3—3′剖面	次级	一般条件	1.15	459.789	−1.942
		暴雨条件	1.15	650.341	−1.942
		地震＋暴雨	1.05	722.630	−1.942
	整体	一般条件	1.15	363.662	1.153
		暴雨条件	1.15	535.163	1.153
		地震＋暴雨	1.05	633.535	1.153
5—5′剖面	次级	一般条件	1.15	200.163	2.204
		暴雨条件	1.15	333.846	2.204
		地震＋暴雨	1.05	513.311	2.204

该滑坡微型桩设计采用3根ϕ25mm螺纹钢筋，采用式(22-23)、式(22-24)、式(22-25)和表22-3的推荐参数，可计算出单根微型桩可提供的锚固力 $T_n=372\text{kN}$；采用式(11-5)和式(11-7)的推荐参数，滑坡体地层能够提供的锚固力为 $T_u=168\text{kN}$；而滑床为基岩，所能提供的锚固力远远大于需要，可不专门计算。

故：取设计锚固力 $T_d=\min(372,168)=168(\text{kN})$。

考虑微型桩顶端由截面尺寸为200mm×200mm的C25钢筋混凝土联系梁连接，在滑体不挤出的情况下，可取以钢材强度可提供锚固力的70%作为设计微型桩的锚固力，即：

$$T=372\times0.7\approx260(\text{kN})$$

在K367＋027～＋057段和K367＋177～＋207段公路(相当于1—1′剖面和5—5′断面位置)路基部位设微型抗滑桩群，布置5排，桩长20m，桩间距2000mm×2000mm。计算桩数时考虑地震＋暴雨工况，过程如下式：

$$n=2\times626.7/260=4.8\approx5(\text{根})$$

在K367＋063～＋170段公路(相当于3—3′)路基及下侧坡面设微型抗滑桩群，布置8排，桩长20m，桩间距2000mm×2000mm。计算桩数时考虑地震＋暴雨工况，同时由于整体滑坡推力小于次级滑坡的推力，为安全起见采用次级滑坡的剩余下滑力，过程如下式：

$$n=2\times722.7/260=5.6\approx6(\text{根})$$

在1—1′剖面和5—5′剖面位置的锚固力基本合适，而3—3′断面由于处于主滑段且滑坡变形明显，在此处又比计算结果多布设了两排微型桩，具体治理措施如图20-13所示。

采用以上的方式成功处置了该滑坡，目前已安全运行3年，路基稳定无变形，未治理的下部坡面也处于稳定状态，说明空间刚架微型桩支护体系的采用，已消除了滑坡发生的力学条件。

33　青海S101线K363＋820～K364＋480段1#滑坡治理工程

33.1　滑坡概况

滑坡地处果洛州玛沁县军功镇境内，沿线路里程位于军功镇往大武方向约7km。滑坡区可分为1#滑坡、2#滑坡和3#滑坡。其中1#滑坡在2007年8月产生滑动，造成交通中断；2#滑坡在既有线修建时就产生了滑动变形，当时采用了抗滑挡墙支挡措施，现在挡墙已被不同程度挤压破坏，开裂变形现象较多；3#滑坡出现剪出口，剪出口位于路面以上，随线路里程增大高度提高，对道路及行车产生明显的安全隐患。本书的研究对象为1#滑坡，如图33－1所示。

该滑坡处在黄河支沟曲洼与尕科河分水岭北坡，线路走向247°，与坡面走向基本平行，线路上下坡面植被主要为高山草甸，开挖面岩石裸露。该区属于中高山区，高原沟谷谷坡地貌，以剥蚀切割为主。坡面高差较大(200～300m)，线路从山坡中部通过，路面高程在3465m，沿路线长240m，开挖面岩石裸露，高10～40m，下陡上缓，坡度50°～80°，倾向292°～335°。

图33－1　K364－1#滑坡全貌

滑坡地层主要为下白垩统河群口(K_1H)砾岩加砂岩、古近系渐新统贵德群(E_3G)和第四系松散覆盖层：

(1)下白垩统河口群(K_1H)：以紫红色砂岩、泥质粉砂岩为主，夹砂砾岩、粉砂质泥岩。

(2)古近系渐新统贵德群(E_3G)：为紫红色、暗红色泥岩，泥质粉砂岩，夹中厚层砂岩，局部夹砂砾岩。岩石固结程度相对较低，成岩性较差。地形上呈低山—丘陵地貌，上覆残坡积层较广泛。

(3)全新统残坡积堆积层(Qh^{el+dl}):厚度变化较大,最薄处仅数厘米至数十厘米,最厚处可达数十米。坡积物成分受岩性及地形地貌控制,具一定的近源性,组成较简单,由不同成分的碎石、岩块、砂土、砂质黏性土、黏土、腐殖土等组成。

地下水类型主要为松散堆积层上层滞水、基岩裂隙水。松散堆积层上层滞水赋存于堆积层、残坡积层等土体中,含水性以堆积层最强,坡积层次之,高阶地由于渗透性好,相对较差,水位随气候、季节等的变化较大。基岩裂隙水主要分布在下白垩统河口群、古近系贵德群中的泥岩、泥质粉砂岩等,富水性不均衡,强风化泥岩多构成隔水层,在其间碎屑岩可形成相对赋水层。地下水主要为大气降水补给,雨水或融雪水沿坡体边界、张拉裂缝入渗,在滑带聚集流动,在坡体前缘以泉的形式排泄。

该区属昆仑-秦岭纬向构造带之西昆仑印之褶皱带西段。总体构造线呈东西向展布,由于受到周边相邻大地构造单元的推挤和后期构造运动的影响,局部呈北西-南东向展布。新生代以来,随着青藏高原的整体抬升和差异升降运动,发育了第三纪干旱气候条件下的内陆湖相碎屑岩沉积建造和第四纪冰水沉积、洪积、冲积、沼泽沉积及风积等多种形式的沉积构造层。

按《建筑抗震设计规范》(GB 50011—2001)规定:该区抗震设防烈度为Ⅷ度,设计基本地震加速度值为0.20g。

1# 滑坡为砾岩顺层滑坡,东侧界位置所处线路里程桩号为K363+855,西侧界所处线路里程桩号为K363+945,滑坡后缘距离公路中线约95m,前缘位于公路下方,距离公路中线约35m,滑坡长约130m,沿线路宽约90m,浅层滑体深度5m左右,深层深为10m,深层滑体体积约为$10.5\times10^4 m^3$,浅层滑体体积约为$2.4\times10^4 m^3$。路基开挖时引起老滑坡局部1# 滑坡复活,产生大量塌方,造成交通中断。滑坡形态见工程地质平面图33-2及剖面图33-3。

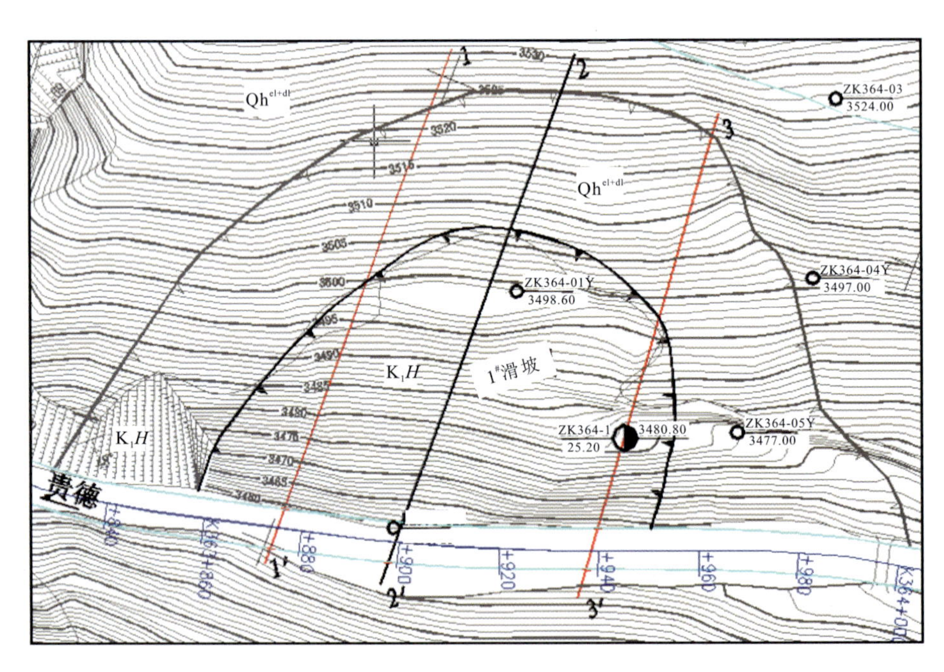

图33-2　K364-1# 滑坡工程地质平面图

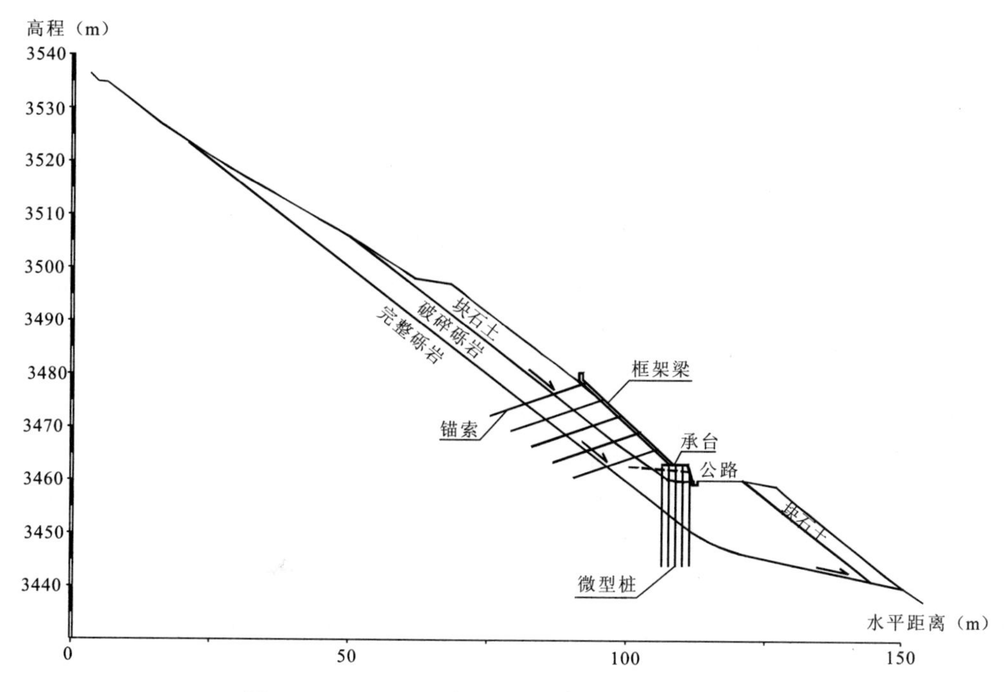

图 33-3　K364-1# 滑坡 2—2′剖面及工程措施图

滑坡为砾岩顺层滑坡，本是东侧老滑坡的一个条块，其中部分条块已滑走。该滑坡的滑体主要为上部的较破碎砾岩，岩层顺倾，下陡上缓，产状 333°～338°∠40°～58°，老滑坡滑动面为砾岩层间泥化夹层，上陡下缓，倾角 40°～58°，厚 10～30cm，剪出口依附于 12°∠15°的构造节理面。下部滑床为较完整砾岩。其浅层滑坡滑体均为上部的崩坡积块石土，滑面位于较破碎砾岩上部。

33.2　滑坡岩土体物理力学性质

本次滑坡计算需要提供滑坡体容重、滑动面(带)内聚力和内摩擦角等参数。其中滑坡体容重等根据室内试验结果取其平均值。而滑动面(带)内聚力和内摩擦角通过固结快剪、残余剪切试验、饱和土重塑剪切试验的强度值结合反算和经验综合确定，具体参数见表 33-1。

表 33-1　各滑带土参数取值参照表

部位	c(kPa)	φ(°)	γ(kN/m³)
浅层	10.0	29.3	22.0
深层	10.5	29.5	24.0

33.3 滑坡推力计算

经过现场调查和勘察分析，1# 滑坡为老滑坡体上不稳定岩土体的滑动，影响滑坡的主要条件因素如下。

(1)地形因素：受区域地壳上升、河流下切的影响，该处呈现出坡度较大的斜坡。

(2)地质构造因素：新构造运动影响，岩体中节理裂隙发育，岩体破碎，坡体整体性变差，并形成地下水下渗通道。

(3)气象因素：由于气候条件影响，该路段冬季浅层黏性土及泥岩在降水下渗后冻胀，翌年夏初消融，促使上部松散岩土体向下蠕动；而夏季降水集中，水自坡面入渗，汇聚于相对隔水岩层，软化隔水层上部岩土体，使其强度指标急剧降低，形成滑带，导致坡体发生滑动变形。

(4)人为因素：由于公路施工中在坡体的中下部开挖，并形成较陡的边坡临空面，使上部坡体失去支撑，为产生滑坡失稳变形提供了条件。

该区降水量较小，但集中在6～8月份，常常出现暴雨，坡体雨水排泄不畅，其渗入到后缘裂隙中后产生的静水压力和对软弱面的软化作用是滑坡产生的主要诱因。

通过钻孔揭露，该滑坡可见特征较明显的两层滑动带，浅层滑体深5m左右，深层滑体厚度为14m。采用传递系数法分别验算浅层滑体和深层滑体的稳定性，并考虑一般、暴雨及地震3种工况进行计算。根据《滑坡防治工程勘察规范》以及相关技术规范，滑坡稳定安全系数取1.15，在地震＋暴雨工况下安全系数取1.05。综合考虑滑坡体在未来条件下的营运状况，稳定系数及剩余下滑力结果见表33-2。

表33-2 滑坡稳定性验算结果表

位置	工况	c(kPa)	φ(°)	剩余下滑力(kN/m)	稳定系数 F_s	安全系数	稳定性评价
浅层	一般条件	84	10.9	192.3	1.02	1.15	欠稳定
	暴雨条件			261.4	0.96	1.15	不稳定
	地震＋暴雨			327.9	0.88	1.05	不稳定
深层	一般条件	84.5	12.3	395.5	1.20	1.15	稳定
	暴雨条件			450.3	1.10	1.15	基本稳定
	地震＋暴雨			502.3	0.99	1.05	不稳定

33.4 滑坡治理方案与效果评价

该滑坡的主体位于公路的上边坡，坡高达10～40m，坡面破碎，不具备清方减载和修整坡面的条件；同时砾岩层十分坚硬，单轴抗压强度达到 110MPa，在该层中人工开挖抗滑桩将十分困难；高段路基宽度十分有限，不具备抗滑桩布置的位置和施工条件。基于以上原因，考虑采用微型组合抗滑桩进行治理、锚拉框架并结合排水的治理措施（图 33－4）。

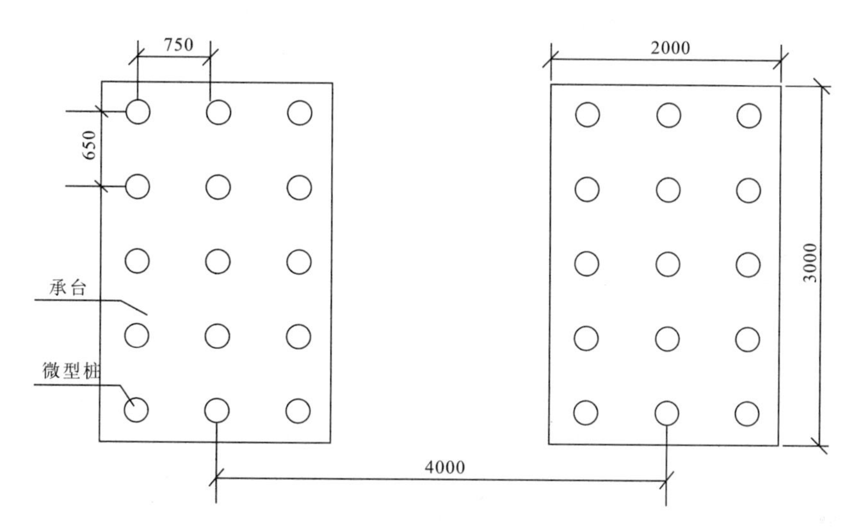

图 33－4 微型组合抗滑桩布置示意图

加固段起点里程 K363＋855，终点里程 K363＋945，靠山侧坡脚处设置一排微型组合抗滑桩，桩长 15～17m。每 15 根为一组，桩间距 650m×750mm，桩径 ϕ150mm，每组微型抗滑桩桩顶以承台联系，承台尺寸为 3000mm×2000mm，承台间距 4000mm，共 32 组，承台之间由 500mm 厚 C 25混凝土挡土板连接（图 33－4）。

每个承台上设置一根锚索，锚索为 7×ϕ15.24mm 的预应力锚索，长度为 17m，锚固段长度为 8m，横向间距 4000mm，共计 32 根。单根锚索设计抗拔力 1000kN，施加预应力 700kN。

根据第 22 章的微型桩抗滑机理，由于滑坡完整岩体的单轴抗压强度 $R_c=110\text{MPa}$，根据图 22－9 微型桩破坏时倾角的变化可以查出 $\Delta\theta=0°$，故有 $\theta_f=\theta+\Delta\theta=31°$。

微型桩的极限荷载 R_L 与桩轴线方向的夹角 ε 可按下式求出：

$$\varepsilon=\arctan[\mu^2\cot(\theta_f+\delta)] \tag{33-1}$$

式中：μ 为微型桩的泊松比，一般取值为 0.55；$\delta=11°$为滑移面附近岩土体的剪胀角。将已知量代入上式可得出 $\varepsilon=18.6°$。

将 $\varepsilon=18.6°$和 $\mu=0.55$ 代入式（22－24）可得 $a=0.41$，$b=0.68$。

将所有相关参数代入式（22－23）中，可得到单根微型桩所能提供的最大抗滑力为 $T_n=(a+b\tan\varphi)N_0=259(\text{kN})$。则对于由 15 根微型桩组成的整个微型桩体系所能提供的抗剪力 $\sum T_n$可由式（22－25）进行计算，即：

$$\sum T_n = n\cdot T_n = n(a+b\tan\varphi)N_0 = 3885(\text{kN})$$

微型组合抗滑桩分布在每米上的抗剪力为 3885/4＝971(kN)，完全满足滑坡稳定的需求。

采用以上的方式于 2011 年成功处置了该滑坡，目前已安全运行 3 年，路基稳定无变形，未治理的下部坡面也处于稳定状态。

34 结论与展望

34.1 结论

本书以滑坡灾害防治中滑坡基础分析、锚固工程和微型桩在滑坡中的应用为研究内容，分别对滑坡的分类、勘察、防治与监测技术，锚杆(索)在土层和岩层中的锚固机理研究以及微型桩支护体系的分类和各自的适用范围进行了总结分析，配合数值模拟分析、室内模型试验和大型现场试验，从理论上系统分析研究了锚杆(索)、微型桩支护体系治理滑坡的加固机理，给出了锚杆(索)和微型桩支护体系治理滑坡的设计流程、计算方法，最后通过8个工程应用进行了检验。主要得出以下结论：

(1)通过大量的文献检索和工程施工经验总结，提出了以破坏形式为主要依据的边坡破坏综合工程分类方法，并详细论述了不同边坡的防治措施。

(2)以锚杆(索)锚固段应力的不均分布与均匀分布为前提，分别推导了两种锚固力的计算公式。并结合现场拉拔实验，进一步明确了公式中的待定系数，使之可以直接为工程实践服务。

(3)通过现场实验，得出了锚杆(索)锚固段应力的分布曲线图，进一步验证了锚杆(索)锚固段黏结力呈不均匀分布的理论；并得出了黄土地层中的锚杆(索)最优锚固段长度为8m的结论(该锚固长度在设计施工过程中应该考虑地质条件的复杂性和土体力学性质的不均匀性，应该适当延长并不小于10m)。

(4)通过模型试验研究，在岩层中钻进成孔时，冲击-回转钻进所成钻孔孔壁最为粗糙，硬质合金钻进成孔次之，金刚石钻孔孔壁最为光滑，而孔壁越粗糙，岩石-浆体界面极限剪应力越大。在其他条件相同的情况下，即使肉眼难以辨别其孔壁差别，硬质合金钻孔孔壁的极限剪应力较金刚石钻孔孔壁的极限剪应力要大50%甚至更多。孔壁泥皮的存在可使孔壁极限剪应力减少50%甚至更多。

(5)月牙钢和螺纹钢在拉拔过程中会对浆体产生径向应力，该径向应力与围压在同一数量级上。拉拔过程产生的径向应力与机械嵌固力，是以月牙钢或者螺纹钢为杆体的锚杆的承载力要大于以圆钢为杆体的锚杆承载力的主要原因。试验表明，当锚杆(索)破坏后，虽然黏结力失去了作用，但是注浆体与土层之间的摩擦力还是比较大的，几乎可以达到最大锚固力的50%～80%。所以当锚固长度足够时，锚固端部分失效后锚固力也不会产生明显的下降，在应用时可以部分考虑摩擦力的影响。

(6)在岩层中复合幂函数和高斯函数都可以较为准确地描述各状态下全长黏结型锚杆杆体的轴力分布。在拉拔力较小时，复合幂函数的拟合程度较好；在临近破坏状态下，高斯函数的拟合程度较好。在轴力高斯函数分布的基础上可以更进一步进行剪应力的分布研究。

(7)微型桩支护体系治理滑坡是近几年发展起来的一种新型支挡结构,国内外的研究均处于起步阶段,尚没有完善和公认的设计计算理论,工程实践远远走在了理论研究的前面。

(8)根据微型桩治理滑坡的工程实践和前人研究成果,结合结构力学理论,将微型桩独立支护体系分为5类:独立微型桩支护体系、平面微型桩支护体系、空间平面微型桩支护体系、空间刚架微型桩支护体系和组合微型抗滑桩支护体系,并总结了各自适用的条件。

(9)采用ADINA数值模拟软件分析了微型桩单桩,两桩、三桩、四桩和八桩刚架结构的受力和变形,绘制了其变形、轴力、弯矩和剪力图;从图中可知,微型桩的最大受力点和最大受弯点均位于滑面位置,其轴力呈现拉压间隔分布的特点,同时微型桩与联系梁的刚性连接部位也承受轴力、弯矩和剪力的作用,也是一个受力集中点。

(10)室内的模型试验表明,多根微型桩组成的刚架体系中单桩的支挡能力没有增加,但是多桩刚架体系抵抗变形的能力较单桩大大增强;单桩的水平支挡能力很小,在计算中可忽略不计。

(11)微型桩支护体系的现场实验表明:① 如果微型桩桩顶采用刚性混凝土梁连接,在顶梁附近的轴力变化明显且复杂;② 滑面附近的轴力变化相对明显和复杂,滑面以上点的轴力变化幅度比滑面以下的大;③ 微型桩轴力的总体趋势是增大的(不管是拉力还是压力),时间越长受力增大越明显,说明了微型桩的受力呈现被动受力的特点,随着滑坡变形的增大而逐步增加,随着时间的推移和滑坡变形的稳定,会稳定在某一数值;④ 微型桩的受力在桩顶结构的作用下,会自主进行受力调整,使组合微型桩支护结构的受力趋向于均匀和合理。

(12)微型桩治理滑坡时的注浆加固作用表现为对岩土体力学性质的改善,尽管研究较多,但其定量计算依然十分困难;且注浆在大多数情况下只能提高滑体的力学性能、防止地表水下渗,而很难直接提高滑带的力学性质,笔者建议作为安全储备,在计算时可不予考虑。

(13)通过理论分析与数学推导,笔者认为微型桩治理滑坡的作用机理为注浆改造、被动锚固和桩体本身的支挡三者相结合的原理。通过理论分析与数学推导,提出了具体的微型桩抗滑作用力计算公式 $T_{\mathrm{d}}=\min(T_{\mathrm{n}},T_{\mathrm{u}})$ 和桩数计算公式 $n=\dfrac{p}{T_{\mathrm{d}}}$;式中 $T_{n}=(a+b\tan\varphi)N_{0}$,$T_{\mathrm{u}}=\dfrac{1}{A}\pi d^{2}(c+P_{\mathrm{Z}}\tan\varphi)$;注浆改造和水平支挡力不参与计算。

(14)结合工程实践和相关滑坡治理规范,提出了采用锚杆(索)、微型桩支护体系治理滑坡的设计流程和设计计算方法;给出了锚杆(索)和微型桩的施工工艺与流程。

(15)南昆铁路八渡火车站滑坡等8个工程应用实例,分别代表了锚杆(索)锚固工程、独立微型桩支护体系、空间平面刚架微型桩支护体系、空间刚架微型桩支护体系和组合微型抗滑桩支护体系等8种治理滑坡的结构形式,分别经过2~15年的检验,8个滑坡稳定性良好。说明了锚杆(索)和微型桩用于滑坡体加固是可行的,本书探讨的加固机理和计算方法也是正确的。

34.2　展望及建议

面对着日新月异的科技发展,层出不穷的新理论、新技术和新材料,本书只能算是在滑坡防治学科方面的一些粗浅认识和研究。锚杆(索)和微型桩作为一种新型治理滑坡的技术有着广泛的应用前景,目前也取得了不错的工程效果和经济效益。本书对它们的作用机理及设计计算所进行的研究分析,是在特定条件下进行的一些探索。科学研究是永无止境的,还需要通过不断的试验、研究,以取得更大的进展,结合工程实践和研究中暴露的问题,笔者认为还需要在以下几个方面加以注意和继续研究:

(1)土层锚杆(索)钻孔在施工时,必须采用干法施工,坚决不能采用水作为钻孔施工的冲洗液,否则很容易对边坡土体造成软化,恶化土体力学性质;同时会在钻孔表面形成泥皮,严重减小注浆体与土体之间的黏结力。如在山西某化工厂厂区的边坡治理中,钻孔采用了干法成孔和水循环成孔两种方式,拉拔时发现采用水循环成孔锚索的锚固力比干法成孔锚索的锚固力小近 20t,几乎削弱了近 40%的锚固力。同样道理,如果地层中含水量较大,尽管采用了干法成孔,钻孔表面也会形成泥皮,显著降低锚杆(索)的锚固力,如在西安市钟鼓楼广场深基坑的支护工程中,位于地下水位以上的 18m 长锚杆和位于地下水位以下的 25m 长锚杆的锚固力差别极其微小,其作用机理和消除措施还有待于进一步的研究。

(2)土体与岩体相比,单位面积上能够提供的黏结力较小,如何在土层中提高锚固力,还需进一步深入研究。目前尽管已经采用了一些措施,如注浆时尽量采用较高压力,这样会强化土体强度,填充土体裂隙,扩大注浆的影响范围,增大锚固力;土体强度较小时,试验表明,二次注浆锚索的锚固力可提高 1 倍以上;增大注浆体与土层的接触面积等有了长足的进展,但仍然不能满足工程应用的要求,这方面的研究需要更进一步的发展。

(3)通过对国内外锚杆(索)锚固机理的研究分析可知,目前的支护理论主要是针对地下硐室进行的,而针对边坡的支护理论研究较少,这方面的理论需要更进一步的研究。

(4)锚杆(索)的防腐问题,由于没有系统的研究试验,对于其影响因素、腐蚀机理、防腐方式等方面也是研究的方向。

(5)本书通过十分有限的试验得出了黄土地层锚固力的计算公式:$T_u=\frac{1}{A}\pi d^2(c+P\tan\varphi)$。本公式是否适用于不同的土体和不同的地区,还需继续进行试验研究。同时对土压力传递系数 K 值作了假设,对于假设的合理性还有待于进一步试验验证和研究。通过曲线拟合的方法对处于破坏临界状态下的锚杆杆体剪应力的分布进行了研究,部分参数值仅可通过破坏试验得到。可以通过进一步的研究,建立力学模型,得出各参数的解析解,以更好地指导生产。

(6)加强对新型泥浆的研究,确保在水钻条件下,下锚注浆前泥皮可以自行分解;鉴于坚硬岩体中短锚杆的破坏形式多为钢筋体拉出,应当加强对锚杆用月牙钢螺距、高度等表面形态的研究,提高界面极限抗剪强度。

(7)本书研究中对微型桩采用被动锚固理论进行计算的观点,其合理性尚有待于继续采用大量工程应用加以检验和完善。

(8)一般的微型桩顶部都采用框架梁或板进行连接,试验表明采用刚性连接会使桩头部位受力集中且十分复杂,建议在以后的实践中尝试采用铰接方式将桩与框架梁进行有效连接,并测试其受力和变形效果。

(9)本书仅定性地说明了注浆的改良加固作用,如何将其定量化地考虑进计算公式中,以及注浆如何影响岩(土)体的 c、φ 值,尚有待于进一步研究。

参考文献

白云,侯学渊.软土地基劈裂加固的机理和应用[J].岩土工程学报,1991,13(2):89～93.

曹平,朱宝龙,陈强.微型圆桩加固平面滑坡的桩间距分析[J].西安科技大学学报,2009,29(5):626～630.

陈安敏,顾金才,沈俊,等.预应力锚索的长度与预应力值对其加固效果的影响[J].岩石力学与工程学报,2002,2(16):848～852.

陈安敏,顾金才,沈俊.软岩加固中锚索张拉吨位随时间变化规律的模型试验研究[J].岩石力学与工程学报,2002,21(2):251～256.

陈广峰,米海珍.黄土地层中锚杆受力性能试验分析[J].甘肃工业大学学报,2003,29(1):116～119.

陈进杰,冯卫星.软塑性土质隧道地表劈裂注浆加固技术的试验研究[J].石家庄铁道学院学报,1995,8(3):90～95.

陈兰云,昝月稳,王杰,等.注浆加固滑坡区隧道围岩的分析研究[J].岩石力学与工程学报,2004,23(16):2761～2765.

陈莉.洛惠渠灌区东干渠泥流病害治理[J].陕西水力发电,2001,17(2):54～56.

陈棠茵,王贤能,佘锦洲,等.深圳地区抗浮锚杆试验中锚杆的破坏形式及位移性状[J].岩土工程界,2004,7(1).

陈文军,李喜安,王昌念,等.滑坡抗剪强度参数的敏感性分析[J].城市建设理论研究,2014(2).

陈喜昌,石胜伟.小口径钻孔组合桩的理论研究与应用前景[J].中国地质灾害与防治学报,2002,13(3):82～85.

陈祖煜.土质边坡稳定性分析——原理·方法·程序[M].北京:中国水利水电出版社,2003.

程媛彩,戴自航.多剖面反算滑带土抗剪强度指标的研究[J].岩土力学,2006,27(10):1811～1814.

程鉴基,邝健政.软弱地基中水泥类化学灌浆机理初探[J].岩土工程报,1993,15(3):81～87.

程鉴基.灌浆技术在软土地基处理中的综合应用[J].岩土工程学报,1994,16(5):89～93.

崔鹏.中国山地灾害研究进展与未来应关注的科学问题[J].地理科学进展,2014,33(2): 145～152.

邓辉,黄润秋.InSAR技术在地形测量和地质灾害研究中的应用[J].山地学报,2003,21(3):373～377.

丁光文,王新.微型桩复合结构在滑坡整治中的应用[J].岩土工程技术,2004,18(1):47～50.

丁光文.微型桩处理滑坡的设计方法[J].西部探矿工程,2001(4):15～17.

丁秀丽,盛谦,韩军,等.预应力锚索锚固机理的数值模拟试验研究[J].岩石力学与工程学报,2002,21(7):980～988.

杜嘉鸿,张崇瑞,何修仁,等.地下建筑注浆工程简明手册[M].北京:科学出版社,1992.

樊怀仁,郭睿,等.滑坡灾害防治技术回顾与展望[J].煤田地质与勘探,2002,30(4):47～48.

范青松,汤翠莲,陈于,等.GPS与InSAR技术在滑坡监测中的应用研究[J].测绘科学,2006,31(5):60～62.

冯君,周德培,江南,等.微型桩体系加固顺层岩质边坡的内力计算模式[J].岩石力学与工程学报,2006,25(2):284～288.

冯志强.破碎煤岩体化学注浆加固材料研制及渗透扩散特性研究[D].煤炭科学研究总院,2007.

高大水.国内岩土预应力锚固技术应用及锚固技术参数统计[J].长江科学院院报,2004,21(6):88～90.

高永涛,张友葩,吴顺川.土质边坡抗滑桩机理分析[J].北京科技大学学报,2003,25(2):117～123.

龚健，陈仁朋，陈云敏，等. 微型桩原型水平荷载试验研究[J]. 岩石力学与工程学报，2004，23(20)：3541～3546.

龚晓南，俞建霖. 地基处理理论与实践[M]. 北京：中国水利水电出版社，知识产权出版社，2001.

龚晓南. 地基处理新技术[M]. 西安：陕西科学技术出版社，1997.

谷栓成，苏培莉，樊志斌，等. 注浆技术在煤矿加固防渗中的应用[J]. 煤炭工程，2009，4：60～62.

谷栓成，苏培莉，韦正范，等. 注浆孔壁劈裂判据及裂缝扩展的数值模拟[J]. 西安科技大学学报，2008，28(2)：231～235.

顾金才，沈俊，陈安敏，等. 锚索预应力在岩体内引起的应变状态模型试验研究[J]. 岩石力学与工程学报，2000，19(增刊)：917～921.

顾金才，沈俊，陈安敏，等. 预应力锚索加固机理与设计计算方法研究[A]. 第八次全国岩石力学与工程学术大会论文集[M]：32～39.

郭建军. 关于兰州市红山根泥流成因及治理[J]. 甘肃科技，2004，20(3)：107～108.

国家防汛抗旱总指挥部办公室、中国科学院水利部程度山地灾害与环境研究所. 山洪泥石流滑坡灾害及防治[M]. 北京：科学技术出版社，1994.

国土资源部. 地质灾害防治管理办法[S]. 1999-3-2.

韩金田. 复合注浆技术在地基加固中的应用研究[D]. 长沙：中南大学，2007.

郝卫国. 树根桩配合土钉墙在边坡加固中的应用[J]. 科技情报开发与经济，2003，23(6)：252～253.

郝哲，王介强，刘斌. 岩体渗透注浆的理论研究[J]. 岩石力学与工程学报，2001，20(4)：492～496.

郝哲，王来贵，刘斌. 岩体注浆理论与应用[M]. 北京：地质出版社，2006.

何小宏，罗志强. 公路边坡抗滑桩的设计与施工研究[J]. 广东工业大学学报，2003，20(3)：81～87.

何修仁. 注浆加固与堵水[M]. 沈阳：东北工学院出版社，1990.

胡安兵，阮文军，刘雪松. 水泥-丙烯酸盐复合浆液的试验性研究[J]. 地质与勘探，2002，3：93～95.

胡小岗. GPS技术在滑坡监测中的应用[J]. 山西建筑，2009，35(13)：356～358.

户巧梅. 微型桩加固边坡的内力计算[D]. 长安大学硕士论文，2009.

黄润秋，张倬元. 高边坡稳定性研究现状及发展展望[J]. 水文地质工程，1991，18(1)：31～34.

黄晓华. 公路边坡病害治理的轻型支挡结构[J]. 重庆交通学院学报，1990，18(3)：90～94.

贾振安，周晓波，乔学光，等. 分布式光纤温度传感器发展状况及趋势[J]. 光通信技术，2008(11)：36～39.

姜春林，高永涛. 倾角对复合锚固桩水平承载力影响浅析[J]. 交通科技，2007(6)：37～40.

姜德义，王国栋. 高速路工程边坡的工程地质分类[J]. 重庆大学学报，2003，26(11)：113～116.

靳德武，牛富俊，陈志新，等. 青藏高原融冻泥流型滑坡灾害及其稳定性评价方法[J]. 煤田地质与勘探，2004，32(3)：49～52.

雷详义，黄玉华，王卫. 黄土高原的泥流灾害与人类活动[J]. 陕西地质，2000，18(1)：28～39.

李冠奇. 致密土体劈裂注浆的力学机理及试验研究[D]. 铁道部科学研究院，2007.

李金轩. 边坡水平排水孔幕的渗流计算[J]. 煤田地质与勘探，2003(2)：31～33.

李廉锟. 结构力学(上册)[M]. 北京：高等教育出版社，2010.

李粮纲，陈惟明，李小青. 基础工程施工技术[M]. 武汉：中国地质大学出版社，2001.

李茂芳，孙钊. 大坝灌浆基础[M]. 北京：水利电力出版社，1990.

李宁，张平，闫建文. 灌浆的数值仿真分析模型探讨[J]. 岩石力学与工程学报，2002，2l(3)：326～330.

李松营. 应用动水注浆技术封堵矿井特大突水[J]. 煤炭科学技术，2000，28(8)：28～30.

梁光模，王成华，张小刚. 川藏公路中坝段溜砂坡形成与防治对策[J]. 中国地质灾害与防治学报，2003(4)：33～38.

梁迥鋆. 锚固与注浆技术手册[M]. 北京：中国电力出版社，2003.

梁炯鋆. 锚固与注浆技术手册[M]. 北京：中国电力出版社，1999.

刘传正.南昆铁路八渡滑坡成因机理新认识[J].水文地质工程地质,2007,34(5):1～5.

刘凯,刘小丽,苏媛媛.微型抗滑桩的应用发展研究现状[D].第二届中国水利水电岩土力学与工程学术讨论会论文集,2008.

刘凯,刘小丽,苏媛媛.微型抗滑桩的应用发展研究现状[J].岩土力学,2008,28(增刊):675～679.

刘凯.注浆微型钢管组合桩抗滑机制及计算方法研究[D].中国海洋大学,2010.

刘润,闫玥,闫澍旺,等.浅层压力注浆法加固风化岩质边坡及加固效果分析[J].天津大学学报,2006,39(5):532～536.

刘卫民,赵冬,蔡庆娥,等.微型桩挡墙在滑坡治理工程中的应用[J].岩土工程界,2007,10(2):54～56.

刘文龙,赵小平.基于三维激光扫描技术在滑坡监测中的应用研究[J].金属矿山,2009(2):131～133.

刘文永,王新刚,冯春喜,等.注浆材料与施工工艺[M].北京:中国建材出版社,2008.

刘显沐.边坡多阶段注浆加固模型[J].岩土工程技术,2007,21(3):139～143.

刘佑荣,等.岩体力学[M].武汉:中国地质大学出版社,2002.

刘佑荣,唐辉明.岩体力学[M].武汉:中国地质大学出版社,2002.

卢才金.考虑结构面效应的路堑类土质高边坡及其稳定性分析[J].岩土工程界,2004,7(10):29～32.

吕凡任,陈云敏,梅英宝.小庄研究现状和展望[J].工业建筑,2003,33(4):56～59.

苗国航.我国预应力岩土锚固技术的现状与发展[J].地质与勘探,2003,3:91～94.

南京水利科学研究院土工研究所.土工试验技术手册[M].北京:人民交通出版社,2003.

彭欢,黄帮芝,杨永.滑坡监测技术方法研究[J].资源环境与工程,2012,26(1):45～50.

钱家欢,殷宗泽.土工原理与计算[M].北京:中国水利水电出版社,2000.

乔建平.滑坡减灾理论与实践[M].北京:科学技术出版社,1997.

乔卫国,张玉侠,宋晓辉,等.水泥浆液在岩体裂隙中的流动沉积机理[J].岩土力学,2004,25(增刊):14～16.

屈妍,沈学毅.软黏土地基注浆研究[J].工程勘察,2007(8):9～11.

全国地质灾害通报[J].中国地质环境信息网,2012.

阙云,刘强华,李丹,等.渗透注浆扩散理论探讨[J].重庆交通学院报,2006,25(5):105～108.

任臻,刘万兴.灌浆的机理与分类[J].工程勘察,1999(2):11～14.

荣冠,朱焕春,周创兵.螺纹钢与圆钢锚杆工作机理对比试验研究[J].岩石力学与工程学报,2004,23(3):469～475.

沈龙运,余云燕.独立微型桩加固边坡的内力计算[J].兰州交通大学学报(自然科学版),2007,26(4):81～83.

史佩栋.桩基工程手册(桩和桩基础手册)[M].北京:人民交通出版社,2008.

史秀志,林杭,曹平.注浆效应对边坡稳定性的影响[J].中南大学学报(自然科学版),2009,40(2):492～497.

孙德永.南昆铁路八渡车站的滑坡与整治[J].铁道工程学报,2005,12(增刊):320～326.

孙建平,徐向东,张欣.微型桩托换技术[J].工业建筑,1999,8:56～59.

孙书伟,朱本珍,马惠民,等.微型桩群与普通抗滑桩抗滑特性的对比试验研究[J].岩土工程学报,2009,31(10):1564～1570.

唐传政,舒武堂.微型钢管群桩在基坑工程事故处理中的应用[J].岩石力学与工程学报,2005,2(增刊):5459～5462.

唐亚明,张茂省,薛强,等.滑坡监测预警国内外研究现状及评述[J].地质评论,2012,58(3):533～541.

铁道部第二勘测设计院.抗滑桩的设计与计算[M].北京:中国铁道出版社,1983.

汪海滨,高波.预应力锚索荷载分布机理原位试验研究[J].岩石力学与工程学报,2004,24(12):2113～2118.

王恭先.滑坡防治工程措施的国内外现状[J].中国地质灾害与防治学报,1998,9(1):1～9.

王恭先.滑坡防治中的关键技术及其处理方法[J].岩石力学与工程学报,2005,21:3818～3827.

王济洲.高温高压条件下煤层底板加固研究[D].河北工程大学,2011.

王杰,杜嘉鸿.岩土注浆技术的理论探讨[J].长江科学院院报,2000,17(6):82～86.

王利民.砌块专用砂浆与钢筋黏结锚固性能的试验研究[硕士学位论文][D].沈阳:沈阳建筑工程学院.
王珊珊,卢成原,孟凡丽.水泥土抗剪强度试验研究[J].浙江工业大学学报,2008,36(4):456～459.
王树丰.汶川地震滑坡微型桩防治工程研究——以陕西略阳凤凰山滑坡为例[D].长安大学,2010.
王哲,龚晓南,程永.劈裂注浆法在运营铁路软土地基处理中的应用[J].岩石力学与工程学报,2005,24(9):1619～1623.
王志荣,王念秦.黄土滑坡研究现状综述[J].中国水土保持SWCC,2004(11):16～18.
微型桩[J].岩土工程界,2006,9(8):19～59.
吴积善,王成华.山地灾害研究的发展态势与任务[J].山地学报,2006,24(5):518～524.
吴统一,王勃慧.滑坡监测技术最新进展——OTDR技术[J].电子测试,2013(6):100～101.
吴文平,周德培,王唤龙.微型桩结构加固边坡的模型试验与计算探讨[J].路基工程,2009(3):139～140.
吴璋,何坤,王增琪,等.微型桩的被动锚固作用机理[J].煤田地质与勘探,2012,40(6):53～57.
吴璋,周新莉.螺旋冲击回转钻进技术及其在边坡治理中的应用[J].探矿工程(岩土钻掘工程),2005(3):33～35.
吴璋.管棚帷幕注浆法在含高压气体巷道掘进中的应用研究[J].探矿工程(岩土钻掘工程),2009,36(11):72～75.
吴璋.黄土地层预应力锚杆(索)锚固机理的研究[D].煤炭科学研究总院西安研究院,2005.
仵彦卿,等.岩体水力学导论[M].成都:西南交通大学出版社,1995.
夏柏如,谢建清,王贵和.岩土锚固技术与支挡工程[M].北京:中国地质大学,1997.
肖世国,周培德.非全长黏结型锚索锚固段长度的一种确定方法[J].岩石力学与工程学报,2004,23(9):1530～1534.
肖树芳,等.岩体力学[M].北京:地质出版社,1987.
谢晓华,刘吉福,庞奇思.微型桩在某滑坡处治工程中的应用[J].西部探矿工程,2001,3(2):110～111.
熊传治.论深凹露天矿高陡边坡稳定性研究特点[J].中国矿业,1992,1(2):61～64.
熊厚金,林天健,李宁.岩土工程化学[M].北京:科学出版社,2001.
熊自英.类土质边坡特性研究[J].四川建筑,2004,24(3):43～44.
许万忠,彭振斌,胡毅夫,等.岩体边坡锚注加固模拟试验研究[J].中国铁道科学,2006,27(4):6～10.
闫金凯,殷跃平,门玉明.微型桩单桩加固滑坡体的模型试验研究[J].工程地质学报,2009,17(5):669～674.
岩土注浆理论与工程实例协作组.岩土注浆理论与工程实例[M].北京:科学出版社,2001.
杨航宇,等.公路边坡防护与治理[M].北京:人民交通出版社,2002.
杨航宇,颜志平,朱赞凌,等.公路边坡防护与治理[M].北京:人民交通出版社,2002.
杨米加,陈明雄,贺永年.注浆理论的研究现状及发展方向[J].岩石力学与工程学报,2001,20(6):839～841.
杨明,王波,胡厚田.类土质边坡特征的初步探讨[J].水土保持学报,2002,16(6):110～113.
杨坪,唐益群,彭振斌,等.砂卵砾石层中注浆模拟试验研究[J].岩土工程学报,2006,28(12):2134～2138.
杨双锁,康力勋.锚杆作用机理及不同锚固方式的力学特征[J].太原理工大学学报,2003,34(5):540～543.
杨秀竹,雷金山,夏力农,等.幂律型浆液扩散半径研究[J].岩土力学,2005,26(11):1803～1806.
杨永浩.树根桩技术试验及其应用[J].地基处理,1992,3(4):27～36.
叶作舟,叶林宏,邱小佩,等.中华一798化学灌浆材料的研制[J].化学工业,1987,3:13～24.
殷跃平.中国典型滑坡[M].北京:中国大地出版社,2007.
殷宗泽,龚晓南.地基处理实录[M].北京:中国水利水电出版社,2000.
尤春安,高明,张利民,等.锚固体应力分布的试验研究[J].岩土力学,2004,25(增刊):63～66.
尤春安.全长黏结式锚杆的受力分析[J].岩石力学与工程学报,2000,19(3):339～341.
喻和平,田斌.滑坡防治措施的现状和发展[J].甘肃工业大学学报,2003,29(6):104～107.
袁继国,田峰巍.水溶性聚氨酯在节理岩体中的可灌性研究[J].水利学报,1998(增刊):88～101.

闫莫明,徐祯祥,苏自约.岩土锚固技术手册[M].北京:人民交通出版社,2004.

曾宪明,王振华,徐孝华,等.国际岩土工程新技术新材料新方法[M].北京:中国建筑工业出版社,2003,5:188～194.

张常亮,李同录,胡仁众.滑坡滑动面抗剪强度指标的敏感性分析[J].地球科学与环境学报,2007,29(2):188～191.

张景秀.坝系防渗及灌浆技术[M].北京:水利电力出版社,1992.

张乐文,汪稔.岩土锚固理论研究之现状[J].岩土力学,2002,23(5):627～631.

张青,史彦新.基于TDR的滑坡监测系统[J].仪器仪表学报,2005,26(11):1199～1202.

张日鹏.滑坡地质灾害的TDR监测技术研究[J].经营管理者,2012,16:387～387.

张淑同.破碎煤岩体注浆加固与堵水研究[D].山东科技大学硕士论文,2006.

张双明,赵维炳,刘宁,等.预应力锚索锚固荷载的变化规律及预测模型[J].岩石力学与工程学报,2004,23(1):39～43.

张向阳,顾金才,沈俊.锚固基坑模型试验研究[J].岩土工程学报,2003,25(5):642～646.

张旭芝,符飞跃,王星华.南京地铁软一流塑淤泥质地层劈裂注浆试验研究[J].水文地质工程地质,2004,31(1):67～80.

张彦奇.超细水泥渗透特性微观试验研究及理论分析[D].山东科技大学,2010.

张永兴.边坡工程学[M].北京:中国建筑工业出版社,2008.

张友葩,吴顺川,方祖烈.土体注浆后的性能分析[J].北京科技大学学报,2004,26(3):240～243.

张有,欧阳永龙.浅议岩土注浆加固技术的发展与应用[J].中国矿业,2005,14(6):70～72.

张倬元,等.工程地质分析原理[M].北京:地质出版社,1981.

章勇武,马惠民.山区高速公路滑坡与高边坡病害防治技术实践[M].北京:人民交通出版社,2007.

赵廷海,王时飞.注浆技术在煤层突出后处理中的应用[J].煤炭技术,2005,24(7):2761～2765.

赵羽习,金伟良.锈蚀钢筋与混凝土黏结性能的试验研究[J].浙江大学学报(工学版),2002,36(4):352～356.

郑全明.拉力型土锚最优长度及最大极限承载力的确定[J].西部探矿工程,2000,63(2):27～28.

郑颖人,赵尚毅,李安洪,等.有限元极限分析法及其在边坡中的应用[M].北京:人民交通出版社,2011.

中国岩土锚固工程协会.岩土锚固新技术[M].北京:人民交通出版社,1998.

中华人民共和国国家标准.建筑边坡工程技术规范(GB 50330—2013)[S].2014.

中华人民共和国建设部.岩土工程勘察规范[S].中华人民共和国国家标准(GB 50021—2009),2002.

中华人民共和国行业标准.建筑工程水泥-水玻璃双业主将技术规程(JGJ/T 211—2010)[S].2010.

中华人民共和国行业标准.建筑桩基技术规范(JGJ94—2008)[S].2008.

周德培,王唤龙,孙宏伟.微型桩组合抗滑结构及其设计理论[J].岩石力学与工程学报,2009,28(7):353～1362.

周书明,陈建军.软流塑淤泥质地层地铁区间隧道劈裂注浆加固[J].岩土工程学报,2002,24(2):222～224.

朱宝龙,陈强,巫锡勇,等.注浆微型桩支护体系作用机理及其工程应用[M].北京:科学技术出版社,2009.

朱宝龙,胡厚田,张玉芳,等.钢管压力注浆型抗滑挡墙在京珠高速公路K108滑坡治理中的应用[J].岩石力学与工程学报,2006,25(2):399～406.

朱宝龙,杨明,胡厚田,等.类土质边坡锚固特性的实验研究[J].岩土力学,2004,25(12):1923～1927.

朱玉,卫军,廖朝华.确定预应力锚索锚固长度的符合幂函数模型法[J].武汉理工大学学报,2005,27(8):60～63.

邹金锋,李亮,杨晓礼.劈裂注浆扩散半径及压力衰减分析[J].水利学报,2006,37(3):314～319.

邹越强,李彬.树根桩防治滑坡的研究[J].合肥工业大学学报(自然科学版),1994,17(1):120～124.

Andrew Z Boeckman. Load transfer in micropiles for slope stabilization from test of large－scale physical models[D]. Columbia: University of Missouri, 2006.

Awad D M. Lateral load tests on mini - piles[J]. Islamic Univerisy Journal, 1999, 7(1): 15～33.

Boulanger R W, Hayden R F. Aspects of compaction grouting of liquefiable soil[J]. Journal of Geotechnical Engineering, ASCE, 1995, 121(12): 844～855.

Brown Dan A, Shie Chine Feng. Numerical experiments into group effects on the response of piles to lateral loading[J]. Computers and Geotechnics, 1990, 10(3): 211～230.

Bruce D A, Dimillio A F, Juran I. Introduction to Micropiles: An International Perspective. William F K. Foundation Upgrading and Repair for Infrastructure Improvement[M]. New York: Geotechnical Special Publication, ASCE, 1995.

Bruce D A, Juran I, Dimillio A F. High Capacity Grouted Micropiles: the State of Practice in the United States[M]. //Publications Committee of the XV CIMSG. Proceedings of the 15th International Conference on Soil Mechanics and Geotechnical Engineering. Cambridge: Cambridge University Press, 2001: 851～854.

Bruce J, Ruel M, Ansari N. Design and construction of a micropile wall to stabilize a railway embankment [C]//Deep Foundations Institute Annual Conference on Deep Foundations: Emerging Technologies. Vancouver: [s. n.], 2004.

Cantoni R, Collotta T, Ghionna V N, et al. A Design Method for Reticulated Micropiles Structure in sliding slopes[J]. Ground Engineering, 1989, 22(1):41～47.

de Mello L G F S, Franco Filho J M M, Alvise C R. Grouting of canaliculated in residual soils and behavior of the foundations of Balbina dam[J]. Proc. 2nd International Conference on Geomechanics in Tropical Soils, Singapore, Rotterdam: A A Balkema, 1988: 385～389.

Dino Kartofilis, Brian O'Gara, Fred Tarquinio, et al. Titus power plant micropile retaining wall[J]. Foundation Drilling,2006,32:10～13.

Han Lijun, He Yongnian. Experimental Study on Mechanical Characteristics of Cracked Rock Mass Reinforced by Bolting and Grouting[J]. J. China Univ. of Mining & Tech. (English Edition), 2005, 15(3): 177～182.

Helmut S, Klaus D, Horst K, et al. Special use of micropiles and permanent anchors[C]//Proceedings of Sessions of the Geosupport Conference: Innovation and Cooperation in Geo. Reston: Geotechnical Special Publication, ASCE, 2004.

Ho C L, Coyne A G, Canou J, et al. Model Tests of Micropile Networks Applied to Slope Stabilization. International Conference on Soil Mechanics and Foundation Engineering. Proc. Of the 14th In. Conf. on Soil Mech. And Found. Eng, A. A. balkema, 1997,(V2)9: 1223～1226.

HOBST L,ZAJIC J. 岩层和土体的锚固技术[M]. 陈宗严,王绍基译,冶金部建筑研究总院,1982.

Hou X Y, Bai Y. Mechanism and application of grouting in soft clay. Proc. 9th Asian Regional Conference on Soil Mechanics and Foundation Engineering, Bangkok[J]. Thailand: Southeast Asian Geotechnical Society, 1991: 487～490.

Juran H, Benslimane A. Slope Stabilization by Micropile reinforcement[J]. Landslides, 1996: 1715～1726.

Kevin W Cargill, Stephen L Dimino, Nilesh Surti, et al. Tied - back micropile walls in landslide repair[C]. // Deep Foundations Institute Annual Conference on Deep Foundations, Washington DC: [s. n.], 2004.

Kikic A,Yasar E,Atis C D. Effect of bar shape on the pull - out load capacity of fully grouted rock bolt[J]. Tunnelling and University Space Technology,2003,18:1～6.

Konagaia K, YuanBiao Yina, Yoshitaka Muronob. Single beam analogy for describing soil—pile group interaction[J]. Soil Dynamics and Earthquake Engineering, 2003, 23(3): 213～221.

Krizek R J, Perez T. Chemical grouting in soils permeated by water[J]. Journal of Geotechnical Engineering

Division, ASCE, 1985, 111(7): 898～915.

Lee I M, Lee J S, Nam S W. Effect of seepage force on tunnel face stability reinforced with multi-step pipe grouting[J]. Tunnelling and Underground Space Technology, 2004, 19(6): 551～565.

Lizzi F. Reticulated Root Piles to Correct Landslides[J]. Proc. ASCE Convention and Exposition, Chicago, 1978.

Lombardi G. The role of cohesion in cement grouting of rock[J]. Proc. 15th International Congress on Large Dams, Lausanne, Switzerland, Ⅲ, 1985: 235～262.

Macklin Paul R, Berger Donald, Zietlow William, et al. Case history: Micropile use for temporary excavation support[C]//Proceedings of Sessions of the Geosupport Conference: Innovation and Cooperation in Geo. Reston: Geotechnical Special Publication, ASCE, 2004.

Nichol S C, Goodings D J. Physical model testing of compaction grouting in cohesionless soil[J]. Journal of Geotechnical and Geoenvironmental Engineering, 2000, 126(9): 848～852.

Phillips S H E. Factors affecting the design of anchorages in rock[R]. London: cementation research Ltd., 1970.

Reese L C, Van Impe W F. Single Pile and Pile Groups Under lateral loading[M]. Rotterdam: A. A. Balkema, 2001: 151～173.

Richard J F, Gatalina O P, Michele C. Compaction-grouted Micropiles at the Northwestern University NGES [M]. //Jean B. National Geotechnical Experimetal Sites. New York: Geotechnical Special Publication, ASCE, 2000: 235～249.

Richards J R, Thomas D, Rothbauer Mark J. Lateral loads on pin piles (micropiles)[C]//Proceedings of Sessions of the Geosupport Conference: Innovation and Cooperation in Geo. Reston: Geotechnical Special Publication, ASCE, 2004.

Rollins Kyle M, Johnson Steven R, Petersen Kris T, et al. Static and dynamic lateral load behavior of pile groups based on full-scale testing[C]. //Proceedings of the International Offshore and Polar Engineering Conference. Honolulu: International Society of Offshore and Polar Engineers: 2003.

Rollins Kyle M, Olsen Ryan J, Egbert Jeffrey J, et al. Pile spacing effects on lateral pile group behavior: Load tests[J]. Journal of Geotechnical and Geoenviromental Engineering, 2006, 132(10): 1262～1271.

Sadek M, Shahrour I, Mroueh H. Influence of micropile inclination on the performance of a micropile network [J]. Ground Improvement, 2006, 10(4): 165～172.

Stapleton D C, Corso D, Blakita P. A case history of compaction grouting to improve soft soils over karstic limestone[J]. Pearson F M. Karst Geohazards: Engineering and Environmental Problems in Karst Terrane. Proc. 5th Conference, Gatlin burg, Rotterdam: A A Balkema, 1995: 383～387.

Stillborg B. Experimental investingation of steel cables for rock reinforcement in hard rock [D]. Sweden: Lulea University of Technology, 1984.

The theory behind high pressure grouting-Part Ⅰ [J]. Tunnels & Tunnelling International, 2004, 9: 28～30.

The theory behind high pressure grouting-Part Ⅱ [J]. Tunnels & Tunnelling International, 2004, 10: 33～35.

Thompson M J, White D J. Design of slope reinforcement with small-diameter piles[C]. Proceedings of the Geo Shanghai Conference. Reston: Geotechnical Special Publication, ASCE, 2006.

Thompson M J. Experimental load transfer of piles subject to lateral soil movement[C]. 2004 Transportation Scholars Conference. Iowa: Iowa State University, 2004.

Vemon R S. Ground Improvement/ Reinforcement/ Treatment[M]. New York: Geotechnical Special Publication, ASCE, 1997: 151～175.